手工木工

HANDMADE CARPENTRY

主　编　张　琦　李文杰

副主编　田　特

参　编　（按姓氏拼音排序）

曹　猛　刘　明　田　霄

田校博　杨　雪

主　审　尹满新

北京理工大学出版社

BEIJING INSTITUTE OF TECHNOLOGY PRESS

内容提要

本书分为基础认知、工具使用、实践操作三个模块，系统地介绍了手工木工工作全流程，主要包括常用材料识别与选用、识图与放样、基础工具及使用，以及实践操作。本书遵循人才培养的客观必然规律，项目设定由简入繁，逐层递进，内容排列顺序依据手工木工工作过程，并采用“实例引导、任务驱动”的编写方式，努力使教材内容“贴近生产、贴近技术、贴近工艺”，建构以能力为本位的教材内容新体系，达到理论知识与实践技能融为一体的要求。

本书内容符合职业教育教材提出的要求，适合家具设计与制造、木业产品设计与制造、家具艺术设计、建筑室内设计、室内艺术设计、环境艺术设计等相关专业的高职、中职、技工教育教学使用，还可作为木工坊从业人员、木制品生产企业、家具生产制造企业职工的岗位培训教材，也可供家具企业和设计公司、木制品企业的工程技术与管理人员参考。

图书在版编目（CIP）数据

手工木工 / 张琦，李文杰主编. --北京：北京理工大学出版社，2024.3

ISBN 978-7-5763-3017-5

Ⅰ.①手…　Ⅱ.①张…　②李…　Ⅲ.①手工－木工　Ⅳ.①TS656

中国国家版本馆CIP数据核字（2023）第204435号

责任编辑： 时京京　　**文案编辑：** 时京京
责任校对： 刘亚男　　**责任印制：** 王美丽

出版发行 / 北京理工大学出版社有限责任公司
社　　址 / 北京市丰台区四合庄路6号
邮　　编 / 100070
电　　话 / （010）68914026（教材售后服务热线）
（010）68944437（课件资源服务热线）
网　　址 / http：//www.bitpress.com.cn

版 印 次 / 2024年3月第1版第1次印刷
印　　刷 / 河北鑫彩博图印刷有限公司
开　　本 / 889 mm × 1194 mm　1/16
印　　张 / 17.5
字　　数 / 467千字
定　　价 / 149.00元

FOREWORD 前言

“手工木工”课程是家具设计与制造、木业产品设计与制造、家具艺术设计、室内设计、环境艺术设计等相关专业的一门技术应用型课程。本书以实木家具的识图、放样、选料、工艺制定、手工制作为主要学习内容，采用任务工作式教学方式，在完成任务过程中学习相关支撑知识与技能。

党的二十大报告指出：“推进教育数字化，建设全民终身学习的学习型社会、学习型大国。”本书基于一个实木家具制作者的系列工作任务设计学习任务，任务从对产品图纸识别、异形零部件放样、原材料选优、制作工艺制定、手工木工工具选用与保养维护，最终到产品制作并参考世界技能大赛家具制作项目评判流程进行产品质量检验，从易到难螺旋进阶，从而获得工作技能。学习者完成这些任务可获得本课程的学习结果，而手工木工的相关理论知识则在实施任务教学的过程中以“边做边学、边学边做”的方式进行拓展而获得。同时，书中配备丰富的数字资源，可供在校学生、企业职工、木工爱好者学习。

本书分为 3 个模块 4 个项目 29 个任务，全部内容涵盖手工木工从业人员所必需的常用材料识别与选用、识图与放样、工具使用、产品制作四个部分的知识与技能，既包含了中国传统工具与制作技艺，也涵盖了欧式、日式工具与制作技巧，有机合并了中外手工木工技艺技术，实现了国际木作文化的兼容并进。

本书由辽宁生态工程职业学院张琦、李文杰担任主编，由辽宁生态工程职业学院田特担任副主编；清华大学基础工业训练中心曹猛，辽宁生态工程职业学院刘明、田霄、杨雪，辽阳县田校博工艺美术工作室田校博参与编写。具体编写分工如下：项目 1 任务 1、项目 4 任务 6 由田特编写；项目 1 任务 2、任务 3 由田霄编写；项目 1 任务 4 ～任务 6 由杨雪编写；项目 2 由李文杰编写；项目 3 任务 1 ～任务 5 由张琦编写；项目 3 任务 6、任务 7 由刘明编写；项目 4 任务 1 ～任务 5 由田校博编写；项目 4 任务 7 ～任务 10 由曹猛编写。本书由张琦、李文杰提出编写框架与统筹编写过程，由尹满新主审。

本书在编写过程中参考了许多相关书籍和文献资料，得到了辽宁林凤伟业装饰装修工程有限公司丁邦林，北京智匠文化咨询有限公司贾刚，中国林业出版社樊菲，鞍山浩福科技有限公司李向荣、牛国龙，辽宁建筑职业学院鲁毅、王哲的帮助与指导，在此表示感谢。

由于编者水平有限，书中难免存在待商榷之处，恳请各位读者批评指正。

编　者

CONTENTS 目录

模块 1　基础认知

模块 2　工具使用

目录 CONTENTS

模块 1

基础认知

项目 1 手工木工常用材料识别与选用

任务 1　常用实体木材识别与选用

1.1　学习目标

1. 知识目标

（1）了解常用木材的种类、用途。

（2）了解常用木材的宏观特征。

（3）了解常用木材的缺陷。

2. 能力目标

（1）能够使用常用工具完成常用木材的识别。

（2）能够识别木材的常见缺陷。

3. 素质目标

（1）培养精益求精、孜孜以求的探索精神。

（2）树立标准、规范的职业精神。

（3）培养不怕苦、不怕脏的劳动精神。

1.2　任务导入

《管子·权修》说："一年之计，莫如树谷；十年之计，莫如树木；终身之计，莫如树人。一树一获者，谷也；一树十获者，木也；一树百获者，人也。"也就是人们常说的"十年树木，百年树人"。虽然这句成语主要表达人才培养的不容易，但也从另一个方面表达了作为木材主要来源的树木生长的时限比较长。因此，合理利用木材资源在现实中具有重要的生态和社会效益。

本任务要求借助放大镜、木材检索表等工具，对木材样本进行识别，依据木材的典型特征进行分类、码垛、堆放。

1.3　知识准备

1. 木材的形成

木材产自高大的乔木的主干。要了解树木的主干是怎样生成的，首先要了解树木的生长过程。树木的生长是指树木在同化外界物质的过程中，通过细胞分裂和扩大，使树木的体积和质量产生不可逆的增加。树木是多年生植物，可以存活几十年甚至几千年。树木由以下几个部分组成。

（1）树根：树木的地下部分，占树木体积的 5%～25%。其功能是吸收水分和矿物质，将树木固定于土壤。

（2）树冠：树木的最上面部分，由树枝、树叶组成，占树木体积的 5%～25%。其功能是将树根吸收的水分和矿物质等养分以及树叶吸收的二氧化碳，通过光合作用制成碳水化合物。

（3）树干：树木地面以上的主茎部分，是树木的主体，占树木体积的 50%～90%。其功能有两个方面：一方面是将树根吸收的养分由边材运送到树叶；另一方面是将叶子制造的养料沿韧皮部输送到树木的各个部分，并与树根共同支撑整个树木。

树干是树木的中间部分，也是主要的部分，它下连根株上承树冠，是木材的主要来源。

树干由树皮、形成层、木质部和髓心四部分构成，如图 1-1 所示。

1）树皮（韧皮部）：树皮为包裹在树干、枝、根次生木质部外侧的全部组织，随木质部的直径生长，外皮逐渐破裂而剥落，其剥落方式因树种而异，如桦木呈薄纸状剥落。

2）形成层：形成层为包裹整个树干、枝、根的一个连续的鞘状层，又称侧向分生组织，分生功能在于直径的增大。

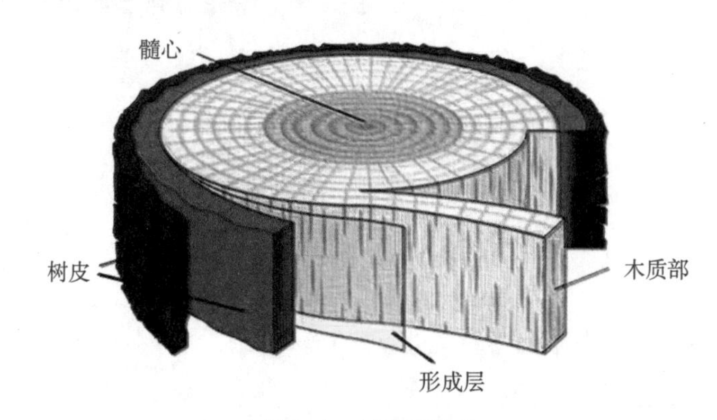

图 1-1　树干的构造

3）木质部：木质部位于形成层和髓之间，是树干的主要部分。根据细胞的来源，木质部分为初生木质部和次生木质部。初生木质部起源于顶端分生组织，常与树干的髓紧密连接，合成髓心。初生木质部占很小一部分，在髓的周围。次生木质部来源于形成层的逐年分裂，占绝大部分，是木材的主体，加工利用的木材就是这一部分。

4）髓心：髓心位于树干轴心，为木质部所包围的柔软的薄壁组织。通常直径很小，有时受外界影响而偏心。它不属于木质部，利用上无价值。髓心的组织松软，强度低，易开裂。

2. 木材的分类

（1）按树种可将木材分为针叶材和阔叶材，见表 1-1。

表 1-1　针叶材和阔叶材

种类	特点	用途	树种
针叶材	树叶细长，呈针状，多为常绿树；纹理顺直，木质较软，强度较高，表观密度小；耐腐蚀性较强，胀缩变形小	建筑工程中主要使用的树种，多用作承重构件、门窗等	松树、杉树、柏树等
阔叶材	树叶宽大，叶脉呈网状，大多为落叶树；木质较硬，加工较难；表观密度大，胀缩变形大	常用作内部装饰、次要的承重构件和胶合板等	榆树、桦树、水曲柳等

（2）按材种可将木材分为原木和锯材。生长的活树木称为立木；树木伐倒后除去枝丫与树根的树干称为原条，原条进一步加工得到原木和锯材，见表 1-2。

表 1-2　原木和锯材

种类	概念	分类	用途
原木	沿原条长度按尺寸、形状、质量、标准及材种计划等截成一定规格的木段	直接使用原木和加工原木	直接使用原木——用于屋架、檩、椽、木桩、坑木； 加工原木——用于加工锯材、胶合板等
锯材	原木经锯机纵向或横向锯解加工（按一定的规格和质量要求）所得到的板材和方材	板材和方材	家具、门窗、地板等木制品产品加工

锯材按照断面的形状不同分为板材和方材，见表 1-3。针、阔叶锯材的种类、尺寸、材质要求及分类等可参照国家标准《锯材检验》（GB/T 4822—2015）、《针叶树锯材》（GB/T 153—2019）、《阔叶树锯材》（GB/T 4817—2019）和行业标准《毛边锯材》（LY/T 1352—2012）的规定。

表 1-3　板材和方材

分类	概念	分类
板材	宽度为厚度的2倍或2倍以上	（1）按照板材宽面与生长轮之间的夹角分类。 ①径切板：板材宽面与生长轮之间的夹角为 45° ～ 90°。 ≥45° ②弦切板：板材宽面与生长轮之间的夹角为 0° ～ 45°。 <45° （2）按照厚度分类。 ①薄板：厚度在 22 mm 以下，宽度为 60 ～ 300 mm（以 10 mm 进级）。 ②中板：厚度在 23 ～ 35 mm，宽度为 60 ～ 300 mm（以 10 mm 进级）。 ③厚板：厚度在 36 ～ 60 mm，宽度为 60 ～ 300 mm（以 10 mm 进级）。 ④特厚板：厚度在 61 mm 以上，宽度为 60 ～ 300 mm（以 10 mm 进级）
方材	宽度不足厚度的2倍	按照宽、厚乘积的大小分类。 ①小方：宽、厚乘积在 55 cm^2 以下。 ②中方：宽、厚乘积在 56 ～ 100 cm^2。 ③大方：宽、厚乘积在 101 ～ 225 cm^2。 ④特大方：宽、厚乘积在 226 cm^2 以上

3. 木材的宏观构造特征

木材的宏观构造特征（宏观特征）是指用肉眼或借助 10 倍放大镜所能观察到的木材构造特征，具体又分为主要宏观特征和次要宏观特征。

探讨木材的宏观特征，首先就要了解木材的三个切面。木材的所有宏观特征都是集中表现在木材的三个不同切削面上的，因此，在介绍宏观特征前，需要先了解木材的三个切面。

由于木材构造的不均匀性，研究木材的性能时必须从各个方向观察其构造。观察和研究木材通常从三个典型切面上进行，分别是横切面、径切面和弦切面，如图 1–2 所示。木材的构造基本上都能在这三个切面上反映出来。

（1）横切面：横切面是指与树干纵轴或木纹方向相垂直的切面。在横切面上，生长轮呈同心圆环状，木射线呈辐射线状。管孔、树脂道、轴向薄壁组织的分布及各种细胞组织间的联系能清楚地反映出来。

（2）径切面：径切面是指与树干纵轴或木纹方向相平行的，或与树干半径（木射线）方向相平行的纵切面。在径切面上，生长轮呈平行竖线状，木射线呈片状并且与生长轮相互垂直。

（3）弦切面：弦切面是指与树干纵轴或木纹方向相平行的，并与树干半径（木射线）方向相垂直或与生长轮相平行的纵切面。在弦切面上，生长轮呈抛物线状，木射线呈纺锤状。

径切面和弦切面由于都是沿纹理方向的切面，所以，这两个切面被笼统地称为纵切面。在三个切面中，就肉眼观察来讲，以横切面为主要切面。

（1）木材的主要宏观特征。主要包括心材和边材、生长轮、早材和晚材、木射线、管孔、轴向薄壁组织、胞间道等。它是人们用来识别木材的依据，对木材生产、流通，贸易领域中木材检验、鉴定与识别以及木材合理加工、利用等均有着重要意义。

1）心材和边材：从木材外表颜色来看，横切面和径切面上木材颜色有深有浅，有些木材的颜色深浅是均匀一致的。一些树种树干的外围部位，水分较多，细胞仍然存活，颜色较浅的木材称为边材；而一些树种树干的中心部位，水分较少，细胞已死亡，颜色比较深的木材称为心材，如图 1–3 所示。

心材树种和边材树种有规律地反映着树种间的差别，因此可以作为识别木材种类的依据之一。无心材的树种中，由于外界影响（如菌害的侵蚀），出现了类似心材的颜色，叫作假心材（不是正常的心材），如云杉、桦木、山杨、桃树和杏树等老树。假心材的特点是不论在树干的横切面上还是纵切面上，都表现为不规则的分布和不均匀的色调。还有少数的心材树种，也由于菌害侵蚀，偶尔出现材色较浅的环带（在心材的外围有一圈边材），叫作内含边材，如圆柏。

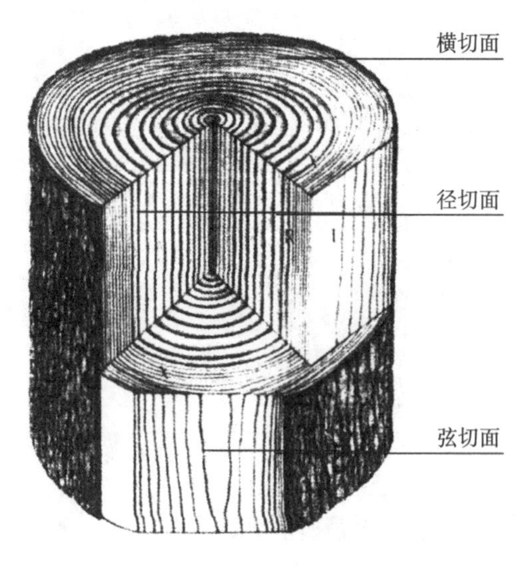

图 1–2　木材的三个切面

图 1–3　边材、心材

2）生长轮：是树木在（直径）生长过程中，由于气候交替的明显变化而形成的轮状结构，也是在树木的一个生长周期内，形成层向内分生的一层次生木质部，是围绕着髓心构成的同心圆。树木在一个生长周期内生长一层木材称为生长轮。在温带、寒带地区，树木一年内生长的一层木材称为年轮。在热带或南亚热带地区，树木生长季节仅与雨季和旱季的交替有关，一年内会形成几圈木质层，所以称为生长轮。实质上年轮也就是生长轮，但生长轮不能等同于年轮。

生长轮的宽窄随树种、树龄和生长条件而异，如泡桐、臭椿的年轮很宽，而黄杨木、紫杉的年轮通常很窄。有些树种在同一横切面上的同一年轮的宽度也有差异。

生长轮在不同的切面上呈现出不同的形状，如图 1-4 所示。在横切面上，多数树种呈同心圆状的生长轮线，为圆形封闭线条，如杉木、红松等；少数树种的生长轮线为不规则的波浪状，如红豆杉、鹅耳枥和榆木等。生长轮在径切面上表现为平行的条状，在弦切面上则呈 V 形或抛物线形的花纹。

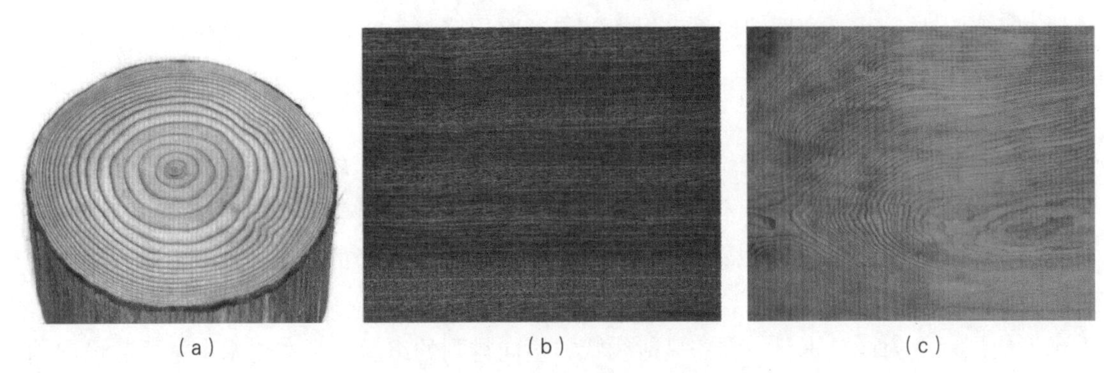

图 1-4　生长轮在不同的切面上呈现出不同的形状

(a) 横切面；(b) 径切面；(c) 弦切面

树木在生长季节内，由于受到菌虫危害，霜冻、火灾或干旱等气候突变的影响，生长暂时中断；若灾情不重，在短时间内树木又恢复生长，在同一生长周期内，形成两个或多个年轮，一般称作假年轮或伪年轮。假年轮的界限不如正常年轮明显，往往呈不规则的圆圈状，如马尾松、杉木和柏木等。在一些老树或受压木中的某些年轮，本身不是完整的一环，它的起点和终点都在相邻的年轮上，这种年轮称为不连续年轮。

3）早材和晚材：每一年轮是由两部分木材组成的。在一个年轮中，靠近髓心一侧，树木每年生长季节早期形成的一部分木材称为早材；而靠近树皮一侧，树木每年生长后期形成的一部分木材称为晚材。对于温带、寒带和亚热带生长的树木来说，每年春季雨水较多，气温高，水分、养分较充足，形成层细胞分裂速度快，细胞壁薄，形体较大，材质较疏松，颜色较浅，这就是早材材性的特征。在温带、寒带和亚热带的秋季，雨水少，树木营养物质流动缓慢，形成层细胞的活动逐渐减弱，细胞分裂速度缓慢，而后逐渐停止，形成的细胞腔小而细胞壁厚，木材组织致密，材质硬，材色深，这就是晚材材性的特征，如图 1-5 所示。两者的材性

图 1-5　早材和晚材

有着很显著的区别。

由于早、晚材结构和颜色的不同，在它们的交界处形成明显或不明显的分界线，这种界限称为年轮界限。有些树种年轮界限清晰可见，有的不清晰，人们常把这种情况叫作年轮或生长轮的明显度。年轮界限可分为明显（如杉木、红松等）、略明显（如银杏、女贞等）和不明显（如枫香、杨梅等）三种类型，对木材识别具有一定的作用。针叶材年轮界限明显，阔叶材的生长轮早材管孔比晚材管孔大，它的年轮界限也很明显。寒带、温带的散孔材年轮界限明显，但热带的散孔材年轮界限均不明显。

年轮内早材向晚材变化有急变和缓变两种类型。早材向晚材转变是突然变化、界线明显的，称为急变，如松属中马尾松、油松和樟子松等硬木松类木材。早材至晚材转变是缓慢、没有明显界线的，称为缓变，如红松、华山松和白皮松等软木松类木材。阔叶材中的环孔材是急变的。散孔材年轮内材性变化小，基本上无早、晚材之分，也就是说其早、晚材都是缓变的。

依树种不同，早、晚材宽度的比例有很大差异，常以晚材率来表示，即晚材在一个年轮中所占的比例。其计算公式为

$$P=b/a\times100\%$$

式中，P 为晚材率（%）；a 为一个年轮的宽度（cm）；b 为一个年轮内晚材的宽度（cm）。

晚材率的大小可以作为衡量木材强度高低的标志，晚材率大的树种，其木材强度也相对较高。

4）木射线：木材横切面上可以看到一些颜色较浅或略带有光泽的线条，它们沿着半径方向呈辐射状穿过年轮，这些线条称为木射线。木射线可从任一年轮处发生，一旦发生，便随着直径的增大而延长，直到形成层。木射线是木材中唯一呈射线状的横向排列的组织，它在立木中主要起横向输导和贮藏养分的作用。横向排列的木射线与其他纵向排列的组织（如导管、管胞和木纤维等）极易区别。

木射线在木材三个不同的切面上，表现出不同的形状，如图 1-6 所示。在横切面上木射线呈辐射条状，显示出其宽度和长度；在径切面上，木射线呈短的线状或带状，显示出其长度和高度；在弦切面上木射线呈竖的短线或纺锤形，显示出其宽度和高度。

(a)

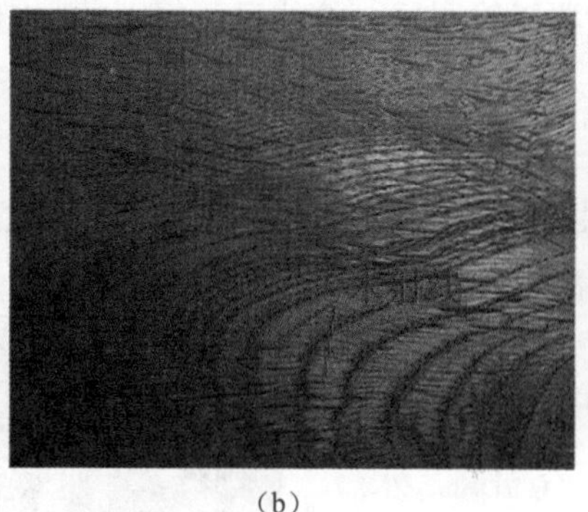
(b)

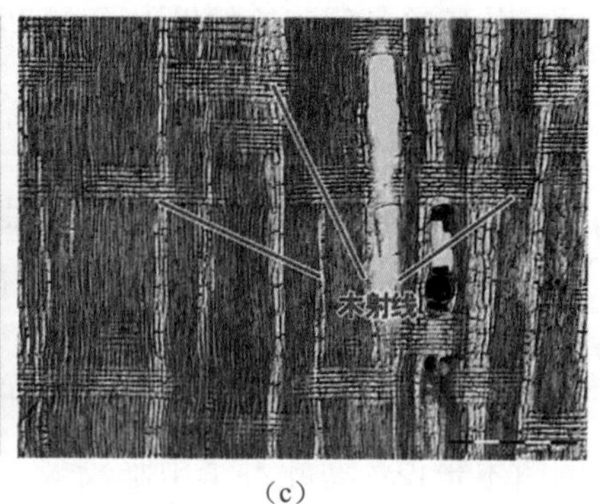

(c)

图 1-6　木材不同切面的木射线形状

（a）横切面木射线；（b）弦切面木射线；（c）径切面木射线

肉眼下，按射线宽度分为三个类型，如图 1-7 所示。

①宽木射线：宽度在 0.2 mm 以上，肉眼下可见明晰至很显著，能从三个切面看到的射线，如栓皮栎、赤杨木和青冈栎等。

②中等木射线（窄木射线）：宽度在 0.05 ～ 0.2 mm，肉眼下可见至明晰，能从横、径切面上观察到的射线，如榆木、椴木和槭木等。

③细木射线（极窄木射线）：宽度在 0.05 mm 以下，肉眼下不见至可见，只能在准确的径切面上观察到的射线，如杨木、桦木和柳木等。

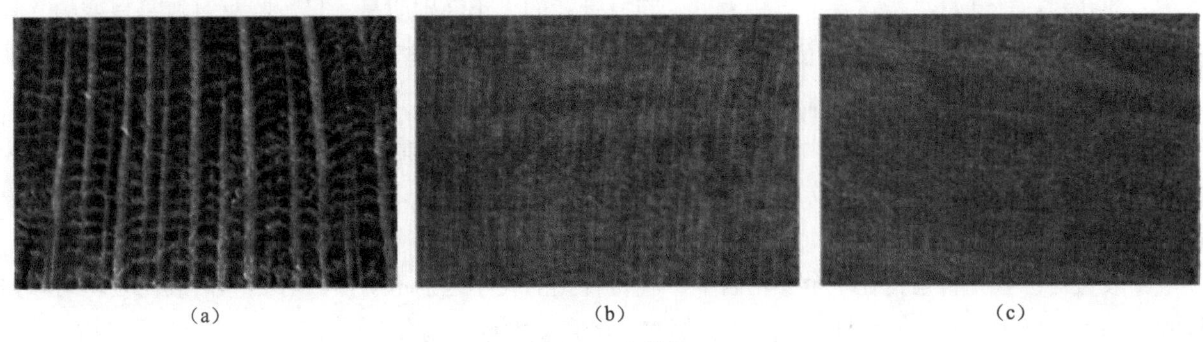

（a）　　（b）　　（c）

图 1-7　木射线

（a）宽木射线；（b）中等木射线；（c）细木射线

针叶材绝大多数树种为细木射线，少数树种为中等木射线。针叶材木射线细小，宏观下看不清楚，因此不作为其木材识别的重要特征。阔叶材的木射线，不同树种之间有明显的区别。如杨木、桦木、柳木和七叶树等少数木材为细木射线，多数阔叶材为中等木射线或宽木射线。

木射线对材性及应用有以下影响：

①宽木射线的木材，板面花纹美丽，是制作微薄木、木家具、木地板、装饰线条的好材料。

②木射线发达的木材，干燥容易开裂，易受虫菌危害。

5）管孔：阔叶材的导管在横切面上呈孔状，称为管孔。导管是阔叶材的轴向输导组织，在纵切面上呈沟槽状。有无管孔是区别阔叶材和针叶材的首要特征。针叶材没有管孔，肉眼下横切面上看不到孔状结构，故称为无孔材；阔叶材具有明显的管孔，称为有孔材，如图 1-8 所示。

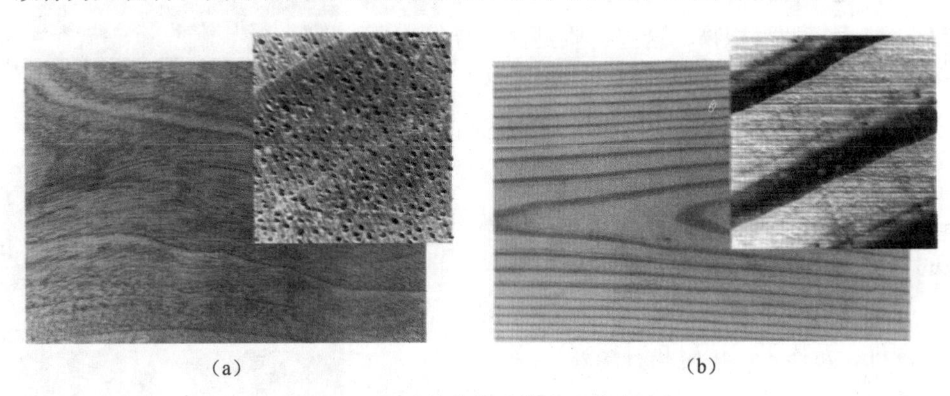

（a）　　（b）

图 1-8　阔叶材和针叶材有无管孔对比

（a）桃花心木；（b）黄松

①管孔的分级。管孔的大小是指在横切面上导管孔径的大小，是阔叶材宏观识别的特征之一。管孔大小以导管弦向直径为准，分为三级。

a. 大管孔：弦向直径在 300 μm 以上，肉眼下明显至明晰，如白椿木、栎类木材等。

b. 中管孔：弦向直径在 100 ～ 300 μm，肉眼下易见至略明晰，如槭木等。

c. 小管孔：弦向直径在 100 μm 以下，肉眼下不易见或不见，如山杨等。

②管孔的类型。阔叶材种类繁多，其木材管孔在年轮内表现出比较稳定的分布特征，是识别木材树种的重要依据。关于木材管孔的类型划分，国内外学者有不同的看法。我国学者多数认为应该划分

为三类，也有少数学者认为应该划分为五类。从林学专业角度考虑，将阔叶材划分为环孔材、半环孔材和散孔材三类表述较为适当，如图 1-9 所示。

a. 环孔材：环孔材是指在一个年轮内早、晚材管孔的大小区别明显，早、晚材过渡是急变的，管孔的大小界限区别明显，大多数的管孔沿年轮呈环状排列，有一至多列，如刺槐、刺楸、麻栎、枥属、黄波罗和榆属等。

b. 半环孔材（半散孔材）：半环孔材是指在一个年轮内，早材管孔较晚材管孔大，但其过渡是缓变的，管孔大小的界限不明显，分布不均匀，介于环孔材与散孔材之间，如核桃木、枫杨、柿树、华西枫杨和香樟等。

c. 散孔材：散孔材是指在一个年轮内早、晚材管孔的大小区别不明显，分布均匀或比较均匀，如杨木、柳木、枫香、悬铃木、桦木、椴木、槭木、冬青、木兰、鹅掌楸和杜鹃等。

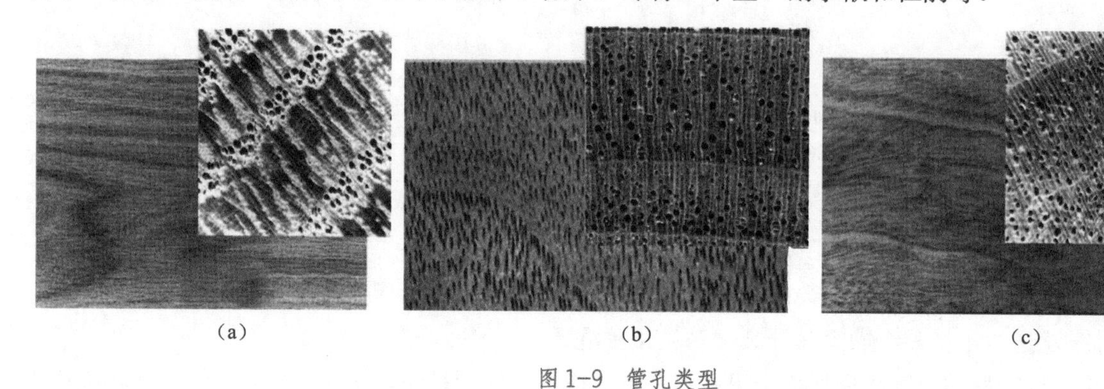

(a)　(b)　(c)

图 1-9　管孔类型

(a) 散孔材 · 桃花心木；(b) 半环孔材 · 黑胡桃；(c) 环孔材 · 红樟

③管孔的内含物。管孔的内含物是指在管孔内存在的侵填体、树胶及一些无定型沉积物。这些物质是由于导管内压力降低，相邻接的木射线、轴向薄壁组织的原生质，在纹孔膜的包被下通过壁上的纹孔挤入导管腔而形成的，如图 1-10 所示。

a. 侵填体：在某些阔叶材的心材导管中，从纵切面上观察，常出现的一种泡沫状的填充物，称为侵填体。在良好的光线条件下，早材管孔内的侵填体常出现亮晶晶的光泽，如刺槐、山槐、麻栎、黄连木、檫树和石梓等。

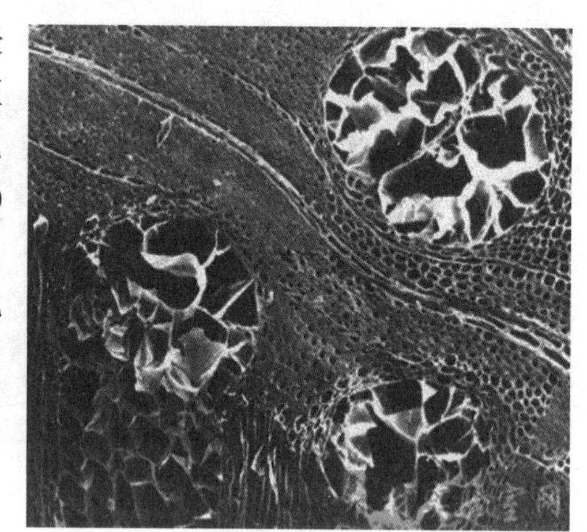

图 1-10　管孔的内含物及胶状物

侵填体在木材利用上也具有一定意义，如过去做酒桶、水桶等选用具有侵填体的麻栎（欧洲称为橡木酒桶），而不选用无侵填体的栓皮栎。因为侵填体多的木材，管孔被堵塞，降低了气体和液体在木材中的渗透性。由此可知，具有侵填体的木材是难以进行浸渍处理的，但其耐久性能比不具侵填体的木材显著提高。

b. 树胶和其他沉积物：有些阔叶材导管内存在树胶、矿物质或其他沉积物，它们不像侵填体那样有光泽，呈现不定型的褐色或红褐色的胶块，如黄波罗、楝木等。柚木的导管内常具有白垩质的沉积物，大叶合欢的导管内有白色的矿物质。这些物质在木材加工时，容易磨损刀具，但提高了木材的天然耐久性。

6）轴向薄壁组织：轴向薄壁组织是由形成层纺锤状原始细胞分裂所形成的薄壁细胞群，也就是纵向排列的薄壁细胞所构成的组织。树木进化程度高的树种含有较多的轴向薄壁细胞。这类细胞腔大、壁薄，横切面上可见其材色较周围的稍浅，用水湿润后则更加明显。具发达轴向薄壁组织的树种，肉眼下很容易与其他组织区别开来，如图 1–11 所示。

图 1–11　轴向薄壁组织

针叶材的薄壁组织不发达（1%）或根本没有，在肉眼或放大镜下不易辨别，仅在少数树种（如杉木、陆均松、柏木、冷杉、罗汉松等）中存在。阔叶材薄壁组织比较发达，占木材体积的 2% ～ 15%。它的分布类型很多，有一定的规律。它的清晰度和分布类型是识别阔叶材的重要特征。

轴向薄壁组织是贮藏养分的细胞，所以轴向薄壁组织发达的木材不耐用，易被虫蛀或导致木材的开裂和强度的降低。但其在纵切面上常构成美丽的花纹，提高了使用价值。

7）胞间道：胞间道是由分泌细胞环绕而成的长度不定的管状细胞间隙。在针叶材中贮藏树脂的胞间道叫作树脂道；在阔叶材中贮藏树胶的胞间道叫作树胶道。

8）树脂道：树脂道是针叶材中长度不定的细胞间隙，其边缘为分泌树脂的薄壁细胞，用来贮藏树脂。由于树脂道在秋季形成，因而木材横切面上树脂道在年轮内多见于晚材或晚材附近部分，呈白色或浅色的小点，大的如针孔，小的需在放大镜下才能见到。纵切面上呈深色或褐色的沟槽或细线条。

在针叶材中，树脂道常见于松属、落叶松属、云杉属、黄杉属、银杉属和油杉属六属木材中。树脂道的有无、多少及大小对识别针叶材有着重要意义。

根据树脂道在树干中的分布，树脂道分为纵向树脂道和横向树脂道。纵向树脂道因个体较大和数量较多，因而在肉眼识别木材时显示出重要的意义。如松属树脂道个体较大，在肉眼下显著或明晰，为灰白色或浅褐色的小点，散布于年轮的晚材或晚材附近，并且数量较多；但落叶松、云杉和黄杉等属的树脂道个体较小和数量较少，在肉眼下不明晰甚至看不到。横向树脂道位于木射线中央，因其个体较小和数量较少，一般在肉眼下并不明晰，因而也很少应用，但在显微镜下仍为必须观察的重要特征。在以上六属木材中，只有油杉属没有横向树脂道，其他五属二者兼有，是正常的生理活动，如图 1–12 所示。

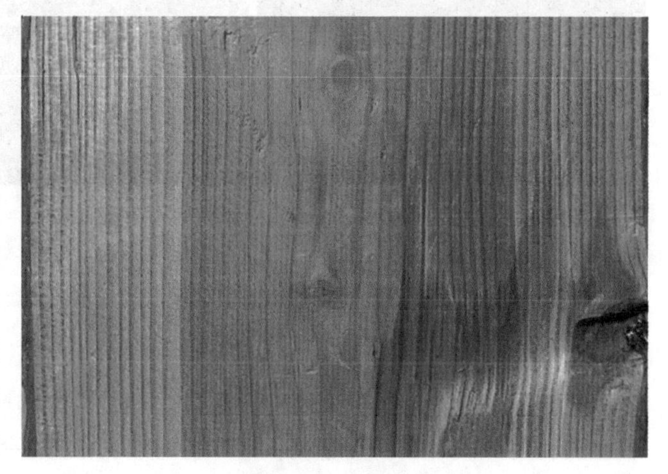

图 1–12　树脂道

根据树脂道的发生情况，树脂道分为正常树脂道和创伤树脂道。正常树脂道发生在上述松科六属木材中，呈星散状排列，均匀分布于年轮晚材内或晚材附近，树木各个部位可见；创伤树脂道是树木因创伤产生，具有正常树脂道的六个属木材和没有正常树脂道的其他树种都可发生，如冷杉、铁杉、雪松、水杉等。创伤树脂道的个体较正常树脂道大，多分布于年轮边缘，三个以上呈弦向排列，仅见于树木受伤部位。实践中必须注意将二者加以区别。

9）树胶道：某些阔叶材胞间道（较树脂道小难见）内含有树胶、油类等胶状物，称之为树胶道。树胶道和树脂道一样也有纵向树胶道和横向树胶道两种。纵向树胶道在横切面上多数为弦向分布，少数为单独星散分布。树胶道没有树脂道那么显眼易见，且易与管孔相混。纵向和横向两种树胶道一般很少同时出现在一种木材内。纵向树胶道常见于龙脑香科和豆科的某些木材中，对热带树种有特征性的意义，而且在识别上有一定的价值。例如，柳桉常具有树胶道，而桃花心木和卡雅楝没有树胶道，由于这三种木材的商品名称人们通俗地都叫桃花心木（柳桉叫菲律宾桃花心木、桃花心木叫美洲桃花心木、卡雅楝叫非洲桃花心木），因此，用这种方法识别比较方便。横向树胶道是漆树、黄连木和橄榄等属的特征，但一般在肉眼或放大镜下不易看见，只有在显微镜下才明晰。

阔叶材内也有创伤树胶道，在木材横切面上常呈弦向点状长线分布，肉眼下易见，常出现于肾果木和枫香等。

（2）木材的次要宏观特征。主要包括材色、气味和滋味、结构、纹理与花纹。

1）材色：木材是由细胞壁构成的，而构成细胞壁的主体纤维素本身是无色、无味的物质，只是由于色素、单宁、树脂和树胶等内含物沉积于木材细胞腔，并渗透到细胞壁中，使木材呈现出各种颜色。例如，松木为鹅黄色略带红褐色；紫杉为紫红色；桧木为鲜红色略带褐色；楝木为浅红褐色；香椿为鲜红褐色；漆木为黄绿色；刺槐为黄色、黄褐色；云杉、杨木为白色、黄白色等。这些颜色反映了树种的特征，是木材识别和木材利用的重要依据之一，如图 1-13 所示。

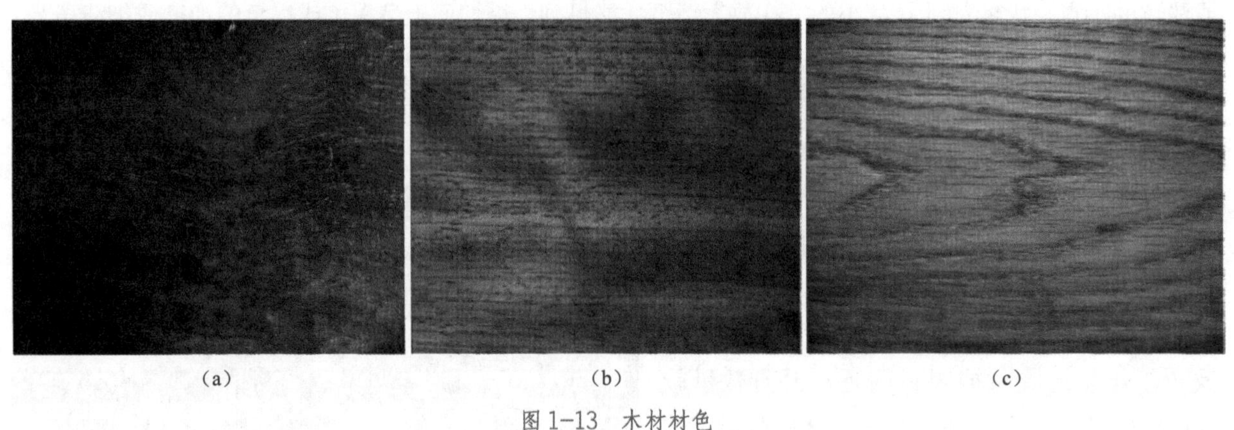

图 1-13　木材材色

（a）紫檀木；（b）花梨木；（c）白橡木

材色深的木材比较耐腐，材色浅的木材容易腐朽，但用于造纸效果较好。产生木材中各种颜色的色素能够溶解于水或有机溶剂中，通过处理可从中提取各种颜色的染料，用于纺织或其他化学工业，增加其利用价值。在现代建筑和室内装饰中，根据各种树种十分悦目的材色对人类视觉产生的优良观感效果，直接用作室内装饰和制作工艺美术品及家具，可产生良好的装饰效果。一些脱色、漂白处理的木材，可用于造纸等轻工业。还有一些经染色的木材，又可加工成人造红木、人造乌木等特殊用材。

人们还可以利用光泽这个特征来鉴定木材，光泽是指光线在木材表面反射时所呈现的光亮度。不同树种之间光泽的强弱与树种、构造特征等因素有关。可以借助木材的光泽，鉴定一些宏观特征相似的木材。如云杉和冷杉宏观特征和颜色极为相似，但云杉的材面呈娟丝光泽，而冷杉的材面光泽较淡，这样就把两者区别开了。

2）木材的气味和滋味：由于木材中含有各种挥发性油、树脂、树胶、芳香油及其他物质，因此随树种的不同，产生了各种不同的味道，特别是新砍伐的木材味道较浓。如松木含有清香的松脂气味；柏木、侧柏、圆柏等有柏木香气；雪松有辛辣气味；杨木具有青草味；椴木有腻子气味。我国海南岛的降香木和印度的黄檀具有名贵香气，因为该种木材中含有具有香气的黄檀素，宗教人士常用此种木材制成小木条作为佛香。檀香木具有馥郁的香味，可用来气熏物品或制成散发香气的工艺美术品，如檀香扇。

此外，樟科的一些木材具有特殊的樟脑气味，因它含有樟脑油，用这种木材制作的衣箱，耐菌蚀、抗虫蛀，可长期保存衣物。还有些树种有酸臭气味等。

木材的气味不仅可帮助人们识别木材，而且有很多重要用途。但是，木材的气味也给其利用带来了局限性，如不易做食品包装箱、茶叶箱等，会影响食品的风味；还有个别木材的气味对人体有害或对皮肤有过敏现象。

木材的滋味是指一些木材具有特殊的味道，它是木材中所含的水溶性抽提物中的一些特殊化学物质。如板栗具有涩味；肉桂具有辛辣及甘甜味；黄连木、苦木具有苦味；糖槭具有甜味等。

3）木材的结构、纹理与花纹：木材的结构是指组成木材的各种细胞的大小和差异程度。阔叶材是以导管的弦向平均直径、数目和射线的多少等来表示。若木材由较多的大细胞组成，称为粗结构，如泡桐等；若木材由较多的小细胞组成，材质致密，称为细结构，如桦木、椴木和槭木等；若组成木材的细胞大小变化不大，称为均匀结构，如阔叶材中的散孔材；若组成木材的细胞大小变化较大，称为不均匀结构，如阔叶材中的环孔材。针叶材以管胞弦向平均直径、早晚材变化缓急、晚材带宽窄和空隙率大小等来表示。晚材带窄、缓变的，如柏木等木材为细结构；晚材带宽、急变的，如落叶松、马尾松等木材为粗结构，如图 1-14 所示。

（a）

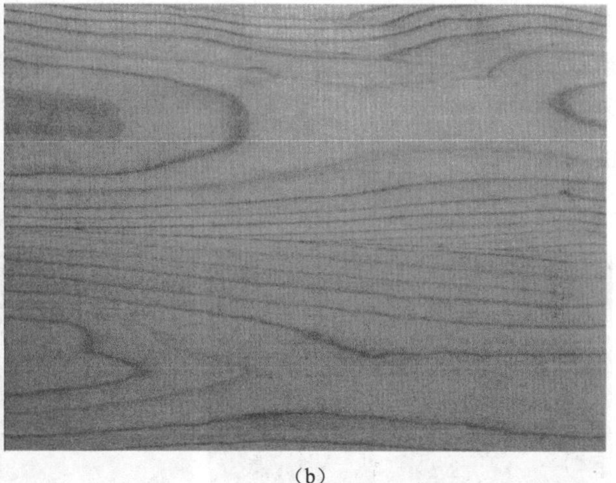

（b）

图 1-14　木材结构

（a）细结构；（b）粗结构

木材纹理是指构成木材主要细胞（纤维、导管、管胞等）的排列方向反映到木材外观上的特征。木材纹理根据排列方向通常分为三种情况：排列方向与树干基本平行的叫直纹理，如红松、杉木和榆木等，这类木材强度高、易加工，但花纹简单；排列方向与树干不平行呈一定角度的倾斜叫斜纹理，如圆柏、枫香和香樟等；排列方向错乱，左螺旋纹理与右螺旋纹理分层交错缠绕的叫交错纹理，如海棠木、大叶桉和红花天料木等。交错纹理和斜纹理木材会降低木材的强度，也不易加工，刨削面不光滑，容易起毛刺。但这些纹理不规则的木材能够刨切出美丽的花纹，主要用在木制品装饰工艺上，用它做细木工制品的贴面、镶边，涂上清漆，可保持本来的花纹和材色，如图 1-15 所示。

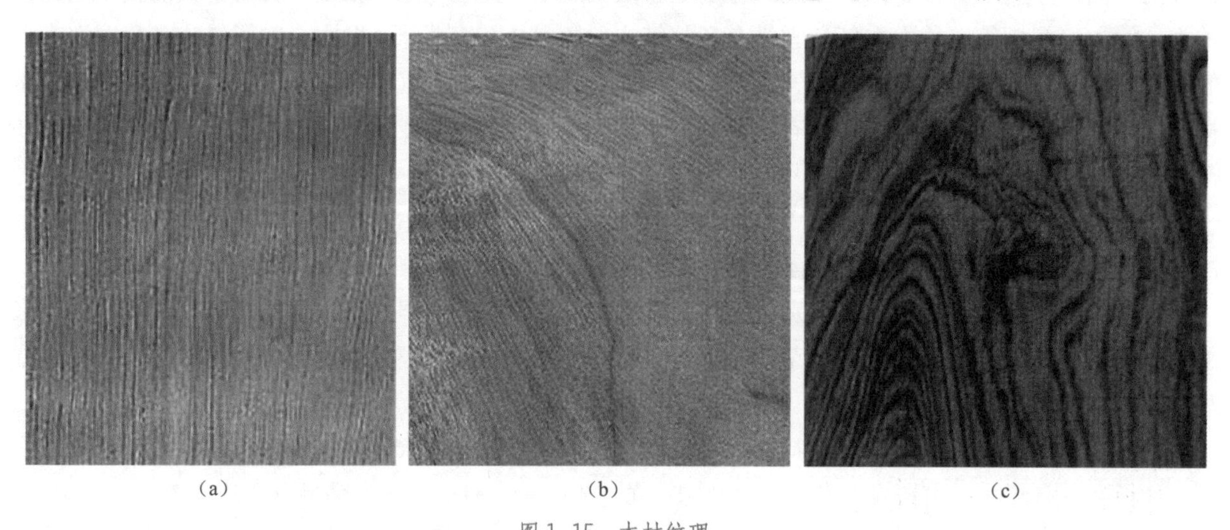

（a）　　（b）　　（c）

图 1-15　木材纹理

（a）杉木（直纹理）；（b）香樟（斜纹理）；（c）黄花梨（交错纹理）

木材的花纹是指木材表面因年轮、木射线、轴向薄壁组织、木节、树瘤、纹理、材色及锯切方向不同等而产生的种种美丽的图案。有花纹的木材可作为各种装饰材，使木制品美观华丽，也可使木材劣材优用。不同树种木材的花纹不同，对识别木材有一定的帮助。例如，由于年轮内早、晚材带管孔的大小不同或材色不同，在木材的弦切面上形成的抛物线花纹，如酸枣、山槐等；由于宽木射线斑纹受反射光的影响在弦切面上形成的银光花纹，如栎木、水青冈等；由于原木局部的凹陷形成的近似鸟眼的圆锥形，称为鸟眼花纹；由于树木的休眠芽受伤或其他原因不再发育，或由于病菌寄生在树干上形成的木质曲折交织的圆球形凸出物，称为树瘤花纹，如桦木、桃木、柳木、悬铃木和榆木等；由于木材细胞排列相互成一定角度，形成的近似鱼骨状的鱼骨花纹；由于具有波浪状或褶皱状纹斑而形成的虎皮花纹，如槭木等；由于木材中的色素物质分布不均匀，在木材上形成的许多颜色不同的带状花纹，如香樟等，如图 1-16 所示。

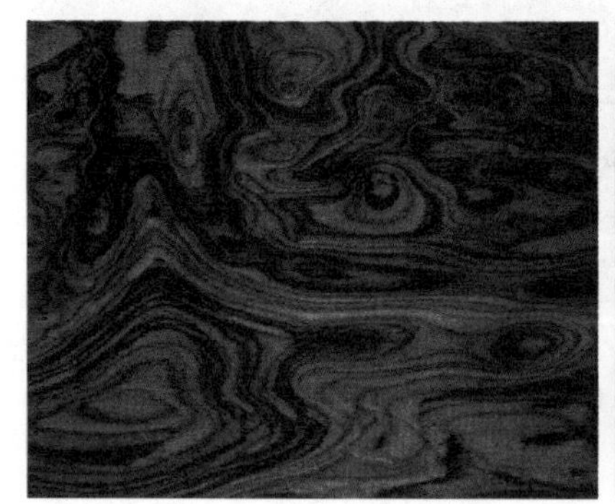

图 1-16　木材花纹

4. 木材的特性

（1）木材的化学性质。木材细胞的组成成分分为主要成分和次要成分两种。主要成分有纤维素、半纤维素和木素；次要成分有树脂、单宁、香精油、色素、生物碱、果胶、蛋白质等。

木材纤维素含量为 40%～ 50%，禾本植物纤维素含量略低。表 1-4 中显示：针叶材木素含量高于阔叶材；禾本植物和阔叶材半纤维素及聚戊糖含量高于针叶材；针叶材、阔叶材的纤维素含量无显著差别，依树种不同而略有不同。

表 1-4　针叶材、阔叶材和禾本植物主要化学成分含量的比较　%

主要化学成分	针叶材	阔叶材	禾本植物
纤维素	45	45	42
半纤维素	26	34	40
聚葡萄糖 - 甘露糖	16	5	0
聚戊糖	9	25	33
木素	29	21	17

纤维素、半纤维素和木素是构成细胞壁的物质基础，其中纤维素形成微纤丝，在细胞壁中起着骨架作用，半纤维素和木素则成为骨架间的粘接和填充材料，如图 1-17 所示，三者相互交织形成多个薄层，共同组成植物的细胞壁。

木材次要成分多存在于细胞腔内，部分存在于细胞壁和胞间层中，由于可以利用冷水、热水、碱溶液或有机溶剂浸提出来，所以又称浸提物。木材浸提物包含多种类型的天然高分子有机化合物，其中最常见的是多元酚类、萜类、树脂酸类、脂肪类和碳水化合物类等。木材浸提物与木材的色、香、味和耐久性有关，也影响木材的加工工艺和利用。

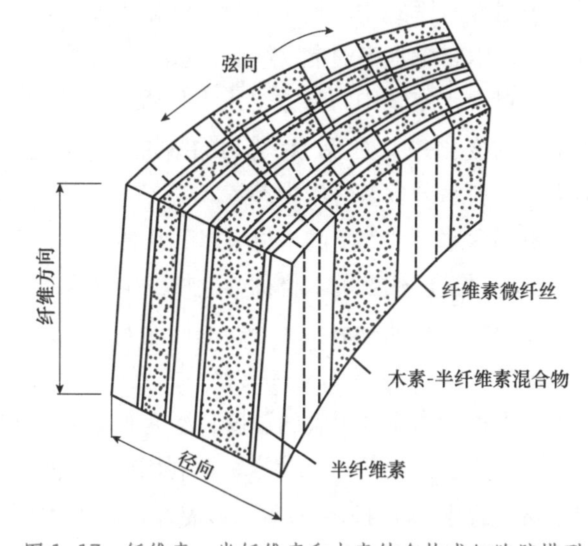

图 1-17　纤维素、半纤维素和木素结合构成细胞壁模型

不同树种、同一树种不同树株，木材的化学成分都有差异。树干与树枝的化学成分差异很大，纤维素含量树干多于树枝，木素含量、半纤维素含量、聚戊糖含量、热水抽提物（其中含有大量多元酚类物质）树枝大于树干。除少数树种如桑树、构树和柘树外，树皮中纤维素含量比木材低，约占树皮干重的 35%，树皮中的灰分和浸提物的含量都比木材高。

组成木材的基本元素和平均含量分别是碳（49.5%～ 50%）、氢（6.3%～ 6.4%）、氧（42.6%～ 44%）、氮（0.1%～ 0.2%）。此外，还有少量无机物即灰分，总含量为 0.2%～ 1.7%，主要是钾、钠、钙、磷、镁、铁、锰等元素。

（2）木材的物理性质。

1）木材中的水分种类。木材中的水分按其存在的状态可分为自由水（毛细管水）、吸着水和化合水三类。

①自由水：是指以游离态存在于木材细胞的胞腔、细胞间隙和纹孔腔这类大毛细管中的水分，包

括液态水和细胞腔内水蒸气两部分。自由水的多少主要由木材孔隙体积（孔隙度）决定，它影响到木材质量、燃烧性、渗透性和耐久性，对木材体积稳定性、力学、电学等性质无影响。

②吸着水：也称结合水，是指以吸附状态存在于细胞壁中微毛细管的水，即细胞壁微纤丝之间的水分。木材中吸着水含量在树种间差别较小，平均为30%，吸着水不易从木材中溢出，只有当自由水蒸发殆尽时方可由木材中吸着水蒸发。吸着水数量的变化对木材物理力学性质和木材加工性质的影响甚大。

③化合水：是指与木材细胞壁物质组成呈牢固的化学结合状态的水。这部分水分含量极少（<0.5%），只在对木材进行化学加工时起作用，故可忽略不计。

2）木材的含水率。木材中水分的质量和木材自身质量的百分比称为木材的含水率。木材含水率分为绝对含水率和相对含水率两种。以全干木材的质量为基准计算的含水率称为绝对含水率，以湿木材的质量为基准计算的含水率称为相对含水率。其计算公式为

$$W=(G_w-G_0)\times 100\%/G_0$$

$$W_1=(G_w-G_0)\times 100\%/G_w$$

式中，W 为绝对含水率（%）；W_1 为相对含水率（%）；G_0 为全干木材的质量（g）；G_w 为测定时木材的质量（g）。

绝对含水率式中，绝干质量是固定不变的，其结果确定、准确，可以用于比较。因此生产和科学研究中，木材含水率通常以绝对含水率来表示。

相对含水率式中，是以含水木材质量为基数，木材初期质量是变化的，增减相同质量水分时，其含水率的变化并不相等，计算出的结果也不确定，生产上用得较少，仅在造纸工业和纤维板工业及计算木材燃料水分含量时作为参考。

不同含水量状态下的木材有以下几种。

①生材：新伐倒的木材称为生材。生材含水率多在50%以上。

②湿材：长期浸泡在水中的木材称为湿材。湿材含水率高于生材，如贮木场内木材。

③气干材：生材或湿材放置于大气中，水分逐渐蒸出，最后与大气湿度平衡时的木材称为气干材。气干材含水率随大气的温度和湿度而变化，我国地域辽阔，气干材含水率多为12%～18%。

④炉干材（窑干材）：木材在利用前为缩短干燥时间，常用人工干燥法。经过人工干燥的木材称炉干材，含水率为4%～12%。板材具体含水率根据要求而定，如地板用材要求含水率为8%～12%。

⑤绝干材：绝干材是将木材放在（103±2）℃的温度下干燥，几乎可以逐出木材的全部水分，使木材含水率接近零，此种含水状态的木材，称为绝干材。

3）木材纤维饱和点。纤维饱和点是指木材胞壁含水率处于饱和状态而胞腔无自由水时的含水率。它具有非常重要的理论意义和实用价值。纤维饱和点的含水率因树种、温度及测定方法的不同而存在差异，其变化范围为23%～33%，但多种木材的纤维饱和点的含水率平均为30%。因此，通常以30%作为各个树种纤维饱和点含水率的平均值。

纤维饱和点是木材多种材性的转折点，就大多数木材力学性质而言，如含水率在纤维饱和点以上，其强度不因含水率的变化而有所增减。当木材干燥含水率减低至纤维饱和点以下时，其强度随含水率的减少而增加，两者呈一定的反比例关系，唯韧性和抗劈力不显著。

木材的含水率在纤维饱和点以上时，无论含水率增加或减少，除质量有所不同外，木材完全无收缩或膨胀，外形均保持最大尺寸，体积不变。当木材含水率减低至纤维饱和点以下时，随着含水率的

增减，木材发生膨胀或收缩。含水率减少越多，收缩率越大，两者呈一定直线关系。至绝干时，收缩至最小尺寸。

4）木材的吸湿性。木材的吸湿性是指木材从空气中吸收水分或向空气中蒸发水分的性质。木材中水分含量的多少与周围空气的相对湿度和温度有很大关系，当空气中的水蒸气压力大于木材表面的水蒸气压力时，木材从空气中吸收水分，这种现象叫作吸湿；当空气中的水蒸气压力小于木材表面的水蒸气压力时，木材中的水分向空气中蒸发，这种现象叫作解吸。

组成木材的细胞壁物质——纤维素和半纤维素等化学成分结构中有许多自由羟基，它们具有很强的吸湿能力。在一定的温度和湿度条件下，胞壁纤维素、半纤维素等成分中的自由羟基，借助氢键力和分子间力吸附空气中的水分子，形成多分子层吸附水。水层的厚度随空气相对湿度的变化而变化，当水层厚度小于它相适应的厚度时，则由空气中吸附水蒸气分子，增加水层厚度；当水层厚度大于它相适应的厚度时，则向空气中蒸发水分，水层变薄，直到达到它所适应的厚度为止。

木材中存在着大毛细管和微毛细胞系统，因此木材是个多微毛细孔体。这些毛细孔体具有很高的空隙率和巨大的内表面，具有强烈的吸附性及容易发生毛细管凝结现象。在一定相对湿度的空气中，会吸附水蒸气而形成毛细管凝结水，达到纤维饱和点为止。

在相同的大气温度和相对湿度条件下，干燥木材吸湿过程所能达到的最大含水量总是低于潮湿木材解吸过程所能达到的最小含水量，它的平衡含水率曲线不相吻合的现象称为木材吸湿滞后，如图 1-18 所示。

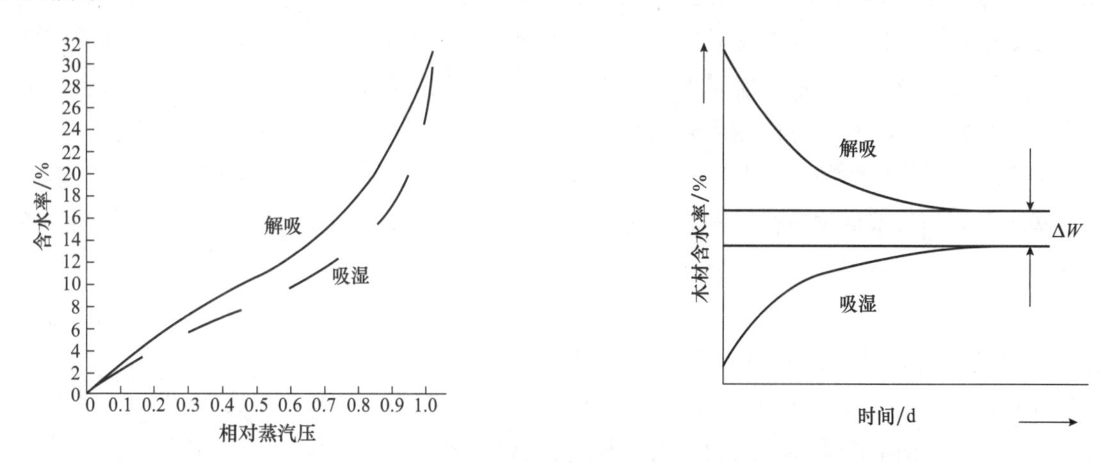

图 1-18 木材吸湿解吸与吸湿滞后

吸湿滞后现象主要发生在干燥后的木材上。木材在干燥状态下失去水分而解吸，其尺寸逐渐收缩减小。微观上，木材细胞壁微纤丝上纤维素链状分子彼此靠近，当微纤丝链之间距离很近时，部分羟基与羟基之间形成新的氢键结合；再次吸湿时因部分相互吸引、价键满足的羟基不能再从空气中吸收更多的水分，因此吸附量减少。利用木材吸湿滞后现象通过人工干燥木材，使用时木材尺寸稳定，不会从空气中吸收很多水分而发生体积变化，引起翘曲变形。

5）木材平衡含水率。木材在空气中吸收水分（吸湿）和散失水分（解吸）的速度相等，达到动态平衡、相对稳定，此时的含水率称为木材平衡含水率。由此可见，木材平衡含水率与空气温度和湿度有很大的关系。当温度一定而相对湿度不同时，木材平衡含水率随着空气湿度的升高而增大；当相对湿度一定而温度不同时，木材平衡含水率随着温度的升高而减小。这是温度升高，水分子的动能增加，分子间相互作用减弱，从而脱离木材界面向空气中蒸发的水分子增多的缘故。

同一环境下、不同树种的木材，其平衡含水率稍有差异，但差异不大，在生产上可不考虑树种间的差异。不同地区空气的温度和湿度差异很大，地区间木材平衡含水率差异很大。我国北方地区木材平衡含水率明显小于南方地区，东部沿海大于西部内陆高原。我国北方地区木材平衡含水率为12%左右，南方地区多数在15%左右，海南岛为18%。对于同一地区来说，所处湖泊和大江、大河等水湿环境周围，其木材平衡含水率较远离水湿环境的要大。

木材平衡含水率在木材加工利用上具有重要指导意义。木材吸湿时会导致木材物理力学性质变化，严重时会导致板面翘曲变形。木材加工成木制品前，必须将其干燥到与所在地区或使用地区空气温度、湿度相适应的木材平衡含水率。这样才可避免因受使用地区温度、湿度的影响而发生木材含水率变化，也就不会引起木材尺寸或形状的变化，可以保证木制品的质量。木材产品板材、方材调运时，也应将其干燥到使用地区的平衡含水率。

6）木材的干缩与湿胀。

①木材干缩和湿胀现象：湿材因干燥而缩减其尺寸的现象称为干缩；干材因吸收水分而增加其尺寸与体积的现象称为湿胀。干缩和湿胀现象主要发生在木材含水率小于纤维饱和点的情况下，当木材含水率在纤维饱和点以上时，其尺寸、体积是不会发生变化的。

木材干缩与木材湿胀是发生在两个完全相反的方向上，两者均会引起木材尺寸与体积的变化。对于小尺寸而无束缚应力的木材，理论上说其干缩与湿胀是可逆的；对于大尺寸实木试件，由于干缩应力及吸湿滞后现象的存在，干缩与湿胀是不完全可逆的。

干缩与湿胀对木材利用有很大的影响。干缩对木材利用的影响主要是引起木制品尺寸收缩而产生缝隙、翘曲变形与开裂；湿胀不仅增大木制品的尺寸发生地板隆起、门与窗关不上，而且会降低木材的力学性质，唯对木桶、木盆及船只等浸润胀紧有利。

②木材干缩（湿胀）的种类：木材的干缩分为线干缩与体积干缩两类。线干缩又分为顺着木材纹理方向的纵向干缩和与木材纹理相垂直的横向干缩。在木材的横切面上，按照直径方向和与年轮的切线方向划分，横向干缩分为径向干缩与弦向干缩，如图1-19所示。

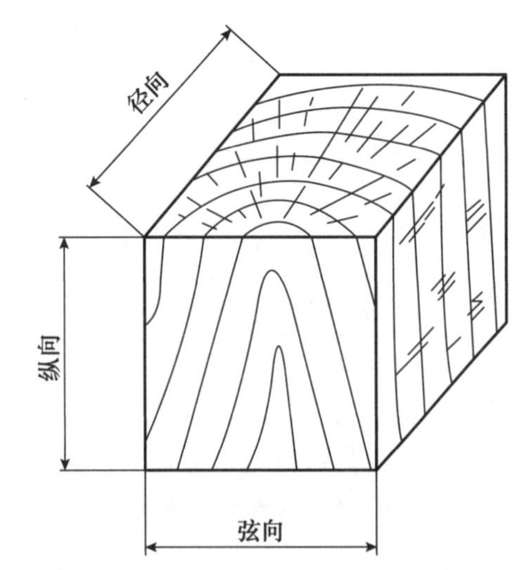

图1-19　木材各向干缩的方向

纵向干缩是沿着木材纹理方向的干缩，其收缩率数值较小，仅为0.1%～0.3%，对木材的利用影响不大。横向干缩中，径向干缩是横切面上沿直径方向的干缩，其收缩率数值为3%～6%；弦向干缩是沿着年轮切线方向的干缩，其收缩率数值为6%～12%，是径向干缩的1～2倍。由于木材结构特点，其在干缩和湿胀性质上表现出明显的方向性，各个方向干缩、湿胀的不均匀性对木材加工利用有重要影响，不可忽视。

由于木材径向干缩、弦向干缩收容率数值均较大，其体积干缩数值大，通常木材体积干缩数值在1%～20%范围内变化。这大数量的体积变化，对于含水率高的板材、方材和原木等产品来说，在贸易上会产生材积数量的短缺，木材流通领域应注意此问题。

木材干缩和湿胀的各向异性是木材的固有性质，是引起木材加工后产生各种变形、开裂等的主要原因。因此，加工木材之前应将其尽量干燥至当地年平均温度和湿度所对应的平衡含水率，以减少木制品在使用过程中的干缩、湿胀变形。

③木材的密度：单位体积内木材的质量称为木材密度，又称木材容积重或容重，单位为 g/cm^3 或 kg/m^3。木材是一种多孔性物质，木材密度计算时，木材体积包含了其空陷的体积。木材的密度除极少数树种外，通常小于 1 g/cm^3。木材密度与其物质比重有着本质上的区别，两者不能混同。

木材中水分含量的变化会引起质量和体积的变化，使木材密度值发生变化。根据木材在生产、加工过程中不同阶段的含水特点，木材密度分为以下四种，常用的是基本密度和气干密度。

a. 基本密度：全干材质量除以饱和水分时木材的体积为基本密度。它的物理意义是：单位生材体积或含水最大体积时，木材的实质质量。

b. 生材密度：生材密度是生材质量除以生材的体积。实验室条件下，用水浸泡可使木材达到形体不变，测出生材体积的相等值（与浸渍体积相同），但其质量已不是生材状态时的质量，这点需要注意。生材密度主要用于估测木材运输量和木材干燥时所需的时间与热量。过去伐木场利用水流运输木材，如生材密度很大，沉于水中，损失会很大。

c. 气干密度：气干材质量除以气干材体积为气干密度。由于各地区木材平衡含水率及木材气干程度不同，气干状态下木材含水率通常为 8%～15%。为了在树种间进行比较，需将含水率调整到统一的状态，我国规定气干材含水率为 12%，即把测定的气干材密度，均换算成含水率为 12%时的值。日常生活中所使用的木材都是气干材，因此生产中用气干密度估算木材质量和木材性质。

d. 全干材密度：木材经人工干燥使含水率为零时的木材密度，称为全干材密度或绝干密度。由于绝干材在空气中会很快地吸收水分而达到平衡含水率，其密度使用很少，只是科研比较时用此值。

木材密度大小反映出木材细胞壁中物质含量的多少，是木材性质的一个重要指标。木材密度与强度之间成正比，即在含水率相同的情况下，木材密度大则木材强度大，它是判断木材强度的最佳指标。生产中，不同用途选择树种木材时就要考虑木材质量。

④木材的热学、电学、光学、声学和环境学特性等：

a. 木材的导热性。木材是多孔性物质，其空隙中充满了空气。由于空气的导热系数小，所以一般来说，木材属于隔热材料。木材的含水率表示木材空隙中的空气被水分替代的程度。因此，木材的导热系数随着含水率的增高而增大。试验证明，含水率对其导热性的影响明显。木材含水率越低，导热性越差。木材的低导热性是木材适宜作家具用材的特殊属性。

b. 木材的导电性。木材的导电系数很小，在一般电压下，木材在全干状态或含水率极低时，基本可以看作电的绝缘体。木材的导电性随着含水率的变化而变化。含水率增大，电阻变小，导电系数增大；含水率减小，电阻变大，导电系数减小。由于木材导电系数很小，所以常被用作电器工具的手柄、电工接线板等。

c. 木材的光学特性。木材的透光性也较差，普通光线和紫外线都不能透过较厚的木材；即使 X 射线，其透过木材的最大厚度也只有 47 cm；红外线能透过木材的量，也是很少的。根据试验表明，红外线照射木材后 90%以上的能量被吸收，故木材表面很快就被灼热。根据这个性质，可以利用红外线对木材进行干燥。

d. 木材的传声特性。木材具有传声性能，材质均匀、纹理通直的木材具有良好的声学品质，如云杉、泡桐、槭木等。声学性能好的木材具有优良的声共特性和振动频谱特性，能够在冲击力作用下，由本身的振动辐射声能，发出优美音色的乐音，将弦振动的振幅扩大并美化其音色向空间辐射声能，这种特性是木材广泛用于乐器制作的依据。

e. 木材的环境学特性。木材材色、光泽度和纹理等决定木材具有良好的视觉特性；木材表面的冷暖感、粗滑感、软硬感等决定木材具有不同的触觉特性；当室内环境的相对湿度发生变化时，具有吸放湿特性的室内装饰材料或家具等可以相应地从环境吸收水分或向环境释放水分，从而起到缓和湿度变化的作用，进而改善人类的居住环境。

（3）木材缺陷。由于立地条件、生理及生物危害等原因，使木材的正常构造发生变异，以致影响木材性质，降低木材利用价值的部分，称为木材的缺陷，如木节、斜纹材的力学性质，其影响程度视缺陷的种类、质地、尺寸和分布等而不同。

1）木节：木节包被在树干中枝条的基部。木节在树干中呈尖端向着髓心的圆锥形，在成材中视节子被切割的方向可呈圆形、卵圆形、长条形或掌状，如图 1–20 所示。根据木节与树干的连生程度，木节可分为活节、半活节（半死节）和死节。与树干紧密连生的木节称为活节，如图 1–21 所示；与树干脱离的木节称为死节；与树干部分连生的木节称为半活节或半死节。

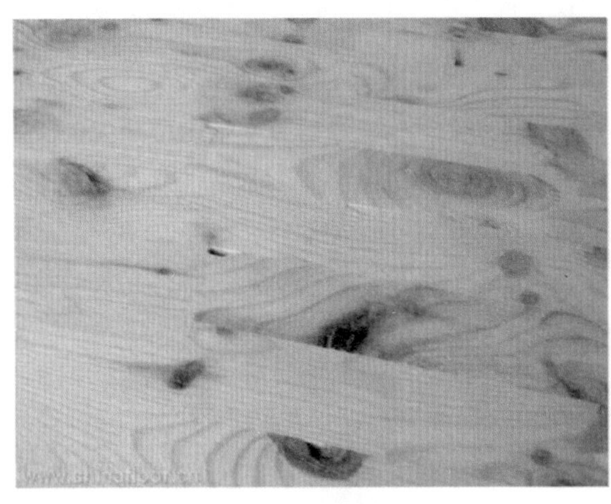

图 1–20　节子图

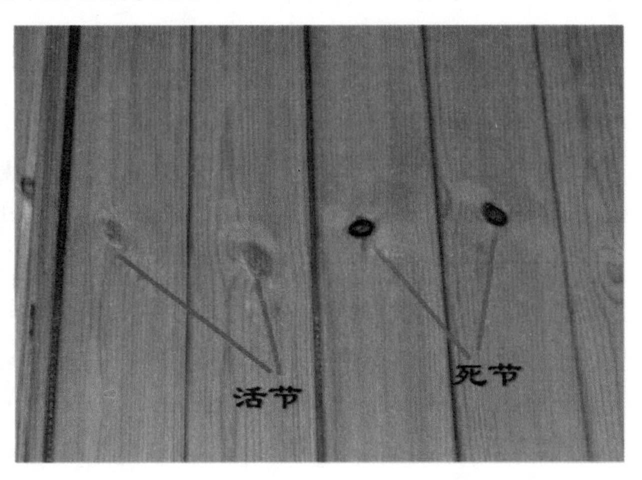

图 1–21　活节和死节

从图 1–20 和图 1–21 中节子的形成可以明显地看出，节子的纤维与其周围的纤维呈直角或倾斜状，节子周围的木材形成斜纹理，使木材纹理的走向受到干扰。节子破坏了木材密度的相对均质性，而且易于引起裂纹。节子对木材力学性质的影响取决于节子的种类、尺寸、分布及强度的性质。

木节对横纹抗压强度的影响不明显，当节子位于受力点下方、节子走向与施力方向一致时，强度不降低反而出现提高的现象。

木节对抗剪强度的影响研究得还不多，当弦面受剪时，节子起到提高抗剪强度的作用。

2）斜纹理：斜纹理是指木材纤维的排列方向与树轴或材面成一角度的纹理。在原木中斜纹理呈螺旋状，其扭转角度自边材向髓心逐渐减小。在成材中呈倾斜状。

正常木材，横纹抗压强度为顺纹抗压强度的 1/10 ～ 1/5，这种关系显然比横纹抗拉强度与顺纹抗拉强度之间的关系小得多，所以，斜纹理对顺纹抗压强度的影响比对顺纹抗拉强度的影响也小得多。木材的含水率不同，斜纹理对抗压强度的影响也不同。

3）树干形状的缺陷：树干形状的缺陷包括弯曲、尖削、凹兜和大兜。这类缺陷有损于木材的材质，降低成材的出材率，加工时纤维易被切断，降低木材的强度，尤其对抗弯、顺纹抗拉和顺纹抗压强度的影响最为明显。

4）裂纹：木材的裂纹根据裂纹的部位和方向分为径裂和轮裂。裂纹不仅发生于木材的贮存、加工和使用过程，而且有的树木在立木时期已发生裂纹。如东北的白皮榆，该树种大部分树木在立木时期就已发生轮裂；又如落叶松树种林分内也有一部分树木发生轮裂。立木的轮裂在树干基部较为严重，由下向上逐渐减轻。径裂多在贮存期间由于木材干燥而产生。当木材干燥时，原来立木中的裂纹还会继续发展。裂纹不仅降低木材的利用价值，而且影响木材的力学性质，其影响程度的大小视裂纹的尺寸、方向和部位而不同。

5）应力木：林分中生长正常的林木，通常其干形通直。但当风力或重力作用于树木时，其树干往往发生倾斜或弯曲；或当树木发生偏冠时，树干中一定部位会形成反常的木材组织。这类因树干弯曲形成的异常木材称为应力木。针叶材中，应力木形成于倾斜、弯曲树干或树枝的下方，称之为应压木。阔叶材中，应力木形成于倾斜、弯曲树干或树枝的上方，称之为应拉木。应力木在木段的横断面呈偏心状，年轮偏宽的一侧为应力木部分。

6）木材的变色和腐朽：木材为天然有机材料，在保管和使用过程中易遭受菌类的危害，发生变色和腐朽，给木材的利用造成极大的不良影响。危害木材的菌类属于真菌类。真菌的种类很多，对于木材的破坏各不相同，通常根据其对木材的破坏形式可分为木腐菌、变色菌和霉菌三类，其中主要是木腐菌。危害木材的菌类除真菌外，还有少数的细菌。

真菌危害木材，大都由孢子生长繁殖于木材而引起。孢子类似于高等植物的种子。孢子发芽产生单一细胞的菌丝，菌丝分泌酵素——酶，使木材细胞中的纤维素、半纤维素、木素及其他成分，分解为简单的水溶性化合物（如糖），以液体通过菌丝壁直接被真菌作为养料吸收与代谢。

木材的变色可分为化学性变色、变色性变色和腐朽性变色。化学性变色是锯解的木材表面接触大气后，由于物理、化学的原因引起的变色，这类变色对于木材的材质没有影响。变色性变色是变色菌引起的变色，有青（蓝）变色、粉红变色、黄变色和褐变色，其中最常见的是边材青变色。

木材腐朽是木腐菌危害木材的后期，不仅材色发生显著的变化，而且木材遭到严重破坏，变得松软易碎，各种力学性质显著降低，失去利用价值。木材强度降低的程度决定于木材腐朽的程度。

7）虫眼：虫眼即害虫在木材中蛀食的孔道。危害木材的害虫常见的有小蠹虫、天牛、吉丁虫、扁囊虫、白蚁和树蜂等害虫的幼虫，主要危害新伐木、枯立木和病腐木，有时也会侵害立木。白蚁还会危害建筑物的木材。虫眼给木材造成的危害程度视虫害的种类、虫眼的尺寸、虫眼的数量和虫眼深入木材的部位而定。虫眼可招致菌害的侵入。白蚁见于我国的南方地区，马尾松最易遭受白蚁的侵害。

在木制家具和木结构构件中常见的有粉虫眼，这种虫眼在木材的表面只见有微小的虫孔，但内部危害严重，一触即破，危害甚大。

1.4 任务实训

◇ 工作情景描述

某家具企业承接定制实木家具订单，准备利用库房闲置多年的木材完成本订单，现需进行木材识别。经调阅供货方库存清单，了解到库存木材种类多、规格杂，并且国产材与进口材混杂，不易区分，了解木材的形成与分类，进行针叶材、阔叶材识别；锯材、原木识别；板材、方材识别。

◇ 工作任务实施

工作活动 1：木材形成的典型特征识别

一、活动实施

活动步骤	活动要求	活动安排	活动记录
步骤 1	树木结构识别	具体活动 1：树根识别	记录 1：树木结构识别图
		具体活动 2：树冠识别	
		具体活动 3：树干识别	
步骤 2	木材结构识别	具体活动 1：韧皮部识别	记录 2：木材结构识别图
		具体活动 2：形成层识别	
		具体活动 3：木质部识别	
		具体活动 4：髓心识别	
步骤 3	板材识别	具体活动 1：原木、锯材识别	记录 3：原木、锯材识别图 记录 4：板材、方材识别图 记录 5：弦切材、径切材识别图
		具体活动 2：板材、方材识别	
		具体活动 3：弦切材、径切材识别	
步骤 4	三切面识别	具体活动 1：横切面识别	记录 6：木材三切面识别图
		具体活动 2：径切面识别	
		具体活动 3：弦切面识别	
步骤 5	边心材识别	具体活动 1：心材识别	记录 7：边材、心材识别图
		具体活动 2：边材识别	
步骤 6	生长轮识别	具体活动 1：生长轮识别	记录 8：生长轮、早材、晚材识别图
		具体活动 2：早材识别	
		具体活动 3：晚材识别	
步骤 7	木射线、管孔、胞间道识别	具体活动 1：木射线识别	记录 9：木射线、散孔材、环孔材、树脂道识别图
		具体活动 2：散孔材、环孔材识别	
		具体活动 3：树脂道识别	

二、活动记录

记录 1：树木结构识别图

记录 2：木材结构识别图

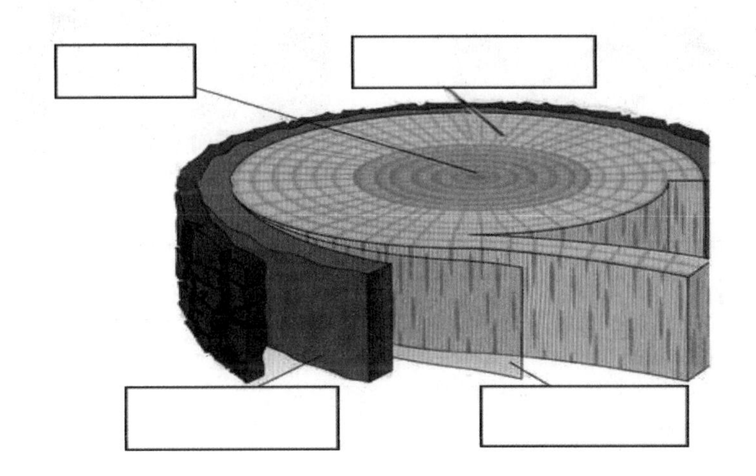

记录 3：原木、锯材识别图

记录 4：板材、方材识别图

记录 5：弦切材、径切材识别图

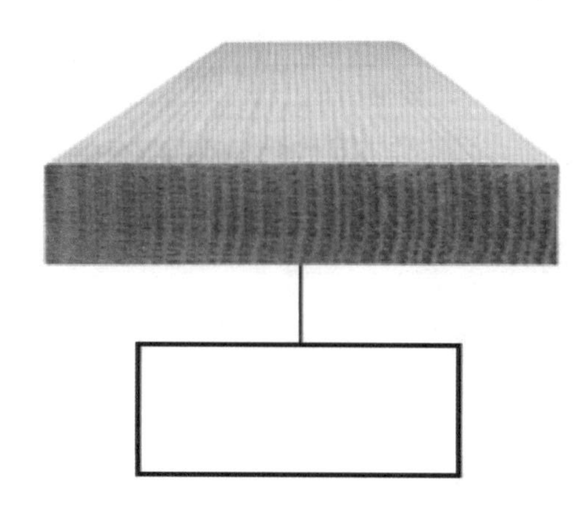

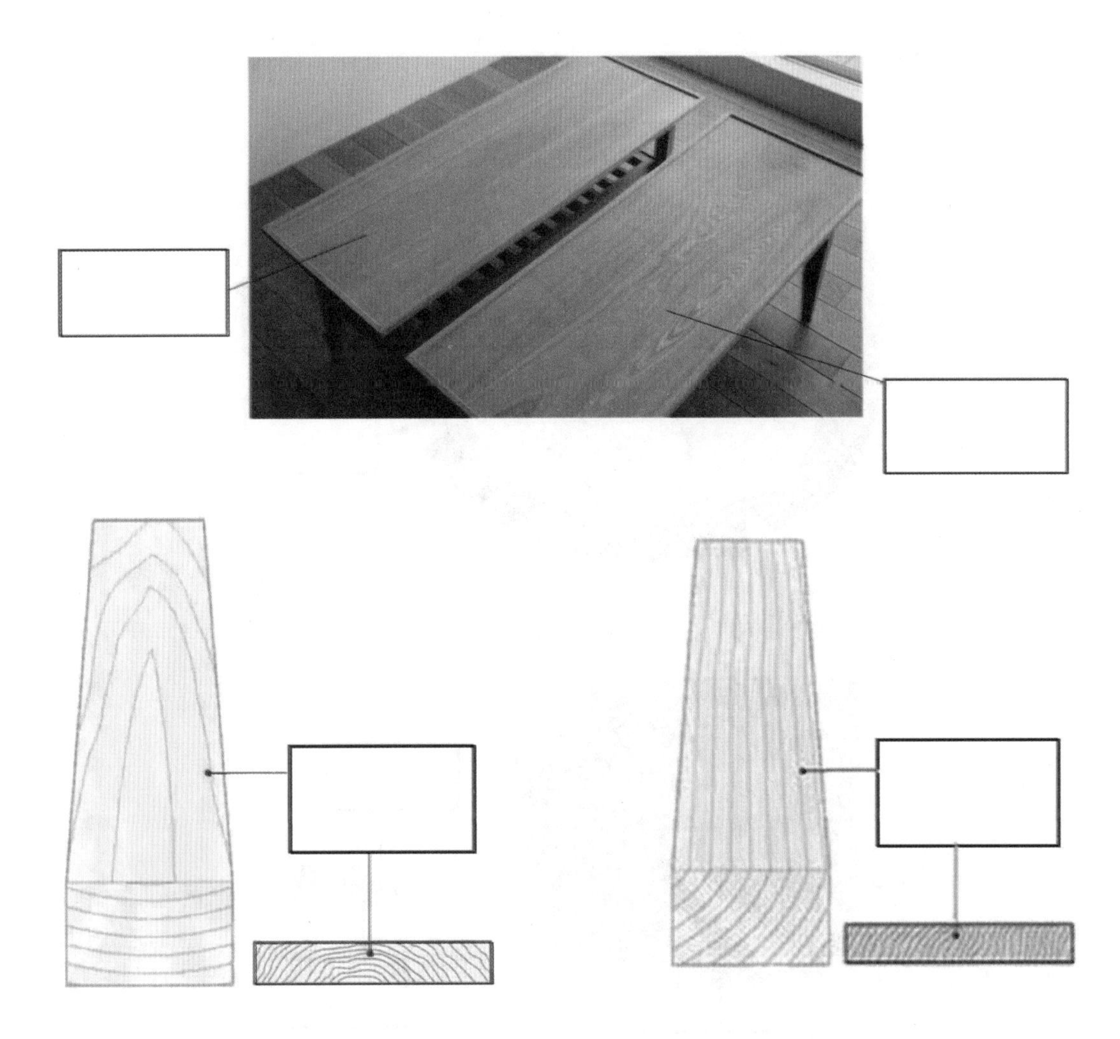

记录 6：木材三切面识别图

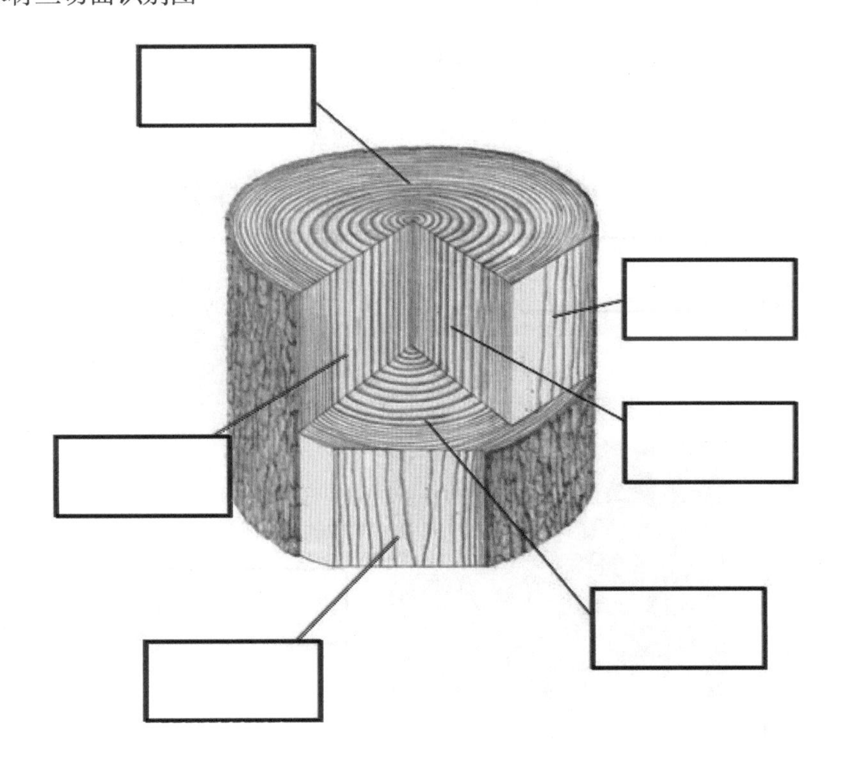

记录 7：边材、心材识别图

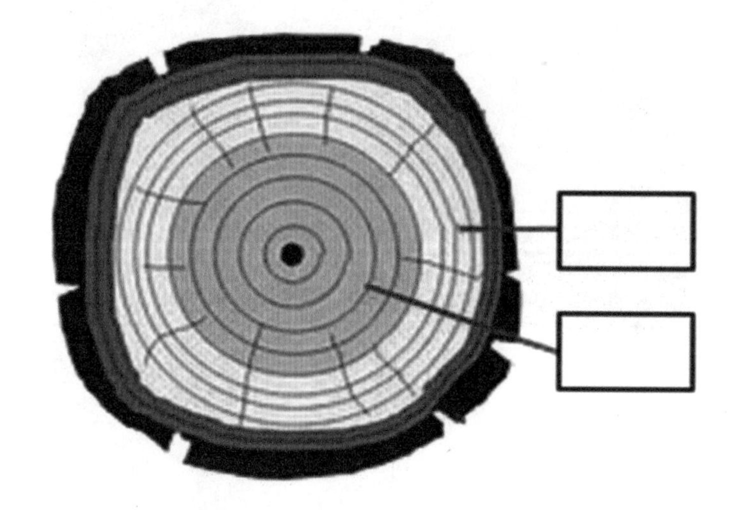

记录 8：生长轮、早材、晚材识别图

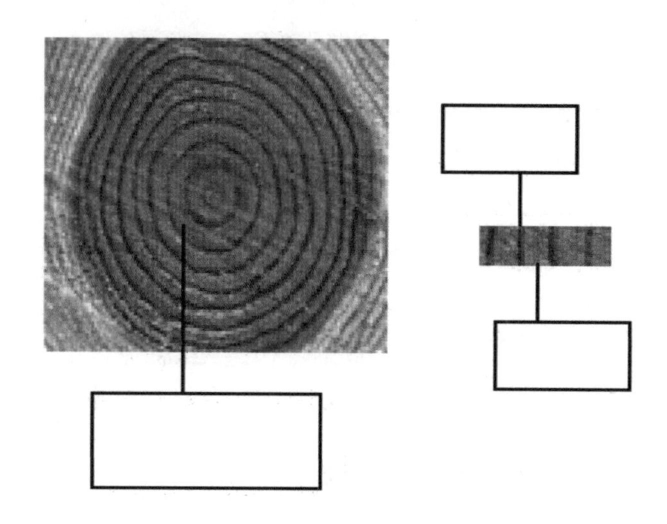

记录 9：木射线、散孔材、环孔材、树脂道识别图

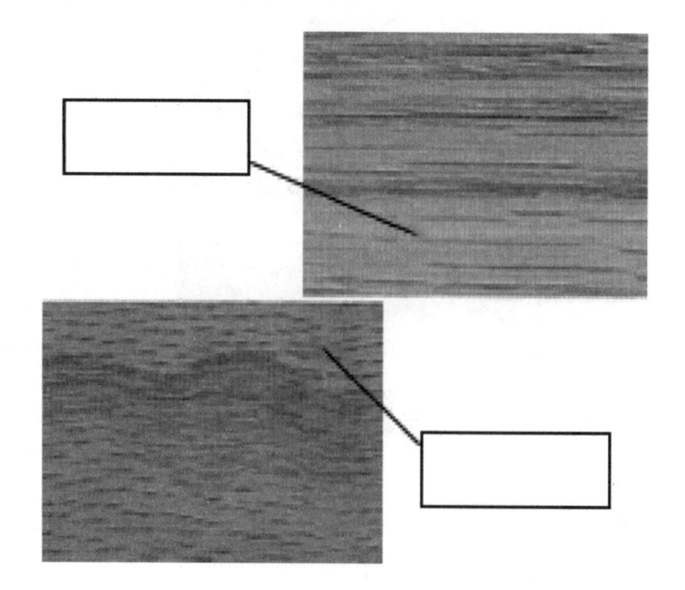

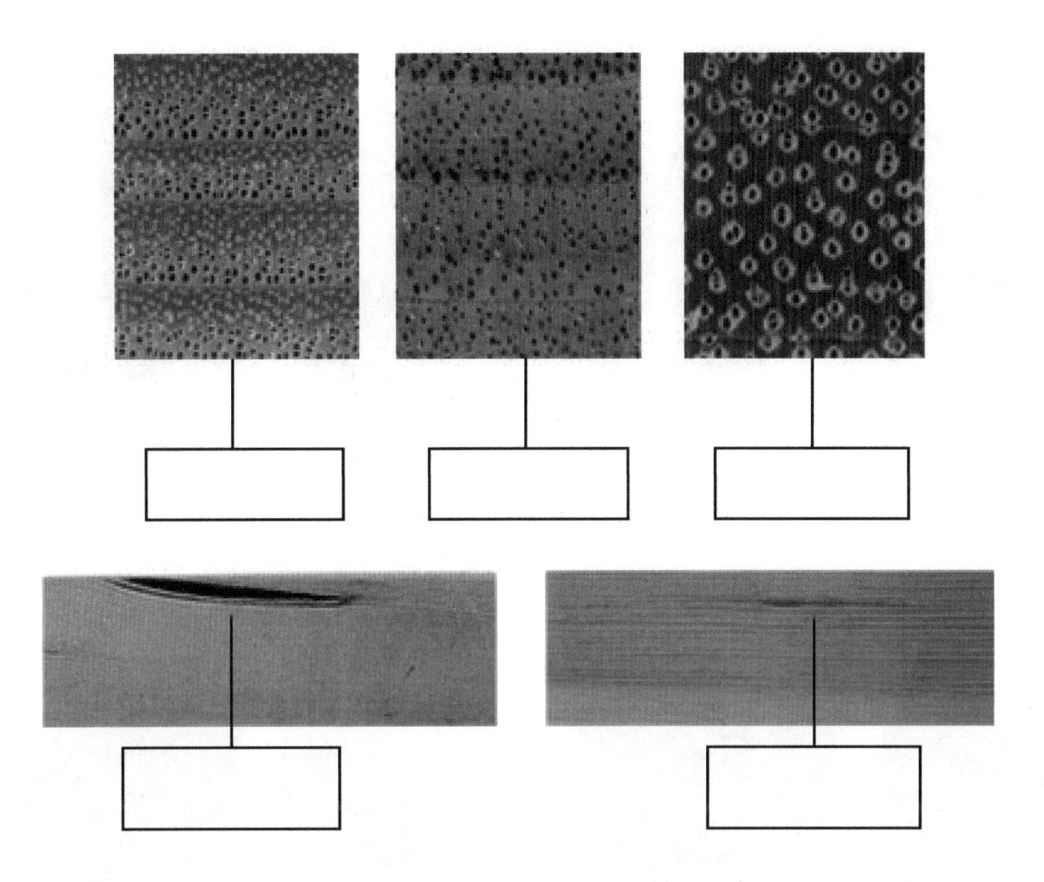

工作活动 2：木材分类识别

一、活动实施

<table>
<tr><th>活动步骤</th><th>活动要求</th><th>活动安排</th><th>活动记录</th></tr>
<tr><td rowspan="2">步骤</td><td rowspan="2">针叶材、阔叶材识别</td><td>具体活动 1：阔叶材识别</td><td rowspan="2">记录：针叶材、阔叶材识别图</td></tr>
<tr><td>具体活动 2：针叶材识别</td></tr>
</table>

二、活动记录

记录：针叶材、阔叶材识别图

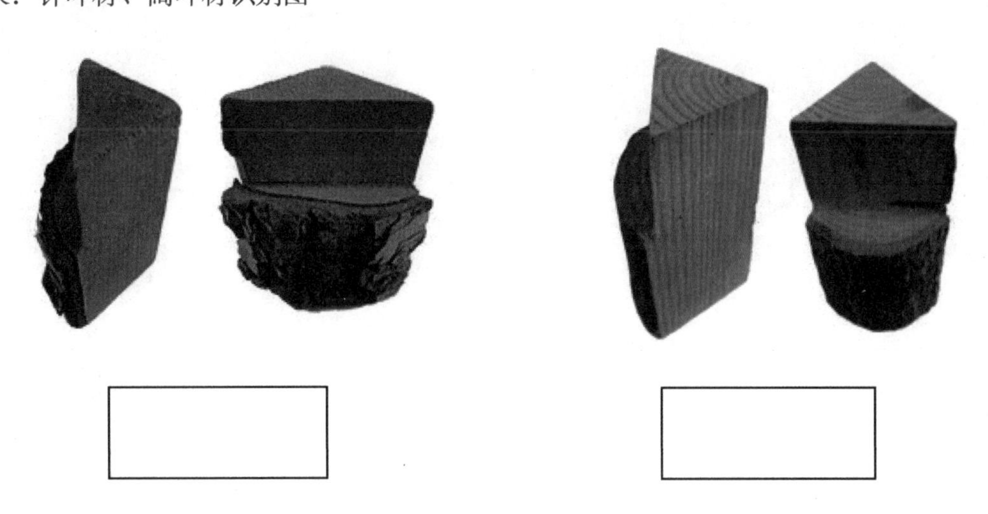

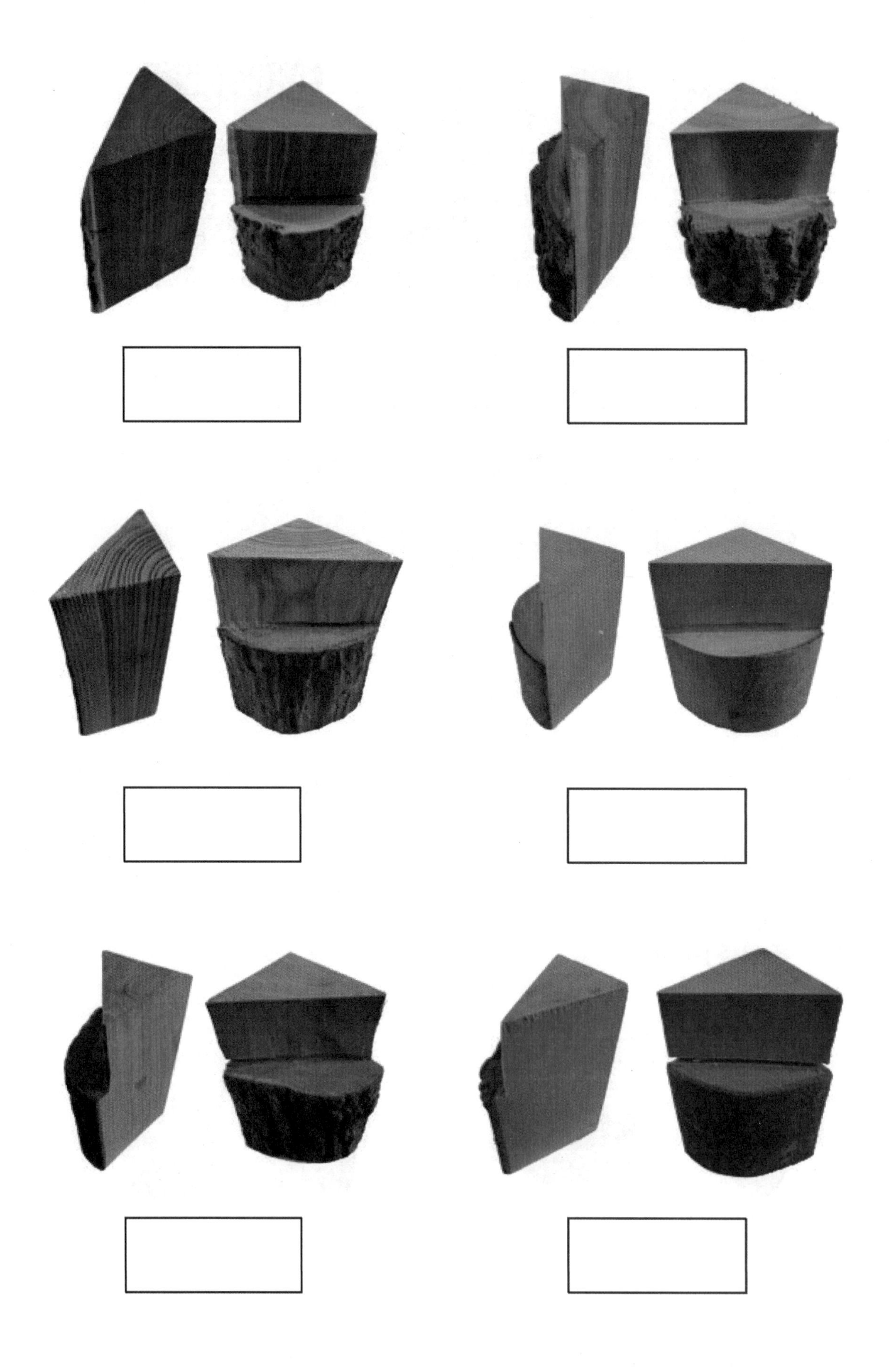

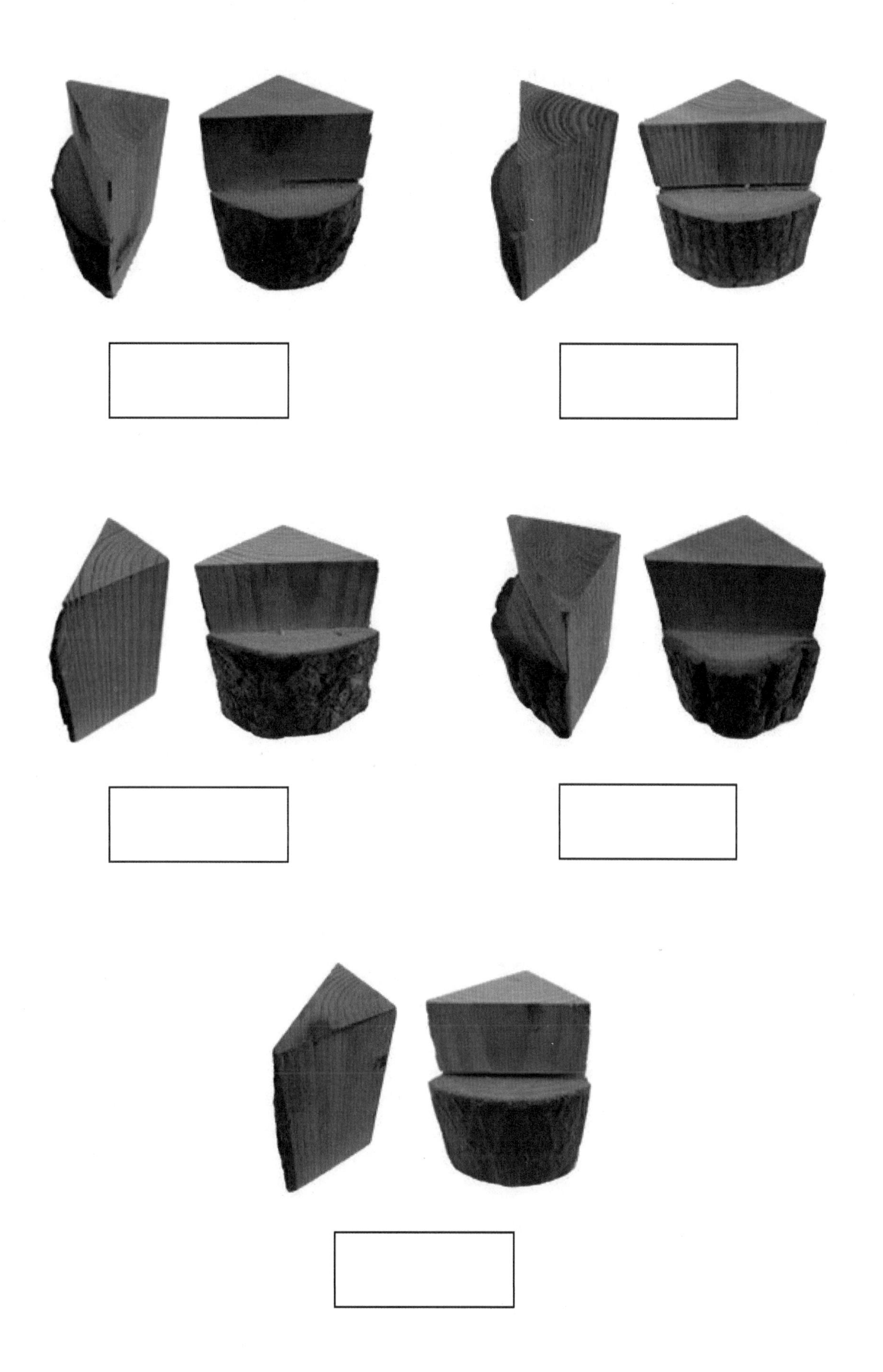

工作活动 3：木材含水率、密度测定

一、活动实施

活动步骤	活动要求	活动安排	活动记录
步骤 1	木材含水率测定	具体活动：含水率测定	记录 1：含水率测定统计表
步骤 2	木材密度测定	具体活动：密度测定	记录 2：密度测定统计表

二、活动记录

记录 1：含水率测定统计表

含水率测定统计表

试件编码	初质量	终质量	含水率	备注

记录 2：密度测定统计表

密度测定统计表

试件编码	长度	宽度	厚度	质量	密度	备注

工作活动 4：木材缺陷识别

一、活动实施

活动步骤	活动要求	活动安排	活动记录
步骤	木材缺陷识别	具体活动 1：死节、活节识别	记录：木材缺陷识别图
		具体活动 2：变色、腐朽识别	
		具体活动 3：开裂（内裂、表裂、端裂）识别	
		具体活动 4：虫眼、油料识别	

二、活动记录

记录：木材缺陷识别图

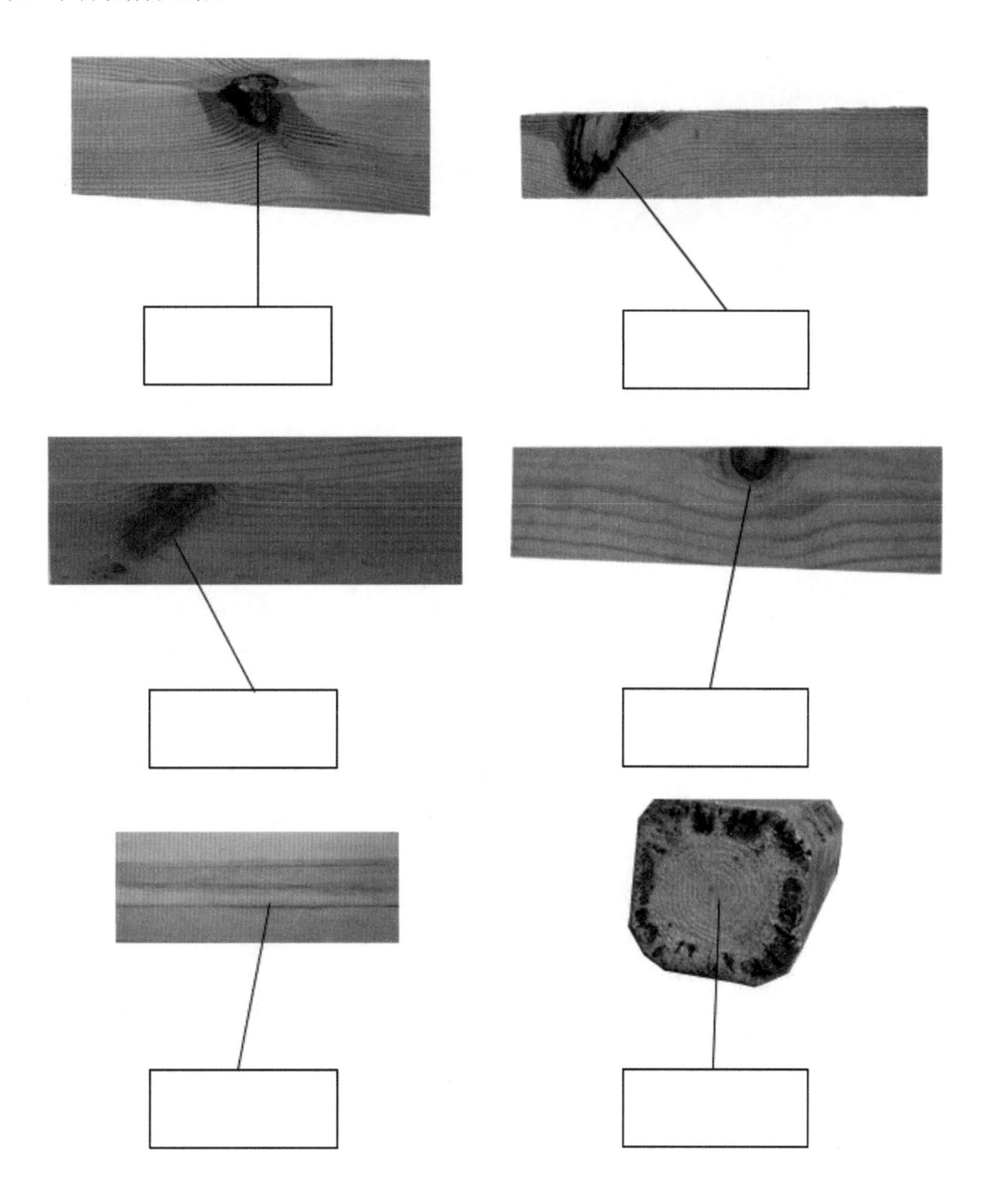

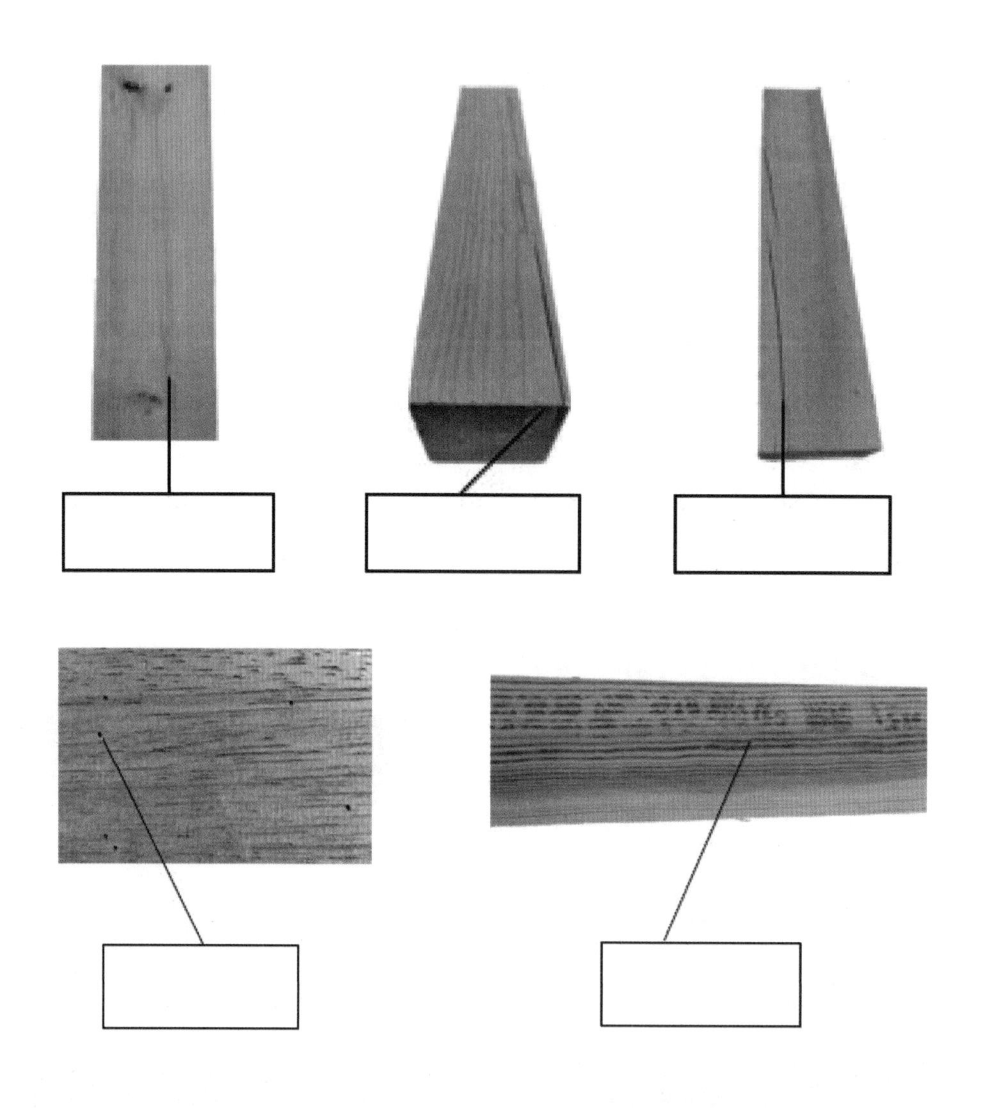

◇ **评价总结**

评价指标	权重/%	评价等级				
		优秀（90～100分）	中等（80～89分）	良好（70～79分）	合格（60～69分）	不合格（0～59分）
木材形成的典型特征识别	30					
木材分类识别	30					
木材含水率、密度测定	10					
木材缺陷识别	30					
总分						

任务 2　常用人造板材识别与选用

2.1　学习目标

1. 知识目标

（1）掌握常用人造板材的分类。

（2）掌握常用人造板材的结构特点与应用。

2. 能力目标

（1）能够区分实体木材与人造板材。

（2）能够识别常用人造板材（胶合板、刨花板、纤维板、细木工板、集成材）。

3. 素质目标

（1）具有良好的职业道德和职业素养。

（2）具有创新和创业意识、参与和实干精神。

2.2　任务导入

人造板，顾名思义，是利用木材在加工过程中产生的边角废料或其他非木材植物为原料，经一定机械加工分离成各种单元材料后，施加或不施加胶粘剂和其他添加剂胶合而成的板材或模压制品。人造板以其幅面大、结构性好、施工方便、膨胀收缩率低、尺寸稳定、材质较锯材均匀、不易变形开裂等优点成了现代木工的主要原材料之一。

本任务要求借助人造板国家标准等工具，对人造板材标本进行识别，依据人造板材的典型特征进行分类。

2.3　知识准备

1. 胶合板

胶合板又称夹板，是原木经过旋切或刨切成单板，再按相邻纤维方向互相垂直的原则组成三层或多层（一般为奇数层）板坯，涂胶热压而制成的人造板，如图 1-22 所示。

图 1-22　胶合板

（1）胶合板的分类。根据用途可分为普通胶合板和特种胶合板。普通胶合板分为Ⅰ类胶合板、Ⅱ类胶合板、Ⅲ类胶合板，分别为耐气候、耐水和不耐潮胶合板。

1）Ⅰ类胶合板能够通过煮沸试验，是可在室外条件下使用的耐气候胶合板。

2）Ⅱ类胶合板能够通过（63±3）℃热水浸渍试验，是可在潮湿条件下使用的耐水胶合板。

3）Ⅲ类胶合板能够通过（20±3）℃冷水浸泡试验，是可在干燥条件下使用的不耐潮胶合板。

普通胶合板按表面砂光与否可分为未砂光板和砂光板；按树种可分为针叶树材胶合板和阔叶树材胶合板。

（2）胶合板的技术要求。

1）胶合板的构成原则。

①对称原则：对称中心平面两侧的单板，无论树种单板厚度、层数、制造方法、纤维方向和单板的含水率都应该互相对应，胶合板中心平面两侧各对应层不同方向的应力大小相等，即对称原则。

②奇数层原则：由于胶合板的结构是相邻层单板的纤维方向互相垂直，又必须符合对称原则，因此它的总层数必定是奇数。奇数层胶合板弯曲时最大的水平剪应力作用在中心单板上，使其有较大的强度。偶数层胶合板弯曲时最大的水平剪应力作用在胶层上而不是作用在单板上，易使胶层破坏，降低胶合板强度。

2）胶合板的尺寸规格。《普通胶合板》（GB/T 9846—2015）中规定，胶合板的幅面尺寸应符合一定的要求，见表 1-5。其中，最常用的幅面尺寸为 1 220 mm×2 440 mm。

表 1-5　胶合板的幅面尺寸　mm

宽度	长度				
915	915	1 220	1 830	2 135	—
1 220	—	1 220	1 830	2 135	2 440
注：特殊尺寸由供需双方协议					

胶合板的厚度尺寸由供需双方协商确定。

3）胶合板的含水率。胶合板的含水率需符合表 1-6 的规定。

表 1-6　胶合板的含水率要求　%

胶合板材种	类别	
	Ⅰ、Ⅱ类	Ⅲ类
阔叶树材（含热带阔叶树材）	5 ～ 14	5 ～ 16
针叶树材		

4）甲醛释放量。按《室内装饰装修材料 人造板及其制品中甲醛释放限量》（GB 18580—2017）的规定执行。人造板及其制品甲醛释放限量值为 0.124 mg/m^3，限量标识为 E1。

（3）胶合板的特点与应用。胶合板既有天然木材的一切优点，如密度轻、强度高、纹理美观、绝缘等，又可弥补天然木材自然产生的一些缺陷，如节子、幅面小、变形、纵横力学差异性大等。

胶合板生产能对原木进行合理利用。因它没有锯屑，每 2.2 ～ 2.5 m^3 原木可以生产 1 m^3 胶合板，可代替约 5 m^3 原木锯成板材使用，而每生产 1 m^3 胶合板产品，还可产生剩余物 1.2 ～ 1.5 m^3，这是生产中密度纤维板和刨花板比较好的原料。

由于胶合板具有变形小、幅面大、施工方便、不翘曲、横纹抗拉力学性能好等优点，故胶合板主要用于家具制造、室内装修、住宅建筑中等。较为特殊的用途是胶合板热压弯曲，如图 1-23 所示。

2. 刨花板

刨花板又称微粒板、颗粒板、蔗渣板，利用小径木、木材加工剩余物（板坯、截头、刨花、碎木片、锯屑等）、采伐剩余物和其他植物性材料加工成一定规格和形态的碎料或刨花，施加一定胶粘剂，经铺装成型热压而制成的一种板材，如图 1-24 所示。

图 1-23　胶合板热压弯曲家具

图 1-24　刨花板

（1）刨花板的分类。

1）根据用途可分为干燥状态下使用的刨花板、潮湿状态下使用的刨花板。

2）根据刨花板结构可分为单层结构刨花板、三层结构刨花板、渐变结构刨花板、华夫刨花板、定向刨花板（OSB）、模压刨花板（桥洞板），如图 1-25 和图 1-26 所示。

图 1-25　定向刨花板

3）根据制造方法可分为平压刨花板、挤压刨花板。

4）根据所使用的原料可分为木材刨花板、甘蔗渣刨花板、亚麻屑刨花板、秸秆刨花板（禾香板，如图 1-27 所示）、竹材刨花板、水泥刨花板、石膏刨花板。

图 1-26　桥洞板

图 1-27　禾香板

5）根据表面状况分类。

①未饰面刨花板：砂光刨花板、未砂光刨花板。

②饰面刨花板：浸渍纸饰面刨花板、装饰层压板饰面刨花板、单板饰面刨花板、表面涂饰刨花板、PVC 饰面刨花板等。

6）根据产品密度可分为低密度（0.25 ～ 0.45 g/cm^3）刨花板、中密度（0.45 ～ 0.60 g/cm^3）刨花板、高密度（0.60 ～ 1.3 g/cm^3）刨花板三种，但通常生产的多是密度为 0.60 ～ 0.70 g/cm^3 的刨花板。

（2）刨花板的技术要求。《刨花板》（GB/T 4897—2015）中规定刨花板的厚度由供需双方协商确定，幅面尺寸为 1 220 mm×2 440 mm，特殊幅面尺寸由供需双方协商确定。

刨花板的含水率为 3 % ～ 13 %，甲醛释放量应符合《室内装饰装修材料 人造板及其制品中甲醛释放限量》（GB 18580—2017）的规定。

（3）刨花板的优点。密度均匀，表面平整光滑，尺寸稳定，冲击强度高，无节疤或空洞，板材无须干燥，易贴面和机械加工，有良好的吸声和隔声性能。

（4）刨花板的缺点。纤维较粗糙，材质差，家具制品较笨重；握钉力特别是握螺钉力较低，遇水时容易发胀、变形；抗弯性和抗拉性较差；用于横向构件时易于下垂变形。

（5）刨花板的应用。主要用于办公家具、宾馆家具、民用居室家具、橱柜、音箱、复合门、复合地板、会展用具制作以及室内装修等领域，如图 1-28 所示。

图 1-28　刨花板家具

3. 纤维板

纤维板是以木材或其他植物纤维为原料，经过削片、制浆、成型、干燥和热压而制成的一种人造板材，常称为密度板，如图 1-29 所示。

（1）纤维板的分类。

1）按密度可分为低密度纤维板、中密度纤维板和高密度纤维板。其中，中密度纤维板在家具制作中较为常用，密度范围为 0.65 ～ 0.80 g/cm^3。

2）按生产工艺可分为干法纤维板、半干法纤维板和湿法纤维板，如图 1-30 所示。

图 1-29　纤维板

图 1-30　湿法纤维板

3）按原料分为木质纤维板和非木质纤维板。

（2）纤维板的技术要求。《中密度纤维板》（GB/T 11718—2021）规定中密度纤维板的幅面尺寸：宽度为 1 220 mm 或 1 830 mm，长度为 2 440 mm。特殊幅面尺寸由供需双方确定。

中密度纤维板的含水率为 3.0％～ 13.0％。

中密度纤维板的甲醛释放量应符合气候箱法、气体分析法或穿孔法中的任一限量值，由供需双方协商选择。气候箱法测得甲醛释放限量值为 0.124 mg/m^3，气体分析法测得甲醛释放限量值为 3.5 mg/（m^2 · h），穿孔法测得甲醛释放限量值为 8.0 mg/100 g。

（3）纤维板的特点与应用。

1）纤维板的特点：密度适中，结构一般为两面光，材质结构均匀对称，尺寸稳定性好，物理力学性能优良，产品幅面大，厚度范围广（2.5 ～ 60 mm），表面平整，易于进行涂饰和贴面等二次加工，可以方便地铣型边和雕刻，还可以制作各种型材。

板材的力学性能良好，可以像木材一样进行锯截、钻孔、开榫、铣槽、砂光等形式的加工。在制造过程中加入适当的添加剂，还可使板材具有一定的耐水耐潮性、阻燃性、防腐性和防虫性等。

2）纤维板的应用：在家具生产中，中密度纤维板主要用于普通家具制作所用的中厚板材和薄型板材、橱柜制作所用的防潮板材以及模压门、复合门制作所用的板材等；中密度纤维板还可用作室内装饰、礼品包装盒、鞋跟制作、胶合板 / 复合地板芯及音箱制作等，如图 1-31 所示。

图 1-31　纤维板家具

在木质家具部件上，中密度纤维板的应用包括各种家具柜体部件、抽屉面板、桌面、桌脚、床的各个部件、沙发模框、座椅的座面和靠背板、扶手等。目前，在欧洲 75％的中密度纤维板用于家具制造，在美国 85％的中密度纤维板用于家具制造，而在日本 60％的中密度纤维板用于家具制造。

4. 细木工板

细木工板俗称大芯板、木芯板、木工板，由胶拼或不胶拼木条组成的实木板状或方格板状的板芯，在两个表面上各粘贴一层或两层与板芯纹理互相垂直或平行的单板构成的材料，所以细木工板是具有实木板芯的胶合板，如图 1-32 所示。

以细木工板为基材，以三聚氰胺饰面纸贴面制作生态板，如图 1-33 所示，逐渐成为定制家具的主要制作原材料。

图 1-32　细木工板

图 1-33　生态板

（1）细木工板的分类。

1）按板芯结构分为实心细木工板、空心细木工板。

2）按板芯拼接状况分为胶拼细木工板、不胶拼细木工板。

3）按表面加工状况分为单面砂光细木工板、双面砂光细木工板、不砂光细木工板。

4）按使用环境分为室内用细木工板、室外用细木工板。

5）按层数分为三层细木工板、五层细木工板、多层细木工板。

6）按用途分为普通用细木工板、建筑用细木工板。

（2）细木工板芯条介绍。芯条占细木工板体积的60%以上，与细木工板的质量有很大关系。制造芯条的树种最好采用材质较软、木材结构均匀、变形小、干缩率小、木材弦向和径向干缩率差异较小的树种，易加工、芯条的尺寸和形状较精确，则成品板面平整性好，板材不易变形，质量较轻，有利于使用。

1）芯条含水率。一般芯条含水率为8%～12%，北方地区空气干燥可为6%～12%，南方地区空气湿度大，但不得超过15%。

2）芯条的生产流程：干板材→双面刨→多片锯→横截锯→芯条。

3）芯条厚度：木芯板的厚度加上制造木芯板时板面刨平的加工余量。

4）芯条宽度：芯板的宽度一般为厚度1.5倍，最好不要超过2倍，一些质量要求很高的细木工板芯条宽度不能大于20 mm，芯条越宽，当含水率发生变化时，芯条变形就越大。

5）芯条长度：芯条越长，细木工板的纵向弯曲强度越高，木材利用率越低。

6）芯条的材质：芯条不允许有树脂泄漏，不允许腐朽，不允许有陂楞。

7）芯板的加工：使用芯条胶拼机。木芯板胶拼后，板面粗糙不平，通常采用压刨加工，芯条加工精度很高的机拼木芯板，可以用砂光加工来代替刨光。

（3）细木工板的特点与应用。

1）特点：细木工板握螺钉力好，强度高，具有质坚、吸声、绝热等特点，而且含水率不高，为10%～13%，加工简便，用途最为广泛。

细木工板比实木板材稳定性强，但怕潮湿，施工中应注意避免用在厨卫上。

细木工板的加工工艺分为手拼和机拼两种。手拼是指人工将木条镶入夹板中，木条受到的挤压力较小，拼接不均匀，缝隙大，握钉力差，不能锯切加工，只适合做部分装修的子项目，如做实木地板的垫层毛板等。机拼的板材受到的挤压力较大，缝隙极小，拼接平整，承重力均匀，可长期使用，结构紧凑不易变形。

材质不同，质量有异，大芯板根据材质的优劣及面材的质地分为优等品、一等品及合格品。也有企业将板材等级标为A级、双A级和三A级，但是这只是企业行为，与国家标准不符，市场上已经不允许出现这种标注。

大芯板的材质有许多种，如杨木、桦木、松木、泡桐等，其中以杨木、桦木为最好，质地密实，木质不软不硬，握钉力强，不易变形；泡桐的质地很轻、较软、吸收水分大，握钉力差，不易烘干，制成的板材在使用过程中，当水分蒸发后，板材易干裂变形；松木质地坚硬，不易压制，拼接结构不好，握钉力差，变形系数大。

2）应用：细木工板经常用来制作家具、门窗及门窗套、隔断、假墙、暖气罩、窗帘盒、门套等，其防水、防潮性能优于刨花板和中密度纤维板。

5. 集成材

集成材是一种沿板材或方材平行纤维方向，用胶粘剂沿其长度、宽度或厚度方向胶合而成的材料，如图 1-34 和图 1-35 所示。

图 1-34　集成材（板材）

图 1-35　集成材（方材）

（1）集成材的分类。

1）按使用环境可分为室内用集成材和室外用集成材。室内用集成材在室内干燥状态下使用，只要满足室内使用环境下的耐久性，即可达到使用要求。室外用集成材在室外使用，经常遭受雨、雪的侵蚀以及太阳光线的照射，故要求有较高的耐久性。

2）按产品的形状可分为板状集成材、通直集成材和弯曲集成材。也可以把集成材制成异形截面，如工字形截面集成材和箱形截面集成材（或叫中空截面集成材）。

3）按承载情况可分为结构用集成材和非结构用集成材。结构用集成材是承载构件，它要求集成材具有足够的强度和刚度。非结构用集成材是非承载构件，它要求集成材外表美观。

（2）集成材的技术标准。

1）组坯原则。由指接等方式接长的板方材，在厚度方向上层积胶合时相邻层的接头尽可能错开；宽度方向预先胶拼的板方材，在厚度方向上层积胶合时相邻层的拼宽接缝应错开。规格尺寸由供需双方决定。

2）外观质量。非结构用集成材外观质量分为优等品、一等品与合格品三个等级，贴面非结构用集成材外观质量分为优等品、合格品两个等级。

（3）集成材的特点与应用。

1）集成材的特点。

①集成材由实体木材的短小料制造成要求的规格尺寸和形状，做到小材大用，劣材优用。

②集成材用料在胶合前剔除节子、腐朽等木材缺陷，这样可制造出缺陷少的材料。配板时，即使仍有木材缺陷，也可将木材缺陷分散。

③集成材保留了天然木材的材质感，外表美观。

④集成材的原料经过充分干燥，即使大截面、长尺寸，其各部分的含水率仍均一，与实体木材相比，不易开裂、变形小。

⑤在抗拉和抗压等物理力学性能方面和材料质量均匀化方面优于实体木材，并且可按层板的强弱配置，提高其强度性能，试验表明其强度性能为实体木材的 1.5 倍。

⑥按需要，集成材可以制造成通直形状、弯曲形状。按相应强度的要求，可以制造成沿长度方向截面渐变结构，也可以制造成工字形、空心方形等截面集成材。

⑦制造成弯曲形状的集成材，作为木结构构件来说，是理想的材料。

⑧胶合前，可以预先将板材进行药物处理，即使长、大材料，其内部也能有足够的药剂，使材料具有优良的防腐性、防火性和防虫性。

⑨由于用途不同，要求集成材具有足够的胶合性能和耐久性，为此，集成材加工需具备良好的技术、设备、质量管理和产品检验。

⑩与实体木材相比，集成材出材率低，产品的成本高。

2）集成材的用途。

①在家具方面，集成材以集成板材、集成方材和集成弯曲材的形式应用到家具的制造业。

a. 集成板材应用于桌类的面板、柜类的旁板和顶底板等大幅面部件，柜类隔板、底板和抽屉底板等不外露的部件，以及抽屉面板、侧板、柜类小门等小幅面部件，如图 1-36 所示。

b. 集成方材应用于桌椅类的支架、柜类脚架等方形或旋制成圆形截面的部件。

c. 集成弯曲材应用于椅类支架、扶手、靠背、沙发、茶几等弯曲部件。

②在室内装修方面，集成材以集成板材和集成方材的形式作为室内装修的材料，如图 1-37 所示。

a. 集成板材用于楼梯侧板、踏步板、地板及墙壁装饰板等材料。

b. 集成方材用于室内门、窗、柜的横梁、立柱、装饰柱、楼梯扶手及装饰条等材料。

图 1-36　集成材家具

图 1-37　集成材房屋

2.4　任务实训

◇ 工作情景描述

某家具企业库房沉积多年人造板材，现进行库房清理，对现有库存人造板材进行分类识别，以确定其使用价值，对于有使用价值的进入企业生产线尽快消耗，对于无使用价值的进行废料处理。经调阅库存清单，了解到库存人造板材种类多、规格杂，不易区分，需掌握人造板材的分类、特点、用途，进行人造板材的识别。

◇ 工作任务实施

工作活动 1：人造板典型特征识别

一、活动实施

活动步骤	活动要求	活动安排	活动记录
步骤 1	胶合板识别	具体活动 1：胶合板对称原则识别 具体活动 2：胶合板奇数层原则识别	记录 1：胶合板对称、奇数层识别图
步骤 2	刨花板识别	具体活动 1：刨花板种类识别 具体活动 2：定向刨花板识别 具体活动 3：禾香板（秸秆刨花板）识别 具体活动 4：桥洞板识别	记录 2：普通刨花板、定向刨花板、禾香板、桥洞板识别图
步骤 3	纤维板识别	具体活动 1：纤维板识别 具体活动 2：湿法硬质纤维板识别	记录 3：纤维板、湿法硬质纤维板识别图
步骤 4	细木工板识别	具体活动：细木工板识别	记录 4：细木工板、生态板识别图
步骤 5	集成材识别	具体活动：集成材识别	记录 5：集成板材、集成方材识别图

二、活动记录

记录 1：胶合板对称、奇数层识别图

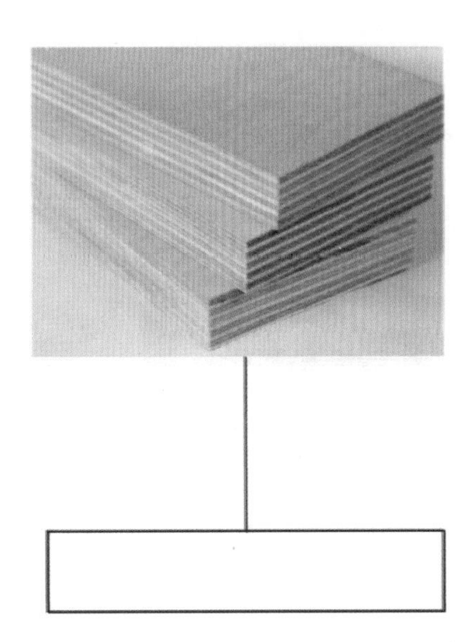

记录 2：普通刨花板、定向刨花板、禾香板、桥洞板识别图

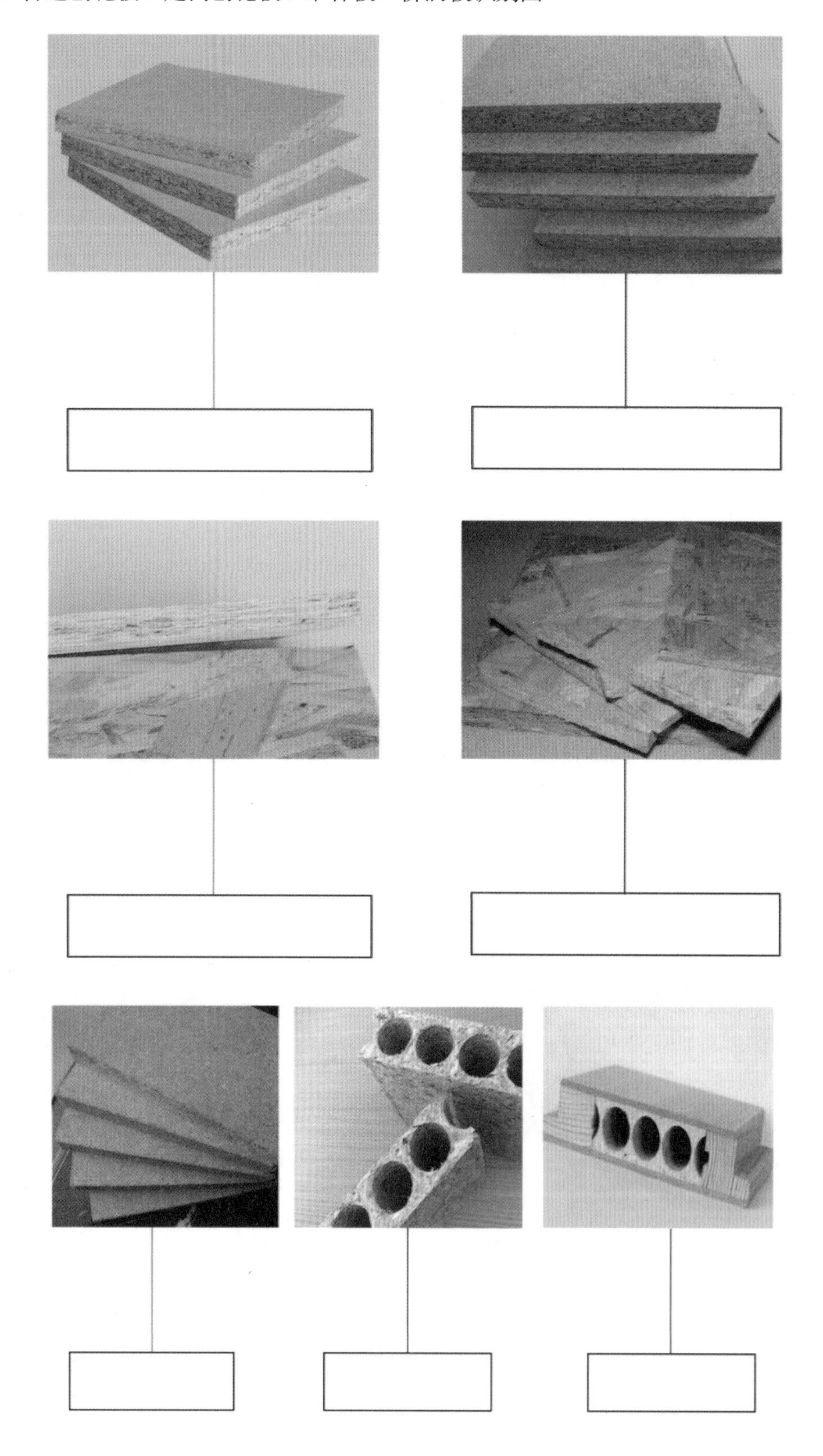

记录 3：纤维板、湿法硬质纤维板识别图

记录 4：细木工板、生态板识别图

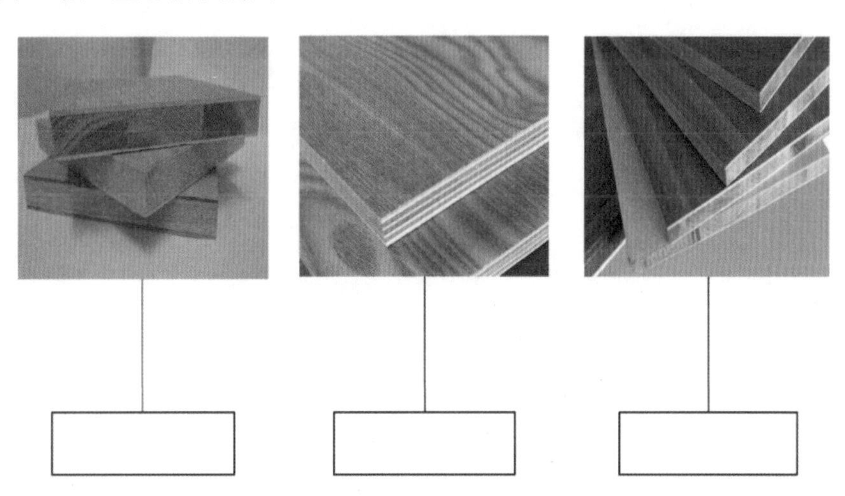

记录 5：集成板材、集成方材识别图

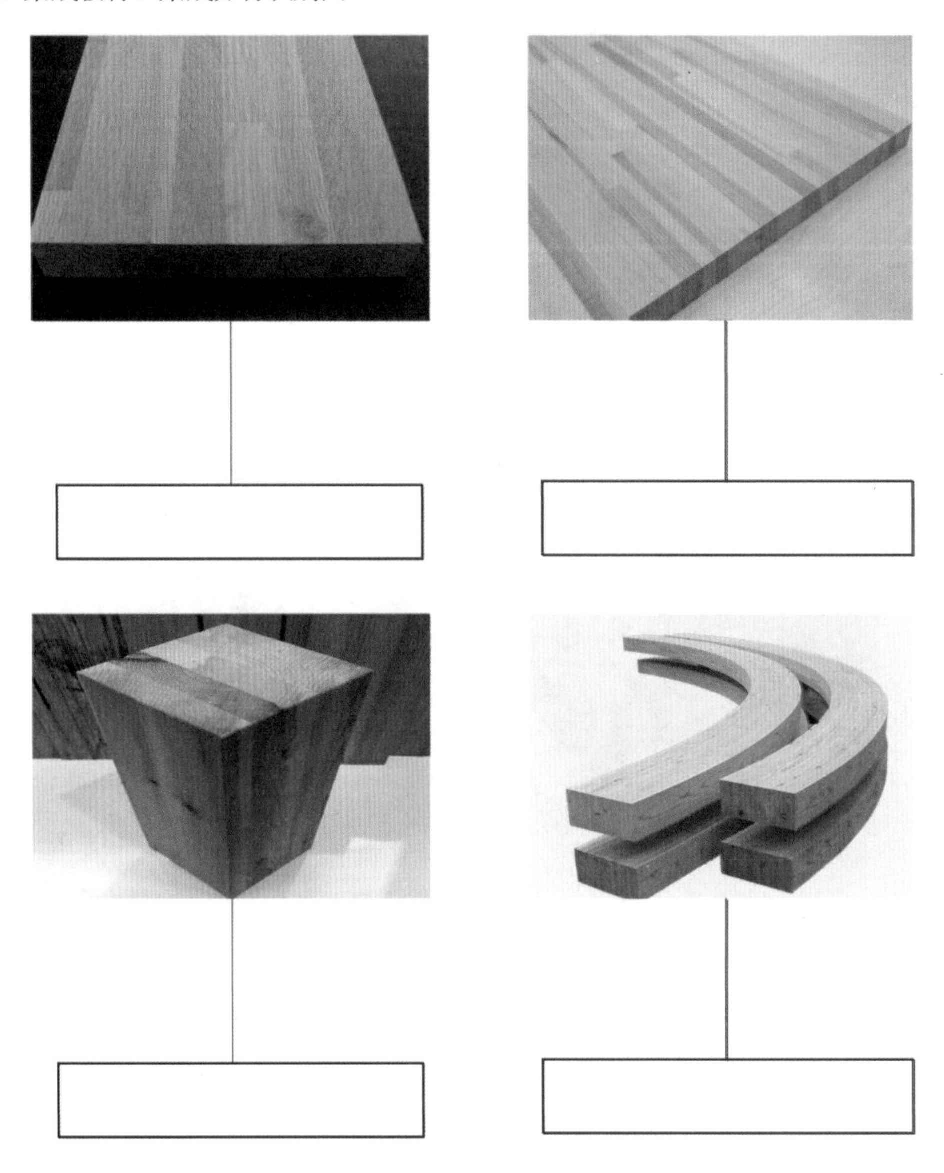

工作活动 2：人造板样品测量及数据记录

一、活动实施

活动步骤	活动要求	活动安排	活动记录
步骤	人造板样品测量及数据记录	具体活动 1：胶合板样品测量	记录：人造板样品测量记录表
		具体活动 2：刨花板样品测量	
		具体活动 3：纤维板样品测量	

二、活动记录

记录：人造板样品测量记录表

人造板样品测量记录表

序号	人造板名称	长度	宽度	厚度	数量	备注
1						
2						
3						
4						
5						
6						
7						
8						
9						
10						

◇ 评价总结

评价指标	权重/%	评价等级				
		优秀（90～100分）	中等（80～89分）	良好（70～79分）	合格（60～69分）	不合格（0～59分）
胶合板识别	20					
刨花板识别	20					
纤维板识别	20					
细木工板识别	20					
集成材识别	10					
人造板样品测量及数据记录	10					
总分						

任务3　常用饰面材料识别与选用

3.1　学习目标

1. 知识目标

（1）掌握各种人造板表面装饰材料的特点及应用。

（2）掌握包边、镶边及封边的区别及各自使用的材料。

2. 能力目标

（1）能够识别薄木、装饰纸、防火板等饰面材料。

（2）能够识别塑料封边条、实木封边条等封边材料。

3. 素质目标

（1）具备勇于奋斗、乐观向上的精神，具有自我管理能力、职业生涯规划意识。

（2）具有较强的集体意识和团队合作精神。

3.2　任务导入

饰面材料是指用来进行人造板材表面装饰所用的各类木质与非木质材料，主要起到装饰与保护的作用。封边材料是指用于人造板边部处理的各类材质的材料，其作用也是装饰与保护。因此本任务主要研究以上两类材料。

本任务要求借助封边饰面材料样品，对库房所存的装饰性材料进行识别，并依据其使用特点与性能进行分类摆放，对于残次品与不合格品进行销毁，以完成库房原料的整理工作。

3.3　知识准备

1. 饰面材料

饰面（含封边）材料按其材质的不同有多种类型，其中，木质类的有天然薄木、组合薄木、单板等；纸质类的有印刷装饰纸、合成树脂浸渍纸、装饰板等；塑料类的有聚氯乙烯（PVC）薄膜、聚乙烯（PVE）薄膜、聚烯烃（Alkorcell 奥克赛）薄膜等；其他的还有各种纺织物、合成革、金属箔等。饰面材料主要起表面保护和表面装饰作用，不同的饰面材料具有不同的装饰效果。

（1）天然薄木。用刨切、旋切等加工方法生产的用于表面装饰的薄片状木材，称为薄木。薄木通常厚度为 0.1 ～ 1 mm，因纹理均匀美观、色泽悦目，是一种良好的装饰材料，如图 1-38 所示。

图 1-38　天然薄木

天然薄木是指用自然生长的天然优质树种制造的薄木，主要品种有黑胡桃木、红胡桃木、樱桃木、枫木、红橡木、白橡木、泰柚木等。其优点是纹理自然、淳朴，保留了木质的原始风情。缺点是色彩变化单调，消费者如果需要一种个性化的色彩，只能依靠后期的混漆着色处理；人工痕迹太重，并且容易出现挂脸、沾污等施工质量问题；同时，由于天然树种纹理的不规则性，即使同一棵树上刨切下来的薄木在纹理排列上也不尽相同，因此给施工和采购带来许多麻烦。

天然薄木装饰是由珍贵树种制造的薄木贴在人造板基材上，可以得到珍贵树种特有的美丽木纹和色调，既节省了珍贵树种木材，又能使人们享受真正的自然美。

1）天然薄木的分类。

①按厚度分类。

a. 厚薄木：厚度≥ 0.5 mm，一般指 0.5 ～ 3 mm 厚的普通薄木。

b. 薄型薄木：0.2 mm ≤厚度＜ 0.5 mm，一般指 0.2 ～ 0.5 mm 厚的薄木。

c. 微薄木：厚度＜ 0.2 mm，一般指 0.05 ～ 0.2 mm 且背面粘贴特种纸或无纺布的连续卷状薄木或成卷薄木。

由于珍贵树种的木材越来越少，因此薄木的厚度也日趋微薄。欧美常用 0.7 ～ 0.8 mm 厚的薄木，日本常用 0.2 ～ 0.3 mm 厚的微薄木，我国常用 0.5 mm 左右厚的薄木。厚度越小对施工要求越高，对基材的要求也越严格。

②按制造方法分类。

a. 锯制薄木：采用锯片或锯条将木方或木板锯解成的片状薄板（根据板方纹理和锯解方向的不同又有径向薄木和弦向薄木之分）。

b. 刨切薄木：将原木剖成木方并进行蒸煮软化处理后，再在刨切机上刨切成的片状薄木（根据木方剖制纹理和刨切方向的不同又有径向薄木和弦向薄木之分）。

c. 旋切薄木：将原木进行蒸煮软化处理后，在精密旋切机上旋切成的连续带状薄木（弦向薄木）。

d. 半圆旋切薄木：在普通精密旋切机上将木方偏心装夹旋切或在专用半圆旋切机上将木方进行旋切成的片状薄木（根据木方夹持方法的不同可得到径向薄木或弦向薄木），是介于刨切薄木与旋切薄木之间的一种旋制薄木。

③按薄木纹理分类。

a. 径切纹薄木：由木材早晚材构成的相互大致平行的条纹薄木。

b. 弦切纹薄木：由木材早晚材构成的大致呈山峰状的花纹薄木。

c. 波状纹薄木：由波状或扭曲纹理产生的花纹薄木，又称琴背花纹、影纹，常出现在槭木（枫木）、桦木等树种上。

d. 鸟眼纹薄木：由纤维局部扭曲而形成的似鸟眼状的花纹，常出现在槭木（枫木）、桦木、水曲柳等树种上。

e. 树瘤纹薄木：由树瘤等引起局部纤维方向极不规则而形成的花纹，常出现在核桃木、槭木（枫木）、法桐、栎木等树种上。

f. 虎皮纹薄木：由密集的木射线在径切面上形成的片状泛银光的类似虎皮的花纹，木射线在弦切面上呈纺锤形，常出现在栎木、山毛榉等木射线丰富的树种上。

④按薄木树种分类。

a. 阔叶材薄木：由阔叶树材或模拟阔叶树材制成的薄木，如水曲柳、桦木、榉木、樱桃木、核桃木、泡桐等。

b. 针叶材薄木：由针叶树材或模拟针叶树材制成的薄木，如云杉、红松、花旗松、马尾松、落叶松等。

⑤按板边加工状况分类。

a. 毛边板：未经切边的薄木。

b. 齐边板：经过切边的薄木。

2）薄木的外观质量要求。行业标准《装饰薄木》（SB/T 10969—2013）中对天然装饰木皮、薄木、集成装饰木皮、薄木和人造装饰木皮、薄木的外观质量要求作了详细的规定，见表 1-7 ～表 1-9。

表 1-7　天然装饰木皮、薄木外观质量要求

<table>
<tr><th colspan="2" rowspan="2">检验项目</th><th colspan="3">各等级允许缺陷</th></tr>
<tr><th>优等品</th><th>一等品</th><th>合格品</th></tr>
<tr><td colspan="2">变色</td><td>不易分辨</td><td>不明显</td><td>允许</td></tr>
<tr><td rowspan="3">针节</td><td>平均允许个数</td><td rowspan="3">不允许</td><td>2 个 /m²</td><td>允许</td></tr>
<tr><td>黑色部分最大尺寸</td><td>3.2 mm</td><td>4.2 mm</td></tr>
<tr><td>总尺寸</td><td>6.4 mm</td><td>8.4 mm</td></tr>
<tr><td colspan="2">死节及修补的死节允许量</td><td rowspan="4">不允许</td><td rowspan="4">不允许</td><td>2 个 /m²</td></tr>
<tr><td colspan="2">死节最大允许尺寸</td><td>9.5 mm</td></tr>
<tr><td colspan="2">修补的节疤最大允许尺寸</td><td>4.2 mm</td></tr>
<tr><td colspan="2">修补的节疤平均允许数量</td><td>2 个 /m²</td></tr>
<tr><td colspan="2">虫道</td><td>不允许</td><td>不明显</td><td>允许</td></tr>
<tr><td colspan="2">夹皮</td><td>不允许</td><td>不允许</td><td>小于 3 mm×25 mm</td></tr>
<tr><td colspan="2">腐朽</td><td>不允许</td><td>不允许</td><td>不允许</td></tr>
<tr><td colspan="2">毛刺沟痕、刀痕、划痕</td><td>不允许</td><td>不明显</td><td>不允许</td></tr>
<tr><td colspan="2">闭口裂缝</td><td>每平方米累计长度
≤ 500 mm</td><td>每平方米累计长度
≤ 1 500 mm</td><td>允许</td></tr>
<tr><td colspan="2">边、角缺损</td><td colspan="3">尺寸公差范围内不允许</td></tr>
<tr><td colspan="5">未填补的虫洞、死节、开放裂缝、开放式夹皮、撕裂或初腐在以上等级中不允许存在，未列出及注明的其他天然特征不作限制，由供需双方商议。
注：以上等级规格不同树种的木皮、薄木，规格上会略有差别，具体可由供需双方通过合同约定</td></tr>
</table>

表 1-8　集成装饰木皮、薄木的外观质量要求

<table>
<tr><th rowspan="2">检验项目</th><th colspan="3">各等级允许缺陷</th></tr>
<tr><th>优等品</th><th>一等品</th><th>合格品</th></tr>
<tr><td>材色不均</td><td>不允许</td><td>不明显</td><td>允许</td></tr>
<tr><td>拼口处有无明显色差</td><td>无</td><td>不明显</td><td>允许</td></tr>
<tr><td>拼缝线</td><td>不明显</td><td>不明显</td><td>允许</td></tr>
<tr><td colspan="4">注：“不明显”指正常视力在自然光下，距薄木 400 mm 处，肉眼不能清晰观察到</td></tr>
</table>

表 1-9 集成装饰木皮、薄木的外观质量要求

检验项目	各等级允许缺陷		
	优等品	一等品	合格品
花纹偏差	不易分辨	不明显	允许
孔洞	不允许	1 个 /m^2	3 个 /m^2
单板脱落	不允许	30 mm^2 以下	允许
闭口裂缝	每平方米累计长度 ≤ 500 mm	每平方米累计长度 ≤ 1 500 mm	允许
毛刺沟痕、刀痕	不允许	不明显	轻微
污染	不允许	不明显	允许
注：1. 面积在 3 mm^2 以下孔洞不计。 2. “轻微”指手感略粗糙			

（2）组合薄木。随着我国各种珍贵木材资源日渐匮乏和人们保护自然意识的不断增强，以珍贵木材作为原料的天然薄木的生产满足不了日益增长的市场需求。虽然国内靠国外（欧洲、美洲、俄罗斯）进口木材填补了一些空白，如榉木、枫木、橡木、胡桃木等，但随着人们生活水平的提高，市场需求将不断加大。在这种木材供需矛盾日益尖锐的撞击下，迫使人们另辟蹊径，对以珍贵木材刨切薄木的生产方式，必须作战略转移，开发一种新的薄木饰面材料，它既要保持薄木的木质属性和纹理特征，又要不受珍贵木材资源的约束。于是，一种足以满足以上要求，并能与之媲美的新颖材料——组合薄木（科技木薄木）应运而生，如图 1-39 所示。

图 1-39 科技木薄木

组合薄木是利用普通树种木材经旋切（或刨切）成单板，进行染色处理后，按照天然名贵树种的纹理和色泽经计算机模拟设计后，层积胶压成木方，再经刨切，制成的仿珍贵树种木材色泽、纹理结构及各种装饰图案的薄型装饰材料。它是一种仿各种天然珍贵木材的全新概念装饰用材料。如目前世界上已几乎绝迹的白珍珠木、千代松木，其木纹竟也能被仿制得栩栩如生。它的价格却比这些真的珍贵木材便宜得多。组合薄木既保持了天然木材的天然属性，又克服了天然木材的缺陷，是一种环保、绿色的装饰材料产品，有着十分广阔的发展前景。

早在 20 世纪 60 年代，在日本、意大利就已有组合薄木的报道。20 世纪 70 年代，意大利 Alpi-piefro 公司率先实现了工业化生产，随之迅猛发展，走向世界。在当今世界主要发达国家，组合薄木早已成为装饰木材的首选品种，受到主流社会的推崇和喜爱。在崇尚个性消费及环保意识不断增强的今天，组合薄木的问世将成为环保型室内装饰材料和家具制作用材的时尚选择。它既保护了天然资源，又满足了人们追求名贵的心理，而且它的价格比真的珍贵木材低得多。

1）组合薄木的特点。

①比天然薄木色彩丰富、纹理多样。组合薄木的色彩和花纹可经计算机人为自由设计，不仅可模仿各种天然薄木，还可创造出天然薄木不能具有的纹理和色调，其色泽更鲜亮，纹理的立体感更强，图案更具动感及活力，如大理石、花岗石等石纹图案。这类异形花纹图案的组合薄木，不仅有木材的质感，还有超越木材纹理的美感。组合薄木充分满足了人们需求多样化的选择和个性化消费心理的实现，较天然薄木更为丰富多彩。

②具有木材的一切优良特性，在某些方面产品性能更优越。由于原材料采用的是天然木材，组合薄木不仅保留了木材的质感和一切优良的特性，还能给予柔和的视觉，能吸湿及解吸，调节室内湿度，具有一定的弹性等，同时，还剔除了木材的天然缺陷，如虫孔、节疤、色变等。

③板面不受原木径级的限制，可以制成整张薄木。天然薄木产品幅面尺寸受原木直径限制，大小不一，而组合薄木可以根据所需尺寸做成各种规格或整张薄木，克服了天然薄木受木材径级限制的局限性。

④组合薄木高效利用人工速生材，提高了普通树种的价值和产品附加值，弥补了天然珍贵树种资源的不足。

组合薄木使普通材变优质材，以小材变大材，使用价值不高的木材制成组合薄木后身价倍增。组合薄木产品的诞生，是对日渐稀少的天然林资源的绝佳代替。组合薄木既满足了人们对不同树种装饰效果及用量的需求，又使珍贵的森林资源得以延续；不仅缓解了珍贵树种需求的压力，还为大量的速生材开辟了新的使用途径。

⑤简化饰面生产工序，并有助于实现连续化生产。组合薄木宽度大，尺寸均匀一致，因此易于饰面，工效高于天然薄木饰面，饰面质量也易于得到保证。

⑥效益可观。组合薄木与对应的天然薄木相比价格低30%～50%，加之工效高，利用率高，综合成本比天然薄木低50%～70%。具有与任何一种人造板饰面材料相抗衡的能力。

从以上可知，组合薄木在实用性、装饰性和经济性方面都十分优异，已成为饰面材料的新热点。最近几年我国组合薄木技术有了很大提高，发展步伐加快，已进入大批量工业化生产阶段。发展较快的地区主要集中在广东、江苏、上海、大连等沿海地区。

2）组合薄木的应用。组合薄木可用于人造板、家具饰面和室内墙壁装饰。

①人造板贴面装饰。组合薄木可以用于所有的贴面装饰，赋予人造板天然木材的装饰性能，而且组合薄木幅面尺寸大，规格统一，无须修剪缺陷，便于人造板表面装饰的流水线和机械化作业，大大提高了生产效率和生产利用率。

②墙壁装饰。将组合薄木贴在具有一定韧性和强度的纸或布上制造墙壁装饰材料。它具有较高的柔韧性和强度，可以直接用于墙面装饰，也可以粘贴在其他基板上使用，减少了薄木运输和使用过程中的破损，方便了施工。

③成卷封边材料。将组合薄木拼接好贴在纸或布上制成的连续带状的成卷薄木，可以用于机械化人造板封边。

④木质壁画和工艺装饰品。利用组合薄木色彩多样、纹理美观、不易变形等优点制作木质壁画和工艺装饰品。

组合薄木目前已被广泛应用于商场、宾馆、酒楼、家庭装饰和家具行业等，成了新一代墙面饰面材料。

（3）浸渍胶膜纸。浸渍干燥工艺过程是将各种原纸按层压贴面的要求，分别浸渍脲醛树脂、三聚氰胺树脂、酚醛树脂，经过干燥后制成表层、装饰层、底层、平衡层所用的胶膜纸，以备层压贴面加工时使用。整个工艺的制定都是为了使最终产品的质量性能满足使用要求。因此，在这里先将浸渍胶膜纸所涉及的最终产品及产品中浸渍纸的配置、特征和性能总体要求加以介绍。

1）热固性树脂层压板（防火板）。热固性树脂层压板也称防火板，是由浸渍纸层压制成的一种装饰板。目前，这种层压板可以通过两种工艺方法制造：一种是在多层压机上周期性地压制（HPL），产品称为高压层压板；另一种是在连续钢带压机上压制（CPL），产品称为连续层压板。这两种产品中都使用了三聚氰胺浸渍纸和酚醛浸渍纸，三聚氰胺形成了具有保护性、装饰性的表面，酚醛树脂浸渍的底层纸组成了层压板的结构和厚度，并影响成品的特征性能，如防水防潮性、耐化学性、阻燃性和后成型性能。根据层压板的厚度要求，所用的底层纸数量有所不同。

如图 1-40 和图 1-41 所示，从中可看到 CPL 产品所使用的底层纸含树脂量比 HPL 产品稍高，这样组成相同厚度的层压板时，底层纸数量少，造成这种差别的原因是连续压机压制时间短，因此要求底层纸上的树脂均匀分布，这就使 CPL 底层纸的浸渍过程与 HPL 不同。HPL 有足够的层压时间使树脂在底层纸上均匀分布。

如图 1-42 所示，其中高压强化地板的表层纸中需含有 Al_2O_3 颗粒或在表层纸浸渍过程中向树脂液中添加 Al_2O_3，涂在表面层上，增加耐磨性能。

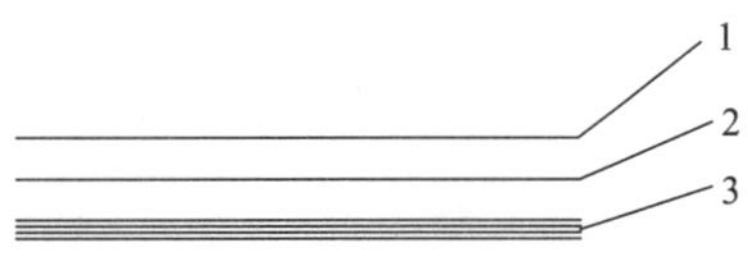

图 1-40　0.8 mm HPL 层压板组成

1—表层纸 40/120 g/m²（三聚氰胺树脂）；2—装饰纸 90/180 g/m²（三聚氰胺树脂）；3—底层纸 150/215 g/m² 共 4 张（酚醛树脂）

注：40/120 斜线“/”两边分别为原料纸重 / 浸渍后质量。

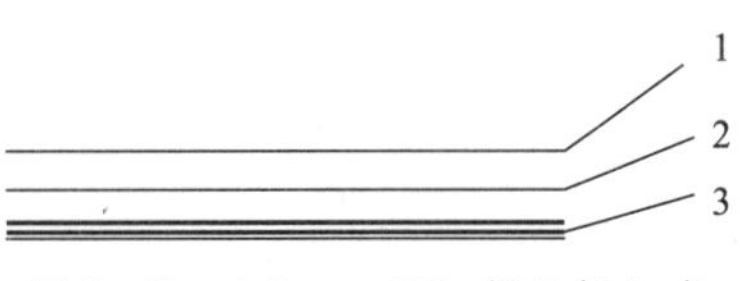

图 1-41　0.8 mm CPL 层压板组成

1—表层纸 40/120 g/m²（三聚氰胺树脂）；2—装饰纸 90/180 g/m²（三聚氰胺树脂）；3—底层纸 150/285 g/m² 共 3 张（酚醛、三聚氰胺树脂）

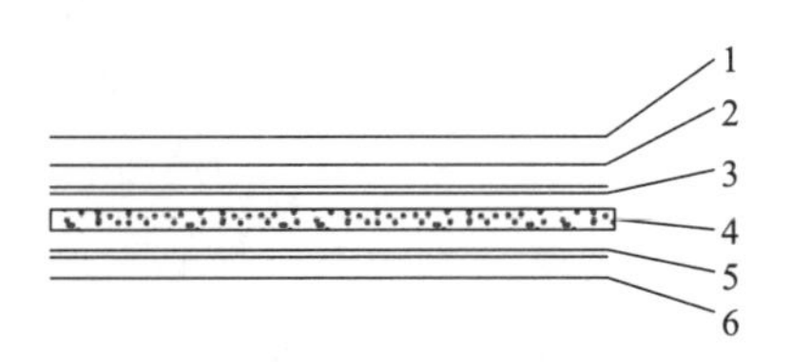

图 1-42　CPL 层压地板组成

1—表层纸 40/120 g/m²（三聚氰胺树脂）；2—装饰纸 90/180 g/m²（三聚氰胺树脂）；3—底层纸 150/280 g/m² 共 2 张（酚醛、三聚氰胺树脂）；4—高密度地板基材；5—底层纸 150/280 g/m² 共 2 张（酚醛、三聚氰胺树脂）；6—平衡纸 90 ～ 150/180 ～ 300 g/m²（三聚氰胺树脂）

目前销售的防火板品牌主要包括“威盛亚”“富美家”和“西德板”等欧美品牌，通过压贴覆面加工成门板。防（耐）火板贴面门板是较早被运用到橱柜门板表面上的材料，曾经是门板的主流材料，具有耐明火灼烧（一般可以达到 40 s 左右）、耐高温（表面的温度可以达到 160 ℃）、耐酸碱（一般的酱油、醋等不会发生化学反应）、耐摩擦（表面可以用钢丝球擦拭）和色彩丰富（防火板颜色多达几百种）等特点。防火板分为亮面、麻面和金属面等。由于防火面板的反面粘贴较薄的防火板，导致正反两面防火板的厚度不一，当橱柜门高度在 800 mm 以上时，一般会有不同程度的弯曲变形现象。若反面也粘贴和正面一样的胶板，变形问题就会大幅度减少，但是费用就会相应地增加，如粘贴操作不当，还存在容易脱胶、开裂等缺点。

2）三聚氰胺层压板。三聚氰胺层压板也称纸质装饰层压板或塑料贴面板，是以厚纸为骨架，浸渍酚醛树脂或三聚氰胺甲醛树脂等热固性树脂，多层叠合经热压固化而成的薄型贴面材料。

三聚氰胺层压板的结构为多层结构，即表层纸、装饰纸和底层纸。第一层表层纸的主要作用是保护装饰纸的花纹图案，增加表面的光亮度，提高表面的坚硬性、耐磨性和耐腐蚀性。要求该层吸收性能好、洁白干净，浸渍树脂后透明，有一定的湿强度。一般耐磨性层压板通常采用 25 ～ 30 kg/m^2、厚度 0.04 ～ 0.06 mm 的纸。第二层装饰纸主要起提供图案花纹的装饰作用和防止底层树脂渗透的覆盖作用，要求具有良好的覆盖性、吸收性、湿强度和适于印刷性，通常采用 100 ～ 200 kg/m^2、由精制化学木浆和棉木混合浆制成的厚纸。第三层底层纸是层压板的基层，其主要作用是增加板材的刚性和强度，要求具有较高的吸收性和湿强度。一般采用 80 ～ 250 kg/m^2 的单层或多层厚纸。对于有防火要求的层压板，还需对底层纸进行阻燃处理，可在纸浆中加入 5%～ 15%的阻燃剂。除以上三层外，根据板材的性能要求，有时在装饰纸下加一层覆盖纸，在底层纸下加一层隔离纸。

三聚氰胺层压板由于采用的是热固性塑料，所以耐热性优良，经 100 ℃以上的温度不软化、开裂和起泡，具有良好的耐烫、耐燃性。由于骨架是纤维材料厚纸，因此有较高的机械强度，其抗拉强度可达 90 MPa，且表面耐磨。三聚氰胺层压板表面光滑致密，具有较强的耐污性，耐湿性，耐擦洗，耐酸、碱、油脂及酒精等溶剂的侵蚀，经久耐用。

三聚氰胺层压板按其表面的外观特性可分为有光型（代号 Y）、柔光型（代号 R）、双面型（代号 S）、滞燃型（代号 Z）四种型号。其中有光型为单色，光泽度很高（反射率为 80%以上）。柔光型不产生定向反射光线，视觉舒适，光泽柔和（反射率 >50%）。双面型具有正反两个装饰面。滞燃型具有一定的滞燃功能。按用途的不同，三聚氰胺层压板又可分为三类：用于平面装饰的平面板（代号 P），具有高的耐磨性；立面板（代号 L），用于立面装饰，耐磨性一般；平衡面板（代号 H），只用于防止单面粘贴层压板引起的不平衡弯曲，作为平衡材料使用，故仅具有一定的物理力学性能，而不强调装饰性。

三聚氰胺层压板的常用规格为 915 mm×915 mm、915 mm×1 830 mm、1 220 mm×2 440 mm 等，厚度有 0.5 mm、0.8 mm、1.0 mm、1.2 mm、1.5 mm、2.0 mm 及以上等。厚度在 0.8 ～ 1.5 mm 的常用作贴面板，粘贴在基材（纤维板、刨花板、胶合板）上，而厚度在 2 mm 以上的层压板可单独使用。

（4）后浸型预涂饰装饰纸。后浸型预涂饰装饰纸也称后浸型预油漆纸，它是由专用的装饰纸经过浸渍柔韧性良好的氨基树脂与丙烯酸的混合液，烘干后表面再涂饰一层透明光亮、具有良好性能的水性氨基树脂涂层，再次烘干制成的。它也是在浸渍干燥设备上制备的产品，其结构组成如图 1-43 所示。预油漆纸与三聚氰胺贴面浸渍纸有相同之处，就是两者都由装饰纸浸渍而成，而不同点在于：三聚氰胺浸渍胶膜纸是一种中间产品，需要在热压贴面时实现自胶胶贴、流动成膜完全固化的过程，预油漆纸是经过浸、涂、干燥后，纸中的树脂完全固化，

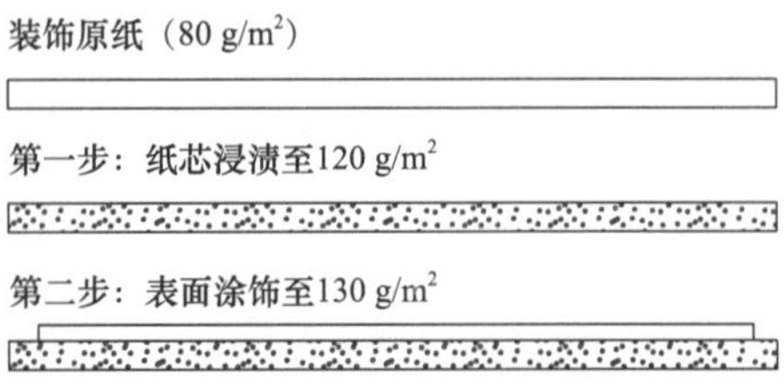

图 1-43　后浸型预涂饰装饰纸结构组成

成为一种不需要再做表面处理的纸质装饰材料，覆面时需要施加胶粘剂将其与基材粘合起来。

（5）PVC 表面装饰膜。PVC 表面装饰膜在家具材料中主要用作印刷表面装饰等。

1）PVC 表面装饰膜的特点。

①图案丰富、清晰，层次感好、仿真性高。

②表面装饰膜表面硬度高、耐刮擦，有良好的耐磨性。

③防水性好，耐酸碱，有良好的抗污染、耐腐蚀性，容易清洁。

④使用背涂胶的 PVC 表面装饰膜无须另用粘合材料，可直接与钢材、铝材或高密度板、中密度板、纤维板等粘合且粘接强度很高。

⑤施工操作方便，施工工期短，生产和使用过程中基本不会造成二次环境污染，且成本低。

2）PVC 表面装饰膜的分类。按照不同的分类标准，PVC 表面装饰膜可以分为不同的种类。

①按图案的视觉立体效应分类。PVC 表面装饰膜可以分为 2D 膜（平面膜）、3D 膜（立体膜）。一般来说，3D 膜的厚度更厚，复合的层数更多。

②按花纹的种类分类。PVC 表面装饰膜有木纹、素色（单色）、珠光、大理石纹、金银拉丝、印花贴等多种。各花纹大类下面又包括了千变万化的花纹图式。例如，木纹包括了榆木、柚木、樱桃木、胡桃木、松木、橡木、枫木、曲柳木、梨木、杉木等，花色图案种类繁多。

③按软硬度分类。按照 PVC 膜材料中含有的增塑剂的含量的多少，PVC 表面装饰膜可以分为软膜和硬膜。硬膜中的增塑剂含量为 0 ～ 16 PHR，软膜中的增塑剂含量一般为 18 ～ 30 PHR。

④按压纹分类。多数 PVC 产品表面需要压纹显示层次感和立体感，其表面压纹种类繁多，如表压密纹、疏纹、山纹、细沙粒纹、粗沙粒纹等各种压纹。

⑤按光度区分。PVC 表面装饰膜可以分为消光或亚光、亮光或镜面。

3）PVC 表面装饰膜的结构。PVC 表面装饰膜由四层结构构成：以 PVC 薄膜支撑层为核心，上面依次是图案印刷层和表面耐磨层（或 PET 贴合层），下面是背涂胶层（该层可以没有）。当使用 PET 贴合层时，PET 薄膜支撑层不仅起到了保护层的作用，还可以先行印刷成具有各种精美效果如激光、珠光效果的图案，与 PVC 印刷底膜复合后提高了装饰膜的立体效果等特殊视觉效果，增加了 PVC 表面装饰膜的产品附加值和观赏效果、装饰效果，如图 1-44 所示。

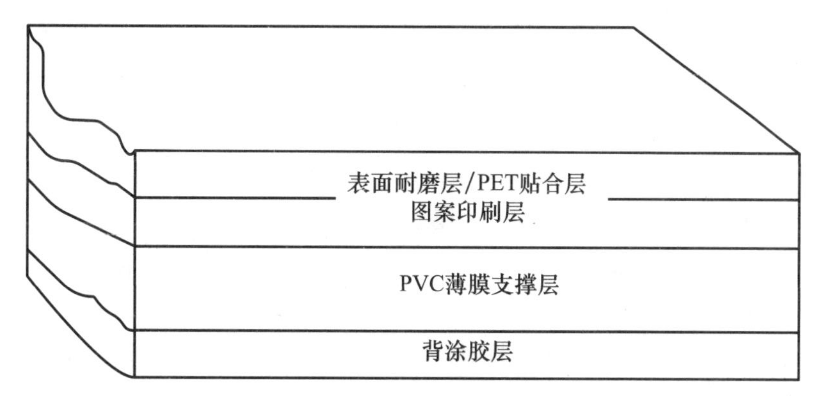

图 1-44　PVC 表面装饰膜

4）PVC 表面装饰膜的使用方法。PVC 表面装饰膜可以和木材、夹板、中纤板、刨花板、纤维板、塑料板、铝板、铁板等基材复合使用，其使用方法有以下三种。

①平贴。直接把 PVC 表面装饰膜和待装饰的内材通过手工或机械（冷压机、贴合机）滚压后复合

在一起，是一种最简单也最常见的层合工艺，采用平贴工艺可以是冷贴也可以是热贴。适用于平贴的PVC装饰膜通常称为PVC平贴膜。音箱、礼品盒、家具、钢板膜等一般采用平贴加工工艺进行复合。采用平贴工艺时，对装饰内材的要求较严格，装饰内材的硬度越高、平整性越好，PVC表面装饰膜的裱贴施工就越容易，裱贴的效果和质量也越好。

②吸塑。吸塑是一种广泛用于塑料包装、灯饰、广告、装饰等行业的塑料加工工艺，主要原理是将平展的PVC薄膜硬片材加热变软后，采用真空吸附于装饰内材的表面，冷却后成型。吸塑贴合有两个特点：一是贴合过程需要抽真空；二是需要加热。吸塑温度为100～120 ℃，吸塑时间一般为60～100 s。高级办公家具、橱柜门、浴柜门、家装套门、装饰板表面常采用PVC片进行真空吸塑贴面。

吸塑门板是欧洲橱柜门三大主要材料之一，吸塑门板又名模压门板，采用中密度板为基材，通过设备雕刻裁切镂铣图案成型后，用PVC贴面经热压及真空吸塑后成型。吸塑门板具有色彩丰富、造型立体独特多样、门板不易变形等多种优点，由于经过吸塑模压后能将门板四边封住成为一体，不需再封边，不会有板材封边开胶的问题。吸塑门板的优劣一般根据膜的品牌来区分，国产吸塑PVC贴膜具有质量不稳定、基材差、容易变形的问题，而且PVC的耐磨、耐刮等性能要差些。进口的PVC贴膜的材质精良，环保性能良好，外观细腻，高档的吸塑膜的拉伸率也好，门板做出来的造型深，如图1–45所示。

图1–45 吸塑门板

③加热贴合。加热贴合的工艺类似于平贴工艺，只是贴合温度很高，一般在160 ℃以上。钢板、铝材、天花板、船舱膜等耐高温产品采用加热贴合生产工艺产品。

其他方面，PVC表面装饰膜可通过调整配方生产符合欧洲ROHS等国际要求低毒标准的产品，也可根据不同用途生产抗紫外线（抗老化）、耐高温、耐低温、抗静电、防霉、防火（阻燃）等特殊需求产品，因而在中国表面装饰材料市场上潜力巨大。

2. 封边材料

板式部件尤其是人造板的平面饰面后，侧边还露有各种材料的交接缝，不仅影响制品外观，而且在使用中容易碰坏边角部位，致使饰面起层或剥落，以致板件破坏。因此，边部处理工艺是不可少的重要工序。侧边处理方法有涂饰法、封边法、包边法和镶边法等。其中，封边法是板式家具最常用的方法，现代板式家具的封边大量采用的方法是直线封边、异形封边（软成型封边）。其中最常用的是直线封边。用作基板的封边材料要符合片条或卷带状，具有可被粘贴的表面，能用木工刀具进行修整或铣形加工的要求，如木质的、纸质的、塑料的、纤维质地的以及某些复合材料等。常用的有实木条、单板条、带有背衬纸的单板连续卷带及PVC卷带等。

（1）实木封边条。实木封边条是指实木经加工成厚度为0.5 mm、宽度为5～300 mm任意规格的无限延长卷状产品，具有封边效果好、方便快捷、利用率高等特点。适用于实木复合家具及实木复合门部件的机械封边，如图1–46所示。

实木封边条的规格根据具体现场的尺寸决定，实木封边材料的含水率不要过高，应该贮存在阴凉和干燥的室内，基材要求无灰尘，最佳含水率为 8%～10%。

图 1-46　实木封边条

（2）PVC/ABS 封边条。PVC 封边条是以聚氯乙烯为主要原料，加入增塑剂、稳定剂、润滑剂、染料等助剂，一起混炼压制而成的热塑卷材，如图 1-47 所示。其表面有木纹、大理石纹、布纹等花纹、图案，同时表面光泽柔和，具有木材的真实感和立体感、一定的光洁度和装饰性、一定的耐热性和耐腐蚀性，表面有一定的硬度。然而 PVC 由于添加碳酸高填料，在修边时容易出现白边，同时有一股塑料气味，易老化。

ABS 封边条为丙烯氰、丁二烯、苯乙烯三元共聚物，反应时可以通过添加不同的配比获得不同特性的封边条。在生产过程中不添加任何填料，修边后圆角圆滑亮丽，具有很强的耐冲击性能和耐化学物质腐蚀能力，无刺激性气味，燃烧无污染，但成本较高。

（3）铝合金封边条。铝合金封边条可以定做任何的规格，如图 1-48 所示。其金属的质感，给生活增添了更多的气息，主要用在厨房和一些家具的封边上，树脂板、防火板，甚至烤漆、实木风格的橱柜都可以用它来做封边。

图 1-47　PVC 封边条

图 1-48　铝合金封边条

3.4　任务实训

◇ 工作情景描述

某板式家具企业进行原料库房清理，由于管理不当，造成了库房内的饰面、封边材料混乱无章，先依据各类原料样品对库房内现存材料进行识别并分类摆放，对于沉积过久的换代产品原料、残次品原料进行质量检验，核定后进行销毁处理。

◇ 工作任务实施

工作活动 1：饰面材料识别

一、活动实施

<table>
<tr><th>活动步骤</th><th>活动要求</th><th>活动安排</th><th>活动记录</th></tr>
<tr><td rowspan="2">步骤 1</td><td rowspan="2">薄木识别</td><td>具体活动 1：天然薄木识别</td><td rowspan="5">记录：饰面材料统计记录表</td></tr>
<tr><td>具体活动 2：组合薄木识别</td></tr>
<tr><td>步骤 2</td><td>浸渍胶膜纸识别</td><td>具体活动：浸渍胶膜纸识别</td></tr>
<tr><td>步骤 3</td><td>后浸渍预涂装饰纸识别</td><td>具体活动：后浸渍预涂装饰纸识别</td></tr>
<tr><td>步骤 4</td><td>PVC 表面装饰纸识别</td><td>具体活动：PVC 表面装饰纸识别</td></tr>
</table>

二、活动记录

记录：饰面材料统计记录表

饰面材料统计记录表

序号	名称	材质（花色）	规格	数量	等级	处理意见
1						
2						
3						
4						
5						
6						
7						
8						
9						
10						
11						
12						
13						

工作活动 2：封边材料识别

一、活动实施

活动步骤	活动要求	活动安排	活动记录
步骤 1	实木封边材料识别	具体活动：实木封边材料识别	记录：封边材料统计记录表
步骤 2	塑料封边材料识别	具体活动 1：PVC 封边材料识别	
		具体活动 2：ABS 封边材料识别	
步骤 3	金属封边识别	具体活动：金属封边识别	

二、活动记录

记录：封边材料统计记录表

封边材料统计记录表

序号	名称	材质（花色）	规格	数量	等级	处理意见
1						
2						
3						
4						
5						
6						
7						
8						
9						
10						
11						
12						

◇ 评价总结

评价指标	权重 /%	评价等级				
		优秀（90～100 分）	中等（80～89 分）	良好（70～79 分）	合格（60～69 分）	不合格（0～59 分）
饰面材料识别	50					
封边材料识别	50					
总分						

任务 4　常用胶粘剂识别与选用

4.1　学习目标

1. 知识目标

（1）了解常用胶粘剂的种类与用途。

（2）掌握 EPI（API）、PVAc 的施工方法。

2. 能力目标

（1）能够识别常用胶粘剂。

（2）能够依据实际施工需要合理选用胶粘剂。

3. 素质目标

（1）具有质量意识、环保意识、安全意识、信息素养。

（2）具有工匠精神、创新思维。

4.2　任务导入

“鸾胶再续”出至《汉武外传》。意思是传说中的一种胶，能把弓弦断处粘接在一起，完好如初。可见中国古代就已经在使用胶粘剂进行工具的修补，也可见胶粘剂应用广泛。古代木工所使用的胶粘剂以蛋白质胶粘剂中的动物蛋白质胶粘剂为主，如皮胶、骨胶、鱼胶、血胶等。

本任务要求对手工木工常用胶粘剂进行识别，依据木材的典型特征进行分类。

4.3　知识准备

木材胶粘剂是将木材与木材或其他物体的表面胶接成一体的材料。随着新型胶粘剂的出现以及使用胶粘剂的方法不断改进，胶粘剂的定义也在不断发展。胶粘剂按原料来源可分为天然胶粘剂和合成胶粘剂；按胶液受热的物态可分为热固性胶（常温呈液态，遇热凝固固化）、热塑性胶（常温呈固态，遇热变形呈流体）和热熔性胶（固体，加热熔化，冷却固化）；按耐水性可分为耐水性胶（如酚醛树脂胶）、一般耐水性胶（如血胶）和非耐水性胶（如聚酯乙烯酯乳液胶等）。

天然胶粘剂有：①淀粉类，如图 1-49 所示；②蛋白胶类；③天然橡胶；④无机胶粘剂，有硅酸钠、氯氧化镁、水泥等。合成胶粘剂有：①热固性树脂胶，包括酚醛树脂胶、间苯二酚胶、环氧树脂胶、呋喃树脂胶、氨基树脂胶（包括脲醛、三聚氰胺甲醛）；②热塑性树脂胶，包括聚醋酸乙烯、聚丙烯酸酯、醇酚醚、聚乙烯醇等；③合成橡胶类，包括氯丁橡胶、丁腈橡胶等。

1. 蛋白胶

蛋白胶是以蛋白质为基料的天然胶粘剂。按来源，蛋白胶可分为以下五类：

（1）骨胶（包括皮胶）及明胶，骨胶加水分解便转变为明胶，如图 1-50 所示；

（2）血液蛋白质胶，由脱纤血或血清中分离出的溶解性高的血粉；

（3）酪蛋白胶，动物乳汁中的含磷蛋白；

（4）鱼胶，由鱼皮制取的骨胶朊型蛋白；

（5）植物蛋白胶，主要是大豆脱脂蛋白。

蛋白胶是水溶性无毒害的胶粘剂，价格较低，使用方便，能快速粘接木材、金属、皮革等多种材料。蛋白胶的性能取决于蛋白质的分子量。分子量高的耐水性好，强度高。多数蛋白胶的耐久性、耐水性、粘接强度比淀粉胶好得多。鱼胶、骨胶等蛋白质胶的耐水性不足，可以添加甲醛、脲醛等耐水剂予以改进。蛋白胶主要用于粘接皮革、纸制品、木器和书籍装订等。

图 1-49　大豆淀粉胶粘剂（食品级·防水胶水）

图 1-50　骨胶

2. 聚醋酸乙烯酯乳液胶粘剂（PVAC）

聚醋酸乙烯酯乳液胶粘剂是以乙酸乙烯酯作为反应单体在分散介质中经乳液聚合而制得的，也称聚乙酸乙烯酯乳液，俗称白乳胶或白胶，如图 1-51 所示，是合成树脂乳液中产量最大的品种之一。聚醋酸乙烯酯乳液胶粘剂具有许多优点，例如：对多孔材料如木材、纸张、棉布、皮革、陶瓷等有很强的粘接力；能够室温固化，干燥速度快；胶层无色透明，不污染被粘物；对环境无污染，安全无害；单组分，使用方便，清洗容易；贮存期较长，可达 1 年以上。

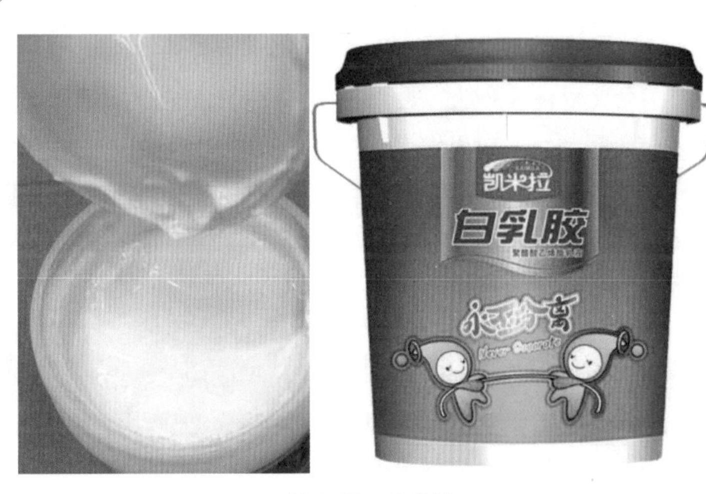

图 1-51　白乳胶

但是，这类胶粘剂存在着耐水性和耐湿性差的缺点，在相对湿度为 65% 和 96% 空气中的吸湿率分别为 1.3% 和 3.5%。此外，其耐热性也有待提高。通过共聚、共混、添加保护胶体等方法，可在一定程度上改善其使用性能，扩大应用范围。

目前，聚醋酸乙烯酯乳液胶粘剂已用于木材加工、香烟制造、织物粘接、家具、印刷装订、纸塑复合、层压波纹纸箱制造、标签贴签、地毯背衬、建筑装潢等领域。

3. 水性高分子异氰酸酯胶粘剂（EPI、API）

水性高分子异氰酸酯胶粘剂（EPI、API）以水性高分子聚合物（通常为聚乙烯醇）、乳液（苯乙烯、聚丙烯酸乳液、乙烯－乙酸乙烯酯共聚乳液等）、填料（通常为碳酸钙粉末）为主剂，与多异氰酸酯交联构成，又称拼板胶，如图 1-52 所示。API 有着无有害物质释放、胶接性能优异、常温固化、耐水耐热性好的优点，非常适宜集成材的生产。但是由于 API 是两液型，使用时需要现场混合，且胶液适用期短。

使用注意事项：木材的含水率控制在 14%以下；保持拼接面的平整，不能有波浪面或弯曲、扭曲面出现，对容易变形的木材（如橡木、水曲柳等），当天刨平的必须当天拼接完成，过夜的必须重新刨平；拼接前要先除尽木材表面的木灰尘土。

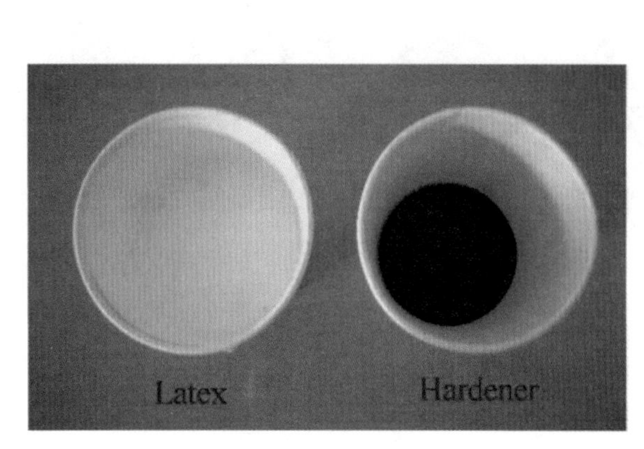

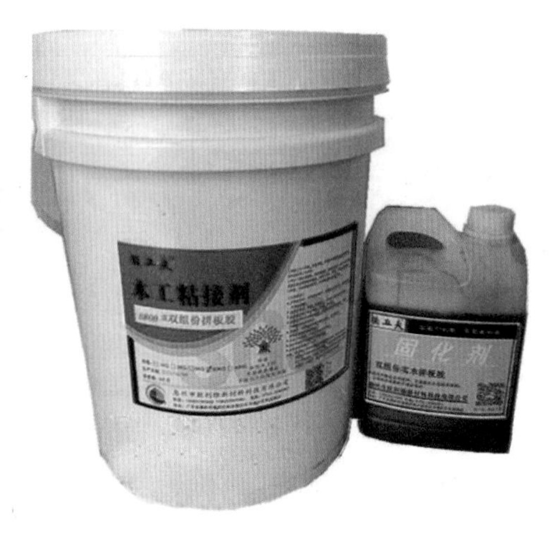

图 1-52　水性高分子异氰酸酯胶粘剂（EPI、API）

4. α－氰基丙烯酸酯胶粘剂

万能胶又称 AA 胶、快干胶、三秒胶、瞬间胶、502 胶，所含成分为氰基丙烯酸酯（Cyanoacrylate）。氰基丙烯酸酯是一系列物质的合称，比如 2- 氰基丙烯酸甲酯（Methyl-2-cyanoacrylate，CH_2=C（CN）$COOCH_3$）。其中常见品牌有 AA 超能胶（Aron Alpha）、强力胶（Super glue）、疯狂快干胶（Crazy glue）等。医用胶如多抹棒（Dermabond）则含有 2- 氰基丙烯酸辛酯（2-octyl cyanoacrylate）。氰基丙烯酸酯胶粘剂也称为“立即胶粘剂”。

氰基丙烯酸酯是属于丙烯醛基的树脂，当把超能胶涂在物件表面时，溶剂会蒸发，而物件表面或来自空气中的水分（更准确的是水分所形成的氢氧离子）会使单体迅速地进行阴离子聚合反应（Anionic polymerization），从而形成长而强的链子，把两块表面粘接在一起。由于其聚合过程是放热反应，所以可以发现其温度会轻微上升。由于溶剂（丙酮）在其间蒸发，所以使用超能胶会嗅到一些难耐的异味。由于湿气会使氰基丙烯酸酯聚合，把一支超能胶长期暴露在空气中会导致它之后不能再用。要防止此情况发生，可以把已开封的超能胶存放在一个不漏气的瓶子，并在瓶内放入硅胶凝体。

α－氰基丙烯酸酯胶粘剂的主要成分为 α－氰基丙烯酸酯，含少量的增稠剂、稳定剂，由于能够瞬间快速固化，习惯上被称为瞬干胶。它是当前大力发展的工程胶粘剂之一，也是重要的家用胶粘剂。

α－氰基丙烯酸酯胶粘剂具有以下特点。

（1）α－氰基丙烯酸酯胶粘剂含有强极性的氰基和酯键，对极性被粘物有很强的黏附力，表现出很高的粘接强度，可粘接经喷砂处理的中碳钢。α－氰基丙烯酸甲酯胶粘剂（即 501 胶）的粘接强度高达 22 MPa，α－氰基丙烯酸乙酯胶粘剂（502 胶）的粘接强度则为 17 MPa，如图 1-53 所示。

（2）α－氰基丙烯酸酯胶粘剂不需另加固化剂，可通过吸收空气中或被粘物表面上的湿气，发生阴离子聚合实现固化，因而固化速度极快，胶粘后 10 ～ 30 s 即有足够的强度。

（3）α－氰基丙烯酸酯胶粘剂为单液型，黏度低，便于涂布，容易湿润与渗透，不需要加热或加压，按压即可，使用方便。

（4）耐油性和气密性好。

（5）脆性较大，剥离强度低，不耐冲击和振动。

（6）耐热、耐水、耐溶剂和耐老化等性能比较差。

（7）如果操作环境湿度较大，则易起霜白化，影响外观。

（8）相对于其他胶粘剂而言价格较高。

α－氰基丙烯酸酯胶粘剂应用时须注意如下几个问题：

（1）不适合大面积的粘接，用于快速固定效果最好。

（2）属低黏度胶液，不能用于胶粘多孔材料。

（3）粘接金属、玻璃的耐水性不好，粘接塑料、橡胶，或塑料、橡胶与金属粘接则有较好的耐水性。

（4）固化后的胶层为线型结构，能够溶于丙酮、甲苯、甲乙酮等溶剂，可用此方法清除成胶或拆开粘件。

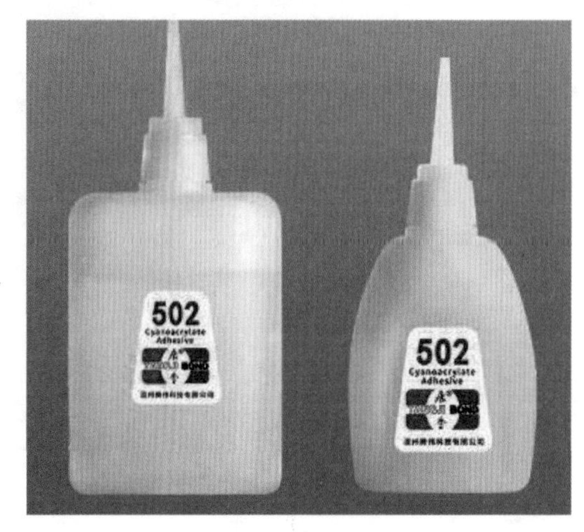

图 1-53　502 胶粘剂

（5）有一定的刺激性，要注意通风。

（6）对于肌肉和组织有良好的粘合性，但要防止接触皮肤，切勿溅入眼中。

5. EVA 热熔胶

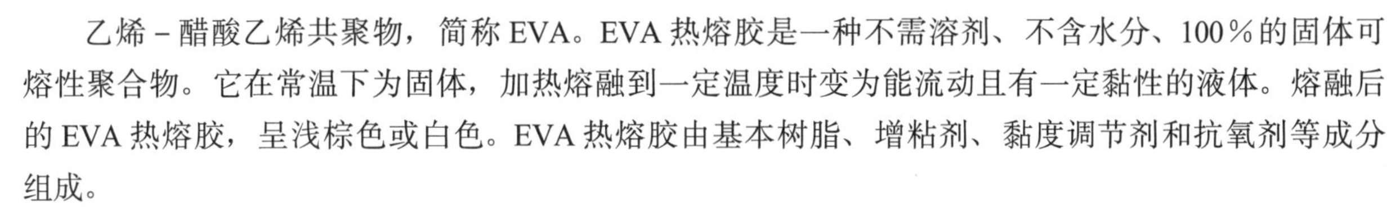

乙烯－醋酸乙烯共聚物，简称 EVA。EVA 热熔胶是一种不需溶剂、不含水分、100％的固体可熔性聚合物。它在常温下为固体，加热熔融到一定温度时变为能流动且有一定黏性的液体。熔融后的 EVA 热熔胶，呈浅棕色或白色。EVA 热熔胶由基本树脂、增粘剂、黏度调节剂和抗氧剂等成分组成。

特点：固体含量 100％，有空隙填充性，避免了边缘卷起、气泡和开裂而引起的被粘件的变形、错位和收缩等弊病；因无溶剂，木材含水率没有变动，没有火灾及中毒的危险；粘接快，涂胶和粘接间隔不过数秒，锯头和切边可在 24 s 内完成，不需要烘干时间，可用于连续化、自动化的木材粘接流水线，大大提高了生产效率，节省了厂房费用；用途广，适合粘接各种材料；可以进行几次粘接，即涂在木材上的热熔胶，因冷却固化而未达到要求时，可以重新加热进行二次粘接。

热熔胶广泛适用于电子、工艺、玩具、皮具、纸箱包装、花艺工业、布艺等。热熔胶粒广泛用于木、皮、PVC 封边及封边组合家具、次柜、办公家具、纸箱包装、工艺品厂和皮具鞋类等，如图 1-54 所示。

一般情况下，国内使用自动封边机的进料速度为 8 ～ 25 m/min，封边热熔胶的使用温度在 200 ℃左右。热熔胶对基材和封边材料有以下要求。

（1）富含油脂的基材封边比较困难，油性物质会降低板材与胶的亲和性，时间长了会使粘接强度大大下降，造成封边条脱落。

（2）一般而言，板材和封边材料的温度要保持在室温以上，方可保证封边质量。

（3）板材和木皮的含水率不能超过 12％，水分含量过高，会使热熔胶提前固化和润湿性能下降，从而降低粘接强度。

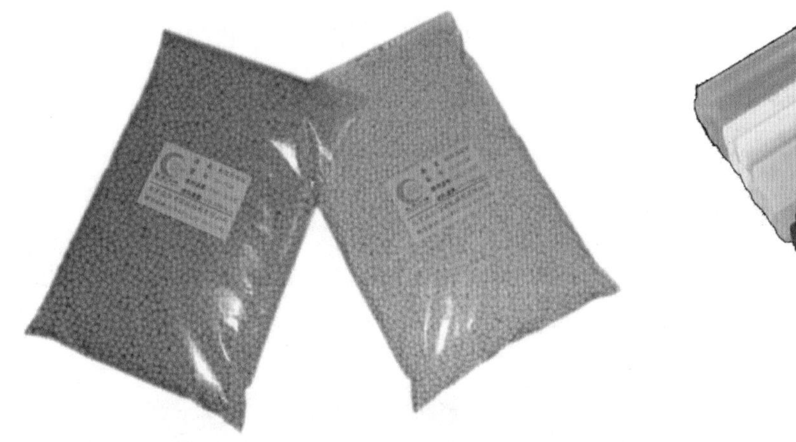
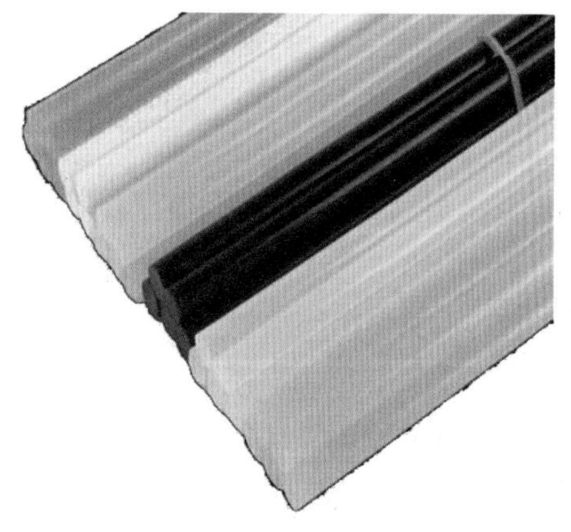

图 1-54 热熔胶

4.4 任务实训

◇ 工作情景描述

某家具企业进行原料库房清理，由于管理不当，造成了库房内的部分胶粘剂标签破损，无法识别与使用，先依据各类原料样品对库房内现存材料进行识别并分类摆放，对于无法识别及贮存期过期原料返厂销毁。

◇ 工作任务实施

工作活动 1：液态胶粘剂识别

一、活动实施

<table>
<tr><th>活动步骤</th><th>活动要求</th><th>活动安排</th><th>活动记录</th></tr>
<tr><td rowspan="4">步骤</td><td rowspan="4">液态胶粘剂识别</td><td>具体活动 1：聚醋酸乙烯酯乳液胶粘剂识别</td><td rowspan="4">记录：胶粘剂统计记录表</td></tr>
<tr><td>具体活动 2：水性高分子异氰酸酯胶粘剂识别</td></tr>
<tr><td>具体活动 3：蛋白胶识别</td></tr>
<tr><td>具体活动 4：502 胶识别</td></tr>
</table>

二、活动记录

记录：胶粘剂统计记录表

胶粘剂统计记录表

序号	形态（固、液）	气味	颜色	流动性	规格	数量	拟确定名称
1							
2							
3							
4							

工作活动 2：固态胶粘剂识别

一、活动实施

活动步骤	活动要求	活动安排	活动记录
步骤	固态胶粘剂识别	具体活动 1：热熔胶识别	记录：胶粘剂统计记录表
		具体活动 2：骨胶识别	

二、活动记录

记录：胶粘剂统计记录表

胶粘剂统计记录表

序号	形态（固、液）	气味	颜色	形状	规格	数量	拟确定名称
1							
2							
3							
4							

◇ 评价总结

评价指标	权重 /%	评价等级				
		优秀（90～100分）	中等（80～89分）	良好（70～79分）	合格（60～69分）	不合格（0～59分）
液态胶粘剂识别	70					
固态胶粘剂识别	30					
总分						

任务5　常用五金件识别与选用

5.1　学习目标

1. 知识目标

（1）掌握铰链的分类。

（2）掌握连接件的分类。

（3）了解抽屉滑道的分类。

2. 能力目标

（1）能够识别和选用板式家具各种五金配件。

（2）能够掌握铰链、连接件及抽屉滑道的安装方法。

3. 素质目标

（1）诚实守信、热爱劳动，履行道德准则和行为规范。

（2）具有社会责任感和社会参与意识。

5.2　任务导入

中国古代的建筑、家具等木制品多用榫卯结构进行连接加固，即便是故宫这样宏伟壮观的建筑群，也能够做到不用一根铁钉。最早的五金件来源于西方国家，早在公元前3 400年，古埃及就已经出现了由青铜制成的钉子。1 800年以前，钉子都是手工制作的，是由“钉匠”们将生铁烧红之后，一锤一锤打造出来的。随着现代木制品行业产品的迭代更新，越来越多的五金件出现在了木制品成品中。

本任务要求借助五金件清单进行现有的五金件识别与分类，完成样品组装，并进行安装质量检验。

5.3　知识准备

家具中起连接、活动、紧固、支撑等作用的结构件称为家具配件，或称为家具五金件。随着现代化工业生产不断发展，五金件越来越多地使用在家具中，产品部件化生产已成为家具工业化生产的主流，板式家具的发展更为现代五金件产业化的形成与发展奠定了坚实的基础，相比实木家具，板式家具的基材——人造板已经破坏了木材本身的纤维形态，主要靠胶的强度结合，比木材本身结合强度低，所以只能依靠五金件结合，五金件能使板式家具结构牢固可靠，能多次拆卸，满足功能性要求。

家具的五金件品种繁多，有5 000多种。按照功能可分为结构五金件和功能五金件。结构五金件可对部分部件或整体产品起到一定的连接作用，功能五金件具有一定的使用性和享受性。随着现代家具五金工业体系的形成，家具五金件一般分为锁、连接件、铰链、滑道、位置保持装置、高度调整装置、支撑件、拉手、脚轮九类。通过对板式家具五金件知识的学习，让大家能够识别板式家具常用五金件，能根据板式家具零部件的不同结合形式进行常用五金件的合理选用，同时培养严谨的工作态度和分析问题、解决问题的能力。

1. 连接件

连接件又称紧固连接件，是指板式部件之间、板式部件与功能部件之间、板式部件与建筑构件等

除家具外的物件之间紧固连接的五金连接件。其特征是使家具板件固定，使板件间不能做相对运动，常用于柜类家具旁板与水平板及背板的连接。典型的品种有偏心式连接件、螺旋式连接件。

（1）偏心式连接件。偏心式连接件是由偏心轮与连接杆钩挂形成连接，用于板式部件的连接，是一种全隐蔽式的连接件，安装后不会影响产品外观，可以反复拆装。偏心式连接件的种类有一字形偏心连接件和异角度偏心连接件。

1）一字形偏心连接件。一字形偏心连接件可分为三合一偏心连接件、二合一偏心连接件、快装式偏心连接件和双向式偏心连接件。

①三合一偏心连接件（图 1-55）：由偏心轮（偏心螺母）、连接杆及预埋螺母组成。偏心轮材质常为锌合金，表面经过镀镍或镀锌处理，镀镍偏心轮耐腐蚀性、防锈性较好，价格相对较高；镀锌偏心轮耐腐蚀性较差，价格较低。连接杆材质为铁，表面处理为镀锌或镀镍，表面常为纯金属杆或塑杆。预埋螺母材质常为尼龙、聚乙烯、合金。由于连接杆直径相比孔径小，常使用定位圆棒榫和三合一偏心连接件配合使用，防止板件之间滑移。三合一偏心连接件常配有装饰盖，故也称四合一偏心连接件。三合一偏心连接件安装方式如图 1-56 所示。

图 1-55　三合一偏心连接件

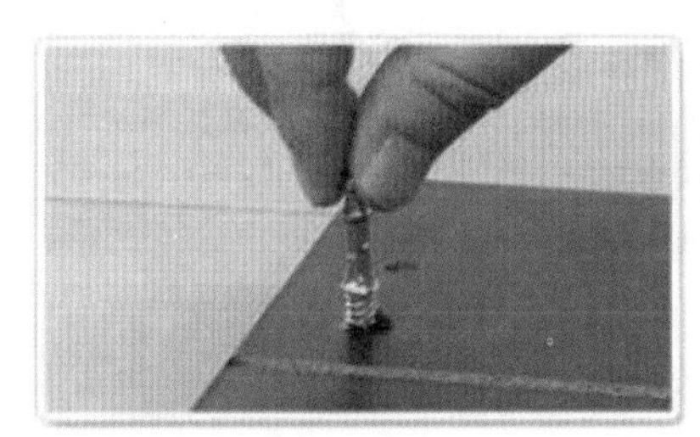

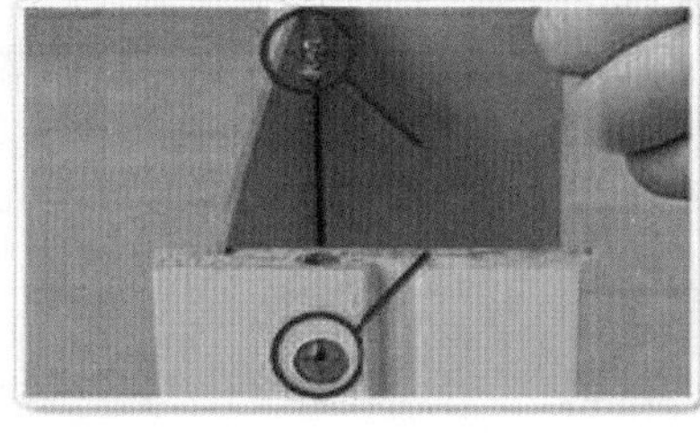

图 1-56　三合一偏心连接件安装方式

②二合一偏心连接件：有隐式二合一偏心连接件和显式二合一偏心连接件。隐式二合一偏心连接件相比三合一偏心连接件没有预埋螺母，连接方式为带自攻螺纹的连接杆直接与板件结合，如图 1-57 所示。另外，还有一种显式二合一偏心连接件，区别是连接杆为端部连接杆，一端外露在板件上，影响美观，如图 1-58 所示。

图 1-57　二合一自攻螺纹连接杆件

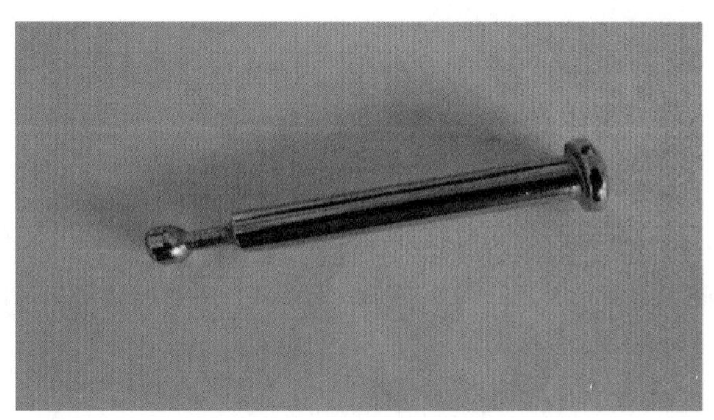

图 1-58　端部连接杆

③快装式偏心连接件：由偏心轮和膨胀式连接杆组成。偏心轮与连接杆连接时，连接杆上的圆锥体扩充到刺管直径，从而实现连接杆与侧板紧密结合，如图 1-59 所示。

④双向式偏心连接件：双向式偏心连接件的连接杆为双头连接杆，在连接时双头螺杆打入中立板中，两侧隔板或顶板嵌入偏心轮，常用于中立板连接两侧隔板或两侧顶板，如图 1-60 所示。

图 1-59　快装式偏心连接件

图 1-60　双头连接杆

2）异角度偏心连接件。异角度偏心连接件用来实现两块板件非 90° 结合，分为 Y 形和 V 形。V 形连接杆如图 1-61 所示。

（2）螺旋式连接件。螺旋式连接件由各种螺栓或螺钉与各种形式的螺母配合连接。安装时，将圆柱螺母放入板的侧孔内，并使螺母孔朝外，跟螺栓相对，然后将螺栓穿过板端上的螺栓孔，对准圆柱螺母孔旋紧即可，市场中也将该类连接件称为二合一连接件，但螺钉或螺栓头部外露影响美观，螺钉头部形状有沉头、半沉头、圆头之分。螺旋式连接件安装方法：圆柱螺母安入板件预先打好的孔中（孔朝螺栓预留孔），螺栓从另一板件穿透拧入圆柱螺母内，实现固定，如图 1-62 所示。

三合一连接件和螺旋式连接件的区别：三合一连接件美观，但预埋件对孔壁有破坏，易松动、脱出，适用于柜类及桌类家具；螺旋式连接件不美观，但板孔破坏小，结合强度高，适用于床类家具。

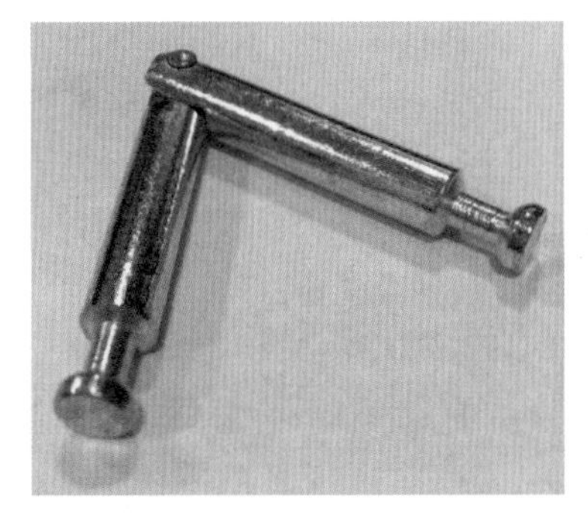

图 1-61　V 形连接杆　　图 1-62　螺旋式连接件

2. 铰链

铰链又称合页，是用来连接两个部件并允许两者之间做相对转动的机械装置，是连接两个活动部件的主要构件，主要用于柜门开启和关闭。铰链可由可移动的组件构成，或者由可折叠的材料构成。铰链按材质分类主要分为不锈钢铰链和铁铰链。为让人们得到更好的享受，又出现了液压铰链（又称阻尼铰链），其特点是在柜门关闭时实现带来缓冲功能，最大限度地减小柜门关闭时与柜体碰撞发出的噪声。按照铰链形式主要分为隐藏式铰链、单轴铰链、特殊铰链、合页铰链、翻板门铰链、上翻门配件。常用的有合页铰链、隐藏式铰链、翻板门铰链。

（1）合页铰链。合页铰链也称明铰链，安装时合页部分外露于家具表面，如图 1-63 所示。

（2）隐藏式铰链。隐藏式铰链也称杯状暗铰链，常用于各种家具门的安装，主要由铰杯、铰臂、铰链连接杆、铰链底座四部分组成，如图 1-64 所示。铰杯、铰臂、铰链连接杆为预装整体，铰链底座预留孔满足 32 mm 系统关系，安装时将铰链底座安装在侧板上，铰杯安装在门板上。

图 1-63　合页铰链

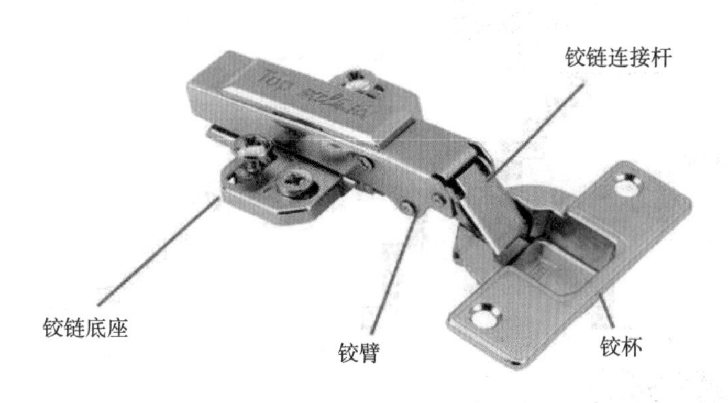

图 1-64　隐藏式铰链组成

最早出现的隐藏式铰链采用的是外弹簧铰链，该款铰链存在的不足之处是：外弹簧片容易蹦脱伤人；铰杯由塑料注塑制成，很不牢固；门在关闭时，会发生撞击，特别是玻璃门，容易产生危险；铰杯的老化大大影响其使用寿命。后来，又开发出内弹簧铰链，它避免了弹簧蹦脱的问题，但仍未解决关门时产生的撞击。近年来又开发出两段力铰链，铰杯由钢或合金制作而成。两段力铰链完全避免了弹簧蹦脱、关门时产生撞击等弊病，能在任何位置停稳，只有闭合到最后 45° 左右时，弹簧才开始发生作用，将门轻轻闭合，并且使用寿命达到 10 万次以上，如图 1-65 所示。弹簧断面为圆形或方形，方形弹簧相比圆形弹簧使用寿命长，价格较高。

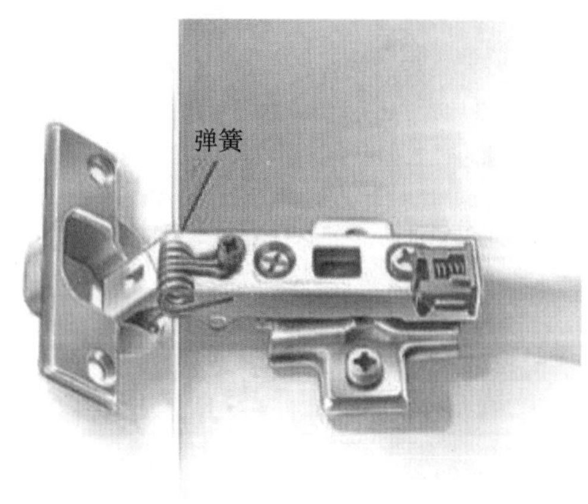

图 1-65　隐藏式铰链

隐藏式铰链按照门与侧板显露形式分为直臂铰链、小曲臂铰链、大曲臂铰链，这三种铰链分别对应的是盖门、半盖门、嵌门这三种门型。盖门即门板盖在旁板上，半盖门即门板盖住一部分旁板，嵌门即门板嵌入旁板内，或者说旁板盖在门板上，如图 1-66 所示。

不同门板高度对应的隐藏式铰链数量如图 1-67 所示。高度在 900 mm 以下的门板需要 2 个铰链，高度在 1 600 mm 以下的门板需要 3 个铰链，高度在 2 000 mm 以下的门板需要 4 个铰链，高度在 2 400 mm 以下的门板需要 5 个铰链。

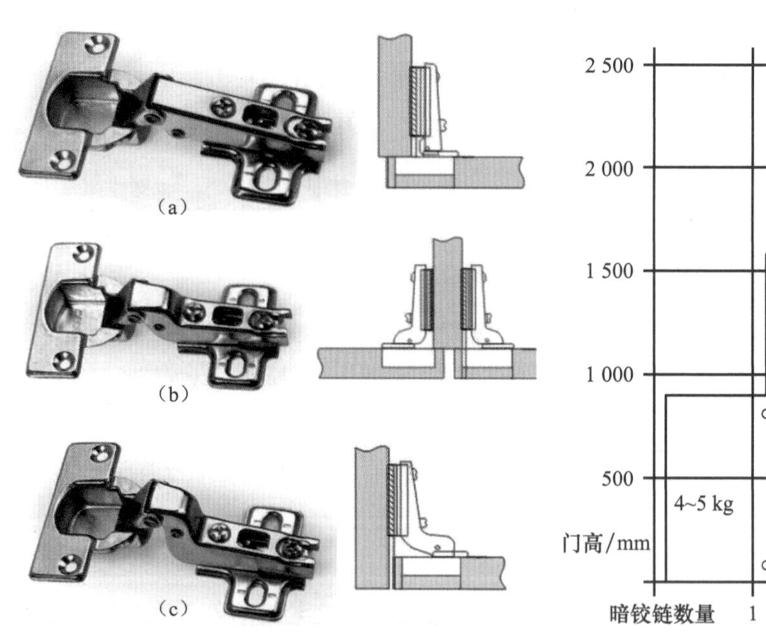

图 1-66　铰链的三种类型

(a) 直臂铰链；(b) 小曲臂铰链；(c) 大曲臂铰链

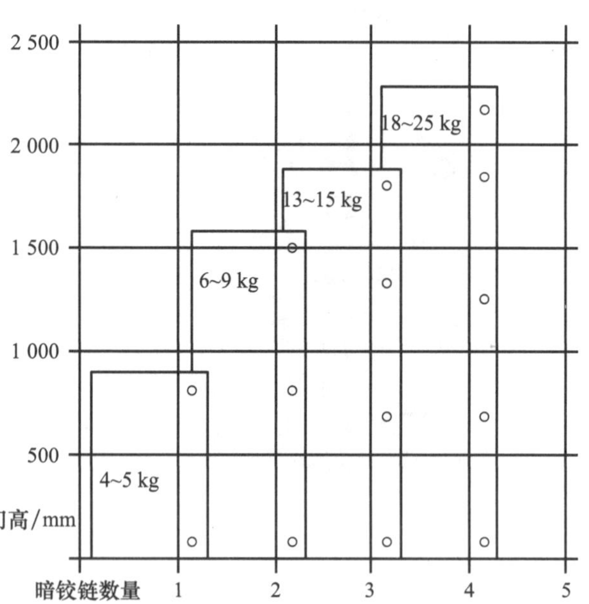

图 1-67　不同门板高度对应的隐藏式铰链数量

铰杯固定方式按照与门板的结合形式分为拧入式、快装式、压入式和无须工具式。其中，拧入式和压入式是最常用的铰杯固定方式，如图 1-68 所示。

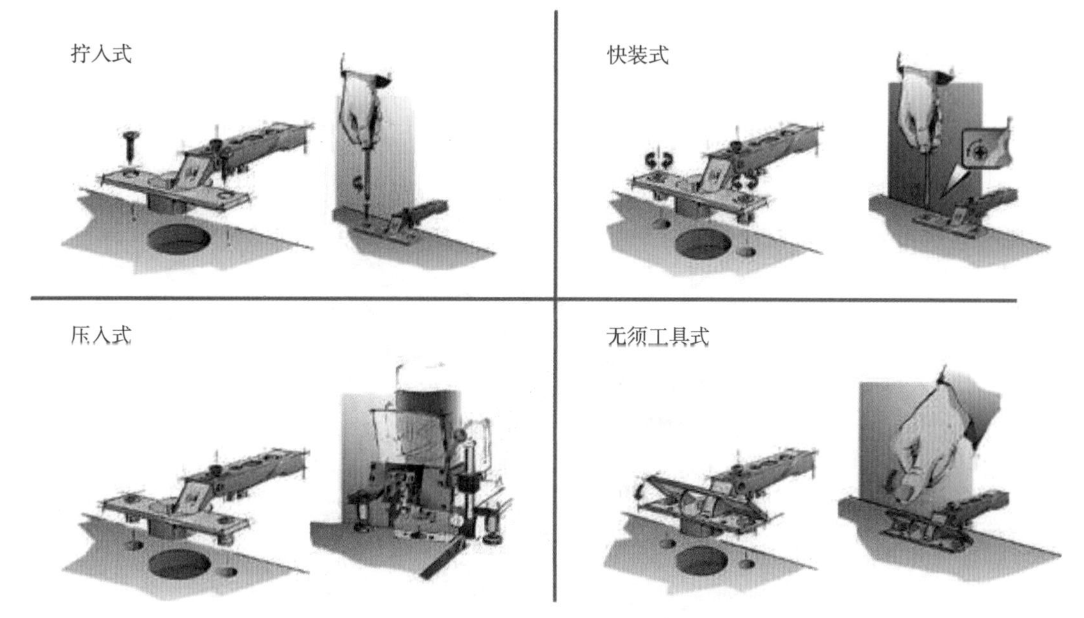

图 1-68　铰杯固定方式

铰杯安装尺寸具体参数需根据铰链厂商产品手册来确定，铰杯安装尺寸参数如图 1-69 所示。孔中心距离门边缘尺寸无统一标准，通常为 22 mm 左右。

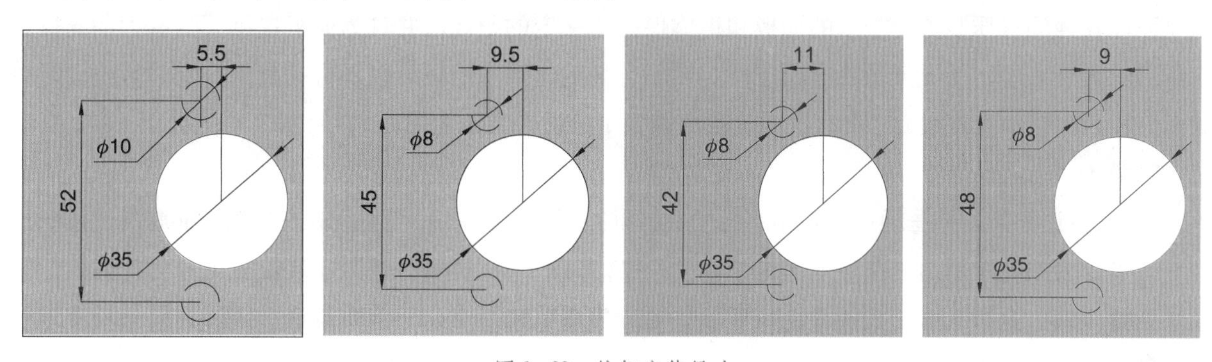

图 1-69　铰杯安装尺寸

按照门的开启角度常分为小角度隐藏式铰链（95°）、中角度隐藏式铰链（110°）、大角度隐藏式铰链（125°）、超大角度隐藏式铰链（120°～165°）。前三种铰链为常用铰链类型；超大角度隐藏式铰链常用于开启大角度的角柜或电视柜，如图 1-70 所示。

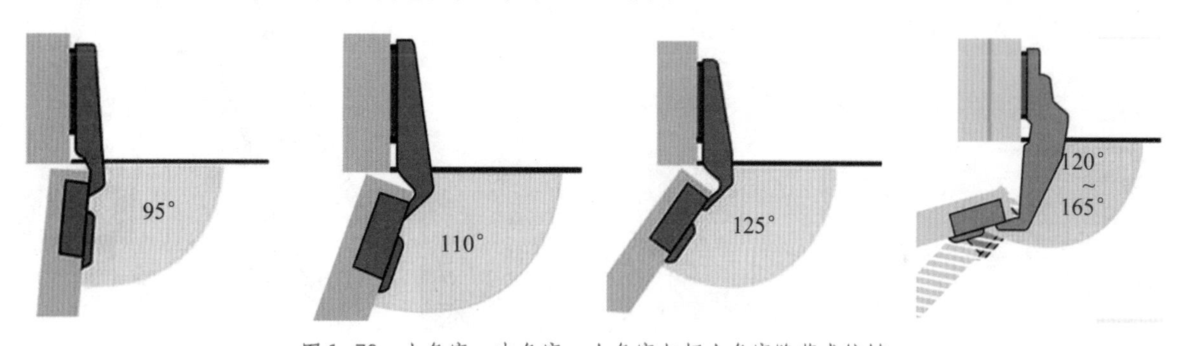

图 1-70　小角度、中角度、大角度与超大角度隐藏式铰链

（3）翻板门铰链。橱柜五金件中，除滑轨、铰链之外，还有许多气压及液压装置类的五金件。这些配件是为适应不断发展变化的橱柜设计方式而产生的，主要用于翻板式上开门和垂直升降门。有的装置有三点甚至更多点的制动位置，也称为“随意停”，如图 1-71 所示。

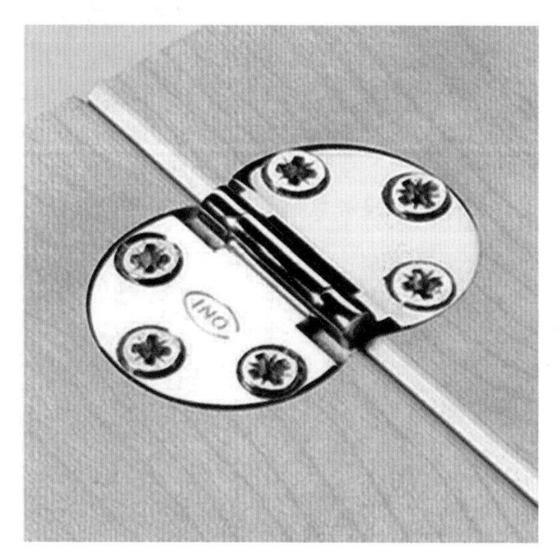

图 1-71　橱柜翻板门五金件

弹性较强的气压装置使柜子的面板和柜体保持了一定的距离，并且为面板提供了强有力的支撑。三角形的固定底座，使支架更具有稳定性。顺畅自如的支架使门板可以平行垂直上升，并且拉动时感觉十分轻巧，仿佛没有阻力。带有这种装置的橱柜十分适合老人使用。

3. 滑道

（1）滑道种类。抽屉滑道主要作用是使抽屉推拉灵活方便，不产生歪斜或倾翻。抽屉滑道按照滑动方式可分为滚轮式滑道和滚珠式滑道，如图 1-72 和图 1-73 所示；按照安装位置可分为托底式、侧板式、槽口式、搁板式等；按照滑道拉伸形式可分为双节轨滑道、三节轨滑道；按照抽屉关闭方式可分为自闭式滑道、非自闭式滑道；按照表面材质可分为油漆滑道、电镀金属滑道。

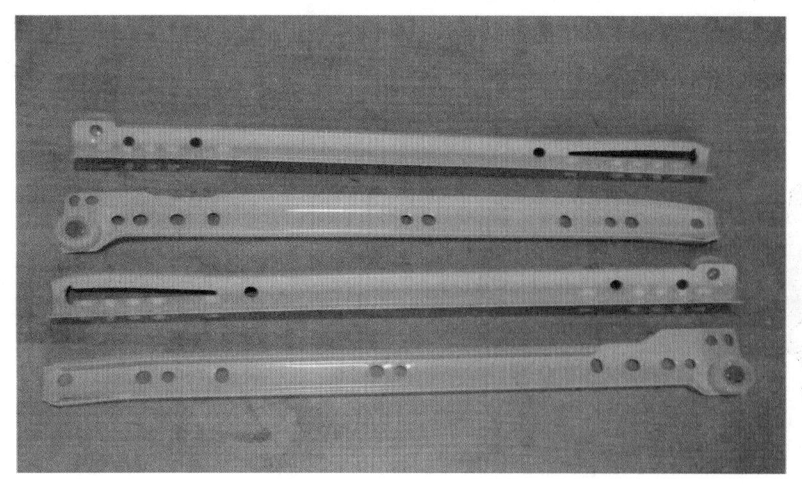

图 1-72　滚轮式滑道

图 1-73　滚珠式滑道

（2）滑道选择。根据抽屉大小型号选择滑道尺寸，并不是越大越好，尺寸有 250 mm、300 mm、350 mm、400 mm、450 mm、500 mm、550 mm、600 mm 几种规格，如图 1–74 所示，级差为 50 mm，滑道分为旁板安装部分和抽屉侧板安装部分，其中旁板安装部分满足 32 mm 系统关系，安装过程中为防止滑道与抽屉底板冲突，需预留安装间隙 2 mm，滑道上的第一组孔距抽屉面板内侧表面 28 mm 和 37 mm，每组孔的间距满足 32 mm 的倍数关系。

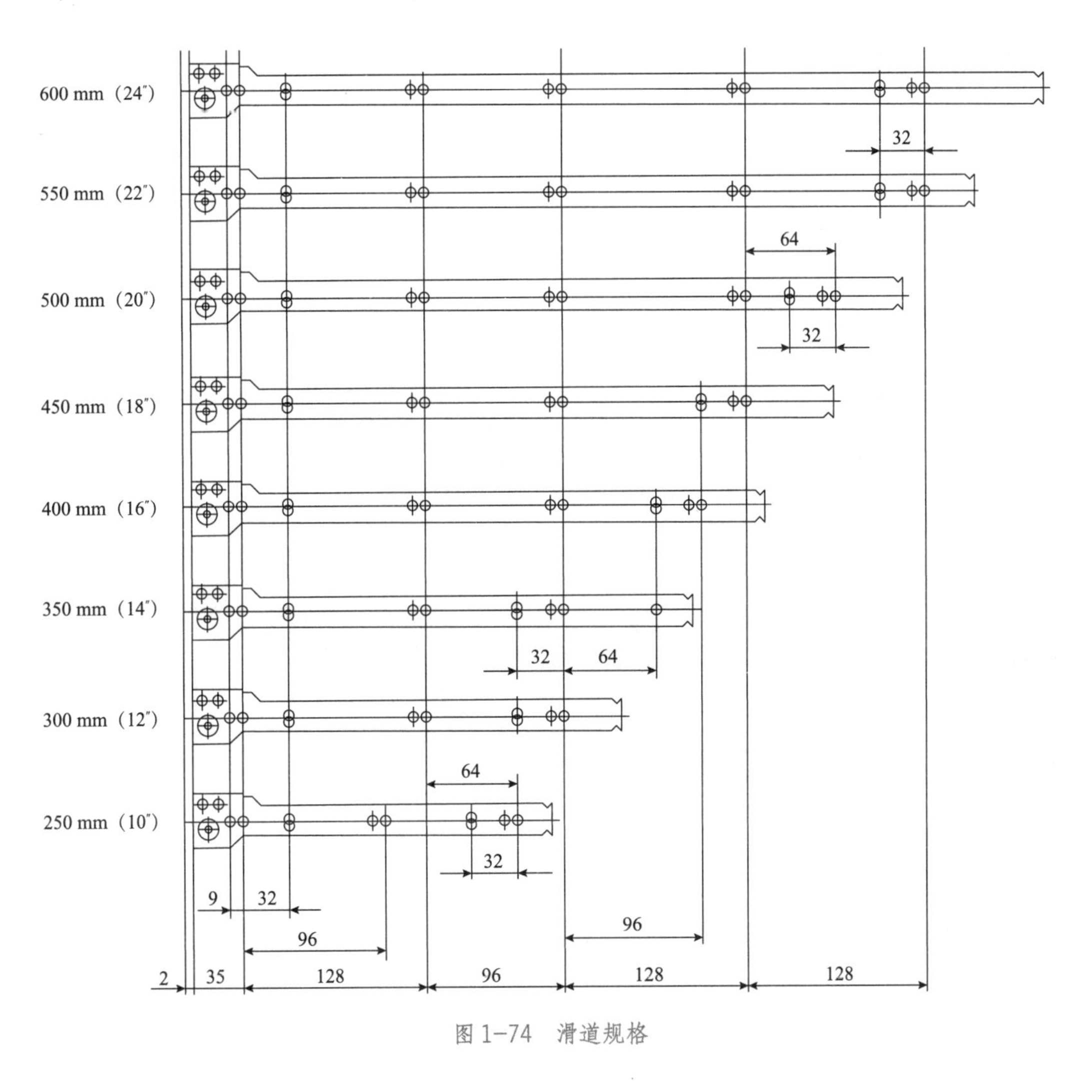

图 1–74　滑道规格

5.4　任务实训

◇ 工作情景描述

某家具企业工人进行木质家具试组装，由于安装工人工作失误导致全部家具五金件混在一起，需进行各类别五金件识别分类，并进行木质家具试组装。

◇ 工作任务实施

工作活动 1：依据五金清单进行五金件识别、分类

一、活动实施

<table>
<tr><th>活动步骤</th><th>活动要求</th><th>活动安排</th><th>活动记录</th></tr>
<tr><td rowspan="2">步骤 1</td><td rowspan="2">铰链识别</td><td>具体活动 1：铰链识别</td><td rowspan="6">记录：五金统计记录表</td></tr>
<tr><td>具体活动 2：合页识别</td></tr>
<tr><td rowspan="2">步骤 2</td><td rowspan="2">连接件识别</td><td>具体活动 1：三合一连接件识别</td></tr>
<tr><td>具体活动 2：二合一连接件识别</td></tr>
<tr><td rowspan="2">步骤 3</td><td rowspan="2">抽屉滑道识别</td><td>具体活动 1：三节轨滑道识别</td></tr>
<tr><td>具体活动 2：托底滑道识别</td></tr>
</table>

二、活动记录

记录：五金统计记录表

五金统计记录表

序号	名称	五金类别	规格	数量
1				
2				
3				
4				
5				
6				
7				
8				
9				
10				
11				
12				

工作活动 2：木质家具试组装

一、活动实施

活动步骤	活动要求	活动安排	活动记录
步骤 1	零部件识别分类	具体活动 1：柜体板识别	记录 1：家具图纸 记录 2：零部件清单表
		具体活动 2：门板识别	
		具体活动 3：抽屉识别	
步骤 2	箱体组装	具体活动 1：三合一连接件涨塞安装	记录 3：调试检验记录表
		具体活动 2：三合一连接件螺杆安装	
		具体活动 3：箱体安装，锁紧偏心锁扣	
		具体活动 4：层板安装	
步骤 3	门板组装	具体活动 1：门板铰链安装	
		具体活动 2：门板安装	
		具体活动 3：门板把手安装	
步骤 4	抽屉组装	具体活动 1：二合一连接件安装	
		具体活动 2：抽屉组装	
		具体活动 3：抽屉滑道安装	
		具体活动 4：抽屉把手安装	
步骤 5	滚轮安装	具体活动：滚轮安装	
步骤 6	整体调试	具体活动：对安装后的成品进行全面检验，对存在问题的部分进行调试	

二、活动记录

记录 1：家具图纸

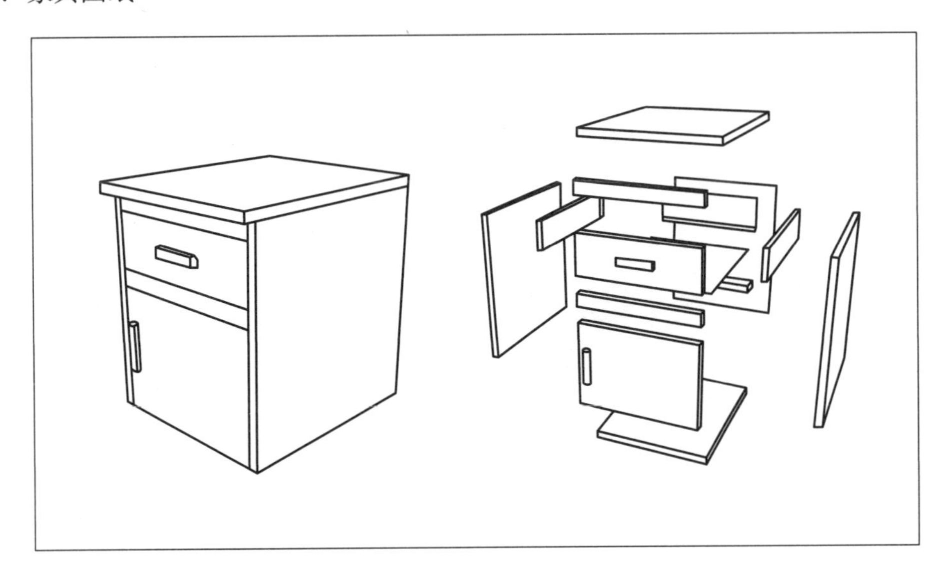

记录 2：零部件清单表

零部件清单表

推筒料单				
编号	长 /mm	宽 /mm	厚 /mm	数量 / 个
1	480	400	18	1
2	462	450	18	2
3	462	380	5	1
4	364	35	18	2
5	364	120	12	1
6	433	100	12	2
7	350	100	12	1
8	350	420	5	1
9	364	100	18	1
10	445	364	18	1
11	364	254	18	1
12	100	20	18	2

记录 3：调试检验记录表

调试检验记录表

序号	名称	调试检验点	合格	不合格	主要问题
1	柜体组装检验	全部五金安装到位			
		前板安装平整度			
		各零部件间缝隙			
2	抽屉组装	全部五金安装到位			
		零部件间缝隙			
3	抽屉安装	抽屉缝隙均匀			
		抽屉把手安装			
4	门板安装	门板缝隙均匀			
		门把手安装			

◇ 评价总结

评价指标	权重 /%	评价等级				
		优秀（90～100分）	中等（80～89分）	良好（70～79分）	合格（60～69分）	不合格（0～59分）
依据五金清单进行五金件识别、分类	60					
木质家具试组装	40					
总分						

任务6　常用涂饰材料识别与选用

6.1　学习目标

1. 知识目标

（1）了解常用涂饰材料的分类、用途。

（2）了解常用涂饰材料的固化机理。

（3）了解常用涂饰材料的缺陷。

2. 能力目标

（1）能够进行常用涂饰材料识别。

（2）能够识别涂饰常见缺陷。

3. 素质目标

（1）培养标准流程作业规范。

（2）培养施工安全防护意识。

6.2　任务导入

春秋中期《诗经》中就记载了一种制琴材料——“椅桐梓漆，爰伐琴瑟”，其中的漆就是指大漆，大漆是中国特产，故也称中国漆，可见自古国人就有使用涂料的习惯。

本任务要求借助库存涂饰原料清单，对常用涂饰材料进行识别分类，依据产品生产日期、保质期及产品性状判别涂饰材料使用性，以确定库存材料继续使用还是返厂销毁。

6.3　知识准备

涂料是一种有机高分子胶体混合物的溶液或粉末。它由主要成膜物质、次要成膜物质和辅助物质组成。将液体涂料涂饰在木质家具的表面上，其挥发成分逐渐挥发逸出，不挥发成分则留在表面上干结成固体膜。这层固体膜中就包括了成膜物质、颜料与助剂。用作成膜物质的主要是各种油料和树脂。成膜物质既可单独成膜，也可粘接颜料等物质共同成膜。成膜物质是油漆中最主要的成分，是油漆的基础，是决定其理化性能的因素。

1. 涂料的分类

（1）标准分类。涂料的标准分类见表 1-10。

表 1-10　涂料的标准分类

代号	涂料类别	主要成膜物质	备注
Y	油脂漆类	植物油、合成油、鱼油	
T	天然树脂漆类	改性松香、虫胶、大漆、动物胶	使用广泛
F	酚醛树脂漆类	改性酚醛树脂、酚醛树脂	
C	醇酸树脂漆类	各种醇酸树脂	使用广泛
A	氨基树脂漆类	脲醛树脂、三聚氰胺甲醛树脂	
Q	硝基漆类	硝化棉	使用广泛
G	过氯乙烯漆类	过氯乙烯树脂	
B	丙烯酸漆类	丙烯酸酯树脂等	
Z	聚酯漆类	不饱和聚酯树脂	
S	聚氨酯漆类	聚氨基甲酸酯	使用广泛

（2）习惯分类。

1）按成膜干燥机理分类。

①挥发型漆：涂层中溶剂挥发完毕就干燥成膜，如硝基漆、虫胶漆。

②气干漆：与空气中的氧或潮气反应而成膜，如酚醛漆、醇酸漆。

③烘漆（或称烤漆）：经高温加热才能固化，如氨基烘漆，常用于金属家具。

④辐射固化漆：如光敏漆、电子束固化漆。

2）按组成特点分类。

①油性漆：组成中含大量的油或油改性树脂，其性能特点是干燥慢、漆膜软。

②树脂漆：全是树脂，基本不含油类，如聚酯漆、聚氨酯漆。

3）按有无色彩分类。

①清漆：不含颜料，如醇酸清漆、硝基清漆。

②色漆：含有颜料，形成不透明涂膜。

4）按光泽分类。

①亮光漆：干后漆膜呈现较高光泽。大部分未标明“半光、无光”的漆都属于亮光漆，如酚醛清漆、醇酸磁漆。

②亚光漆：含有消光剂。漆膜基本无光泽，如各色硝基半光磁漆。

5）按涂层的工序分类。

①腻子：填平木材表面局部缺陷（如裂缝、钉眼）或全面填平用的涂料。

②填孔漆：填塞木材管孔，一般现场调配，也称填孔剂。

③底漆：打底用的前几层漆，如硝基木器底漆。虫胶漆多用于木材涂饰打底。

④面漆：如醇酸漆、硝基漆、聚氨酯漆。

2. 家具常见合成树脂涂料品种

（1）酚醛树脂漆。酚醛树脂漆是指以酚醛树脂或改性酚醛树脂为主要成膜物质的一类涂料。酚醛树脂一般由酚类（苯酚、甲酚等）和醛类（甲醛等）缩聚反应而成。在木器行业中使用的酚醛漆中的酚醛树脂，一般是经过松香进行改性的改性酚醛树脂。

特点：酚醛树脂漆的涂膜柔韧耐久，光泽较好，耐水、耐酸碱、耐磨及耐化学药品的性能均较强。但酚醛树脂颜色较深，漆膜易泛黄，不宜制造白色磁漆。由于酚醛树脂中含有大量的植物油，故干燥缓慢。常温条件下，涂饰一遍表干需 4 ～ 6 h，实干需 18 ～ 24 h。

酚醛树脂漆因漆料中树脂与油的比例不同，常分为长、中、短三种油度。长油度酚醛树脂漆中，树脂与油的比例在 1 : 3 以上，表现油的特性较多，其涂膜柔韧耐久、耐候性好，但干燥缓慢；短油度酚醛树脂漆中，树脂与油的比例在 1 : 2 以下，表现树脂的特性较多，其漆膜坚硬光亮，相对干燥快，但柔性较差，耐候性不好。

酚醛树脂漆分为酚醛清漆和酚醛磁漆。酚醛磁漆是以松香改性酚醛树脂与干性油炼制的油基漆料，加入催干剂、溶剂、着色颜料和少量体质颜料，经研磨而成的各种磁漆。根据油度的长短和不同的性质，可制成有光磁漆、半光磁漆、无光磁漆、绝缘漆、地板漆等。

（2）醇酸树脂漆。醇酸树脂漆是以醇酸树脂为成膜物质的一类涂料。醇酸树脂通常是由多元醇与多元酸缩聚反应，再用植物油改性制成的涂料。往醇酸树脂中加入溶剂(松节油、松香水或二甲苯等)与催干剂，即制成醇酸清漆；加入颜料可制成醇酸磁漆、底漆等。

优点：性能比较全面，漆膜在常温下自然干燥（也可在低温或高温下烘烤干燥），具有优良的耐候性和保色性，不易老化，附着力、光泽、硬度、柔韧性、绝缘性也均好。

缺点：表面干结成膜虽较快，但完全干透时间较长，漆膜不宜打磨抛光，耐水、耐碱性差等。

（3）丙烯酸酯漆。丙烯酸酯漆是近年来迅速发展的一类新型涂料。丙烯酸酯漆是由丙烯酸树脂或丙烯酯类改性树脂制成的涂料。丙烯酸酯树脂是丙烯酸酯、甲基丙烯酸酯及其他乙烯单体的共聚树脂。它是一种新型的具有优良装饰性能的涂料，其他优良性能如下。

1）具有优良的色泽，涂料本身色浅，可制成水白色的清漆，并有极好的透明度，也可制成纯白色的磁漆。

2）具有良好的保光、保色性，能长久保持原有的光泽及色泽。

3）耐热性高。热塑性丙烯酸酯树脂在较高温度下软化，冷后能复原，一般不影响其他性能；热固性丙烯酸酯树脂在 170 ℃下不分解，不变色。

4）耐腐蚀性强，有较好的耐酸、碱、盐、油脂、洗涤剂等化学药品的沾污及腐蚀性能。

5）室外耐久性好，在大气中及紫外光照射下不易发生断链、分解或氧化等化学变化。

（4）硝基漆（NC）。硝基漆又称硝酸纤维漆，是以硝化棉为基础的一类涂料。不含颜料的品种称为硝基清漆，含颜料的品种有硝基漆（不透明色漆）、硝基底漆与硝基腻子等。硝基漆是由硝化棉、合成树脂、增塑剂、颜料、溶剂与稀释剂组成的，属于高级装饰性涂料，其装饰性能超过以上几类漆。硝基清漆颜色浅，其涂膜坚硬，经久耐用，可以打磨抛光，尤其是手工擦涂抛光优质木材时，能获得像镜子一样光滑平整的效果。

优点：漆膜坚硬耐磨、机械强度高，并具有一定的耐水性与耐化学药品性，但耐热性、耐寒性与耐候性不是很高；硝基漆属于挥发型涂料，较为突出的优点是干燥快和涂膜易修复，适用于揩、刷、喷、淋等施工方法；每涂饰一道，在常温下十几分钟即达表干，1 h 左右实干，比油性漆干燥速度快 15 ～ 20 倍；由于已干燥的漆膜仍能被原溶剂（稀释剂）溶解，故称可逆性漆膜，因而漆膜的缺陷或磨破碰伤等处，都可修复。

缺点：固体含量低，稀释到施工黏度的硝基漆，其固体成分含量为 10% ～ 15%；每涂饰一道，所形成的漆膜很薄（仅 10 ～ 20 μm），为达到一定的厚度，必须涂饰多次，因此工艺烦琐，劳动强度大，生产周期长；又因挥发成分含量高，施工时挥发大量的有害气体，污染环境，影响工人的身体健康。

（5）聚氨酯漆（PU）。聚氨酯是聚氨基甲酸酯的简称，是指其聚合体内含有相当数量的氨基甲酸酯链节的高分子化合物。聚氨酯漆也是一种新型涂料，是国内外木器家具涂料的重要漆类。在木器上应用的是双组分。

特点：漆膜坚硬耐磨，富有弹性，附着力好，外观丰满平整，经砂磨抛光后有较高的光泽。此外，漆膜还有耐水、耐热、耐候以及耐酸、碱等化学药品的性能。漆膜耐温性较为优异，能在 −40 ～ +120 ℃的条件下使用。固体成分含量达 50% 左右，是硝基漆的 2 倍以上。

（6）聚酯漆（PE）。聚酯漆是以聚酯树脂为基础的一类涂料。聚酯是多元醇与多元酸的缩聚产物。分为饱和聚酯树脂和不饱和聚酯树脂。在木质家具上主要用不饱和聚酯漆。

不饱和聚酯能溶于苯乙烯（一种无色、有芳香气味、易挥发的液体）单体中，在引发剂与促进剂共同存在的条件下，两者能发生游离基聚合反应，交联转化成不溶、不熔的聚合物，即性能良好的聚酯漆膜。

特点：漆膜外观丰满厚实，具有极高的光泽，色泽良好并保光、保色，硬度高，耐磨，并具有一定的耐热、耐寒和耐温性，以及耐弱酸、弱碱等性能。但不饱和聚酯树脂加入固化剂后，漆膜不可逆，因此，不易修复，只能重新涂饰。此外，涂饰只宜在静置的平面上进行，家具的边线和凹凸线条等小面积则难以涂饰。

聚酯漆中的苯乙烯是一种奇妙的材料，它既能溶解不饱和聚酯，也能与它发生共聚反应而共同成膜，这是绝大多数涂料所不具备的特点。因此，常称苯乙烯为活性稀释剂，称聚酯漆为无溶剂型漆。聚酯漆固体成分含量很高（可达到 95% 以上），涂饰一次的漆膜厚度可达 200 ～ 300 μm，可使施工减少涂层数，施工简单，不需砂磨与抛光，能减轻劳动，同时基本上无有害气体的挥发。

（7）光敏漆（UV）。

1）优点：光敏漆为目前最为环保的油漆品种之一，固体成分含量极高，硬度和透明度高；耐黄变性优良；活化期长；效率高，涂装成本低（正常是常规涂装成本的一半），是常规涂装效率的数十倍。

2）缺点：要求设备投入大；要有足够量的货源才能满足其生产所需；连续化的生产才能体现其效率及成本的控制；辊涂面漆表现出来的效果略差于 PU 面漆产品；辊涂产品要求被涂件为平面。

（8）水性漆（W）。水性漆是以水作为稀释剂的漆。内外墙涂料、金属漆、汽车漆等都有相应的水性漆产品，可见水性漆是一个非常广泛的概念。人们普遍关注的是水性木器漆，是木器涂料中技术难度和科技含量最高的产品。水性漆的优点有无毒环保、无气味、可挥发物极少、不燃不爆的高安全性、不黄变、涂刷面积大、综合成本低、施工便利、工具和衣物易清洗等。

6.4 任务实训

◇ 工作情景描述

某定制家具企业进行库房盘点，由于积压了各类不同品牌、不同类别、不同颜色的涂饰材料，造成库房混乱。先依据各类原料样品、库存清单对库房内现存材料进行识别并分类摆放，通过核对生产日期、保质期并对产品性状进行判别，对过期原料、失效原料进行返厂销毁。

◇ 工作任务实施

工作活动：常用涂饰材料分类识别

一、活动实施

活动步骤	活动要求	活动安排	活动记录
步骤	常用涂饰材料分类识别	具体活动 1：硝基漆识别	记录：常用涂饰材料统计记录表
		具体活动 2：聚氨酯漆识别	
		具体活动 3：水性漆识别	

二、活动记录

记录：常用涂饰材料统计记录表

常用涂饰材料统计记录表

序号	形态	气味	颜色	流动性	规格	数量	拟确定名称
1							
2							
3							

◇ **评价总结**

评价指标	权重 /%	评价等级				
		优秀（90～100分）	中等（80～89分）	良好（70～79分）	合格（60～69分）	不合格（0～59分）
硝基漆识别	30					
聚氨酯漆识别	40					
水性漆识别	30					
总分						

项目 2 手工木工识图与放样

任务 1　图纸幅面与图标的识别

1.1　学习目标

1. 知识目标

（1）了解《家具制图》（QB/T 1338—2012）相关国家标准。

（2）了解图框线、标题栏、尺寸标注等标准画法。

2. 能力目标

（1）能够依据国家标准进行图幅相关信息识别。

（2）能够依据国家标准进行标题栏、图线、尺寸标注等相关信息识别。

3. 素质目标

（1）具有标准意识。

（2）具有一定的审美和人文素养。

1.2　任务导入

工程图样是工程界的技术语言，为便于技术交流以及符合设计、施工、存档等要求，必须对图样的格式和表达方法等作出统一的规定，这个规定就是制图标准。

国家标准一部分源自最新的《技术制图》国家标准，例如《技术制图 图纸幅面和格式》（GB/T 14689—2008），其中“GB”为“国标”（国家标准的简称）二字的汉语拼音字头，“T”为推荐的“推”字的汉语拼音字头，“14689”为标准编号，“2008”为标准颁布的年号。另一部分源自国家轻工业标准《家具制图》（QB/T 1338—2012）。

本任务要求借助家具制图国家标准对所提供的图纸进行图纸图幅、图标等相关信息识别，获取相关基本信息并记录。

1.3　知识准备

1. 图纸幅面及格式

图纸宽度（*B*）和长度（*L*）组成的图面称为图纸幅面，如图 2–1 所示。

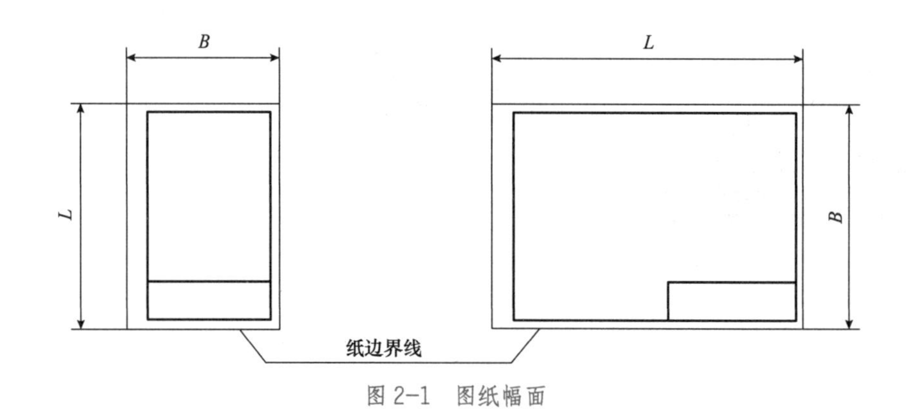

图 2-1 图纸幅面

（1）图纸幅面尺寸和代号。为了便于图纸的装订和保存，国家标准对图纸幅面做了统一的规定。绘制家具图样时，应优先采用表 2-1 中规定的基本幅面，必要时，也允许适当加长幅面，加长幅面尺寸必须由基本幅面的短边成整数倍增加后得出。

表 2-1 幅面及图框尺寸 单位：mm

幅面代号	A0	A1	A2	A3	A4
尺寸 $B \times L$	841×1 189	594×841	420×594	297×420	210×297
a	25				
c	10			5	
e	20		10		

（2）图框格式。图纸上必须用粗实线画出图框，其格式如图 2-2 所示，分为留有装订边和不留装订边两种，但同一产品的图纸只能采用一种格式。

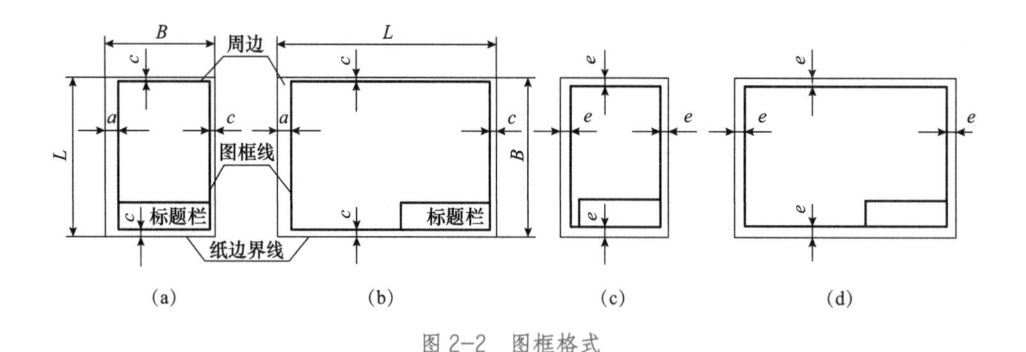

图 2-2 图框格式

1）留有装订边的图纸的图框格式如图 2-2（a）、（b）所示，图中尺寸 a、c 按表 2-1 中的规定选用。

2）不留装订边的图纸的图框格式如图 2-2（c）、（d）所示，图中尺寸 e 按表 2-1 中的规定选用。

（3）标题栏及其方位。标题栏一般由名称及代号区、签字区、更改区及其他区组成。

1）标题栏的格式和尺寸符合 GB/T 10609.1—2008 的规定，如图 2-3 所示。标题栏的位置应位于图纸的右下角，如图 2-2 所示。

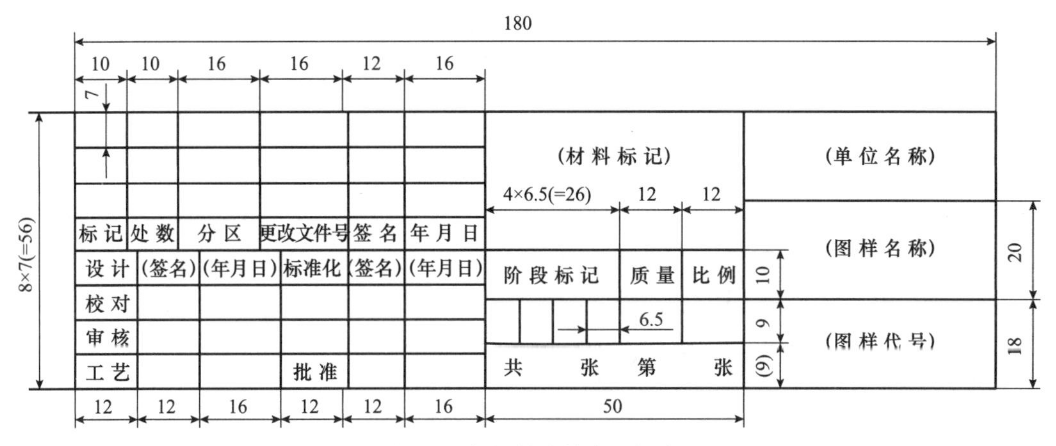

图 2-3　标题栏的格式及尺寸

2）标题栏的长边置于水平方向并与图纸的长边平行时，如图 2-2 中的（b）、（d）所示。若标题栏的长边与图纸的长边垂直时，如图 2-2 中的（a）、（c）所示，在此情况下看图的方向与标题栏的方向一致。

3）本书在制图作业中采用如图 2-4 所示的格式。

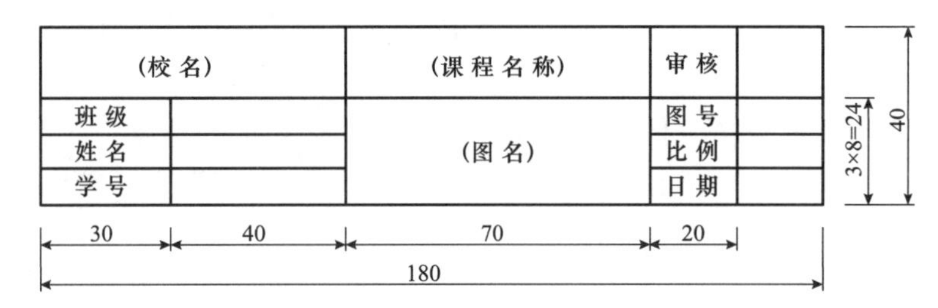

图 2-4　学生作业用标题栏格式

2. 比例

比例是指图中图形与其实物相应要素的线性尺寸之比。

比值为 1 的比例称为原值比例，即 1∶1。比值大于 1 的比例称为放大比例，如 2∶1 等。比值小于 1 的比例称为缩小比例，如 1∶2 等。绘图时应采用表 2-2 中规定的比例，最好选用原值比例，但也可根据机件大小和复杂程度选用放大或缩小比例。

表 2-2　常用比例

种类	比例	
	优先选取	允许选取
原值比例	1∶1	
放大比例	5∶1　2∶1 5×10^n∶1　2×10^n∶1　1×10^n∶1	4∶1　2.5∶1 4×10^n∶1　2.5×10^n∶1
缩小比例	1∶2　1∶5　1∶10 1∶2×10^n　1∶5×10^n　1∶1×10^n	1∶1.5　1∶2.5　1∶3　1∶4　1∶6 1∶1.5×10^n　1∶2.5×10^n　1∶3×10^n　1∶4×10^n　1∶6×10^n

同一张图样上的各个视图应采用相同比例，并在标题栏“比例”一项中填写所用的比例。当图样中有较小或较复杂的结构需用不同比例时，可在视图名称的下方标注比例，如图 2-5 所示。

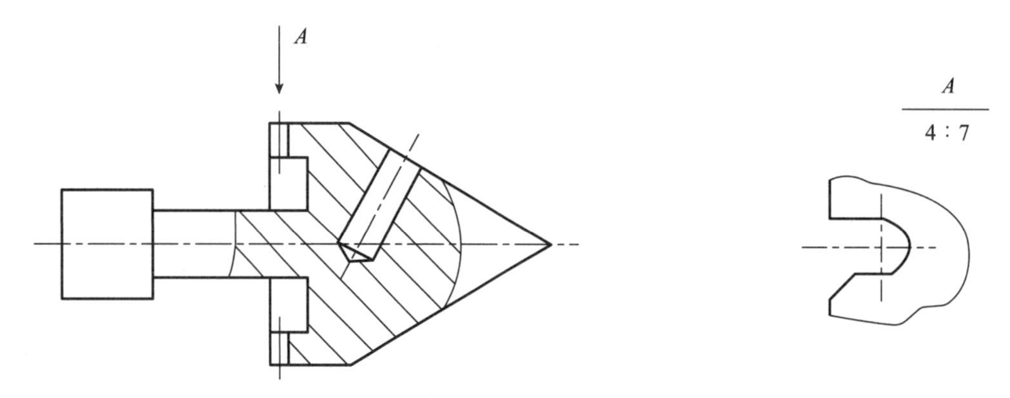

图 2-5　不同比例的标注

3. 字体

书写字体必须做到：字体端正、笔画清楚、间隔均匀、排列整齐。字体高度（用 h 表示）的公称尺寸系列为：1.8、2.5、3.5、5、7、10、14、20 mm。字体高度也称为字号，如 5 号字的字高为 5 mm。如果要书写更大的字，其字体高度应按 $\sqrt{2}$ 的比值递增。图样中字体可分为汉字、字母和数字。

（1）汉字。汉字应写成长仿宋体，并应采用国家正式公布的简化字。汉字的高度 h 应不小于 3.5 mm，其字宽一般为 $h/\sqrt{2}$。书写长仿宋体的要点为横平竖直、注意起落、结构匀称、填满方格。长仿宋体字的示例如下：

10 号字

字体工整笔画清楚间隔均匀排列整齐

7 号字

横平竖直注意起落结构匀称填满方格

5 号字

技术制图机械电子汽车航空船舶土木建筑矿山井坑港口纺织服装

3.5 号字

螺纹齿轮端子接线飞行指导驾驶舱位挖填施工引水通风闸阔坝棉麻化纤

（2）字母和数字。字母和数字分为 A 型和 B 型。A 型字体的笔画宽度为字高的 1/14；B 型字体的笔画宽度为字高的 1/10。在同一图样上，只允许选用一种字型。一般采用 A 型斜体字，斜体字字头与水平线向右倾斜 75°。以下字例为 A 型斜体字母及数字和 A 型直体拉丁字母：

拉丁字母大写斜体：

ABCDEFGHIJKLMNOP

QRSTUVWXYZ

拉丁字母小写斜体：

abcdefghijklmnop

qrstuvwxyz

阿拉伯数字斜体：

0123456789

拉丁字母大写直体：

ABCDEFGHIJKLMNOP

QRSTUVWXYZ

拉丁字母小写直体：

abcdefghijklmnop

qrstuvwxyz

4. 图线及画法

（1）图线。图线是起点和终点间以任意方式连接的一种几何图形，形状可以是直线或曲线、连续线或不连续线。家具图样中，常用的图线见表 2-3。所有线型的图线宽度的系列为 0.13，0.18，0.25，0.35，0.5，0.7，1，1.4，2（单位均为 mm）。

表 2-3　图线名称及线型

图线名称	线型	线宽	一般应用
细实线		$d/2$	1. 过渡线； 2. 尺寸线； 3. 尺寸界线； 4. 指引线和基准线； 5. 剖面线
波浪线		$d/2$	1. 断裂处边界线； 2. 视图与剖视图的分界线
双折线		$d/2$	1. 断裂处边界线； 2. 视图与剖视图的分界线
粗实线	d	d	1. 可见棱边线； 2. 可见轮廓线； 3. 相贯线； 4. 螺纹牙顶线
细虚线	4~6　1	$d/2$	1. 不可见棱边线； 2. 不可见轮廓线
粗虚线	4~6　1	d	允许表面处理的表示线
细点画线	15~30　3	$d/2$	1. 轴线； 2. 对称中心线； 3. 分度圆（线）
粗点画线	15~30　3	d	限定范围表示线
细双点画线	~20　5	$d/2$	1. 相邻辅助零件的轮廓线； 2. 可动零件的极限位置的轮廓线

（2）图线画法。

1）家具图样中粗线和细线的宽度比为 2∶1。表 2-3 中，粗实线的宽度通常选用 0.5 mm 或 0.7 mm，其他图线均为细线。在同一图样中，同类图线的宽度应一致。

2）除非另有规定，两条平行线之间的最小间隙不得小于 0.7 mm。

3）细点画线和细双点画线的首末端一般应是画线而不是点，细点画线应超出图形轮廓 2 ～ 5 mm。当图形较小难以绘制细点画线时，可用细实线代替细点画线，如图 2-6 所示。

4）当不同图线互相重叠时，应按粗实线、细虚线、细点画线的先后顺序只画前面一种图线。手工绘图时，细点画线或细虚线与粗实线、细虚线、细点画线相交时，一般应以线段相交，不留空隙；当细虚线是粗实线的延长线时，粗实线与细虚线的分界处应留出空隙，如图 2-7 所示。

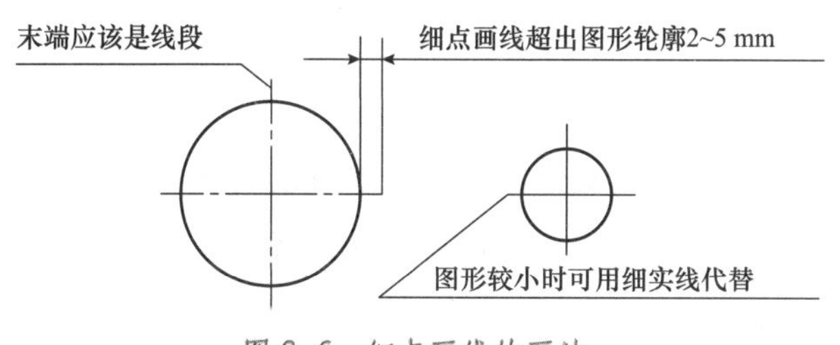

图 2-6　细点画线的画法

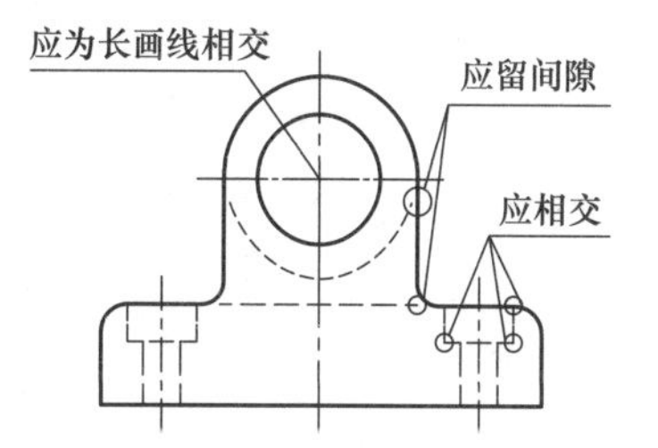

图 2-7　细点画线或细虚线与其他图线的关系

5. 尺寸标注

图形只能表达零件的结构形状，其真实大小必须由图上标注的尺寸确定，并以此作为生产加工的依据。一张完整的图样，其尺寸注写应做到正确、完整、清晰、合理。

（1）基本规定。

1）零件的真实大小应以图样上所注的尺寸数值为依据，与绘图的比例及绘图的准确度无关。

2）图样中的尺寸一般以 mm 为单位。当以 mm 为单位时，不需标注计量单位的代号或名称。如采用其他单位，则必须注明相应计量单位的代号或名称。

3）图样中标注的尺寸应为该图样所示机件的最后完工尺寸，否则应另加说明。

（2）尺寸组成。一个完整的尺寸由尺寸数字（包括必要的字母和图形符号）、尺寸线和尺寸界线组成。

1）尺寸界线用细实线绘制，并应自图形的轮廓线、轴线或对称中心线引出，也可以用轮廓线、轴线或对称中心线做尺寸界线。尺寸界线应超出尺寸线约 2 mm，如图 2-8（a）所示。若在光滑过渡处标注尺寸，则必须用细实线将轮廓线延长，并从它们的交点引出尺寸界线，如图 2-9 所示。

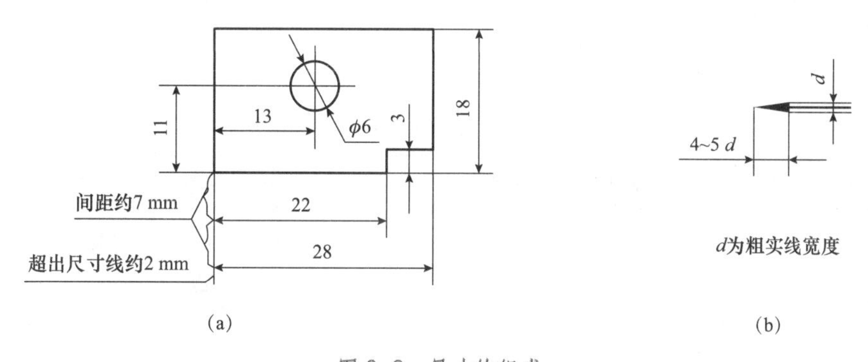

图 2-8　尺寸的组成

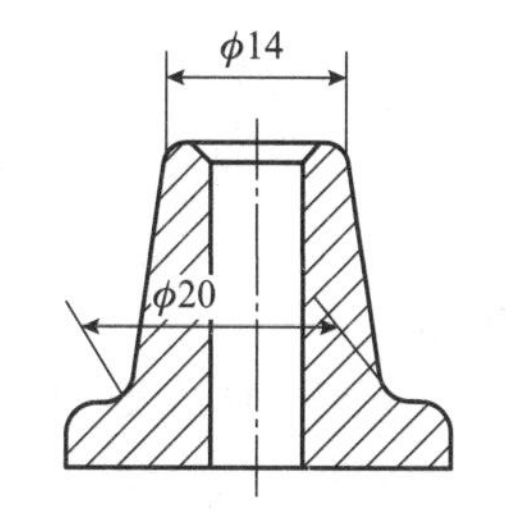

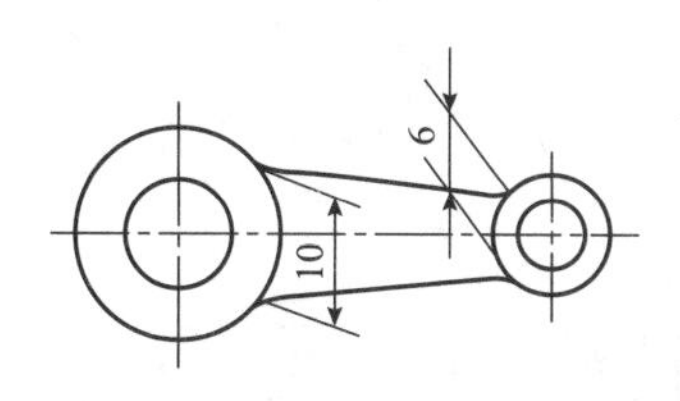

图 2-9　光滑过渡处的尺寸标注

2）尺寸线必须用细实线画出，不得用其他图线代替或画成其他图线的延长线，也不能与其他图线重合。尺寸线的终端应画出箭头，并与尺寸界线相接触。通常尺寸线应垂直于尺寸界线。尺寸线终端如用细斜短线绘制，应与尺寸界线成顺时针 45°，长度为 2 ～ 3 mm。半径、直径、角度与弧长的尺寸起止符号应用箭头表示。

箭头绘制如图 2-8（b）所示，箭头最粗处的宽度为 *d*（*d* 为粗实线宽度），其长度为 4 ～ 5*d*。同一图样中所有尺寸箭头的大小应大致相同。当尺寸界线内侧没有足够位置画箭头时，可将箭头画在尺寸界线的外侧；当尺寸界线内、外侧均无法画箭头时，可用圆点代替，圆点必须画在用细实线引出的尺寸界线上，圆点的直径为粗实线的宽度 *d*。标注线性尺寸时，尺寸线必须与所标注的线段平行。尺寸线与轮廓线以及两平行尺寸线的间距一般取 7 mm 左右，如图 2-8 所示。

3）线性尺寸的尺寸数字一般应注写在尺寸线的上方，如图 2-8 所示。也允许注写在尺寸线的中断处。当没有足够的位置注写尺寸数字时，可引出标注。线性尺寸的尺寸数字应按图 2-10（a）所示的方向注写。水平方向的尺寸数字字头朝上；垂直方向的尺寸数字字头朝左；倾斜方向的尺寸数字字头趋于朝上。当必须在图中所示 30° 范围内标注尺寸时，可按图 2-10（b）的形式标注。尺寸数字不允许被任何图线穿过，当不可避免时，必须将图线断开，如图 2-10（c）所示。

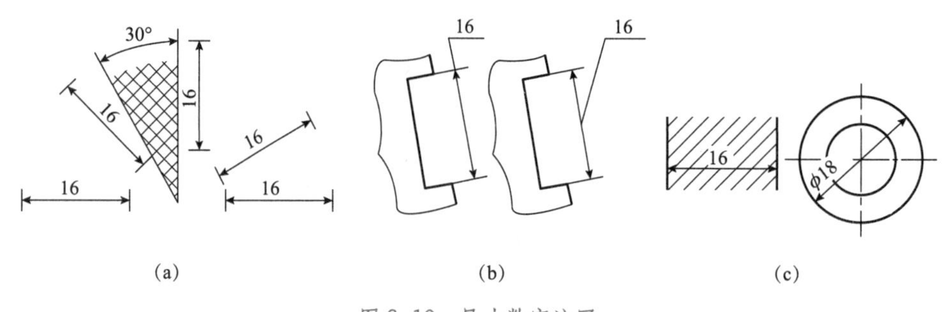

图 2-10　尺寸数字注写

（3）常用的尺寸注法。

常用的尺寸注法见表 2-4。

表 2-4　常用的尺寸注法

内容	示例	说明
角度	60°　65°　50°　5°　15°　60°	角度的尺寸界线应沿径向引出。尺寸线应画成圆弧，其圆心是该角的顶点。角度的尺寸数字一般应注写在尺寸线的中断处，并一律写成水平方向，必要时也可写在尺寸线的上方、外面或引出标注
直径和半径	φ15　φ26　φ18　Sφ15　R80　SR100　R8	直径、半径的尺寸数值前，应分别注出符号“φ”“R”。对球面，应在符号“φ”或“R”前加注符号“S”，在不致引起误解时，也允许省略符号“S”。 当圆弧的半径过大或在图纸范围内无法标注其圆心位置时，可用折线形式表示尺寸线。若无须表示圆心位置，则可将尺寸线中断

续表

内容	示例	说明
小间隔、小圆和小圆弧		没有足够位置画箭头或注写尺寸数字时，可按左图形式标注
弦长和弧长		标注弦长尺寸时，尺寸界线应平行于该弦的垂直平分线。标注弧长尺寸时，尺寸线用圆弧，尺寸数字上方应加注符号“⌒”，尺寸界线应沿径向引出
对称形及薄板零件的厚度		标注对称尺寸时，尺寸线应略超过对称中心线或断裂线，且只在有尺寸界线的一端画出箭头。 薄板零件的厚度可用引线注出，并在尺寸数值前加注符号“τ”
正方形结构		剖面为正方形时，可在正方形边长尺寸数字前加注符号“□”或用“$B\times B$”代替，B 为正方形的边长

1.4 任务实训

◇ 工作情景描述

某实木定制家具工坊承接原创家具设计师定制实木家具订单，现在需要对图纸（附件 1：小方凳图纸、附件 2：炕桌图纸）进行分析审核，明确图纸相关信息，为后续加工制作奠定基础。

◇ 工作任务实施

工作活动 1：图纸幅面识别

活动实施与记录

活动步骤	活动要求	活动安排	活动记录
步骤	图纸幅面识别	具体活动 1：图纸幅面尺寸识别	
		具体活动 2：图纸幅面代号识别	
		具体活动 3：标题栏位置识别	

工作活动 2：标题栏信息识别

活动实施与记录

活动步骤	活动要求	活动安排	活动记录
步骤	标题栏信息识别	具体活动 1：图纸名称识别	
		具体活动 2：图纸比例识别	
		具体活动 3：图纸图号识别	
		具体活动 4：设计、制图者识别	

工作活动 3：图线信息识别

活动实施与记录

活动步骤	活动要求	活动安排	活动记录	
步骤	图线信息识别	具体活动 1：细实线识别	图纸中应用	
		具体活动 2：波浪线识别	图纸中应用	
		具体活动 3：双折线识别	图纸中应用	
		具体活动 4：粗实线识别	图纸中应用	
		具体活动 5：细虚线识别	图纸中应用	
		具体活动 6：细点画线识别	图纸中应用	

工作活动 4：尺寸标注信息识别

活动实施与记录

活动步骤	活动要求	活动安排	活动记录	
步骤	尺寸标注信息识别	具体活动 1：数字识别	图纸中应用	
		具体活动 2：尺寸线识别	图纸中应用	
		具体活动 3：尺寸界线识别	图纸中应用	

◇ 评价总结

评价指标	权重 /%	评价等级				
		优秀（90～100 分）	中等（80～89 分）	良好（70～79 分）	合格（60～69 分）	不合格（0～59 分）
图纸幅面识别	20					
标题栏信息识别	30					
图线信息识别	30					
尺寸标注信息识别	20					
总分						

任务 2　图样图形表达方法识别

2.1　学习目标

1. 知识目标

（1）了解家具图样常见的表达方法。

（2）掌握剖视图的形成及绘制方法。

（3）掌握剖面的形成及绘制方法。

2. 能力目标

（1）能够识别家具基本视图（三视图）。

（2）能够识别家具向视图。

（3）能够识别家具局部图。

（4）能够识别家具斜视图。

（5）能够识别家具剖视图。

（6）能够识别家具局部详图。

（7）能够识别家具常用连接结构。

3. 素质目标

（1）勇于奋斗、乐观向上，具有自我管理能力、职业生涯规划意识。

（2）有较强的集体意识和团队合作精神。

2.2 任务导入

在实际的生产过程中，家具各部分的形状、结构是多种多样的，如只用三视图则表达不清楚。因此，需要通过家具图样表达家具的外形、结构、大小、使用材料等，且相关标准规定了绘制家具图样的基本表示法，这些画法也是每个工程技术人员与产品设计者必须遵循的准则。

本任务要求借助家具制图国家标准对所提供的图纸进行图样图形等相关信息识别，获取相关基本信息并记录。

2.3 知识准备

1. 视图

根据相关标准规定，用正投影法绘制出物体的图形称为视图。视图一般用来表达家具的外部结构形态，对家具结构中不可见的部分在必要时用绘制细虚线来表示。视图分为基本视图、向视图、局部视图和斜视图。

（1）基本视图。将家具向六个基本投影面投射所得的视图称为基本识图。即在三视图（主视图、俯视图、左视图）基础上增加后视图、右视图和仰视图，如图 2-11 所示。

空间的六个基本投影面可设想围成一个正六面体，为使其上的六个基本视图位于同一平面内，可将六个基本投影面按图 2-12 所示的方法展开。

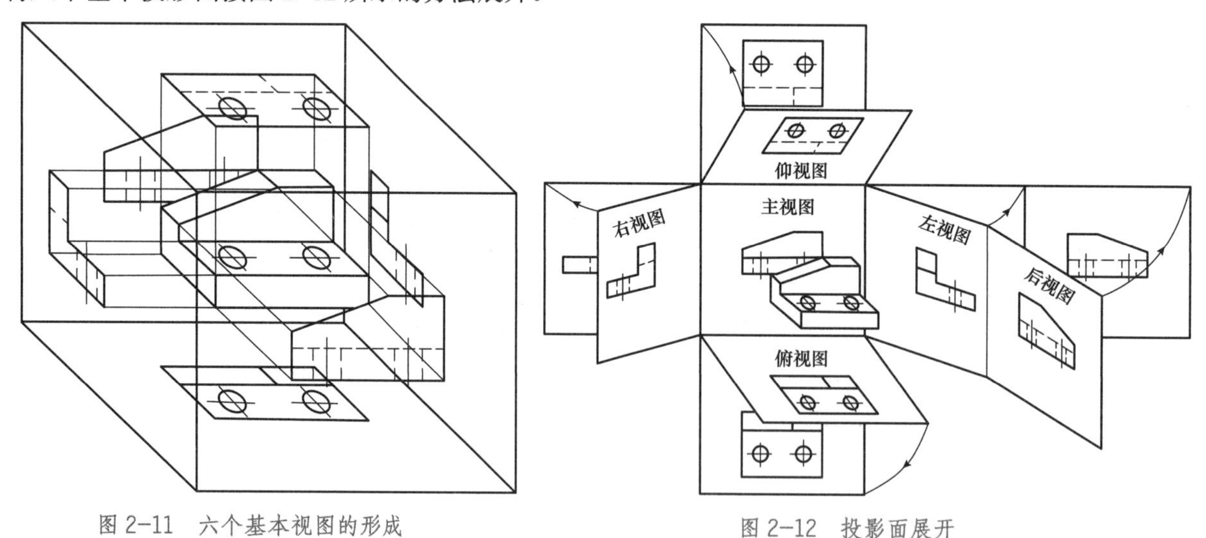

图 2-11 六个基本视图的形成

图 2-12 投影面展开

在家具图样中，六个基本视图的名称和配置关系如图 2-13 所示。符合图 2-13 的配置规定时，图样中一律不标注视图名称。

六个基本视图之间仍然符合“长对正，高平齐，宽相等”的三等关系。方位对应关系如图 2-13 所示，除后视图外，靠近主视图部位是家具的后面，远离主视图的部位是家具的前面。

在实际绘制过程中，六个基本视图不需要全部画出，可根据家具的复杂程度和表达的需要，选择其中必要的几个基本视图，优先选用主、俯、左三视图。

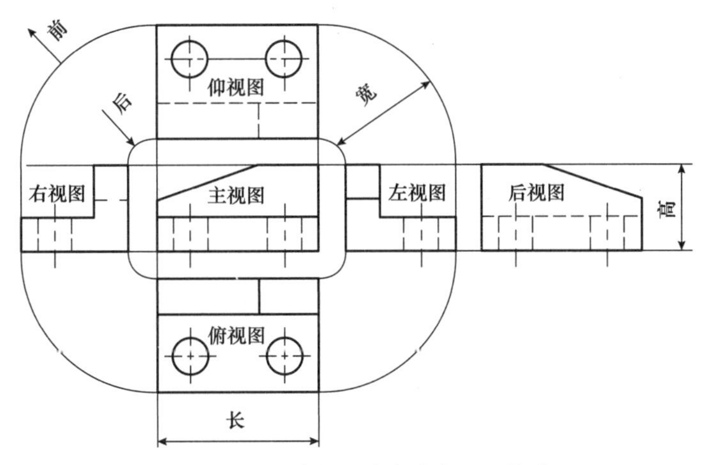

图 2-13　基本视图的名称和配置关系

（2）向视图。当六个基本视图在同一张图纸内，且按标准规定的位置进行配置时，则不标注视图的名称。若受图幅限制，或其他原因需改变基本视图位置的，则应在该视图的上方标出视图的名称“*X*”，同时在相应的视图附近用箭头指明投射方向，并注上相同的字母。如图 2-14 所示，图 *A*、*B*、*C* 均为向视图。这种位置可自由配置的视图称为向视图。

注：三视图的位置不可改变。

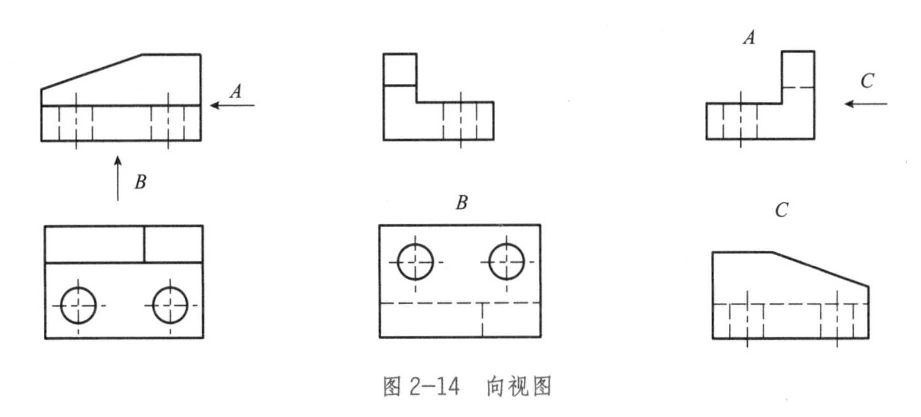

图 2-14　向视图

（3）局部视图。局部视图是将家具的某一部分（即局部）向基本投影面投射所得的视图。当家具的某个视图只需表达部分结构，而不需画出整体视图时，可采用局部视图，以达到简单明了的目的。如图 2-15 所示。

绘制局部视图的画法及标注与向视图相似，需注意以下几点：

1）用带字母的箭头指明要表达的部位和投影方向，并标注视图名称“*X*”；

2）局部视图的范围用波浪线来表示。当表达的局部结构是完整的且外轮廓封闭时，波浪线可省略；

3）局部视图可按基本视图的配置形式配置，也可按向视图的配置形式配置。

（4）斜视图。当家具上的某个倾斜部分由于不平于行基本投影面，该部分在基本投影面的投影既不反映实形，又不便于绘制和标注。为了清晰表达该部分的结构，可增加一个与倾斜表面平行的辅助投影面，将倾斜部分向辅助投影面作正投影。这种将形体向不平行于基本投影面的平面投影所得的视图称为斜视图，如图 2-16 所示。

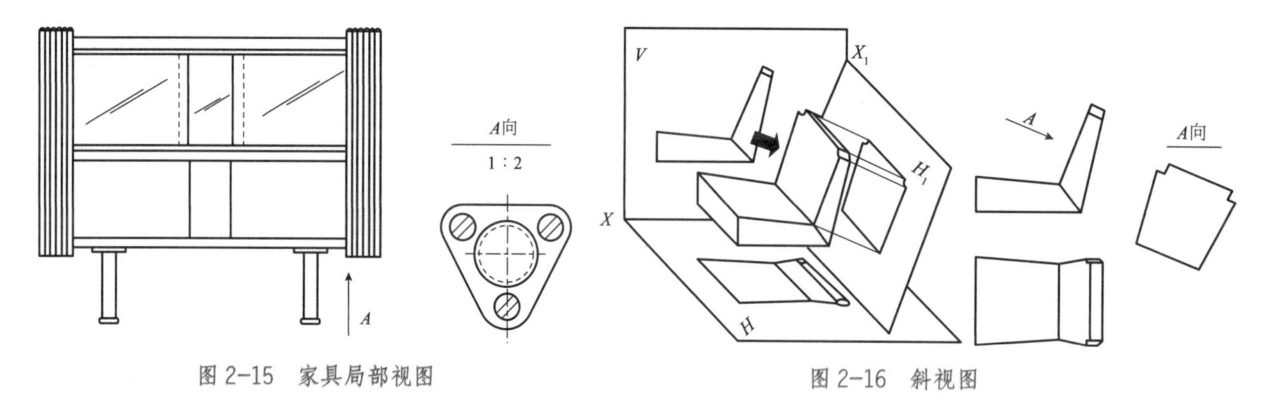

图 2-15　家具局部视图　　图 2-16　斜视图

绘制斜视图时需注意以下几点：

1）斜视图只使用于表达形体倾斜部分的局部形状。其余部分不必画出，其断裂边界处用波浪线表示。

2）斜视图通常按向视图形式配置。必须在视图上方标出名称“*X*”，用箭头指明投影方向，并在箭头旁水平注写相同字母。

3）在不引起误解时允许将斜视图旋转，但需在斜视图上方注明。斜视图一般按投影关系配置，便于看图。必要时也可配置在其他适当位置。在不引起误解时，允许将倾斜图形旋转便于画图，如图 2-17 所示。

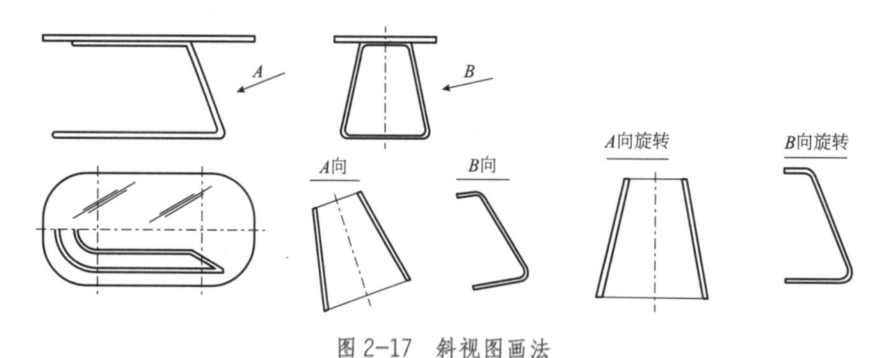

图 2-17　斜视图画法

2. 剖视图

在用视图表达家具结构时，其内部结构都用虚线来表示，当内部结构形状较复杂时，视图中就会出现较多虚线，这样就会影响图面清晰，不便于看图和标注尺寸。为了减少视图中的虚线，使图面清晰，可以采用剖视的方法来表达形体的内部结构和形状。

（1）剖视图的形成。假想用剖切面将形体剖开，将处在观察者与剖切面之间的部分移走，而将其余部分全部向投影面进行投影所得的图形称为剖视图。并在剖面区域内画上剖面符号。剖视图的形成如图 2-18 所示，其中主视图即家具的剖视图。

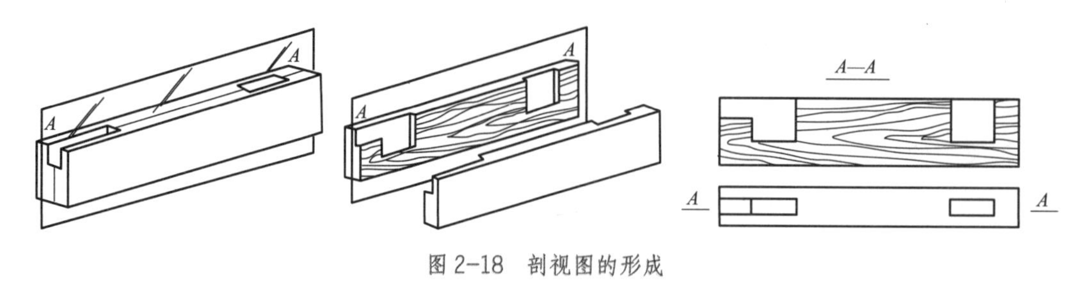

图 2-18　剖视图的形成

剖切面剖到的实体部分，应画上剖面符号，以表示剖到与剖不到的后面部分的区别，同时也说明材料的类别。

剖视图中剖切面的选择，绝大部分是平行面，以使剖视图中的剖面形状反映实形。对于回转体之类形体一般都要通过轴线。

1）剖视图画法。首先，确定剖切平面的位置；其次，将处在观察者和剖切面之间的部分移去，而将其余部分全部向投影面投射；最后，在剖面区域内画上剖面符号。标记时，用两段短粗实线表示剖切符号，标明剖切平面位置（尽量不与轮廓线相交）；在剖切符号两端作一垂直短粗实线以示投影方向，当剖视图画在相应的基本视图位置时可以省略；剖切符号两端和相应的剖视图图名用相同的字母标注。剖视图中的虚线一般可以省略，如图 2-19 所示。

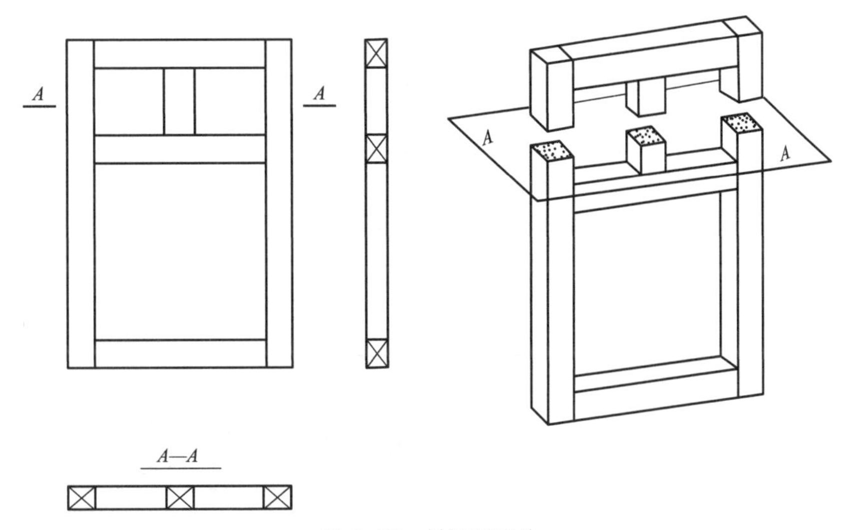

图 2-19 剖视图画法

2）剖面符号。当家具或其零部件画成剖视图时，假想被切到的部分一般要画出剖面符号，以表示剖面的形状范围以及所用材料的类别。国家标准《家具制图》（QB/T 1338—2012）规定了各种材料的剖面符号画法。剖面符号所用线型基本上是细实线。剖面符号见表 2-5。

表 2-5 剖面符号

材料名称	图示
木材方材横断面	
木材板材横断面	
木材纵剖面	

续表

材料名称	图示
胶合板	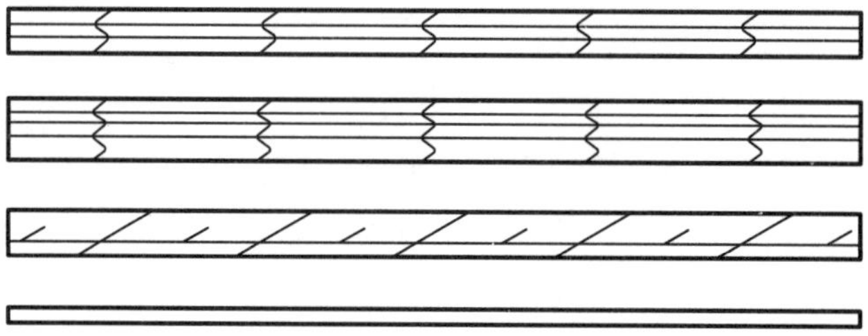
细木工板横剖	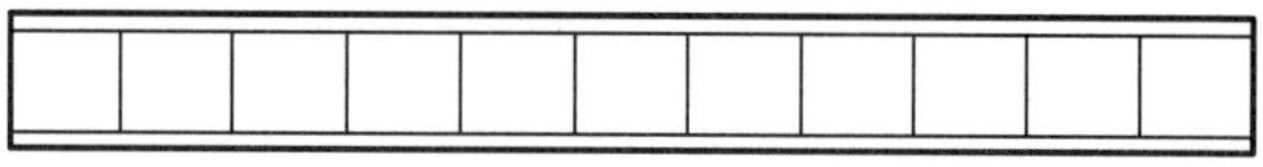
细木工板纵剖	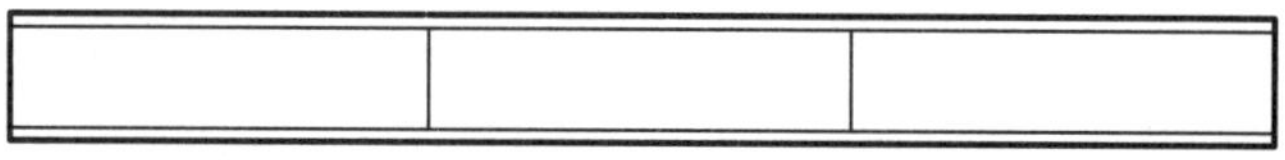
基本视图上的细木工板	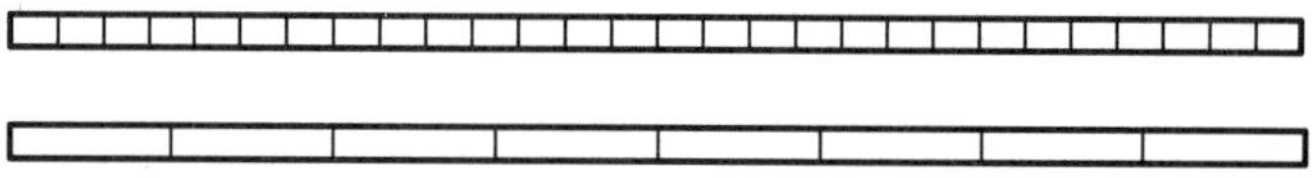
覆面刨花板	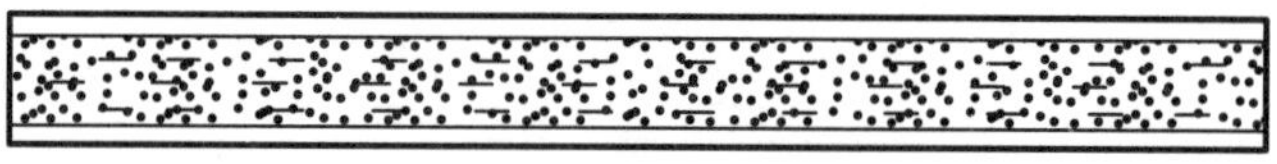
纤维板	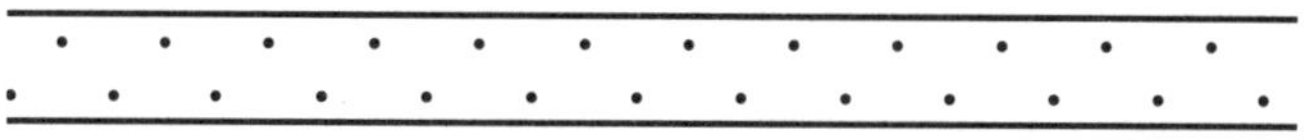
金属材料	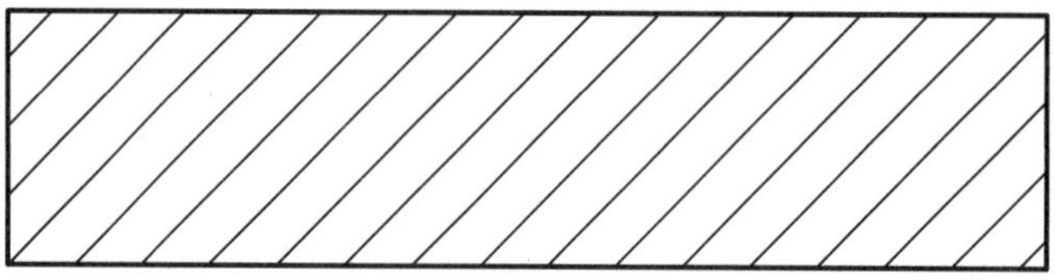
塑料、有机玻璃、橡胶	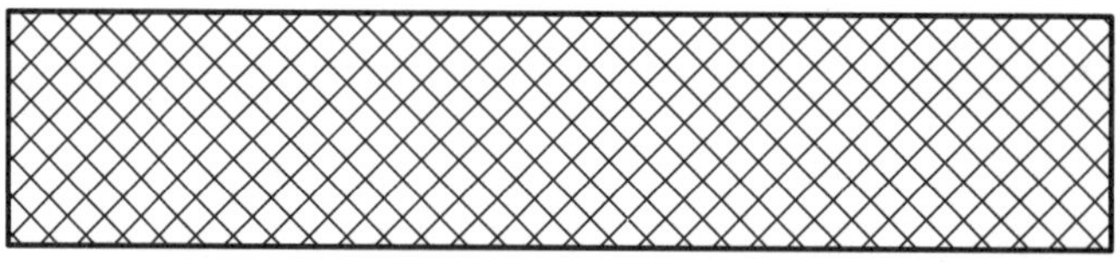
软质填充料（包括泡沫、棉花、织物等）	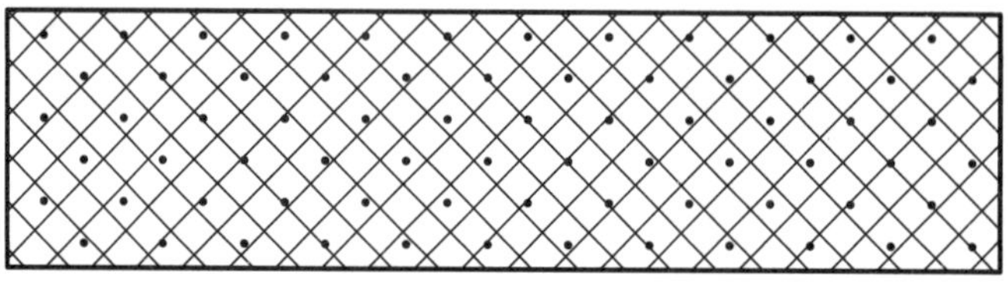

3）画剖视图时应注意以下几点。

①剖切平面的选择，一般都选特殊位置平面，如通过家具的对称面、轴线或中心线。

②剖切是一种假想过程，所以将一个视图画成剖视图后，其他视图仍应按完整的家具画出。根据要表达的家具形状结构的需要，在一组视图中，可同时在几个视图上采用剖视。

③画剖视图时，在剖切面后面的可见部分一定要全部画出。不可将已经假想移去的部分画出。

④在剖视图上已经表达清楚的结构，其表示内部结构的虚线省略不画。但没有表示清楚的结构，允许画少量虚线。

（2）剖视图的种类。剖视图有全剖视图、半剖视图、局部剖视图、阶梯剖视图和旋转剖视图之分。

1）全剖视图。用一个剖切面完全地剖开家具，所得的剖视图称为全剖视图。如图 2-20 所示。剖切面一般用正平面、水平面和侧平面。

全剖视图适用于形体外形比较简单，而内部结构比较复杂，又不对称的家具。如果单一剖切平面通过形体的对称平面或基本对称平面，且剖视图按投影关系配置，中间又没有其他图形隔开，则可省略标注。

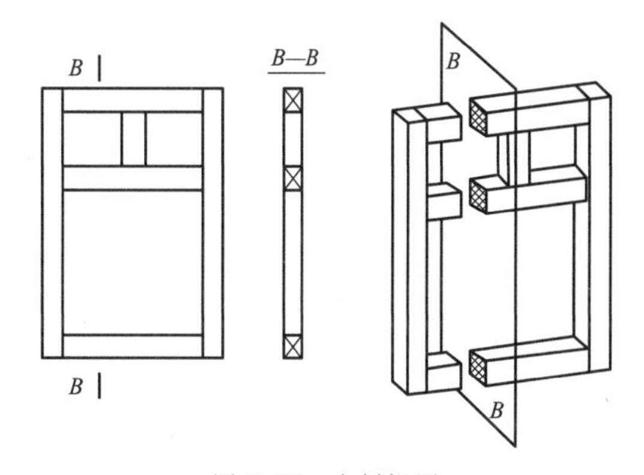

图 2-20　全剖视图

2）半剖视图。当家具或零部件某一方向结构对称，且内外形状均需表达时，可以中心线点画线为界，一半保留外形画成视图，一半画成剖视图，这种剖视图称为半剖视图，如图 2-21 所示。

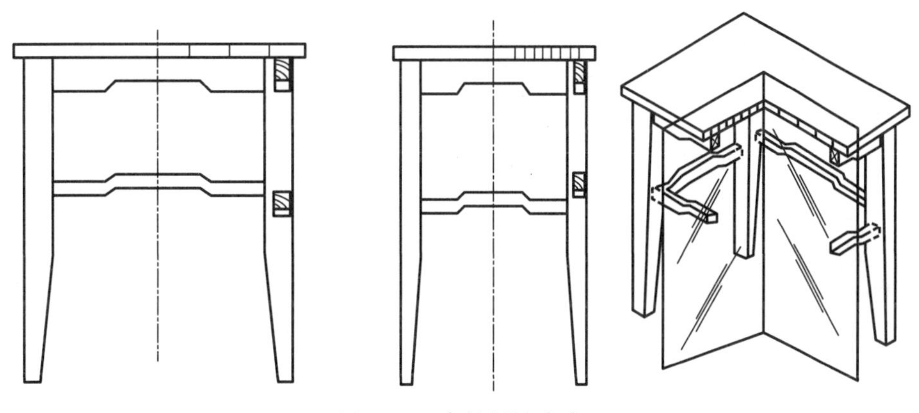

图 2-21　半剖视图（1）

半剖视图既表达了家具的内部形状，又保留了外部形状，因此常用于内、外形状都比较复杂的对称家具。当家具的形状接近对称，且不对称部分已经另有图形表达清楚时，也可画成半剖视图。

必须注意，半个剖视图与半个视图的分界线应为细点画线，不得画成粗实线，如图 2-22 所示。家具内部形状已经在半剖视图中表达清楚的，在另一半表达外形的视图中一般不再画出虚线。但对于孔或槽等，应画出中心线的位置，并且对于那些在半个剖视图中未表示清楚的结构，可以在半个视图中作局部剖视。

半剖视图的标注方法同全剖视。剖切符号与全剖视一样横贯图形，以表示剖切面位置。标注的省略条件同全剖视。

3）局部剖视图。用剖切平面局部剖开家具或其零部件所得的剖视图就是局部剖视（简称局部剖）。如图 2-23 所示。

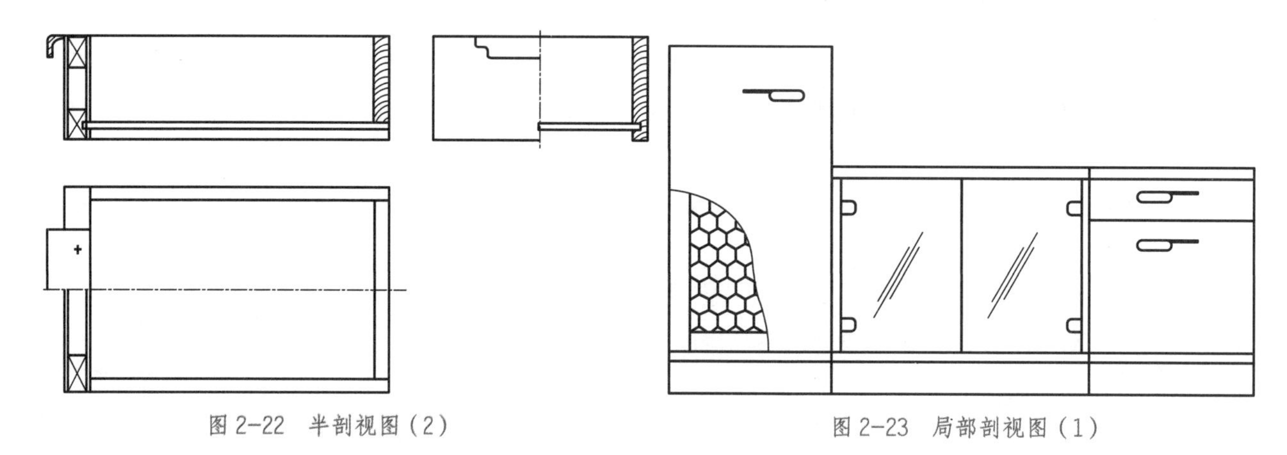

图 2-22　半剖视图（2）

图 2-23　局部剖视图（1）

画局部剖视图时，剖切平面的位置与范围应根据需要而决定，剖开部分与视图之间的分界线用波浪线表示。局部剖视图的标注与全剖视图相同，当剖切位置明确时，局部剖视图不必标注，如图 2-24 所示。

图 2-24　局部剖视图（2）

局部剖视图的剖切位置和剖切范围根据需要而定，是一种比较灵活的表达方法，运用得当，可使图形表达得简洁而清晰。局部剖视图使用范围如下：

①当不对称家具的内、外形状均需表达，或者只有局部结构的内部形状需要剖切表示，而又不宜采用全剖时。

②实心杆上的孔、槽等结构，应采用局部剖视。

③当对称构件的轮廓线与中心线重合，不宜采用半剖视时。

④某些不对称的构件，既需要表达其内部形状，又需要保留其局部外形时。

画局部剖视图时应注意以下几点：

①局部剖视图的波浪线不能与图上的轮廓线重合，也不允许和图样上的其他图线重合。

②波浪线表示家具断裂痕迹，因而波浪线应画在家具的实体部分，不能超出轮廓线之外，穿空而过。

③局部剖视图的剖切范围也可以用双折线代替波浪线作为分界线。

4）阶梯剖视图。由两个或两个以上互相平行的剖切平面剖开家具或其零部件所得到的剖视图是阶梯剖视图，如图 2-25 所示。

5）旋转剖视图。当两个剖切平面呈相交位置时，需要通过旋转使之处于同一平面内，这样得到的剖视图称为旋转剖视图。在剖切符号转折处也要写上字母，如图 2-26 所示。

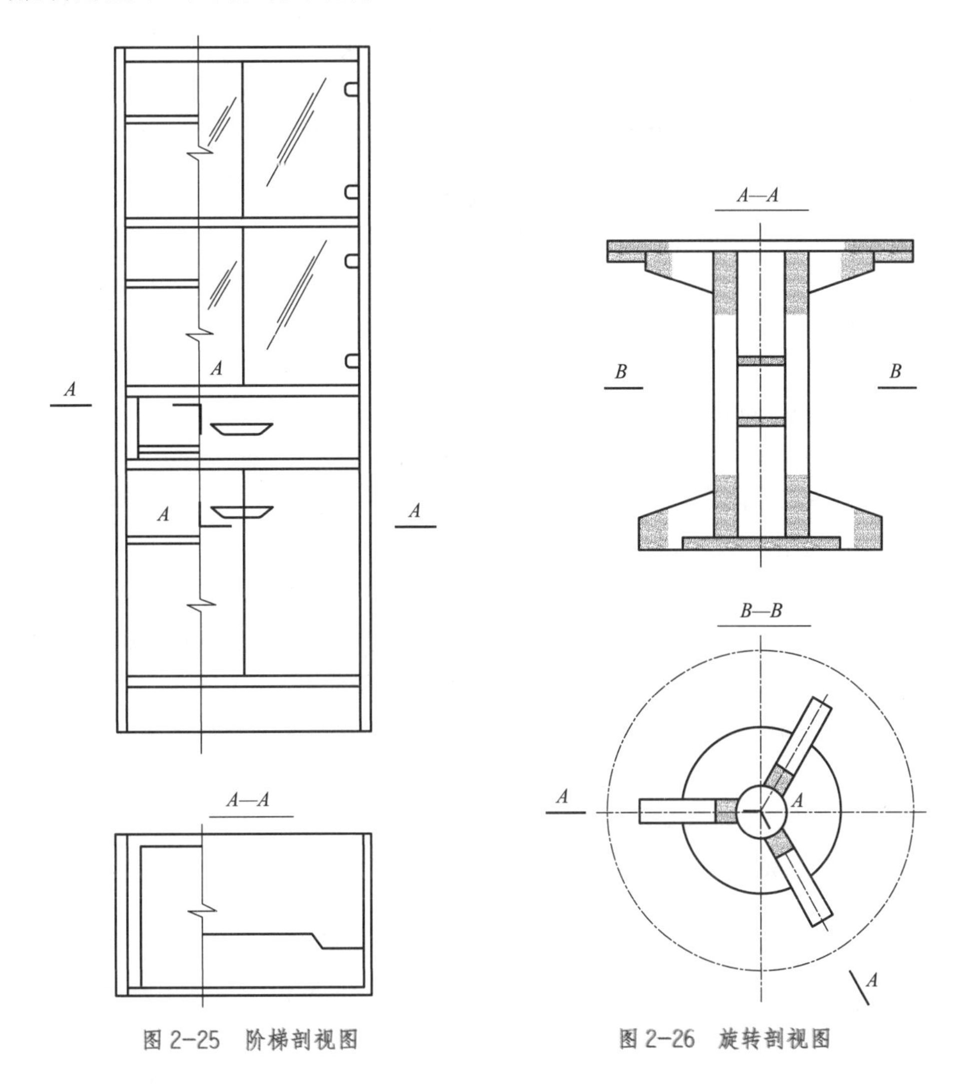

图 2-25　阶梯剖视图

图 2-26　旋转剖视图

3. 剖面

假想用剖切平面将家具的某部分切断，仅画出断面的图形，称为剖面。剖面按其图形的位置分为移出剖面图和重合剖面图。

（1）移出剖面图。剖面图配置在视图轮廓线之外称为移出剖面图，即将剖面旋转 90° 移到轮廓线外画出。剖切位置用点画线表示，可不画剖切符号和字母。如图 2-27 所示，移出剖面图轮廓线用粗实线绘制，尽量配置在剖切线的延长线上，也可画在其他适当的位置。

（2）重合剖面图。断面图配置在剖切平面迹线处，并与原视图重合的称为重合剖面图，即将剖面旋转 90° 后画在轮廓线内部。重合剖面图的轮廓线用细实线画出，如图 2-28 所示。

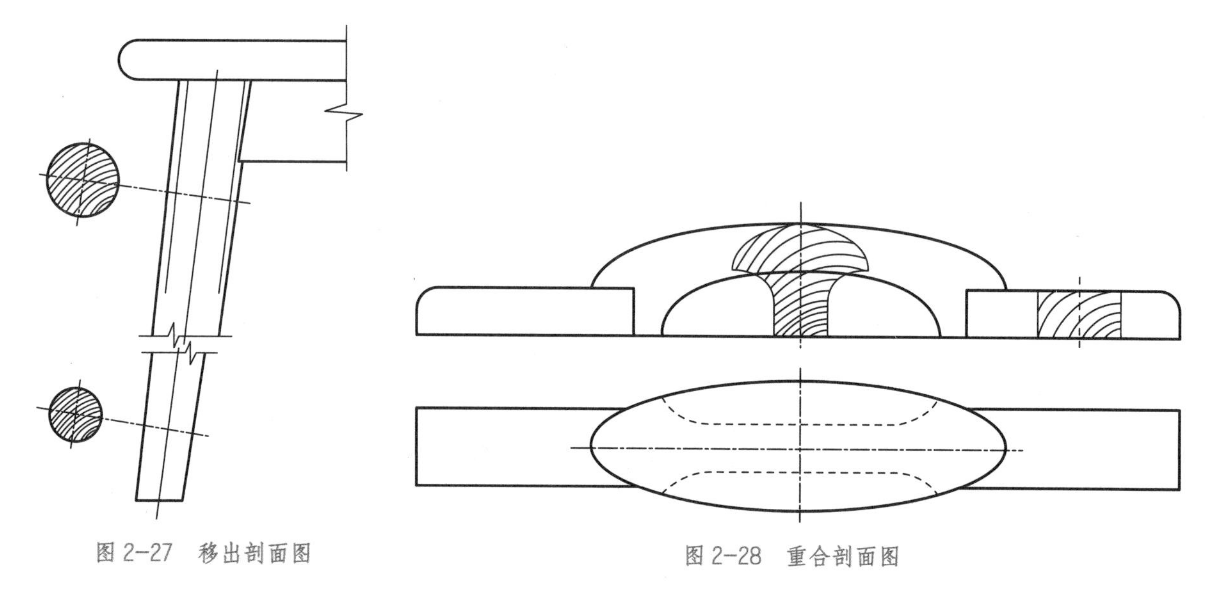

图 2-27　移出剖面图　　　　图 2-28　重合剖面图

无论是移出剖面图还是重合剖面图，若其剖面形状是对称的，则剖面旋转或投影方向的不同不影响剖面形状，此时不需标注任何符号。

如果剖面不对称，就要在标注剖切符号的同时，用一垂直于剖切符号的短粗实线标出投影方向。对于移出剖面图，还要写出字母，如图 2-29 所示。

4. 局部详图

由于家具尺寸相对于图纸来说一般都要大得多，表现家具整体结构的基本视图，必然要采用一定的缩小比例，以避免因画得过大给看图、画图、图样管理都造成不便。但是对于家具的结合部分，一些显示装配连接关系的部分，却因缩小的比例在基本视图上无法画清楚或因线条过密而不清晰。

为解决这一问题，可采用画局部详图的方法表达。即将家具或其零部件的部分结构用大于基本视图或原图形的比例画出的图形称为局部详图。局部详图可以画成视图、剖视、剖面等各种形式，其中以画成剖视最多，如图 2-30 所示。

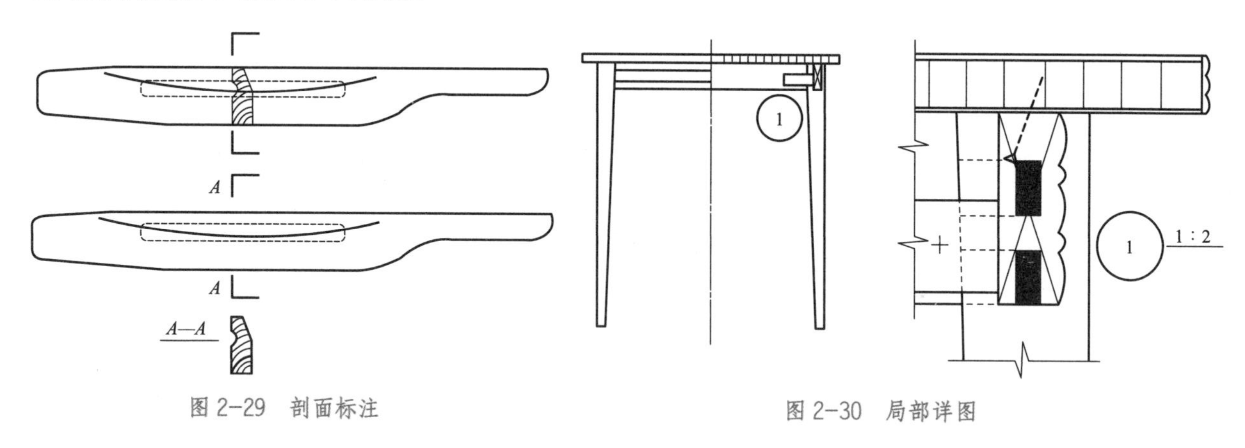

图 2-29　剖面标注　　　　图 2-30　局部详图

局部详图边缘断开部分画的双折线一般应画成水平或垂直方向，并略超出轮廓线。空隙处则不要画双折线。

局部详图的标注方法：

（1）在基本视图上要画局部详图的某部分附近画一直径为 8 mm 的实线圆圈，中间写上数字，作为详图的索引标志。

（2）在相应的局部详图附近则画上一直径为 12 mm 的粗实线圆圈，中间写相同的数字以便对应查找。粗实线圆圈外右侧中间画一水平细实线，上面写局部详图采用的比例。

局部详图的可见轮廓线要用粗实线画出，与基本视图可见轮廓线用实线画出不同。

5. 家具常用连接件画法

（1）榫结合。榫结合是指榫头嵌入榫眼的一种连接方式。其中榫头可以是零件本身的一部分，也可以单独制作，这时相连接的两零件都只打眼（即打榫孔）。

1）类型。榫结合多种多样，基本有直角榫、燕尾榫和圆榫三种类型，如图 2-31 所示。

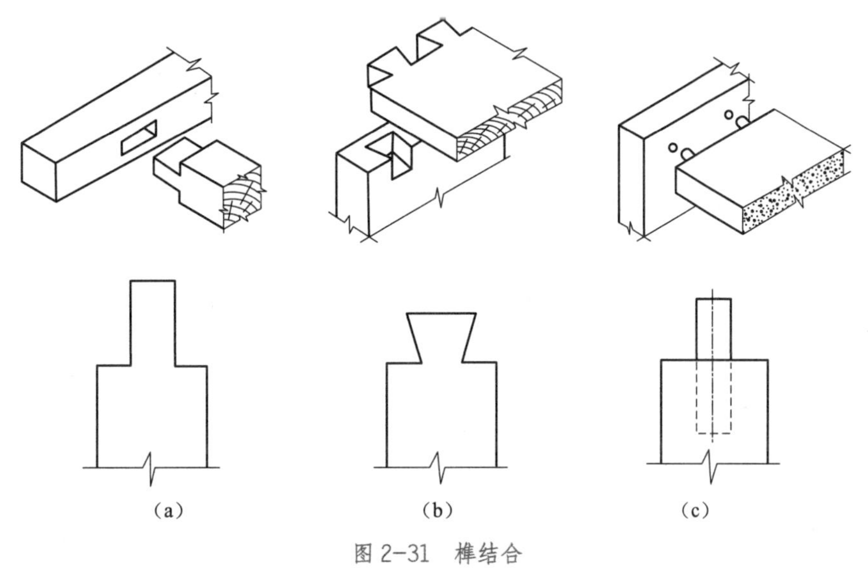

图 2-31　榫结合

（a）直角榫；（b）燕尾榫；（c）圆榫

对于直角榫，榫头的各部分名称如图 2-32 所示。家具中榫头厚度 δ 有 6.5、8、9.5、12.5 mm 等，常用 9.5 mm 左右。若零件较宽，如 $b \geqslant 45$ mm，则做成双榫。处于外侧的榫肩尺寸 a 一般不小于 8 mm。榫头长度 l 随不同结合形式而变化，一般常取 15 ～ 35 mm，而与之匹配的榫眼深度应比榫头长度深 2 mm 左右，以保证榫肩处结合严密和积贮多余胶料。

2）画法。根据《家具制图》（QB/T 1338—2012）的规定，当画榫结合时，表示榫头横断面的视图上，榫端要涂以中间色，以显示榫头的形状类型和大小，如图 2-33 所示。

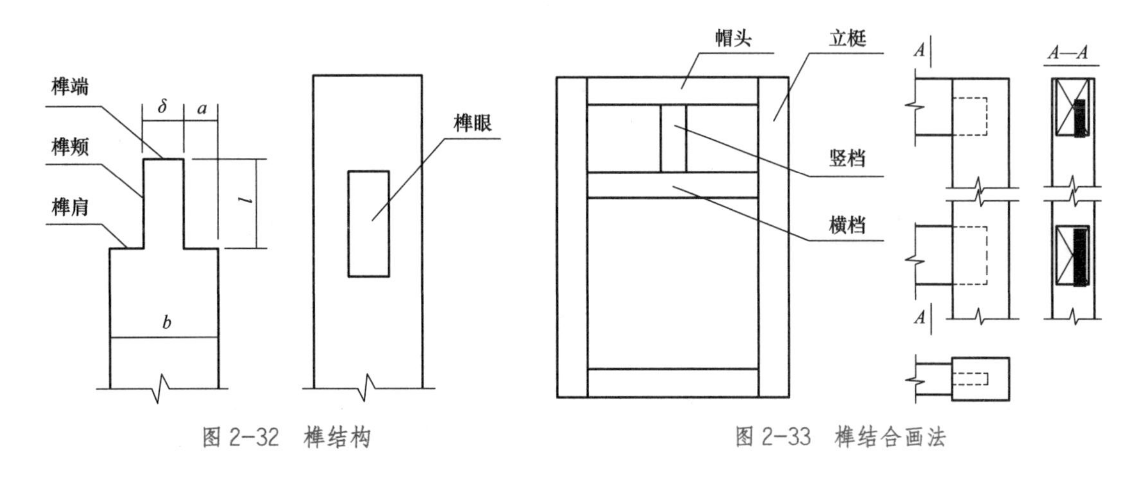

图 2-32　榫结构　　图 2-33　榫结合画法

对于圆榫结合，图中圆榫端部同样涂上中间色。圆榫的结构有多种，常见的有三种，圆柱表面除光面外，还有刻直纹沟槽和螺旋线沟槽的，直径有 8 mm 和 12 mm 等尺寸。圆榫画法如图 2-34 所示。

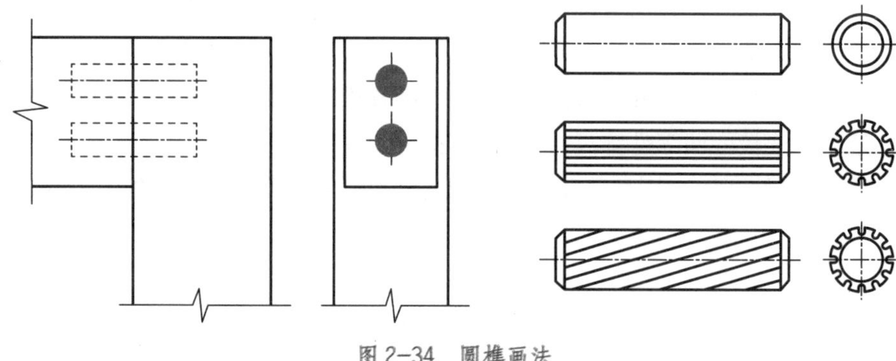

图 2-34　圆榫画法

当零件厚度 $\delta \geqslant 45$ mm 时，就要用双榫。当榫头宽度 >40 mm 时，则应从中锯开一部分，分成两个榫头。双榫画法如图 2-35 所示。

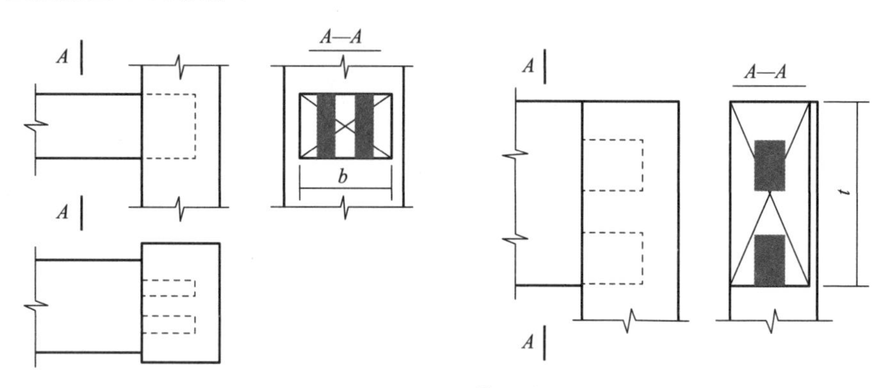

图 2-35　双榫画法

（2）圆钉、木螺钉和螺栓。根据《家具制图》（QB/T 1338—2012）的规定，在基本视图中，圆钉、木螺钉等连接件可用细实线表示其位置。必要时加注连接件名称、数量、规格，不需要画出连接件，如图 2-36 所示。

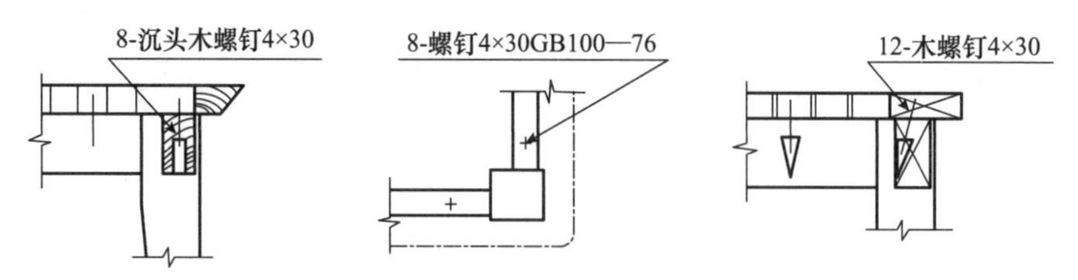

图 2-36　圆钉、木螺钉和螺栓的表示方法

图 2-36 中“8- 沉头木螺钉 4×30”，即为 8 个规格为 4×30（直径 × 长度）的沉头木螺钉，其余皆同。

1）圆钉画法。剖视图中，钉头和钉身均用粗实线表示，钉头短线画在表面轮廓线里面，且贴近轮廓线，长度接近实际长度。

可见钉头画成细实线十字，中间画一涂黑小圆点；不可见钉头只画细实线十字，不画小黑点。如图 2-37 所示。

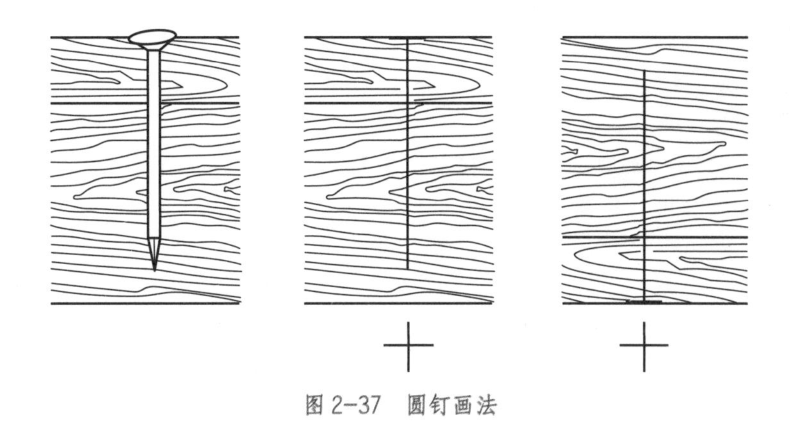

图 2-37　圆钉画法

2）沉头木螺钉画法。剖视图中，钉头为 45° 等腰三角形，刻有螺纹的钉身用粗虚线表示；可见钉头用一粗实线十字表示。不可见钉头则将粗实线十字转过 45°，而用细实线十字表示与主要轮廓线平行方向，如图 2-38 所示。

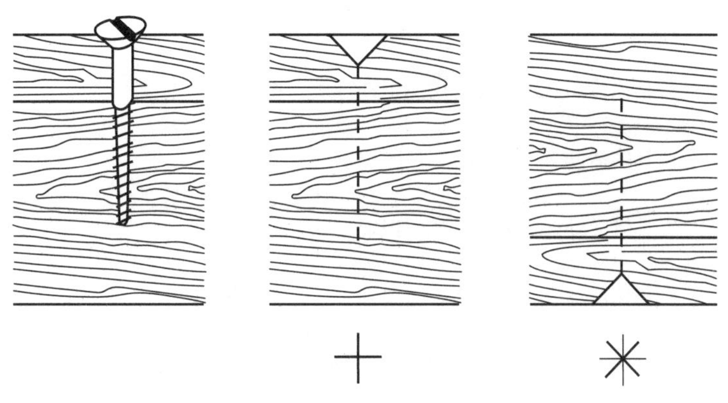

图 2-38　沉头木螺钉画法

3）螺栓连接画法。常用镀锌的半圆头螺栓和方形扁螺母加垫圈绘制如图 2-39 所示。

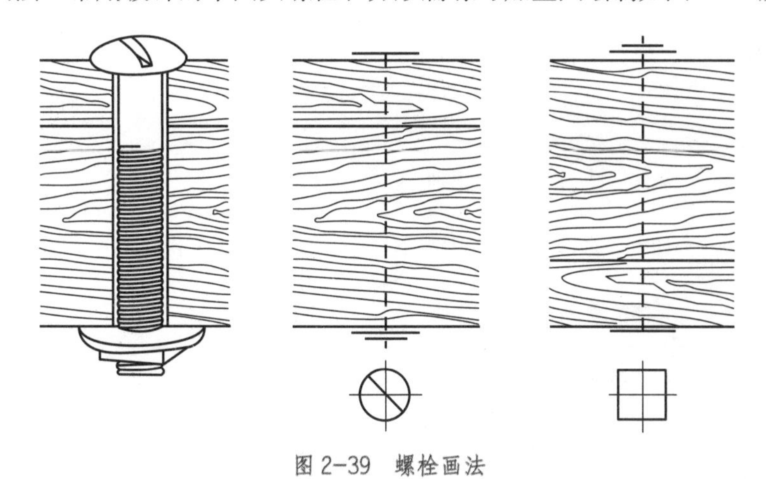

图 2-39　螺栓画法

以上三种连接件画法的应用范围：

①只在比例较大，如 1∶1、1∶2 的图形（局部）中使用，比例小的基本视图不用。

②只适用于画连接状态，不能单独只画连接件。

③为方便画图，虽然不强调尺寸，但画时应尽量与实际尺寸接近。

2.4 任务实训

◇ **工作情景描述**

某实木定制家具工坊承接原创家具设计师定制实木家具订单，现在需要对图纸进行分析审核，明确图纸相关信息，为后续加工制作奠定基础。

◇ **工作任务实施**

工作活动 1：家具图样识别

活动实施与记录

<table>
<tr><th>活动步骤</th><th>活动要求</th><th>活动安排</th><th colspan="2">活动记录</th></tr>
<tr><td rowspan="6">步骤</td><td rowspan="6">家具图样识别</td><td>具体活动 1：家具基本视图（三视图）识别</td><td>图纸编号</td><td></td></tr>
<tr><td>具体活动 2：家具向视图识别</td><td>图纸编号</td><td></td></tr>
<tr><td>具体活动 3：家具局部视图识别</td><td>图纸编号</td><td></td></tr>
<tr><td>具体活动 4：家具斜视图识别</td><td>图纸编号</td><td></td></tr>
<tr><td>具体活动 5：家具剖视图识别</td><td>图纸编号</td><td></td></tr>
<tr><td>具体活动 6：家具局部详图识别</td><td>图纸编号</td><td></td></tr>
</table>

工作活动 2：家具图形识别

活动实施与记录

<table>
<tr><th>活动步骤</th><th>活动要求</th><th>活动安排</th><th colspan="2">活动记录</th></tr>
<tr><td rowspan="5">步骤 1</td><td rowspan="5">榫结合识别</td><td>具体活动 1：直角榫识别</td><td>图纸编号</td><td></td></tr>
<tr><td>具体活动 2：燕尾榫识别</td><td>图纸编号</td><td></td></tr>
<tr><td>具体活动 3：多米诺识别</td><td>图纸编号</td><td></td></tr>
<tr><td>具体活动 4：拉米诺识别</td><td>图纸编号</td><td></td></tr>
<tr><td>具体活动 5：圆榫识别</td><td>图纸编号</td><td></td></tr>
<tr><td rowspan="3">步骤 2</td><td rowspan="3">五金件结合识别</td><td>具体活动 1：圆钉连接识别</td><td>图纸编号</td><td></td></tr>
<tr><td>具体活动 2：木螺钉结合识别</td><td>图纸编号</td><td></td></tr>
<tr><td>具体活动 3：螺栓结合识别</td><td>图纸编号</td><td></td></tr>
</table>

◇ 评价总结

评价指标	权重 /%	评价等级				
		优秀（90～100分）	中等（80～89分）	良好（70～79分）	合格（60～69分）	不合格（0～59分）
家具图样识别	50					
家具图形识别	50					
总分						

任务3　设计图识别

3.1　学习目标

1. 知识目标

（1）了解设计草图的识别方法。

（2）了解设计图的识别方法。

2. 能力目标

（1）能够识别设计草图与设计图。

（2）能够识别设计草图所表现的产品类别、功能、造型、色彩、基本结构等信息。

（3）能够识别设计图所表达的产品结构、规格尺寸、材质等基本信息。

3. 素质目标

（1）具有良好的职业道德和职业素养。

（2）具有创新、创业意识、参与和实干精神。

3.2　任务导入

设计图是反映设计人员构思、设想的家具图样。最初，根据用户要求、使用功能、环境、艺术造型以及综合选择已有的素材、资料等，构思家具草图，再根据草图修改后用一定比例按尺寸画出设计图。设计草图和设计图有各种不同的表现形式。一般家具作为生活、工作的用具，和建筑环境分不开，所以常画出房间布置家具后的平面图和透视图；也有先着重画某一单件家具的透视图和视图的设计草图，再根据此图画与之配套的其他家具，包括陈列透视图等。绘制设计图可以使用多种手段以收到理想的效果，例如采用铅笔、钢笔、水彩等。设计图分为设计草图和设计图。

本任务要求借助提供的设计草图或设计图，分析产品样式、规格尺寸、框架结构，获取满足加工制作所需的各类数据与信息，审核图纸中的错误。

3.3 知识准备

1. 设计草图

设计草图是家具设计人员根据使用要求、用户需要、家具使用环境等最先画出的构思草图，是一种草稿性质的简图，它涉及造型、尺寸、功能、装饰、结构等设计要素。如何协调这些要素及相互之间的矛盾，获得最佳的家具产品，是设计草图主要解决的问题，必须通过绘制大量的草图，以供比较选择，才能从众多草图对比中得出理想的家具图样。

设计草图是设计人员徒手勾画的一种图，表现方式多种多样，不拘一格。一般以透视草图为主，如单件家具的设计草图往往要画几个不同的透视草图，表达设计人员的种种构思。设计草图根据它的作用范围，一般可随设计人员方便选用合适的图纸，图幅、画法也不受任何标准约束，如图 2-40 所示。

设计草图的识读重点在于对各种图解语言的掌握和对图形的分析，了解设计人员的设计思路，尽快确立完整的空间形象概念。

2. 设计图

（1）设计图的基本内容。家具设计图是在设计草图基础上整理而成的，是设计方案的进一步深化，也是设计表现最关键的环节。一张设计图应包括家具的 2 ～ 3 个视图和 1 ～ 2 个透视图。设计图应按国家标准图纸幅面选择图纸大小，画出图框线和标题栏，用绘图仪器和工具按照尺寸缩小一定比例画出 2 ～ 3 个基本视图。

设计图主要表明了家具的外部轮廓、大小、造型形态；表明了各零件部件的形状、位置和组合关系；表明了家具的功能要求、表面分割、内部划分等内容。因此，设计图一般采用详尽的三视图表达家具的外观形状及结构要求，在三视图中无法表达清楚的地方，需用局部视图和向视图等表示，适当配以文字描述家具材料、技术要求等，如图 2-41 所示。

由于设计图需要按尺寸画图，在满足设计要求的前提下，进一步考虑使用材料的种类和尺寸，考虑合适的几何图形，如黄金比、根号矩形的应用等，还要对家具内部结构、连接方式有个初步设想，这样家具各部分的大小会有一些相应的调整，而这种调整是必要的，有利于家具设计方案的实现，避免由于制造过程中发生因工艺上的问题而作较大幅度的修改。

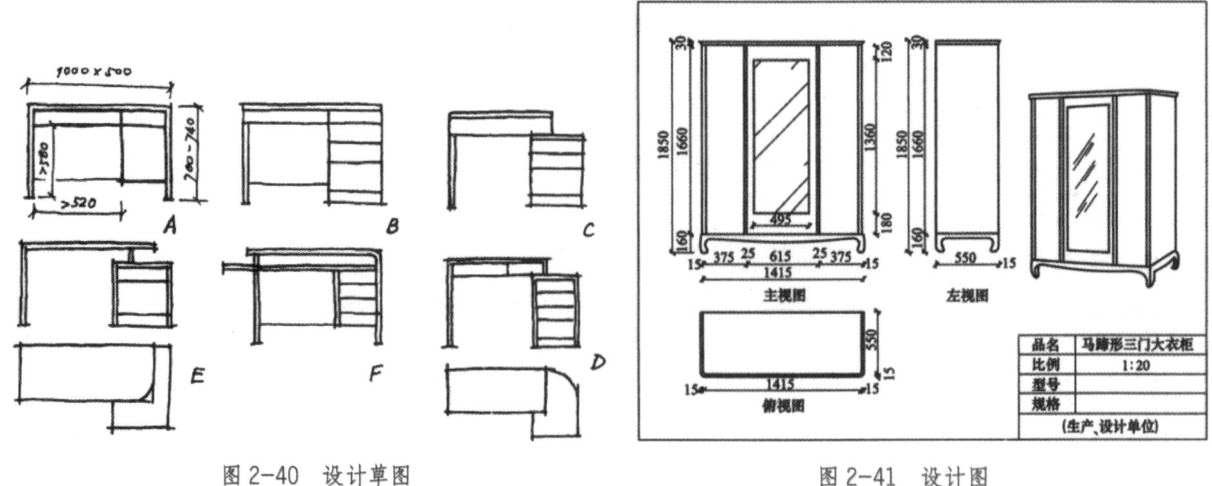

图 2-40　设计草图

图 2-41　设计图

（2）尺寸要求及技术要求。设计图主要标明家具的外部轮廓、大小、零部件位置关系、家具功能等内容，所以需标注家具的总体尺寸（规格尺寸）、功能尺寸。总体尺寸指总宽、总深、总高。还需标注功能尺寸，主要指家具设计时功能上要求的尺寸，如桌高、椅座高等，以及与放置环境相配合的尺寸，如餐椅扶手高等。同时应注意，图中标注的尺寸基本上也是制成品的最后尺寸。这是因为视图是按尺寸比例画的，各部分尺寸在画图过程中又进一步考虑了家具的使用方便合理和材料的充分利用。

为了使设计图的表达更为详尽周到，还应对该家具的质量要求，如选用的材料、颜色、涂饰方法、表面质量要求、装配质量、使用的附件或配件的牌号等不易表示的一些技术条件，在图纸空隙处用文字作简要的说明。

（3）设计图识读要点。

1）设计图要先看标题栏中的图名、比例等内容，确定该图所表示的是什么家具。

2）通过对基本视图和透视图的了解，明确家具的主要形象、功能特点。

3）在众多尺寸中，要注意区分总体尺寸和特征尺寸或功能尺寸。在装饰尺寸中，又要能分清其中的定位尺寸和外形尺寸。定位尺寸是确定装饰面和装饰物在家具视图上的位置尺寸。在平面图上需两个定位尺寸才能确定一个装饰物的平面位置。外形尺寸是装饰面和装饰物的外轮廓尺寸，由此可看出并确定装饰面和装饰物的平面形状与大小。

4）通过设计图中的文字说明，了解家具对材料规格、品种、色彩和工艺制作的要求，明确结构材料和饰面材料的衔接关系与固定方式，并结合面积做材料设计和工艺流程设计。

5）各视图反映家具的不同面，但都保持投影关系，读图时要注意将相同的构件或部件归类。

3.4 任务实训

◇ 工作情景描述

某实木定制家具工坊承接原创家具设计师定制实木家具订单，现在需要对设计草图（附件 1：设计草图）、设计图（附件 2：设计图）进行分析，企业是否具备制作能力。

附件

◇ 工作任务实施

工作活动 1：基本信息识别

活动实施与记录

活动步骤	活动要求	活动安排	活动记录	
步骤 1	设计师基本信息	具体活动 1：设计师身份识别	设计师姓名	
		具体活动 2：设计师联系方式识别	设计师联系方式	
步骤 2	企业基本信息	具体活动 1：企业基本信息识别	企业名称	
		具体活动 2：合作基本情况	合作情况	

工作活动 2：设计图（设计草图）基本信息识别

活动实施与记录

活动步骤	活动要求	活动安排	活动记录
步骤 1	标题栏识别	具体活动 1：图名识别	
		具体活动 2：比例识别	
步骤 2	基本视图和透视图识别	具体活动 1：明确家具主要形象	
		具体活动 2：明确家具主要功能	

工作活动 3：尺寸识别

活动实施与记录

活动步骤	活动要求	活动安排	活动记录	
步骤 1	总体尺寸识别	具体活动 1：长度尺寸识别	长度尺寸	
		具体活动 2：宽度尺寸识别	宽度尺寸	
		具体活动 3：进深尺寸识别	进深尺寸	
步骤 2	装饰尺寸识别	具体活动 1：定位尺寸	长度（定位）尺寸	
			宽度（定位）尺寸	
		具体活动 2：轮廓尺寸	长度（轮廓）尺寸	
			宽度（轮廓）尺寸	
			厚度（轮廓）尺寸	

工作活动 4：文字识别

活动实施与记录

活动步骤	活动要求	活动安排	活动记录
步骤	文字识别	具体活动 1：材质品种要求	
		具体活动 2：材质等级要求	
		具体活动 3：工艺制作要求	
		具体活动 4：胶粘剂要求	
		具体活动 5：饰面要求	
		具体活动 6：涂饰要求	
		具体活动 7：包装要求	

工作活动 5：特征识别

活动实施与记录

活动步骤	活动要求	活动安排	活动记录	
步骤	特征识别	具体活动 1：造型特殊要求	问题 1	
			问题 2	
		具体活动 2：结构特殊要求	问题 1	
			问题 2	
		具体活动 3：尺寸特殊要求	问题 1	
			问题 2	

◇ 评价总结

评价指标	权重 /%	评价等级				
		优秀 （90～100 分）	中等 （80～89 分）	良好 （70～79 分）	合格 （60～69 分）	不合格 （0～59 分）
基本信息识别	10					
设计图（设计草图）基本信息识别	10					
尺寸识别	40					
文字识别	20					
特征识别	20					
总分						

任务 4　结构装配图识别

4.1　学习目标

1. 知识目标

（1）了解结构装配识别方法。

（2）了解装配（拆卸）立体图识别方法。

2. 能力目标

（1）能够识别结构装配图。

（2）能够识别结构装配图所表现的结构信息、尺寸信息等。

3. 素质目标

（1）勇于奋斗、乐观向上，具有自我管理能力、职业生涯规划意识。

（2）有较强的集体意识和团队合作精神。

4.2　任务导入

通过设计图可以详细了解家具外表面的造型特征、材料质地、色彩装饰等，但在家具的生产过程中，设计图并不能合理地组织指导生产，所以要生产家具就要画出家具装配图，以满足在设计生产过程中各个阶段的实际要求。

家具装配图是用来直接指导生产和最后进行成品检验的重要图纸。根据生产过程的不同阶段，又分为结构装配图、装配（拆卸）立体图。

本任务要求借助结构装配图、装配（拆卸）立体图，来分析产品框架结构、节点信息，获取满足加工制作所需的各类数据与信息及审核图纸中的错误。

4.3　知识准备

1. 结构装配图

（1）结构装配图的基本内容。结构装配图又称施工图，是家具或产品图样中最重要的图纸，是表达家具内外详细结构的图样，主要是指零件间的结合配装方式、零件的选料、零件尺寸的决定等，在框式家具生产中应用较多。有时也取代零件图和部件图，整个生产过程基本上就靠这一种图纸。因此，为满足这些用途，结构装配图要求表现家具的内外结构、零部件装配关系，同时还要能表达清楚部分零件部件的形状和尺寸。

结构装配图的基本内容主要包括家具的总体尺寸，各零部件定型、定位尺寸，必要的局部详图等，如图 2-42 所示。

（2）结构装配图的识读要点。

1）首先对照设计图，看清楚剖切面的剖切位置和剖视方向。

2）在众多图像和尺寸中，要分清哪些是家具主体结构的图像和尺寸，哪些是装饰结构的图像和尺寸。注意区分，以便进一步研究它们之间的衔接关系、方式和尺寸。

3）认真阅读研究图中所示的内容，明确家具各部位的结构方法、结构尺寸、材料要求与工艺要求等内容。

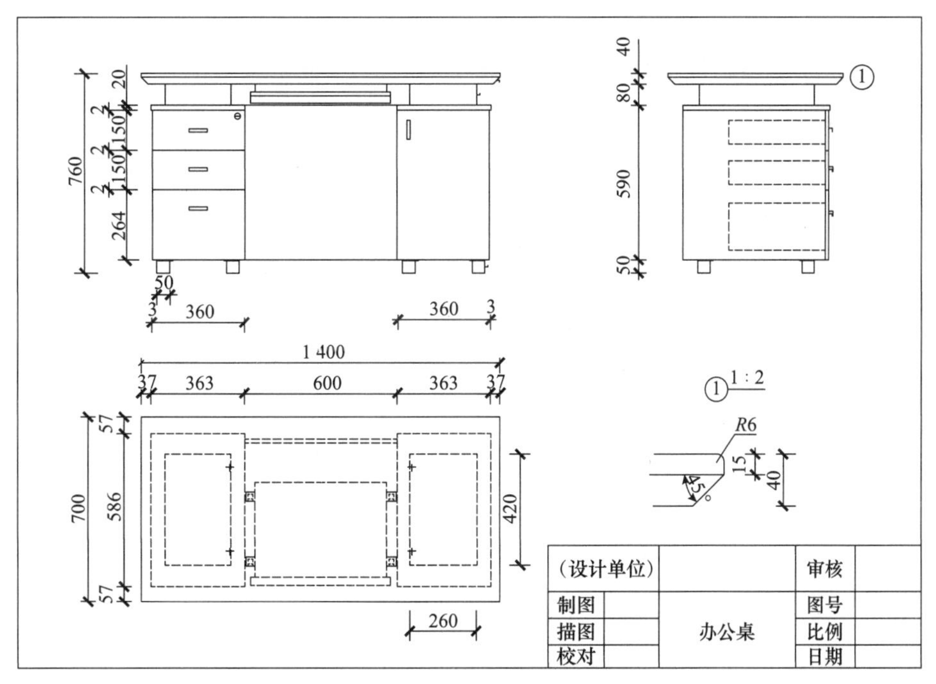

图 2-42　结构装配图

4）家具的结构和装饰形式变化多，加之在图上要表达家具的整体，因此比例关系图像缩小得较多，对于局部的结构和细节装饰还需用局部详图来补充说明。因此，识读时要注意按图示符号找出相对应的详图来仔细阅读，不断对照，弄清楚各连接点的结构方式，细部的材料、尺寸和详细做法，如图 2-43 所示。

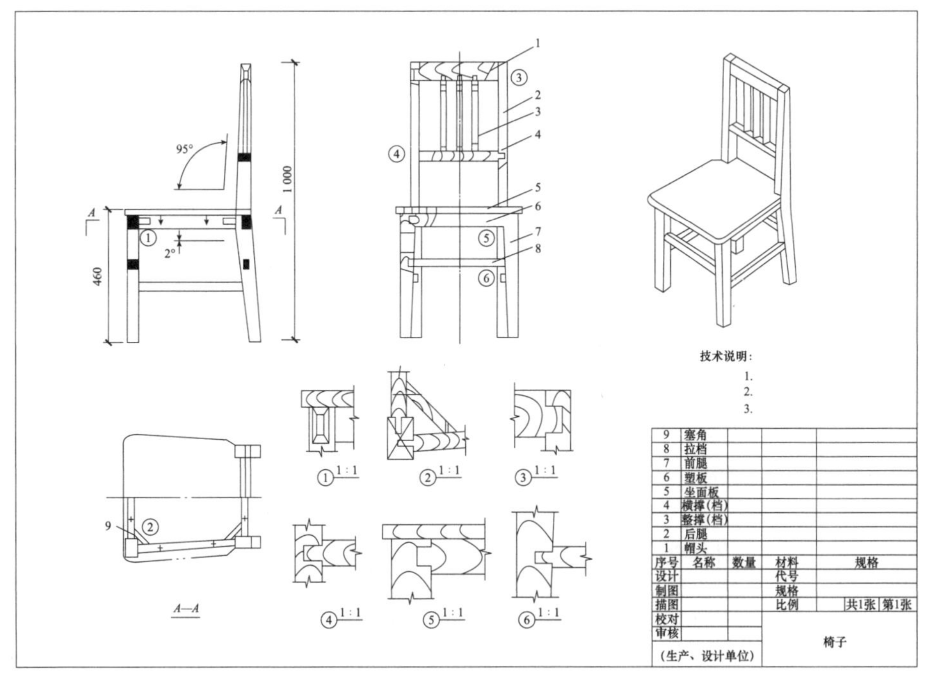

图 2-43　实木椅子结构装配图

5）局部详图虽表示的范围小，但牵扯面大，是最具体的结构装配图。识读时要做到切切实实、分毫不差，从而保证生产过程中的准确性。

2. 装配（拆卸）立体图

装配（拆卸）立体图是指以立体图形式来表示家具各零件、部件之间的装配关系的图纸，也称安装示意图。一般多用轴测图，其尺寸大小并不严格，只要表示清楚零件、部件之间如何装配、装配的相对位置就可以了，如图 2-44 所示。

随着板式家具的日益增多，连接件的安装不断简化，这种图样会越来越普遍地被使用。因为现代生活中人们的自主意识增强，加之产品部件的标准化生产逐渐规范，人们可以在家具市场购买产品部件，回家后按图样说明，自己动手安装。

装配（拆卸）立体图的优点是简单、明了，立体感强，没有识图能力的人也可以按图操作，很适合非专业人员。缺点是对于结构比较复杂的产品画图较为困难。因此，一般在板式家具生产装配中应用较多。这种图样往往按家具装配的顺序进行编号，以达到简化文字说明的目的。

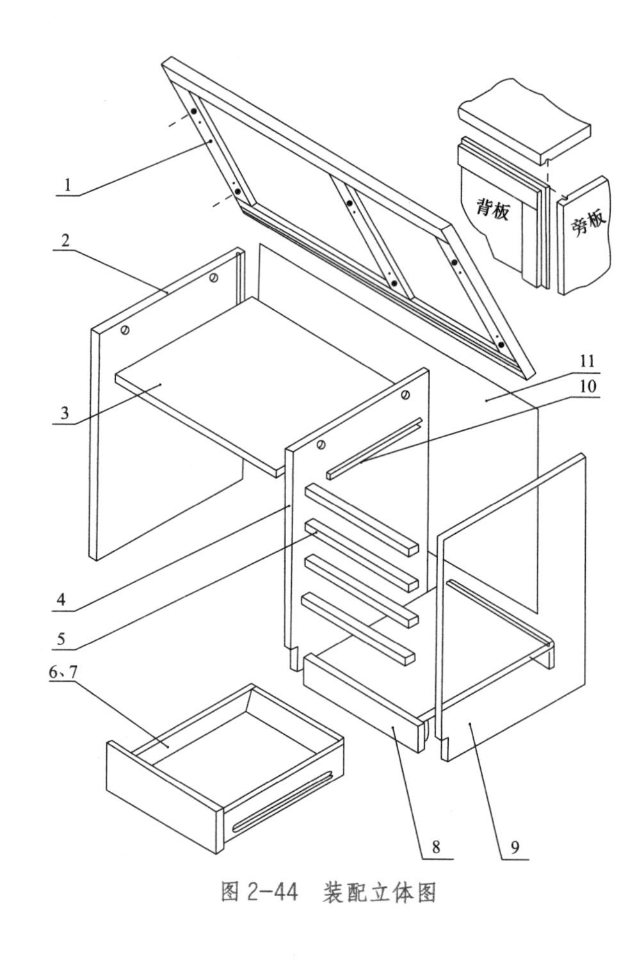

图 2-44　装配立体图

4.4　任务实训

◇ 工作情景描述

某实木定制家具工坊承接原创家具设计师定制实木家具订单，现在需要对结构装配图进行分析，以确定具体的加工工艺与技术。

◇ 工作任务实施

工作活动 1：剖切识别

活动实施与记录

活动步骤	活动要求	活动安排	活动记录
步骤	剖切识别	具体活动 1：剖切面识别	
		具体活动 2：剖切位置识别	
		具体活动 3：剖视方向识别	

工作活动 2：主体结构识别

活动实施与记录

<table>
<tr><th>活动步骤</th><th>活动要求</th><th>活动安排</th><th colspan="2">活动记录</th></tr>
<tr><td rowspan="13">步骤</td><td rowspan="13">主体结构识别</td><td rowspan="3">具体活动 1：框架识别</td><td>腿与长横撑连接方式</td><td></td></tr>
<tr><td>长横撑与短横撑连接方式</td><td></td></tr>
<tr><td>框架与柜体连接方式</td><td></td></tr>
<tr><td rowspan="3">具体活动 2：柜体识别</td><td>面板与侧板连接方式</td><td></td></tr>
<tr><td>侧板与底板连接方式</td><td></td></tr>
<tr><td>背板连接方式</td><td></td></tr>
<tr><td rowspan="4">具体活动 3：抽屉识别</td><td>抽堵与抽侧连接方式</td><td></td></tr>
<tr><td>抽侧与抽面连接方式</td><td></td></tr>
<tr><td>抽底连接方式</td><td></td></tr>
<tr><td>抽屉与侧板连接方式</td><td></td></tr>
<tr><td rowspan="3">具体活动 4：门板识别</td><td>门边连接方式</td><td></td></tr>
<tr><td>门芯板连接方式</td><td></td></tr>
<tr><td>门板与柜体连接方式</td><td></td></tr>
</table>

工作活动 3：零部件尺寸识别

活动实施与记录

<table>
<tr><th>活动步骤</th><th>活动要求</th><th>活动安排</th><th colspan="2">活动记录</th></tr>
<tr><td rowspan="14">步骤</td><td rowspan="14">零部件尺寸识别</td><td rowspan="3">具体活动 1：框架零部件尺寸识别</td><td>腿尺寸（材质）</td><td></td></tr>
<tr><td>长横撑尺寸（材质）</td><td></td></tr>
<tr><td>短横撑尺寸（材质）</td><td></td></tr>
<tr><td rowspan="4">具体活动 2：柜体零部件尺寸识别</td><td>面板尺寸（材质）</td><td></td></tr>
<tr><td>侧板尺寸（材质）</td><td></td></tr>
<tr><td>底板尺寸（材质）</td><td></td></tr>
<tr><td>背板尺寸（材质）</td><td></td></tr>
<tr><td rowspan="4">具体活动 3：抽屉零部件尺寸识别</td><td>抽侧尺寸（材质）</td><td></td></tr>
<tr><td>抽堵尺寸（材质）</td><td></td></tr>
<tr><td>抽面尺寸（材质）</td><td></td></tr>
<tr><td>抽底尺寸（材质）</td><td></td></tr>
<tr><td rowspan="3">具体活动 4：门板零部件尺寸识别</td><td>长门边尺寸（材质）</td><td></td></tr>
<tr><td>短门边尺寸（材质）</td><td></td></tr>
<tr><td>门芯板尺寸（材质）</td><td></td></tr>
</table>

工作活动 4：装饰形式识别

活动实施与记录

<table>
<tr><th>活动步骤</th><th>活动要求</th><th>活动安排</th><th colspan="2">活动记录</th></tr>
<tr><td rowspan="6">步骤</td><td rowspan="6">装饰形式识别</td><td rowspan="3">具体活动 1：贴面识别</td><td>拼花图案识别</td><td></td></tr>
<tr><td>拼花材料材质识别</td><td></td></tr>
<tr><td>基材尺寸、数量识别</td><td></td></tr>
<tr><td rowspan="3">具体活动 2：封边识别</td><td>封边工艺识别</td><td></td></tr>
<tr><td>封边材料识别</td><td></td></tr>
<tr><td>基材尺寸、数量识别</td><td></td></tr>
</table>

工作活动 5：特殊节点识别

活动实施与记录

<table>
<tr><th>活动步骤</th><th>活动要求</th><th>活动安排</th><th colspan="2">活动记录</th></tr>
<tr><td rowspan="7">步骤</td><td rowspan="7">特殊节点识别</td><td rowspan="3">具体活动 1：连接方式识别</td><td>榫头结构识别</td><td></td></tr>
<tr><td>榫眼结构识别</td><td></td></tr>
<tr><td>干涉、交叉识别</td><td></td></tr>
<tr><td rowspan="2">具体活动 2：尺寸识别</td><td>榫头尺寸识别</td><td></td></tr>
<tr><td>榫眼尺寸识别</td><td></td></tr>
<tr><td rowspan="2">具体活动 3：问题识别</td><td>问题 1</td><td></td></tr>
<tr><td>问题 2</td><td></td></tr>
</table>

◇ 评价总结

<table>
<tr><th rowspan="2">评价指标</th><th rowspan="2">权重 /%</th><th colspan="5">评价等级</th></tr>
<tr><th>优秀
（90 ～ 100 分）</th><th>中等
（80 ～ 89 分）</th><th>良好
（70 ～ 79 分）</th><th>合格
（60 ～ 69 分）</th><th>不合格
（0 ～ 59 分）</th></tr>
<tr><td>剖切识别</td><td>10</td><td></td><td></td><td></td><td></td><td></td></tr>
<tr><td>主体结构识别</td><td>30</td><td></td><td></td><td></td><td></td><td></td></tr>
<tr><td>零部件尺寸识别</td><td>30</td><td></td><td></td><td></td><td></td><td></td></tr>
<tr><td>装饰形式识别</td><td>10</td><td></td><td></td><td></td><td></td><td></td></tr>
<tr><td>特殊节点识别</td><td>20</td><td></td><td></td><td></td><td></td><td></td></tr>
<tr><td>总分</td><td colspan="6"></td></tr>
</table>

任务5　零件图、部件图识别

5.1　学习目标

1. 知识目标

（1）了解零件图识别方法。

（2）了解部件图识别方法。

2. 能力目标

（1）能够识别零件图所表现的信息。

（2）能够识别部件图所表现的信息。

3. 素质目标

（1）具有质量意识、环保意识、安全意识、信息素养。

（2）具有工匠精神、创新思维。

5.2　任务导入

零件是指组装成部件的最小单体。部件是指由几个零件组装而成的一个家具的独立配件。

零件图、部件图的主要作用是指导零件、部件的加工和装配，由此在零件、部件图纸上就要有完整的视图以表达清楚各部分形状结构以及加工、装配所必须有的尺寸数据等，目的是要求用正确的加工工艺生产出符合设计要求的零件、部件。

本任务要求借助提供的零件图、部件图，分析产品零部件结构，获取满足加工制作所需的各类数据与信息，审核图纸中的错误。

5.3　知识准备

1. 零件图

表达零件结构形状、尺寸大小和技术要求的图样称为零件工作图，简称零件图，如图2-45所示。它是设计部门提交给生产部门的重要技术文件。零件图要反映出设计者的意图，表达出家具或部件对零件的要求，同时要考虑到结构和制造的可能性与合理性，是制造和检验零件的依据。一件家具或一个部件是由若干个零件按一定的装配关系和技术要求装配起来的。生产家具或部件必须先按照零件图生产出零件，再按照装配要求将零件装配成家具或部件。

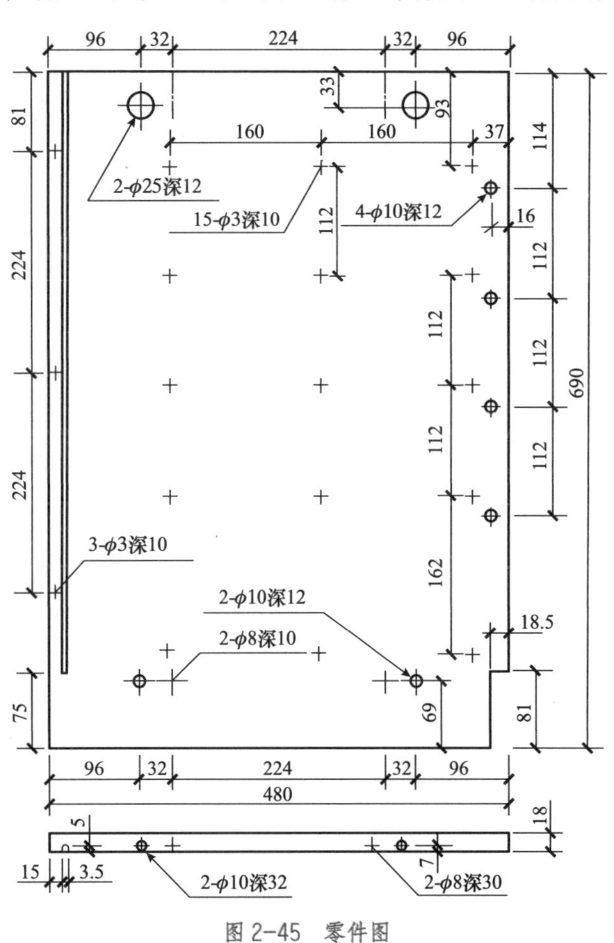

图2-45　零件图

2. 部件图

家具中常见的部件如抽屉、各种旁板、底座、脚架、柜门、顶板、面板、背板等，抽屉部件图如图 2-46 所示。它们的形状并不复杂，特别是组成部件的零件形状更为简单，如有较复杂形状的零件，可以在结构装配图中加画该零件的单独视图来表达清楚。为了使部件能与其他有关零件或部件正确并顺利地装配成家具，部件上各部分结构不仅要画清楚，更重要的是有关连接装配的尺寸都应有精度要求，如尺寸公差。这样以便装配成家具时可不经挑选、不经修正直接顺利装配，且能达到预定要求，这就是所谓具有“互换性”。

部件图的画法与结构装配图相同，为表示部件内外结构，同样可以采用视图、剖视、剖面等一系列表达方法，包括采用局部详图等。部件图和结构装配图一样都应有图框、标题栏，但要注意标题栏大小格式不同。

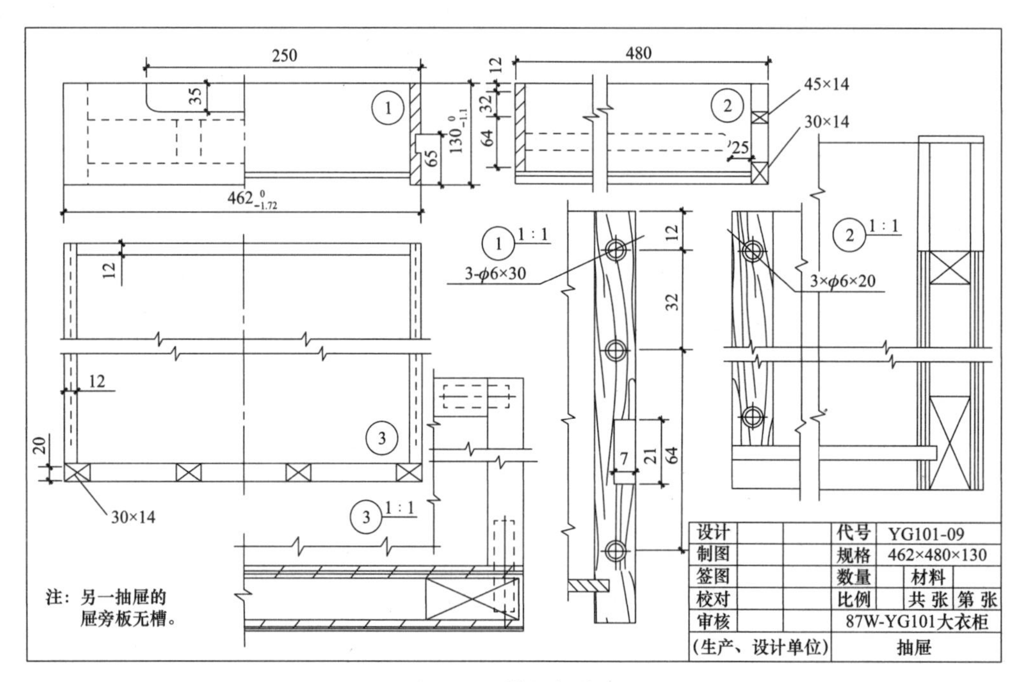

图 2-46　抽屉部件图

3. 零件图和部件图的识读要点

（1）用一组视图正确、完整、清晰和简便地表达零件和部件间的装配关系和连接方式以及主要零件的主要结构形状。

（2）只标注出反映部件的性能、规格、外形及装配、检验、安装时所必需的一些尺寸。

（3）技术要求。用文字或符号准确、简明地说明零件或部件的性能、装配、检验、调整要求、运输要求等。

（4）用标题栏注明零件或部件的名称、规格、比例、图号及设计、制图者等信息。

5.4　任务实训

附件

◇ 工作情景描述

某实木定制家具工坊承接原创家具设计师定制实木家具订单，现在需要对零件图、部件图（附件：零部件图）进行分析，以确定具体零部件的加工工艺。

◇ 工作任务实施

工作活动 1：零部件（抽屉、滑道、柜体）连接识别

活动实施与记录

<table>
<tr><th>活动步骤</th><th>活动要求</th><th>活动安排</th><th colspan="2">活动记录</th></tr>
<tr><td rowspan="4">步骤</td><td rowspan="4">零部件连接识别</td><td rowspan="2">具体活动 1：连接方式识别</td><td>连接识别</td><td></td></tr>
<tr><td>干涉识别</td><td></td></tr>
<tr><td rowspan="2">具体活动 2：问题识别</td><td>问题 1</td><td></td></tr>
<tr><td>问题 2</td><td></td></tr>
</table>

工作活动 2：零部件配合尺寸（抽屉、滑道、柜体）识别

活动实施与记录

<table>
<tr><th>活动步骤</th><th>活动要求</th><th>活动安排</th><th colspan="2">活动记录</th></tr>
<tr><td rowspan="4">步骤</td><td rowspan="4">零部件配合尺寸识别</td><td rowspan="2">具体活动 1：配合尺寸识别</td><td>零部件尺寸识别</td><td></td></tr>
<tr><td>配合尺寸识别</td><td></td></tr>
<tr><td rowspan="2">具体活动 2：问题识别</td><td>问题 1</td><td></td></tr>
<tr><td>问题 2</td><td></td></tr>
</table>

工作活动 3：文字及符号识别

活动实施与记录

<table>
<tr><th>活动步骤</th><th>活动要求</th><th>活动安排</th><th colspan="2">活动记录</th></tr>
<tr><td rowspan="4">步骤</td><td rowspan="4">文字及符号识别</td><td rowspan="2">具体活动 1：文字及符号识别</td><td>文字识别</td><td></td></tr>
<tr><td>符号识别</td><td></td></tr>
<tr><td rowspan="2">具体活动 2：问题识别</td><td>问题 1</td><td></td></tr>
<tr><td>问题 2</td><td></td></tr>
</table>

工作活动 4：标题栏识别

活动实施与记录

活动步骤	活动要求	活动安排	活动记录
步骤	标题栏识别	具体活动 1：零部件名称识别	
		具体活动 2：图纸比例识别	
		具体活动 3：图纸图号识别	
		具体活动 4：设计、制图者识别	

◇ 评价总结

评价指标	权重 /%	评价等级				
		优秀（90～100 分）	中等（80～89 分）	良好（70～79 分）	合格（60～69 分）	不合格（0～59 分）
零部件连接识别	30					
零部件配合尺寸识别	40					
文字及符号识别	20					
标题栏识别	10					
总分						

任务 6　图纸放大样

6.1　学习目标

1. 知识目标

（1）了解大样图识别方法。

（2）了解大样图绘制方法。

2. 能力目标

（1）能够识别大样图。

（2）能够借助制图工具完成大样图绘制。

3. 素质目标

（1）培养孜孜不倦的钻研与观察精神。

（2）树立标准、规范的职业精神。

6.2　任务导入

木制品制作过程中某些零件有特殊的造型形状要求，在加工这些零件时常要根据样板或模板划线，最常见的如一般曲线形零件，就要根据图纸进行放大，画成 1 : 1 比例，制作样板，这种图就是大样图。

另外，对于一些具体的角度（包括三维角度）是无法通过图纸信息直接获取的，这样就需要通过放样的方法获取真实的角度、尺寸、切割线空间位置，然后再将相关信息通过引线的办法，过渡到被加工原料上，然后按线加工，制作出成品零部件，这个过程叫作放大样，图纸也叫作大样图。

本任务要求借助提供的结构图、零件图、部件图，分析产品零件结构，获取满足加工制作所需的各类数据与信息，并借助制图工具完成放大样。

6.3　知识准备

1. 制图工具

（1）图板（放样板）。图板的板面应平整，工作边应光滑平直。绘图时，用胶带将图纸固定在图板的适当位置上，一般在图板的左下方，如图 2–47 所示。

（2）丁字尺。丁字尺由尺头和尺身组成，尺身带有刻度，便于画线时直接度量。使用时，用左手握住尺头，使其工作边紧靠图板左侧工作边，利用尺身工作边由左向右画水平线。由上往下移动丁字尺，可画出一组水平线，如图 2–48 所示。

（3）三角板。一副三角板由一块 45° 的等腰直角三角形和一块 30° 的直角三角形组成。三角板与丁字尺配合使用，可自上而下画出垂直线以及与水平方向成 15° 整数倍的倾斜线，如图 2–49 所示。

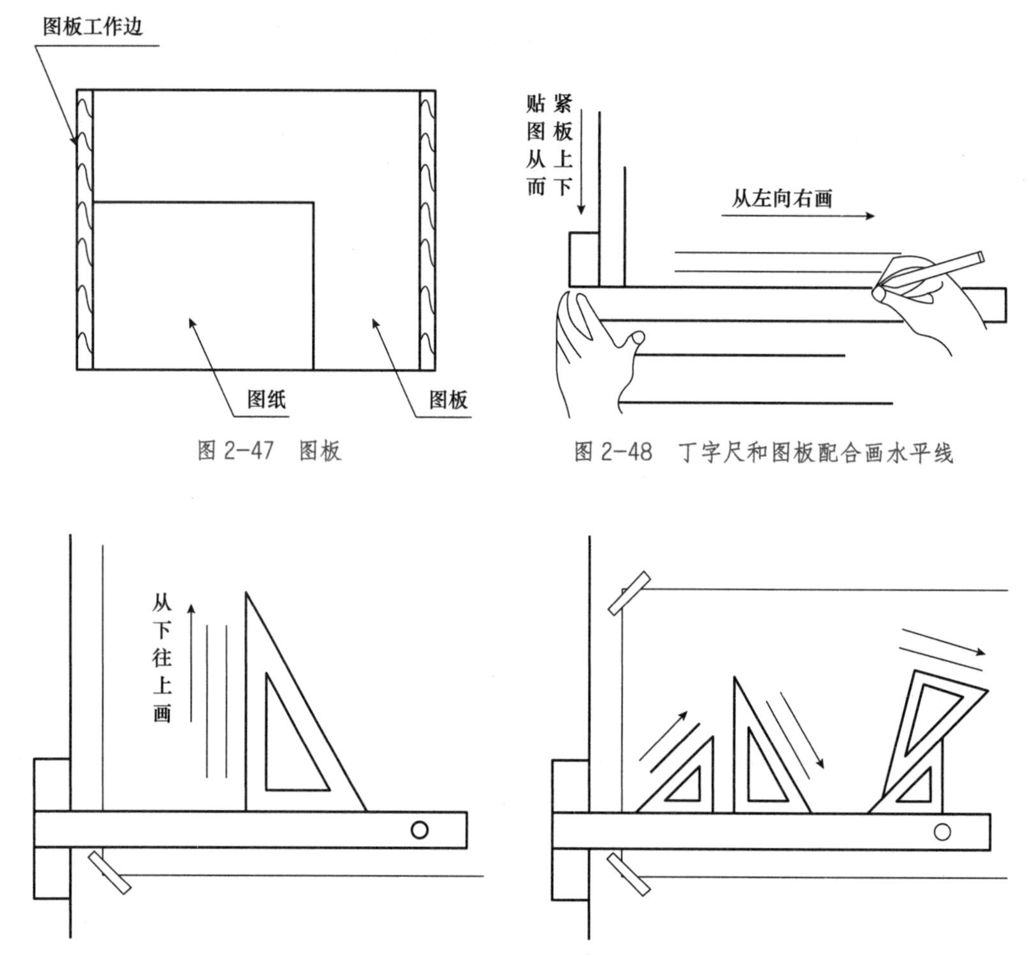

图 2-47 图板

图 2-48 丁字尺和图板配合画水平线

图 2-49 三角板与丁字尺配合使用画线

利用两块三角板可以画出已知直线的平行线和垂直线，如图 2-50 所示。

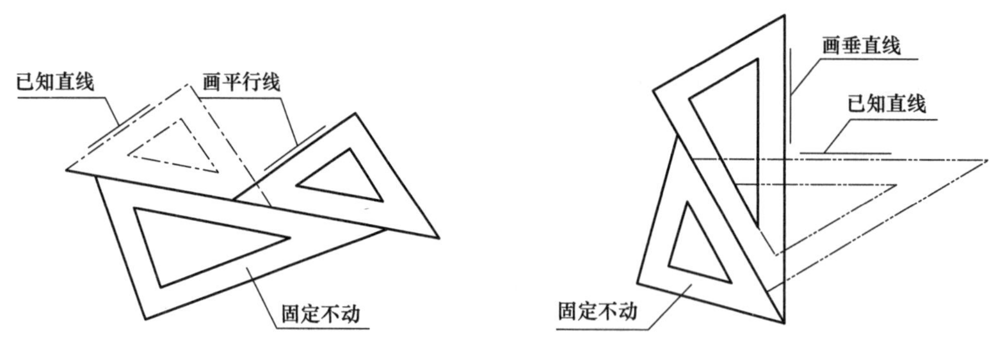

图 2-50 用两块三角板画出已知直线的平行线和垂直线

（4）绘图铅笔。绘图铅笔的铅心的软硬用字母“H”和“B”表示。H 前的数值越大，表示铅心越硬，所画图线越浅；B 前的数值越大，表示铅心越软，所画图线越黑；HB 表示铅心软硬适中。画图时，应根据不同用途，按表 2-6 选用适当的铅笔及铅心，并将其磨削成一定的形状。

表 2-6　铅笔的选用

绘图工具	用途	软硬代号	削磨形状	图片
铅笔	画细线	2H 或 H	圆锥	≈7　≈18
	画粗线	B 或 2B	截面为矩形的四棱柱	d
圆规用铅心	画细线	H 或 HB	楔形	
	画粗线	2B 或 3B	正四棱柱	
注：*d* 为粗实线宽度。				

（5）绘图仪器。绘图仪器种类有很多，每套仪器的件数多少不等，下面简要介绍圆规和分规的使用方法。

1）圆规。圆规用于画圆和圆弧。圆规的一条腿上装有钢针，另一条腿上装有铅心。钢针的两端形状不同，一端有台阶，另一端为锥形。画圆时要使针尖略长于铅心尖，并将带台阶的一端针尖扎在圆心处，如图 2-51 所示。画圆或画弧时，应根据不同的直径，尽量使钢针和铅心同时垂直于纸面，并按顺时针方向一次画成，注意用力要均匀，如图 2-52 所示。若需画特大的圆或圆弧，则可加接长杆。画小圆可用弹簧圆规。若用钢针接腿替换铅心插腿，则圆规可作分规用。

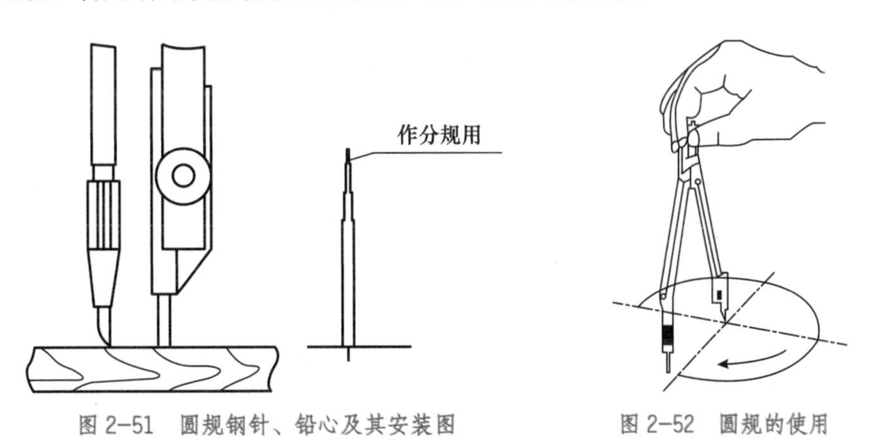

图 2-51　圆规钢针、铅心及其安装图　　　图 2-52　圆规的使用

2）分规。分规用于量取尺寸和截取线段。分规两条腿上均装有钢针，当两条腿并拢时，两针尖应能对齐，如图 2-53 所示。如图 2-54 所示为用分规等分线段的作图方法。

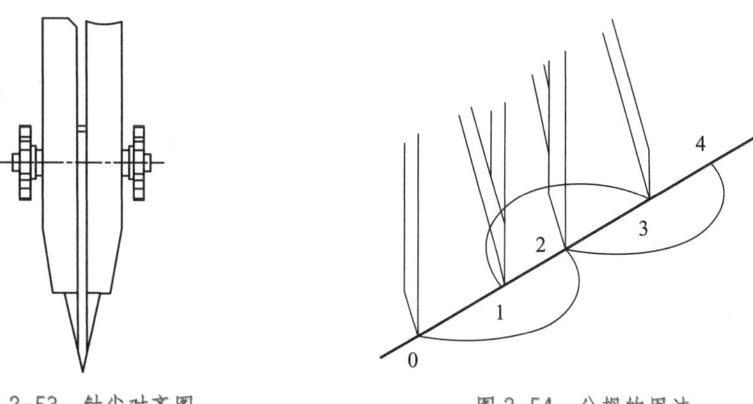

图 2-53　针尖对齐图　　图 2-54　分规的用法

（6）其他制图工具。为了提高绘图质量和速度，可用如图 2-55 所示的擦图片、胶带、橡皮等制图工具。

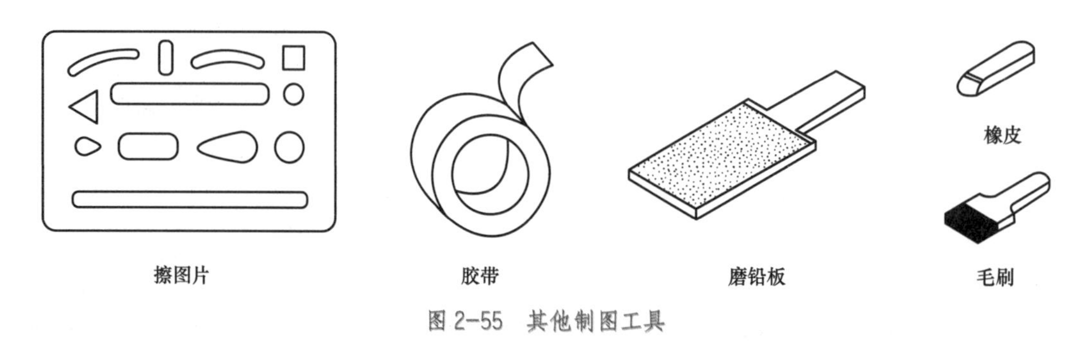

图 2-55　其他制图工具

2. 放大样的制作

（1）放大样制作样板。对于平面曲线，一般用坐标方格网线控制较简单方便，只需按网格尺寸画好网格线，在格线上取相应位置的点，由一系列点光滑连接成曲线，就可以画出所需要的曲线了，如图 2-56 所示。

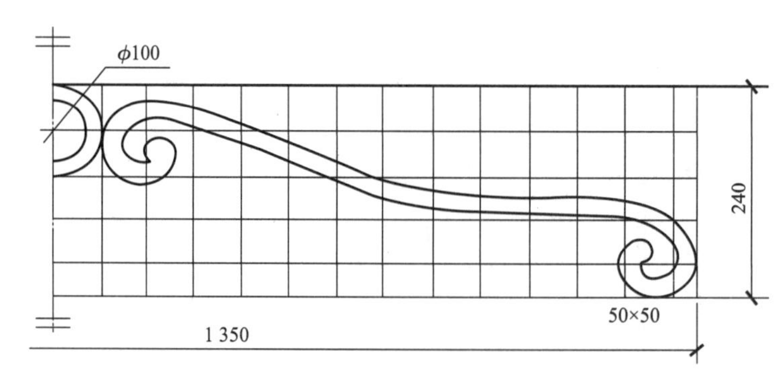

图 2-56　大样图

（2）放大样制作复杂零部件。在我国传统木工技法中，有一个重要的环节叫作“放大样”，即在制作复杂物件时，先将图纸上的小样等比例放大，绘制到一张几平方米甚至更大的木板上，再依葫芦画瓢干活。由于部分图纸中只给出了部分弧度、角度、尺寸，需要通过放大样的方式获取特殊的角度（如三维角度）、尺寸以及零件与零件间高精度配合的数据，这样就需要人为地在放样板上依据图纸提供信息放样，放样后再将相关角度、尺寸等引线至被加工零件的原料上，依据原料画线进行加工以获取符合质量要求的成品零部件的过程。

一般制作放大样复杂零部件的过程分为如下几个部分。

（1）绘制 1∶1 实样图：按照所提供的图纸信息，将零部件或整个样品按照 1∶1 的比例尺绘制在大板上，并标清楚主要连接点，如图 2–57 所示。

（2）引线：将被加工零部件的原材料放在大样图对应的零部件图纸位置上，将关键节点通过引线的方式画到木料上，如图 2–58 所示。

图 2–57　大样图绘制

图 2–58　引线

（3）连线：通过引线画到木料上的各个相关点的连接，确定具体零部件加工的切口线，确定切除部位与保留部位，如图 2–59 所示。

（4）切割：沿着切割线的具体位置进行沿线切割，以确定零部件榫口形状与尺寸，如图 2–60 所示。

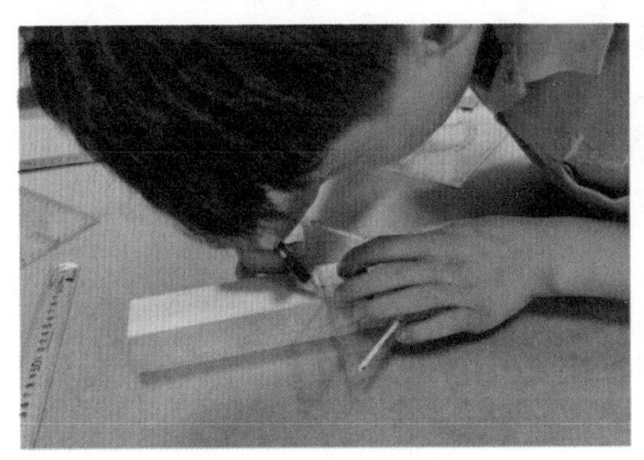

图 2–59　连线

图 2–60　切割

（5）组装：将加工好的各个零部件依据组装的先后顺序进行组装（图 2–61），以获取完整的成品，如图 2–62 所示。

图 2–61　组装

图 2–62　成品

6.4 任务实训

◇ 工作情景描述

某实木定制家具工坊承接定制木质构件订单，依据附件：窗图纸进行制作过程中发现部分零部件存在角度、尺寸不清问题，无法直接依据尺寸数据进行加工，需进行放大样，按放样图纸进行制作。现借助图纸、制图工具进行零部件放大样。

◇ 工作任务实施

工作活动 1：放样图绘制

活动实施与记录

活动步骤	活动要求	活动安排	活动记录
步骤 1	放样图绘制	具体活动 1：基准线绘制	
		具体活动 2：关键节点标识	
		具体活动 3：放样图整洁度	
步骤 2	引线	具体活动 1：引线	
		具体活动 2：连线	
		具体活动 3：去留部分标识	

工作活动 2：切割加工

活动实施与记录

活动步骤	活动要求	活动安排	活动记录
步骤	切割加工	具体活动 1：沿线切割	
		具体活动 2：榫卯制作	
		具体活动 3：表面修整	
		具体活动 4：适配度检验	

工作活动 3：组装

活动实施与记录

活动步骤	活动要求	活动安排	活动记录
步骤	组装	具体活动 1：依据图纸进行组装	
		具体活动 2：表面标识与污迹去除	
		具体活动 3：图纸图号识别	
		具体活动 4：设计、制图者识别	

◇ 评价总结

评价指标	权重 /%	评价等级				
		优秀（90～100）	中等（80～89）	良好（70～79）	合格（60～69）	不合格（0～59）
放样图绘制	40					
切割加工	40					
组装	20					
总分						

模块 2

工具使用

项目 3 手工木工基础工具及使用

任务 1　测量及画（划）线工具的使用

1.1　学习目标

1. 知识目标

（1）掌握测量工具的分类及用途。

（2）掌握家具样品测量的方法。

（3）掌握零部件画（划）线工具分类及用途。

（4）掌握零部件画（划）线、标识方法。

2. 能力目标

（1）能够利用测量工具对家具样品进行测量。

（2）能够利用测量工具对零部件进行检量。

（3）能够利用画（划）线工具对零部件进行标识。

3. 素质目标

（1）培养精益求精的工匠精神。

（2）树立规范、安全、勤奋、智能的劳动精神。

1.2　任务导入

“没有规矩，不成方圆。”山东东汉武梁祠石室留有“伏羲氏手执矩，女娲氏手执规”的造像，其中的“矩”所指的便是“尺”，而规所指的便是“圆规”。在家具及木制品制作的过程中，若不遵守统一的准则，则无法完成高品质零部件的制作。同样，只有在道德准则和法律的约束下才能实现社会的安定和人身的自由。

本任务要求借助各类测量及画（划）线工具，完成家具样品尺寸规格的测量，并填写原材料清单，纠正产品图纸；对制作原料进行检量，并进行标识画（划）线。

1.3 知识准备

1. 测量工具

微课：钢直尺的选择与使用

家具及木制品的零部件都有长度、宽度和厚（高）度的基本要求，个别零部件还有角度、弧度的具体要求，要进行测量就要使用测量工具。木工操作中常用的测量工具有直尺、卷尺、直角尺（直角拐尺）和万能角度尺等。

（1）直尺：又称直板尺，具有精确直线棱边的尺形量规，是木工常用的一种测量及画（划）线工具。直尺一般依据材质可分为钢制、有机玻璃、塑胶、木制等多种类型，如图 3-1 ～图 3-4 所示。直尺常用测量单位有公制和英制两种。常用长度规格尺寸有 150 mm、200 mm、300 mm、500 mm、1 000 mm、1 500 mm、2 000 mm 等。

图 3-1　直钢尺（钢板尺）

图 3-2　英制与公制

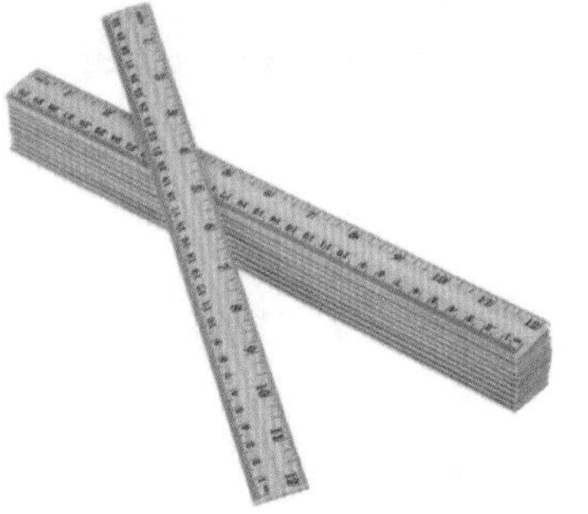
图 3-3　有机玻璃直尺

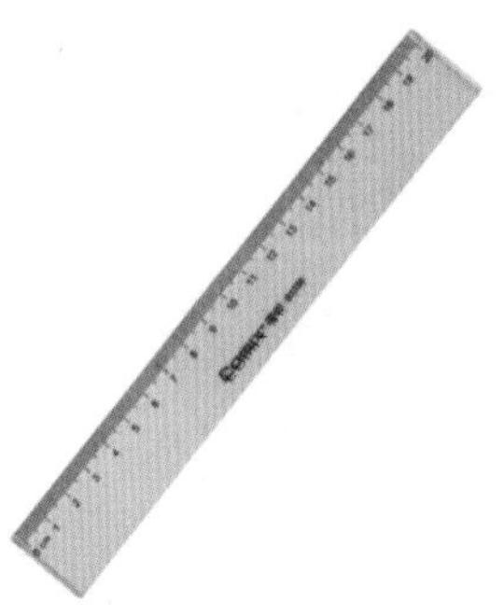
图 3-4　木直尺

微课：折尺的使用

（2）折尺：原特指四折对开的一种木尺，是丈量木材及画（划）线、家具制作常用的一种量具，后期逐渐出现了五折、六折、八折等多种规格。由木制、钢制、塑料等材质制作而成，各尺段之间均采用铆钉连接，既能拉开测量长工件，又能折拢测量短工件，可以折叠，方便携带节省空间。木折尺其实比钢制折尺要准确，因为它的热胀冷缩比较少，所以对精度影响会很小，如图 3-5 和图 3-6 所示。

常用折尺有 1 m、1.5 m、2 m、3 m 等多种，通常最小刻度单位为 1 mm，有的最小刻度单位为 0.5 mm，刻有 0.5 mm 单位的折尺，用来测量图样或精加工工件。

用折尺测量工件时，可以根据工件的长短将其拉开或折拢。测量较长的工件，将折尺直线展开，然后从工件一端开始，逐尺测量。如果测量工件的断面，首先将折尺拉开至所需要的长度，用左手握尺，用右手在断面边缘挡住尺头，左手食指指甲抵断面边缘所指的刻度，即断面尺寸。

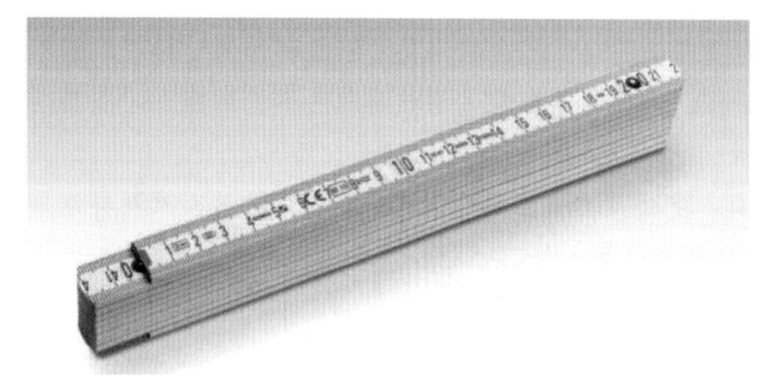
图 3-5　木折尺

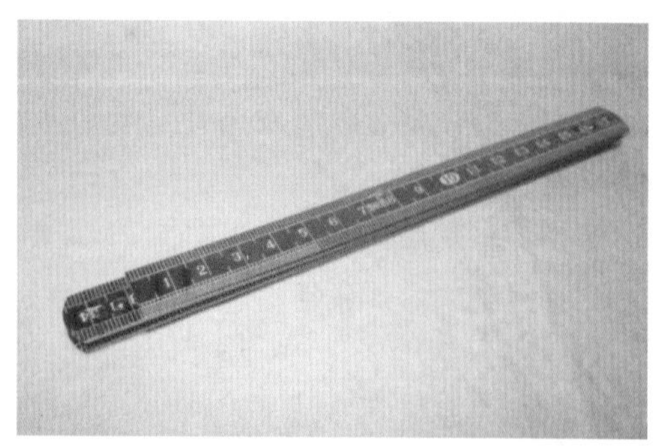
图 3-6　不锈钢折尺

（3）卷尺：又称钢卷尺（图 3-7），是由一条厚度为 0.1 mm 带有刻度的薄而窄的钢带（尺条）、以铆钉铆接在尺条上的尺钩、控制尺条伸出与收缩的尺簧、具有控制尺条的制动装置、具有保护功能的金属或 ABS 塑料外壳（尺盒）等几个重要部分组成的。

常用卷尺长度有 1 m、2 m、2.5 m、3 m、5 m 等多种，通常最小刻度单位为 1 mm。

微课：卷尺的使用

卷尺是目前使用最为普遍的一种量具，它既能测量较长的工件，又可用于测量圆形的工件，并且经久耐用，测量准确、使用和携带方便。卷尺的尺钩是松动的，以便进行不同类型的测量。卷尺量尺寸时有两种量法，一种是钩在物体上；另一种是顶到物体上。使用时，一手握尺盒，另一手握住尺钩将尺条拉出，并将尺钩钩住（顶住）在工件的起量处。两种量法的差别就是卷尺尺钩的厚度，尺钩松动的目的就是顶在物体上时，能将尺钩铁片厚度补偿出来。将尺盒向后拉至所需的长度进行测量，在拉出测量长度时，实际是拉长尺条及尺簧的长度，一旦测量完毕，卷尺里面的尺簧会自动收缩，尺条在弹簧力的作用下也跟着收缩，卷尺就实现了自动回缩。

使用卷尺时，注意防止尺条折断、尺钩脱落；要保持清洁；尺条受潮后，要用布擦干净，并且涂上少许机油，以防止生锈。尺条拉出或缩回，不要用力过猛，以免损坏尺条或尺簧。

（4）直角尺：又称曲尺、拐尺或方尺。直角尺是检验和画（划）线工作中常用的量具，用于检测工件的垂直度及工件相对位置的垂直度，是木工常用的工具之一。直角尺主要用来画（划）垂直线和平行线，测量工件表面是否平直，测量工件相邻两个面是否成直角，检查组装后的部件是否垂直。直角尺主要由金属制成，类型如图 3-8 ～图 3-13 所示。

图 3-7　卷尺

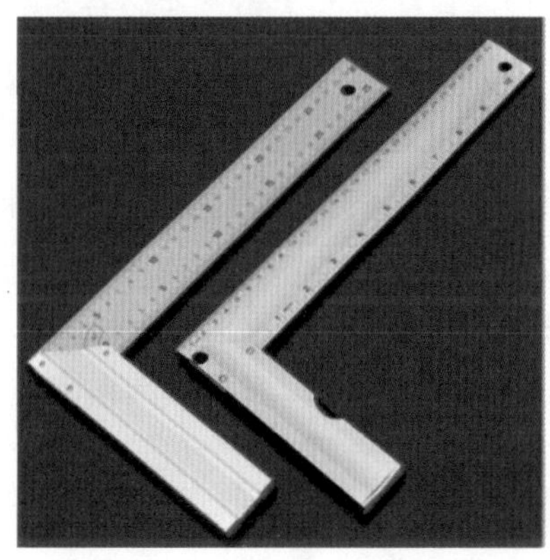
图 3-8　铝合金直角尺

图 3-9　铸铝柄不锈钢直角尺

图 3-10　不锈钢直角尺

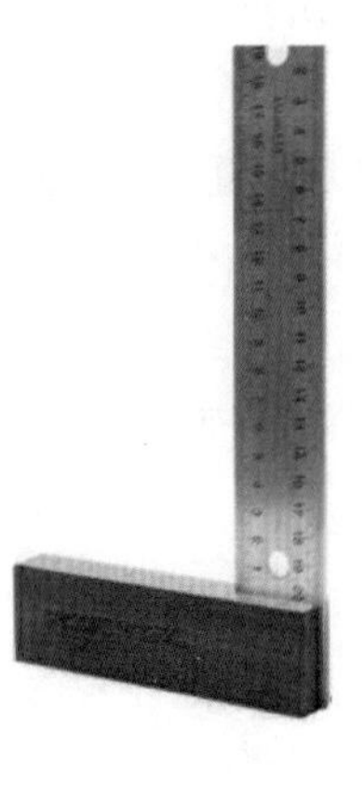
图 3-11　木柄直角尺

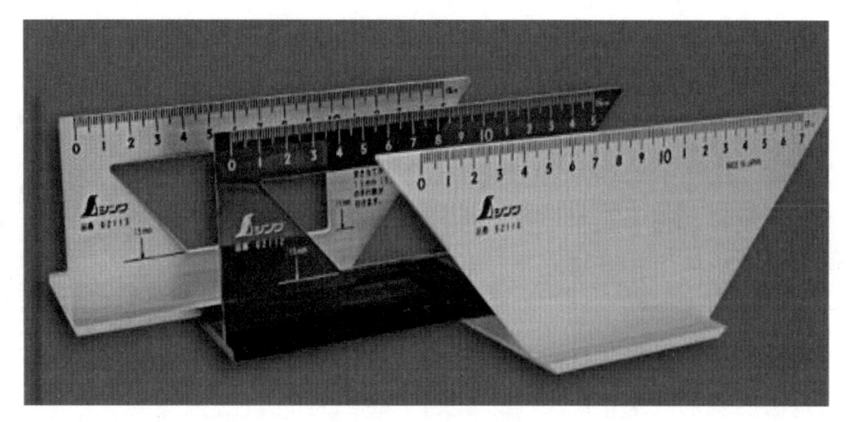
图 3-12　多功能角尺

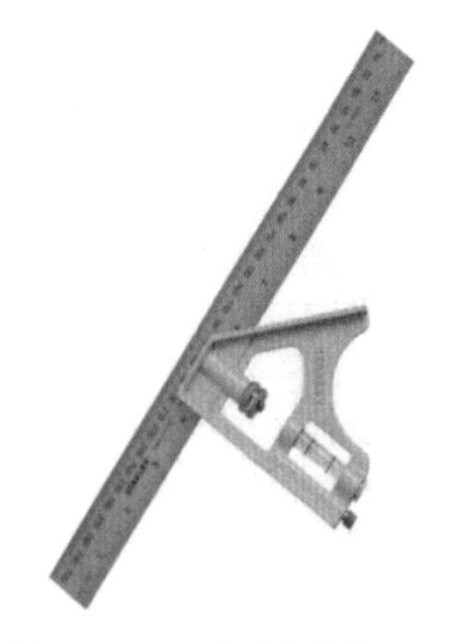
图 3-13　可移动直角尺

金属直角尺多由不锈钢、铝合金制成，其尺身正背面均有刻度。纵向尺身长度为 150 ～ 650 mm，横向尺身长度为 100 ～ 250 mm，纵横尺身相交成直角。它主要用于画（划）线，特别是工件数量多时，可以排成一排，一次画（划）出多件，效率高，质量好。在屋架制作中，熟练的木工凭借尺身上的刻度，依照数学原理在端节计算出屋架各杆件的长度，而不必放大样。

微课：直角尺的检验与选用

尺梢长度短于 300 mm 的小直角尺，常用于检验刨削工件的相邻两面是否垂直，将直角尺两内边靠放在被测工件的工作面上，用光隙法鉴别工件的角度是否正确。

尺梢较长的直角尺，一般用于组装部件时校验是否成直角，有时也用于画（划）线。

直角尺的检验与选用，首先取一块较宽的木板（或胶合板），其宽度相当于尺梢长度，用长刨将板的一边刨削平直。以直角尺的尺柄作为定位基准，紧靠刨削平直的一边，沿尺梢的外边和内边各画（划）一细线，然后将曲尺翻转 180°，校验尺梢的外边和内边是否与翻转前画（划）的细线分别重合。如果翻转 180° 后尺梢的外边和内边分别与翻转前沿尺梢内边和外边划的细线重合，则直角尺合格；如果内、外边不相重合，则要进行修整，直到合格为止。

微课：直角尺检量组装直角度

1）直角尺的作用：在刨削工件过程中，检测工件两相邻面是否垂直，通常使用小直角尺。

检测工件两相邻面是否垂直时，右手拿稳小直角尺的尺柄，左手提起工件后端，以尺柄为基准，用尺梢内边分别卡测工件的后部、中部和前部三处，目测工件的被测处相邻面，是否同直角尺内直角边完全吻合。如果工件相邻面紧贴直角尺内直角边，则说明工件两相邻面垂直；如果工件两相邻面不垂直，则需要进行重新刨削。

微课：直角尺划线

2）画（划）垂直线：用直角尺画（划）垂直线，根据量取的尺寸，对准标记，左手握直角尺并紧贴工件的基准面，使尺柄里边贴在工件的直边上，右手拿笔沿尺梢从左到右画（划）线，即与工件直边相垂直。

3）检测工件表面平整度：用平刨刨削的工件表面，不平度大小难以鉴别，通常用直角尺来检测。

检测工件表面不平度时，用右手握直角尺，左手扶握工件。将直角尺置于工件上，使尺梢外边紧贴工件表面，逐段检测，观察接触间隙大小，判别不平度；以直角尺的尺柄里面作为基准面，紧贴工件侧面，使尺梢里面紧贴工件端面，观察其接触间隙，检测端面平直度及其侧面垂直度。

微课：检测工件表面平整度

（5）活动角尺：又称活尺，我国南方地区称为活络角尺，主要用来画（划）任意角度的斜线和测量角度。活动角尺多由金属、木、电木等相关材料制作。活动角尺由尺梢和尺柄组成，尺梢根据检测的需要，可以自由转动。木工常用的活动角尺，大部分是木制的，其尺梢长为 300 mm，中部开有一个长槽，通过长槽，用螺栓和翼形螺母将尺梢安装在尺柄上。使用活动角尺时，先将翼形螺母拧松，在量角器上量得需要的角度，或在大样（样板）上测量所要求的斜度，然后把蝶形螺母拧紧，防止尺梢和尺柄相对活动，这样就可以用活动角尺来画（划）线或检测工件的角度，如图 3–14 和图 3–15 所示。

图 3–14　塑料柄活尺

图 3–15　木柄活尺

用活动角尺画（划）线，首先根据工件要求的角度，调整尺梢和尺柄之间的夹角，然后左手握尺，右手执笔，使尺柄靠紧工件的基准边，沿尺梢外边由外向里自上而下画（划）线。

用活动角尺检测工件的角度，如检测刨削的正六面体工件，或者相邻面不成直角的工件，当然检测这些工件也可以使用量角器，但是不如使用活动角尺简便。检测时，用活动角尺的内角卡测工件的两个相邻面。

微课：活动角尺划线

若活动角尺长时间使用，或校正合格后放置时间较长，其尺梢和尺柄的相对位置可能有变动，需要进行再校正，以保证检测精度。活动角尺使用完成以后，要松开蝶形螺母，并将尺梢折放入尺柄槽内，以防止尺梢损坏。

（6）量角器：又称分度器，通常使用透明有机玻璃板制作，工人在画大样时常常使用量角器，如图 3–16 ～ 图 3–18 所示。

用量角器可以直接量取工件的角度，并能检测和划分工件的不同角度，也可以与活动角尺配合使用检测工件的角度。使用时应注意不要将量角器的直边对准基准线，而要以量角器上的水平刻度线为准。

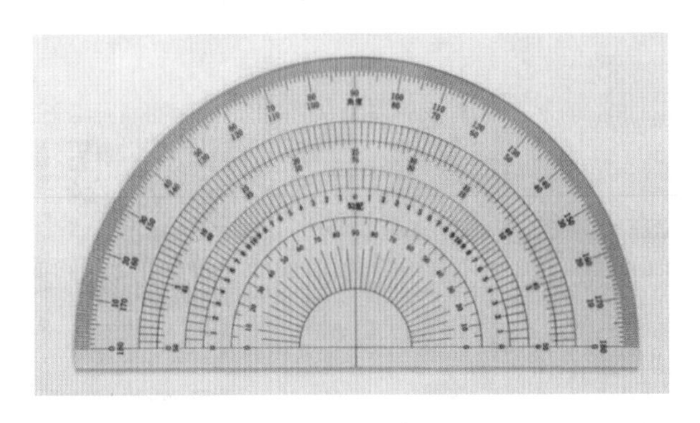

图 3–16　量角器

图 3–17　万能角度尺

图 3–18　角度尺

（7）三角尺：又称斜角尺、搭尺等。有塑料制的，也有金属制的。有的三角尺为等边直角三角形，斜边和两直角边夹角为 45°；有的三角尺三个内角分别为 90°、60° 和 30°，如图 3-19 ～ 图 3-21 所示。

三角尺主要用于画（划）线。使用时，左手握尺柄，将尺柄紧贴画（划）线工件的基准边，右手拿笔，沿尺梢的斜边画（划）45° 斜线，沿直边可画横线。

三角板主要用于放样绘图使用。

图 3-19　数显角度尺

图 3-20　画线直角尺

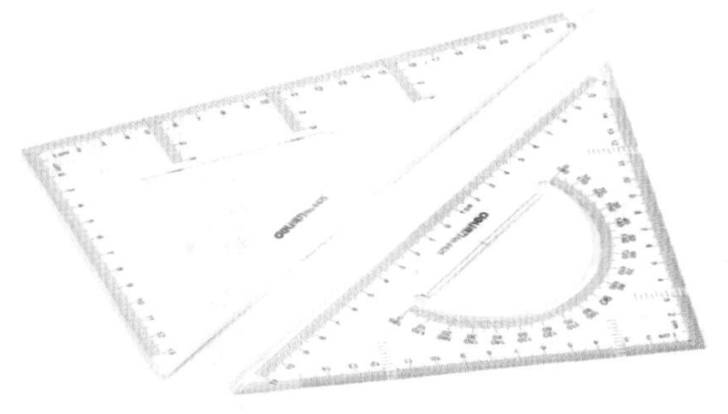

图 3-21　三角板

（8）圆规：又称两脚规或分规，有金属制的，也有木制的。圆规除能画圆外，在因位置窄小而不能直接测量尺寸的工件上，可以先用圆规两脚量取距离，然后再用尺测量圆规量取的距离，则尺示读数为工件所测尺寸。另外，还可用圆规在工件上作等分线和划正多边形，如图 3-22 ～ 图 3-25 所示。

图 3-22　圆规（1）

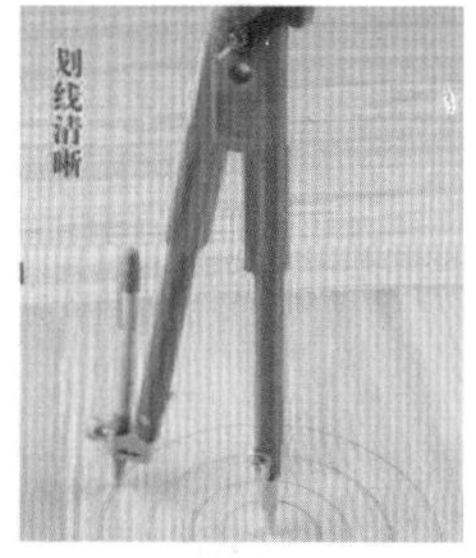

图 3-23　圆规（2）

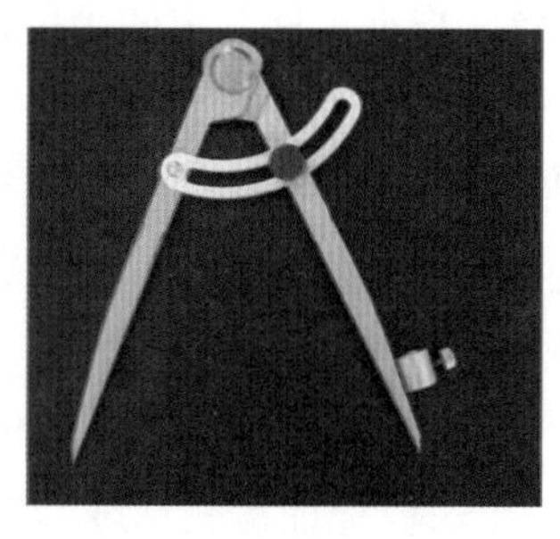

图 3-24　圆规（3）

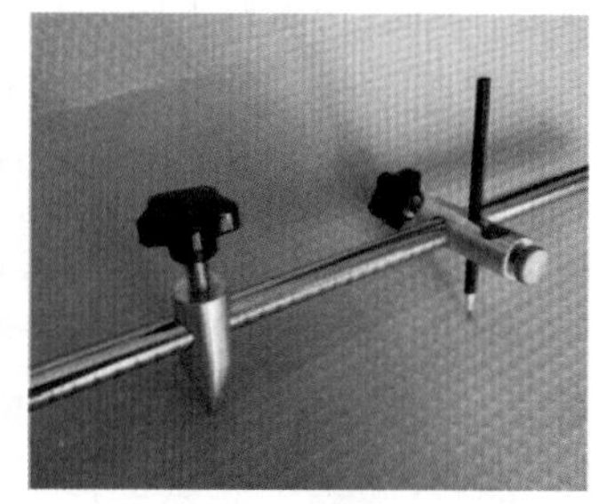

图 3-25　圆规（4）

（9）游标卡尺：测量长度、内外径、深度的量具。游标卡尺由主尺和附在主尺上能滑动的游标两部分构成，如图 3-26 和图 3-27 所示。主尺一般以毫米为单位，而游标上则有 10、20 或 50 个分格，根据分格的不同，游标卡尺可分为十分度游标卡尺、二十分度游标卡尺、五十分度游标卡尺等，游标为 10 分度的有 9 mm，20 分度的有 19 mm，50 分度的有 49 mm。游标卡尺的主尺和游标上有两副活动量爪，分别是内测量爪和外测量爪。内测量爪通常用来测量内径；外测量爪通常用来测量长度和外径。

测量时，右手拿住尺身，大拇指移动游标，左手拿待测外径（或内径）的物体，使待测物位于外测量爪之间，当与量爪紧紧相贴时，即可读数，当测量零件的外尺寸时，卡尺两测量面的连线应垂直于被测量表面，不能歪斜。测量时，可以轻轻摇动卡尺，放正垂直位置。否则，将使测量结果比实际尺寸要大。先把卡尺的活动量爪张开，使量爪能自由地卡进工件，把零件贴靠在固定量爪上，然后移动尺框，用轻微的压力使活动量爪接触零件。如卡尺带有微动装置，此时可拧紧微动装置上的固定螺钉，再转动调节螺母，使量爪接触零件并读取尺寸。

微课：游标卡尺的使用

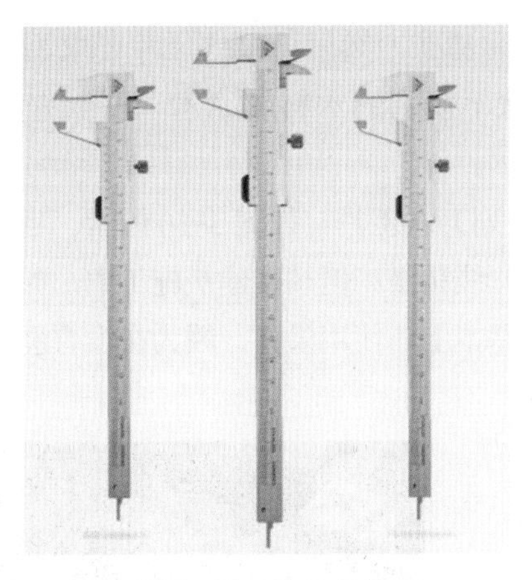

图 3-26　游标卡尺

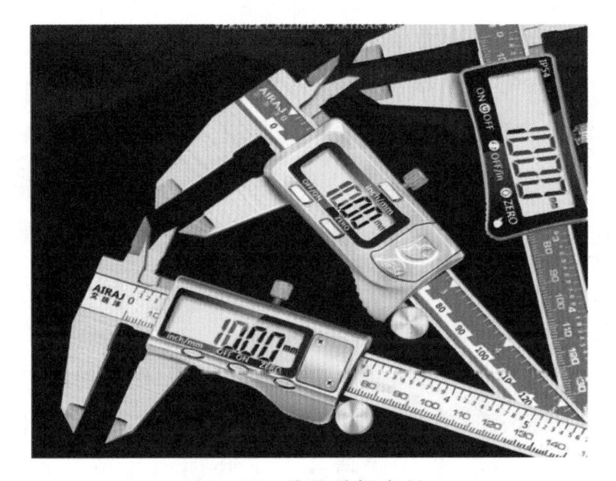

图 3-27　数显游标卡尺

2. 画（划）线工具

画（划）线是木工手工操作过程中的一道重要工序。制作木制品，有时要先根据图样要求在木料上画（划）出正确的尺寸线，然后才能加工。尺寸误差的大小、加工质量的高低、使用材料的省费直接与画（划）线有关。画（划）线精确与否，不仅取决于操作者技术水平的高低，而且取决于选用的画（划）线工具是否合适。

（1）墨斗：是画（划）长线的专用工具，通常用坚硬的木料踏削而成或用牛角制成。虽然其形状各异，但是基本上均由前后两部分组成。前部是墨斗盒，盒内装填浸泡墨汁的丝绵（或棉花、海绵等），盒的两端有钻通的小孔，以穿过细丝线，丝线直径约为 0.3 mm；后部凿剔一夹槽，夹槽内装带有手柄的绕细丝线的轴线轮。细丝线由轴线轮通过墨斗盒，吸收墨汁后，由墨斗盒前孔抽出。在细丝线的前端系一根定针，这样就可以一个人操作了，如图 3-28 和图 3-29 所示。

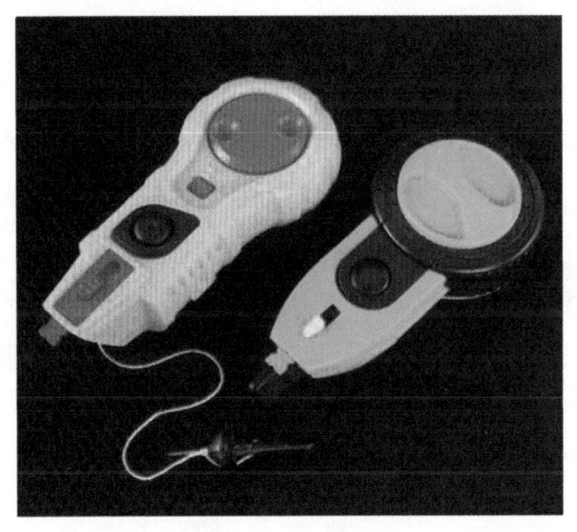

图 3-28　塑料墨斗

图 3-29　木质墨斗

使用墨斗画（划）线时，首先在需要画（划）线的木料两端，根据要求的尺寸，标出弹线的记号。将墨斗盒加足墨汁，使丝线吸墨。然后将定针扎在木料一端的标记上，用墨匙压住浸墨丝棉，向后移动墨斗，丝线通过浸墨丝棉，吸足墨汁后由墨斗盒前孔抽出。对准另一端标定的记号，用拇指挤住墨斗的轴线轮，制止轴线轮转动并将丝线拉紧，使拉紧的丝线紧压在标记上。最后用右手垂直提起丝线到一定高度，瞬间放开，把丝线上的墨汁弹印在木料上，印划出一条通长的墨线。浸墨丝线拉得越紧，弹印在木料上的墨线越清晰准确。墨线弹完后，提起墨斗，转动手柄把丝线缠绕在回线轮上。

对于边沿不规则的木板，可以先用墨斗弹出一条直线作为基准，然后再根据尺寸要求，弹出其他直线。在没有制材机械而采用手工锯割的情况下，锯割形状不规则的木料或原木，需要先用墨斗画（划）线，然后按线进行加工。

（2）墨匙：又称竹笔，是墨斗的附具，一种最古老的画（划）线工具。如图 3-30 所示。目前制作木制品时的画（划）线，都使用铅笔，因为铅笔简便并且画（划）线精细。但是在建筑施工中，如模板、房架等画（划）线操作，尤其在没有刨光的木料上画（划）线，基本上还使用墨匙，因为在没有刨光的木料上用墨匙画（划）线要比铅笔清晰。

墨匙均为自制，用韧性较好的竹皮或牛角制成，长约为 200 mm。上部削成铅笔粗细作把柄，下端宽 15 ～ 18 mm，削成约 40° 斜角，并切成梳状，梳状切口深度一般为 15 ～ 20 mm。制作墨匙时，竹料事先用水浸饱和，削时保持竹青一面平直，把竹黄一面削薄。削成的梳状竹丝越细，切口越深，吸墨越多。竹丝越细，画（划）出的墨线越细，尖端切削成弧形，以利于画（划）线时笔尖转动角度滑溜。

图 3-30　墨匙（竹笔）

（3）画（划）线器：线勒子又称线勒子、勒线器，适用于在较窄工件上勒画（划）平行线，如图 3-31 所示。线勒子分为单线勒子和双线勒子。单线勒子主要用于勒画（划）工件宽度和厚度上的平行线，不但速度快，而且尺寸准；双线勒子用于勒画（划）榫眼宽度和榫头宽度。

单线勒子由挡板、导杆、刀片（勒子）和活楔等组成。挡板和导杆由坚硬木料制成，北方多用色木或柞木。挡板是勒画（划）直线的定位基准，下部凿削一个与导杆断面相同的透孔，以镶穿导杆。导杆穿入挡板透孔后，在导杆的一侧用活楔挤紧，防止导杆松动。导杆头部安装一刀片，用来勒画（划）直线。刀片由 2 mm 厚的钢片铿磨而成。

勒画（划）直线时，根据要求先调整挡板对好尺寸，然后用活楔挤紧导杆。右手握住线勒子，把稳木料，使挡板紧贴木料侧面，刀刃置于勒画（划）表面上，并将刀刃翘起一个角度，稍加压力轻轻拉动，勒画（划）出一条清晰的划痕。

双线勒子和单线勒子的结构基本相同，只是在单线勒子的基础上，增加一个导杆，两个导杆头部各有一把刀片。双线勒子的导杆除可用活楔揳紧外，还可以在挡板上装螺栓和蝶形螺母，用来压紧导杆。用双线勒子一次可以勒画（划）出两条平行线，因此，只要将两导杆调到要求的尺寸，就能勒画（划）出棒或眼的双线位置。

图 3-31　线勒子

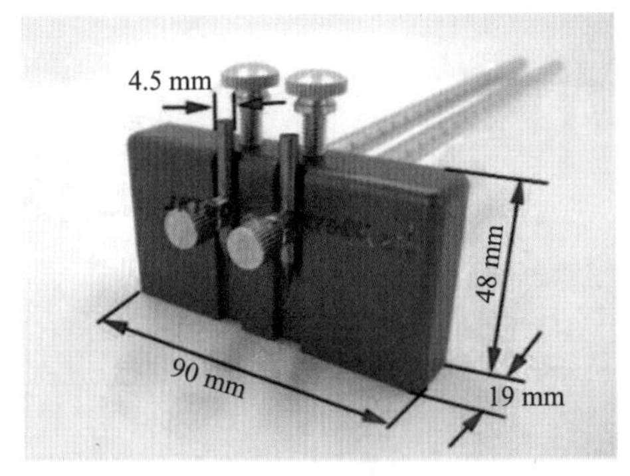

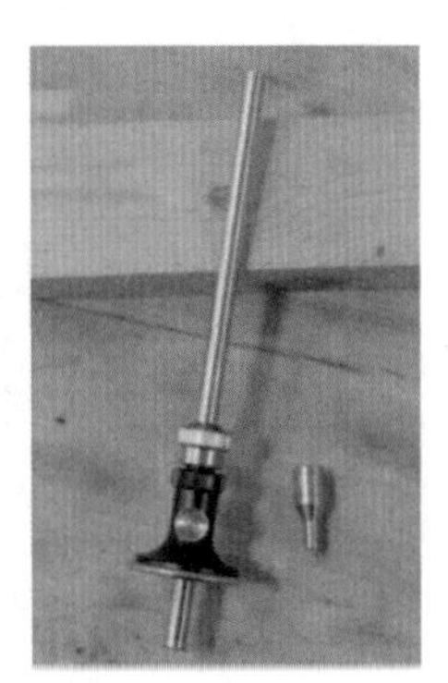

图 3-31　线勒子（续）

（4）常用的画（划）线符号：木制品在制作过程中，工件多，品种杂，下料和画（划）线由专人分工负责，为了防止在加工中发生差错，通常有统一的画（划）线符号，以便识别，常用的画（划）线符号如图 3-32 所示。画（划）线符号在全国各地并不统一，因此，在共同工作时，必须研究统一的符号，以免发生差错。

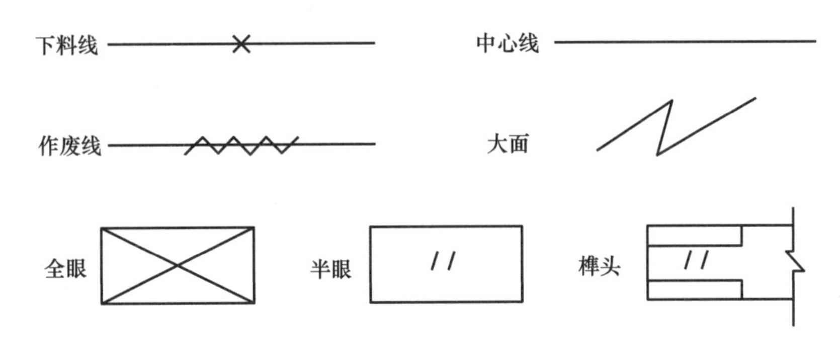

图 3-32　常用的画（划）线符号

（5）直尺画（划）平行线：用直尺画（划）平行线是一种简便易行的方法。画（划）线时，通常用左手拿尺，食指的指尖捏住对准量取的尺寸，使直尺紧贴画（划）线工件的材面，右手执笔，使笔尖抵在直尺的端头，以紧贴工件侧面的食指作为导向基准，两手同时向后移动，画（划）出与工件侧面平行的直线。

微课：直尺画（划）平行线

1.4　任务实训

◇ 工作情景描述

学校实训室家具年久失修，特别是凳子损坏了很多，无法满足正常的教学需求，因此准备更换一批实木凳子，委托我们依据现有的凳子实物样品制作一批，由于年代久远，原有的设计图纸、材料单不全，现需要进行实物测量，为后期的实木凳子制作奠定基础。

借助测量工具对家具样品进行整体尺寸、各个零部件尺寸测量，填写测量数据单；与原有图纸、材料单进行比对，完成技术文件纠偏；借助画（划）线工具对制作原料进行检量，并进行标识画（划）线。

◇ 工作任务实施

工作活动 1：测量工具识别

活动实施与记录

活动步骤	活动要求	活动安排	活动记录
步骤	长度检量用工具识别：直尺、折尺、卷尺	具体活动 1：直尺的功用与特点	
		具体活动 2：折尺的功用与特点	
		具体活动 3：卷尺的功用与特点	

工作活动 2：样品测量及数据记录

一、活动实施

活动步骤	活动要求	活动安排	活动记录
步骤 1	横撑测量	具体活动 1：长横撑测量	记录：测量数据表
		具体活动 2：短横撑测量	
步骤 2	凳腿测量	具体活动：凳腿测量	
步骤 3	颈线测量	具体活动：颈线测量	
步骤 4	凳面测量	具体活动：凳面测量	

二、活动记录

记录：测量数据表

测量数据表

序号	名称	规格					料单核对记录及问题分析
		长	×	宽	×	厚	
1							
2							
3							
4							
5							
6							
7							
8							
9							

工作活动 3：技术文件核对

一、活动实施

活动步骤	活动要求	活动安排	活动记录
步骤 1	料单比对	具体活动：料单比对	见工作活动 2 记录
步骤 2	图纸比对	具体活动：图纸比对	图 3-33～图 3-35

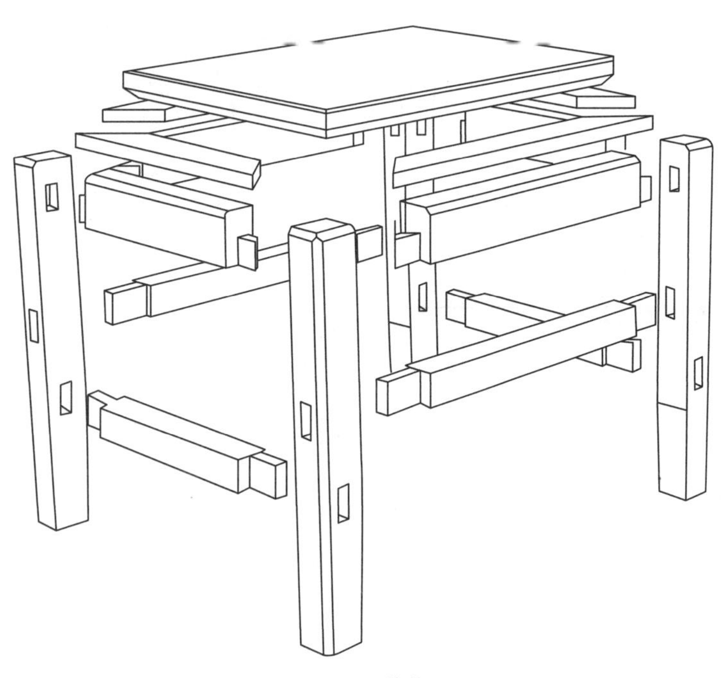

图 3-33　结构图

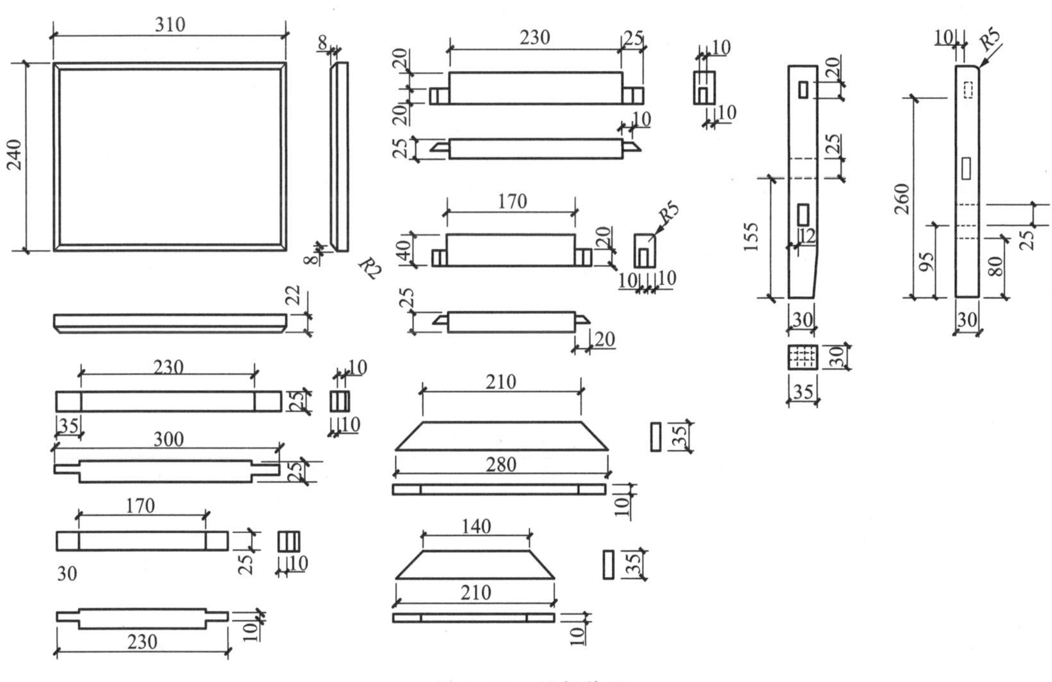

图 3-34　零部件图

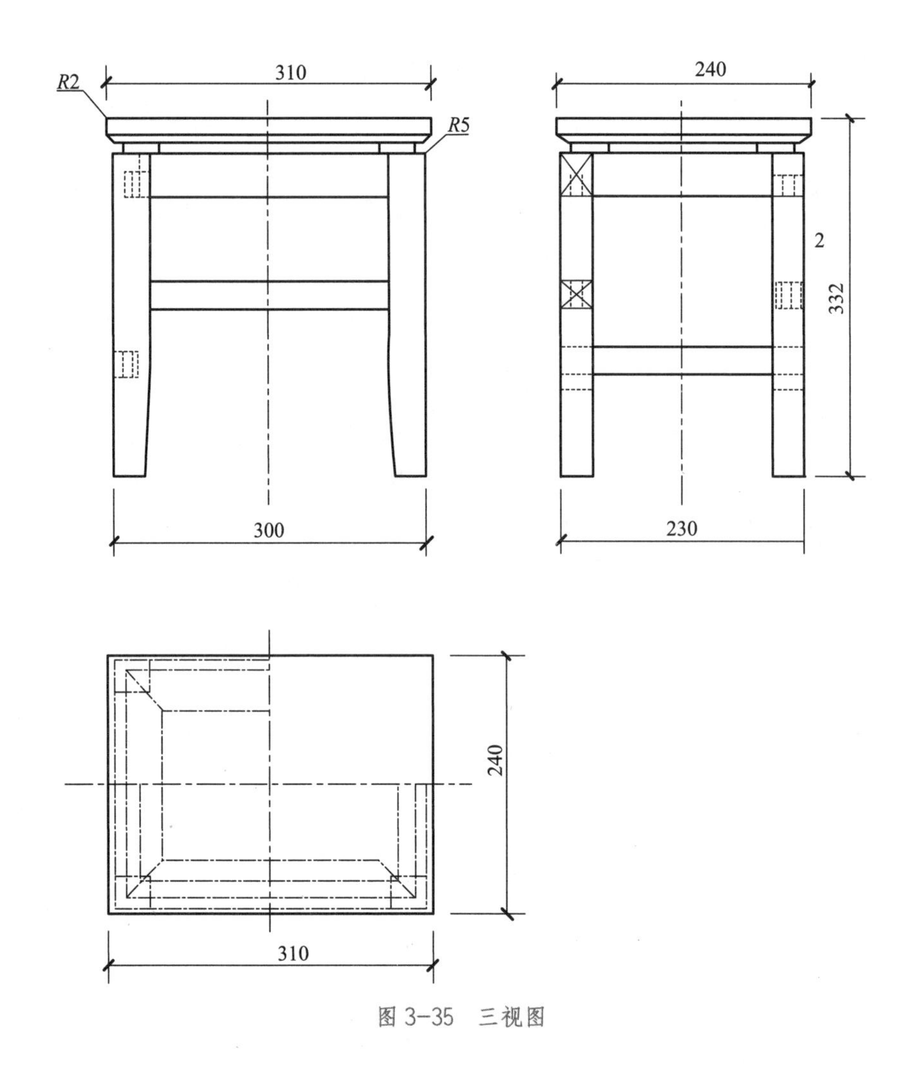

图 3-35　三视图

二、活动记录

记录：料单

料单

序号	名称	长	×	宽	×	厚	数量
1	凳面	310	×	240	×	22	1
2	长颈线	290	×	35	×	10	2
3	短颈线	220	×	35	×	10	2
4	腿	310	×	35	×	30	4
5	长下横撑	320	×	25	×	25	2
6	短下横撑	250	×	25	×	25	2

工作活动 4：原材料检量

活动实施与记录

活动步骤	活动要求	活动安排	活动记录
步骤 1	原料直线度检量	具体活动 1：长横撑检量	合格○ 不合格○
		具体活动 2：短横撑检量	合格○ 不合格○
		具体活动 3：长颈线检量	合格○ 不合格○
		具体活动 4：短颈线检量	合格○ 不合格○
		具体活动 5：凳面检量	合格○ 不合格○
		具体活动 6：凳腿检量	合格○ 不合格○
步骤 2	原料方正度检量	具体活动 1：长横撑检量	合格○ 不合格○
		具体活动 2：短横撑检量	合格○ 不合格○
		具体活动 3：长颈线检量	合格○ 不合格○
		具体活动 4：短颈线检量	合格○ 不合格○
		具体活动 5：凳面检量	合格○ 不合格○
		具体活动 6：凳腿检量	合格○ 不合格○

工作活动 5：原料画线标识

活动实施与记录

活动步骤	活动要求	活动安排	活动记录
步骤 1	基准面标识	具体活动 1：长横撑标识	合格○ 不合格○
		具体活动 2：短横撑标识	合格○ 不合格○
		具体活动 3：长颈线标识	合格○ 不合格○
		具体活动 4：短颈线标识	合格○ 不合格○
		具体活动 5：凳面标识	合格○ 不合格○
		具体活动 6：凳腿标识	合格○ 不合格○
步骤 2	榫头榫眼绘制	具体活动 1：长横撑榫头绘制	合格○ 不合格○
		具体活动 2：短横撑榫头绘制	合格○ 不合格○
		具体活动 3：凳腿榫眼绘制	合格○ 不合格○
步骤 3	切割线绘制	具体活动 1：长横撑绘制	合格○ 不合格○
		具体活动 2：短横撑绘制	合格○ 不合格○
		具体活动 3：长颈线绘制	合格○ 不合格○
		具体活动 4：短颈线绘制	合格○ 不合格○
		具体活动 5：凳面绘制	合格○ 不合格○
		具体活动 6：凳腿绘制	合格○ 不合格○

◇ 评价总结

评价指标	权重/%	评价等级				
		优秀（90～100分）	中等（80～89分）	良好（70～79分）	合格（60～69分）	不合格（0～59分）
测量工具识别	10					
样品测量及数据记录	20					
技术文件核对	20					
原材料检量	10					
原料画线标识	40					
总分						

任务2　刨削工具的使用

2.1　学习目标

1. 知识目标

（1）掌握刨削工具的分类及用途。

（2）掌握平刨的基本结构。

（3）掌握平刨的维修与保养方法。

2. 能力目标

（1）能够利用刨削工具对家具毛料进行整形加工。

（2）能够完成平刨的拆解与组装。

（3）能够进行刨刃的刃磨。

（4）能够进行平刨的维修与保养。

3. 素质目标

（1）有较强的集体意识和团队合作精神。

（2）养成清理现场卫生的职业习惯。

2.2　任务导入

“木匠的刨子——抱（刨）打不平”是广泛流传于我国境内的一句歇后语。木工手工工具——刨子的作用与功能可见一斑。在现代社会中木工匠人更应秉承刨子精神，为人正派、做事端正，不光具有聪明才智，还需拥有一颗正义之心。

据南宋戴侗《六书故》记载：“刨皮教切治木器，状如铲，拘之以木而推之。”宋代白木家具的制作达到了很高的标准。

明张自烈《正字通》记："刨铺告切，平木器，铁刃状如铲，衔于木框中，不令转动。木框有孔，旁两小柄，以手反复推之，木片从孔出，用捷于铲。"

2.3 知识准备

常用的刨削工具主要是刨子，它是木工最重要、最基本的工具之一。刨子的作用是对不同类型的毛料进行刨削，使其具有一定尺寸、形状和光洁的表面，满足零部件宽度、厚度和线形的要求。按照零部件的不同要求，选用不同类型的刨子。根据用途和结构不同，刨子分为平刨、槽刨、线刨、边刨及其他花式刨等。按照使用地区分类，刨子又分为中式刨子、日式刨子、欧式刨子。其中，日式刨子的制式与中式刨子基本相同，因此不做过多介绍。

1. 平刨

平刨是使用最广泛的一种刨子，用于刨削木料表面，使其具有一定光洁度和平直度。平刨按其刨削方式分为两种：一种是平推刨，向前推时进行刨削；另一种是平拉刨，向后拉拽时进行刨削。

（1）平推刨：简称平刨，根据刨削工序和刨削质量的要求，平推刨分为长刨、中刨、短刨、净刨和大平锥刨。

1）平推刨的类型。

①长刨：俗称二刨子，刨身长度一般为 400 ～ 500 mm。由于刨身较长，所刨木料较为平直，光洁度较高。用于刨削粗刨后的木料，找平、找直，使加工木料达到要求，适用刨削长料，如图 3-36 所示。

②中刨：俗称粗刨、头刨，刨身长度一般为 250 ～ 400 mm，是一种粗加工用刨，适用于第一道粗刨，刨去毛料上的锯纹和凸起部分，把毛料刨削成接近要求的尺寸，为使用长刨刨削打下基础，单次刨削量较大，光洁度较差，但是效率较高。这种刨分为带盖铁和不带盖铁两种。带盖铁，刨削时不易戗茬；没有盖铁，刨削时易戗茬，但是刨削轻快省力，如图 3-37 所示。

图 3-36　长刨

图 3-37　中刨

③短刨：刨身长度一般为 200 ～ 250 mm，专供刨削木料的粗糙面，单次刨削量最大，效率高，但是光洁度差，如图 3-38 所示。

④净刨：俗称光刨，刨身长度一般为 150 ～ 200 mm，是一种精加工用刨。用于刨削长刨刨削后的木料，适用于精刨零部件或家具表面净光，使制品达到所要求的光洁度。净刨刨削的表面光洁度比较高，因为这是最后一道刨削，决定着零件的表面质量，所以净刨必须压戗，除带有盖铁外，还有铁嘴净刨，防止刨削时出现戗茬，单次刨削量最小，保证表面质量，如图 3-39 所示。

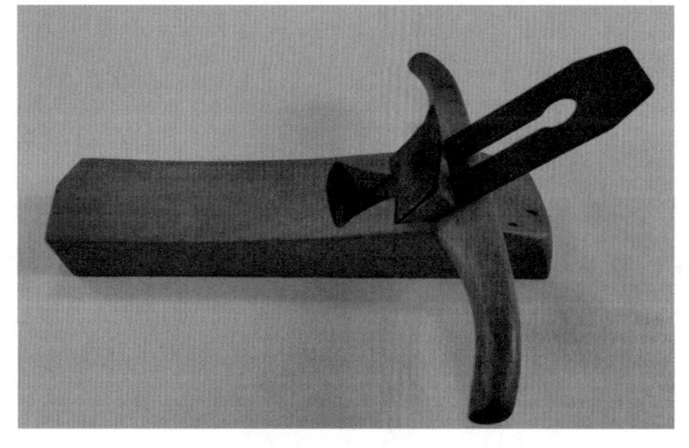

图 3-38　短刨

图 3-39　净刨

微课：平刨的构造

⑤大平推刨：俗称拼板刨子，刨身长度为 600 mm，由于刨身较长，专供板方材的刨削拼缝之用。因为用于刨削拼缝，所以要求刨身底面必须平直。除具有平推刨的外形外，还有一种没有横向刨把的大平推刨，刨把呈鸡冠状装在刨身的后上部，如图 3-40 所示。

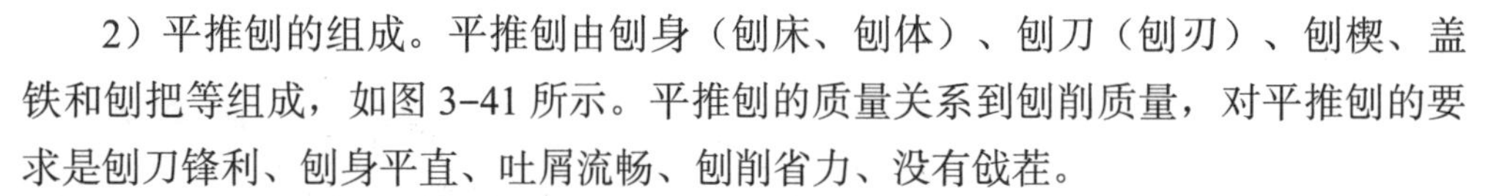

2）平推刨的组成。平推刨由刨身（刨床、刨体）、刨刀（刨刃）、刨楔、盖铁和刨把等组成，如图 3-41 所示。平推刨的质量关系到刨削质量，对平推刨的要求是刨刀锋利、刨身平直、吐屑流畅、刨削省力、没有戗茬。

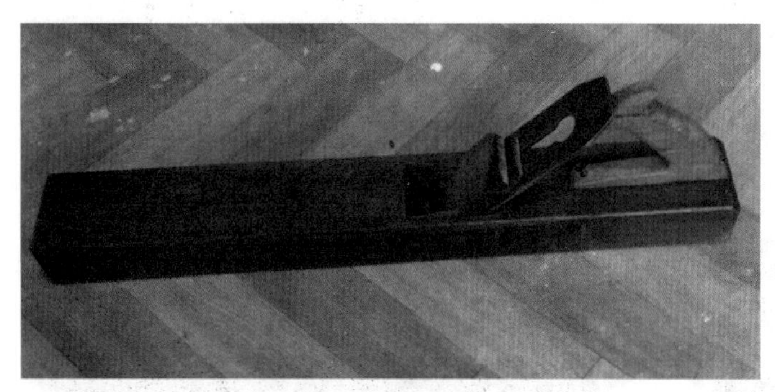

图 3-40　大平推刨

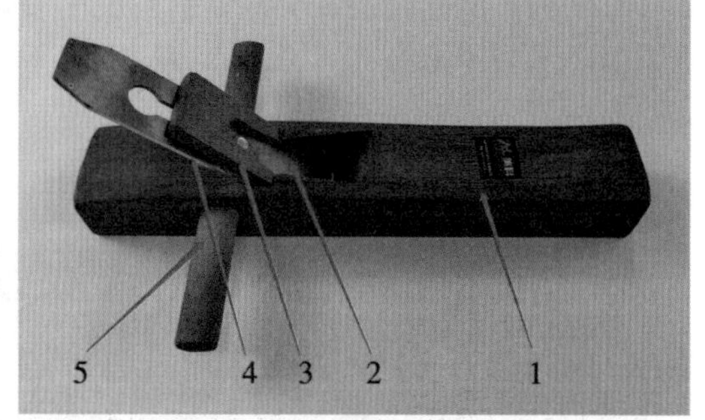

图 3-41　平刨的构造

1—刨身；2—盖铁；3—刨楔；4—刨刀；5—刨把

①刨身：多选用自然干燥、不易变形的材质坚硬、耐磨的木料，如枣木、柞木、榉木、紫檀、黄檀、色木等。选材时，小径树材取其心材部分，大径树材取其纹理对称的边心材之间的部分，无节子等木材缺陷。

②盖铁：主要作用是压戗，防止木材超前撕裂；保护刨刀刃口部分，使其在工作时不易松动；有助于排除刨花，减少堵塞。盖铁应同刨刀配套，规格要相同。使用时，盖铁扣到刨刀面上，用螺栓拧紧（也有不适用螺钉锁紧的，其盖铁与刨楔的安装位置有所不同）。盖铁刃口到刨刀刃口的距离，根据刨削木料的硬度和刨光程度的要求而定。这个距离如果太大，盖铁便失去了压戗和保护刨刃的作用；如果太小乃至重合，则会给刨削带来困难，使排屑不畅。一般情况下，这个距离长刨为 0.6 ～ 0.8 mm，中刨为 1 mm，净光刨为 0.2 ～ 0.5 mm，在刨硬木或湿料时，可适当加大些。盖铁与

刨刀刃口要严密吻合，用眼迎着光看时，不应透亮，否则缝隙中会塞进刨花，而影响手工刨的正常使用。为了达到压戗的目的，除使用盖铁外，还可使用铁嘴（刨嘴封铁）。铁嘴起到切削压尺的作用，防止木材撕裂。通常选用切削性能好的低碳钢或紫铜、黄铜、电木、硬木等制作铁嘴。

③刨楔：是用来挤压刨刀的楔状木垫。选用具有一定韧性的硬木，如色木、柞木和楸木等制作刨楔。刨楔的斜度应能使其紧密地揳入盖铁和千斤之间，以便牢固地固定刨刀。

④刨刀：手工刨的刀具。操作时用盖铁、刨楔将其挤压在刨身上进行刨削。与其他木工刀具一样，刨刀用碳素工具钢制作，或刀体部分用低碳钢，刀刃部分用 T10 ～ T12 碳素工具钢或合金钢，或采用低碳钢表面渗碳淬火。对刨刀的材质要求，要硬度适中并具有韧性。材质软则刨刀不耐磨，寿命短；材质过硬则不耐冲击，刃口易崩裂。一般情况下，硬度为 60 ～ 64 HRC。目前刨刀宽度尺寸基本统一，宽度系列为 25 mm（1 英寸）、32 mm（1¼ 英寸）、38 mm（1½ 英寸）、44 mm（1¾ 英寸）、51 mm（2 英寸）、57 mm（2¼ 英寸）和 64 mm（2½ 英寸）等。

刨子的用途不同，其刨刀的安装角度也不同。刨身上安装刨刀和排屑的空间称为刨刀槽（刨腔），刨刀在刨刀槽内的装刀斜度一般为 45°，刨削硬杂木的平推刨，装刀斜度可大于 45°，刨削软杂木的平推刨，装刀斜度可小于 45°。装刀斜度大时，刨削费力，但是压戗性好，所以精加工用的细刨，装刀斜度一般为 47°～ 48°。千斤是夹持刨刀的，经常受到刨楔的挤压，因此千斤上不准有木材缺陷。刨口槽（刨嘴、刨口）是刨刀在刨底上的出口。

刨刀刃口角度（刃磨角）根据所刨木料材质软硬程度而确定。一般刨削硬木用 35° 左右，刨削中等硬度的木料用 25°～ 30°，刨削软木用 20° 左右。

⑤刨把：一般长度为 250 mm，用刨身相同的木料或硬木制作。有活动刨把和固定刨把两种。活动刨把在刨身上凿孔穿入。因为受到刨身厚度的限制，活动刨把的断面较小，并且多呈矩形或圆形，刨削时不好把握而且费力，刨身薄时还容易碰手，但是携带和保管方便，经常移动的外业木工用的刨子多用活动刨把。固定刨把可做成椭圆形、圆形或羊角形，用木螺钉固定或榫接在刨身上，这种刨把握持时比较舒服，刨身薄时也无妨，刨削效率高，但是制作较麻烦，并且携带不便。

3）平推刨使用。根据刨刀运动方向与木材纤维方向之间的关系，有纵向刨削、端向刨削和横向刨削三种刨削方式。纵向刨削时，刀刃在木材纤维平面内顺纤维方向移动，这种刨削方式是木制品生产中最普遍的刨削方式；横向刨削时，刀刃在木材纤维平面内垂直纤维方向移动。

4）刨削前准备。刨削前准备工作主要有三项：一是根据木料的长度和刨削要求，选择相应的刨子；二是选择材面；三是调整刨刃。

刨削普通木料时，一般选用中刨；刨削较平直的长木料时，选用长刨；家具或零件的精光，可用净刨。

一般选择较洁净、纹理清楚的里材面作为大面，再看清木料翘扭、弯曲和木纹的顺逆情况，以决定刨削方向，先刨里材面，再刨其他面，要顺纹刨削，不要逆纹戗茬刨削。

微课：刨刃调整

5）刨刃调整方法。刨刀在刨刀槽内初步挤紧以后，用左手拇指压住刨楔，食指钩住刨底，其余三指握住刨把，翻转刨身，使刨底面倾斜向上，右手握羊角锤，轻轻敲击刨刀顶部，目视刨底平面刨刀刃口突出的程度，并注意刨刀刃是否与刨底平面平行，如图 3-42 所示。

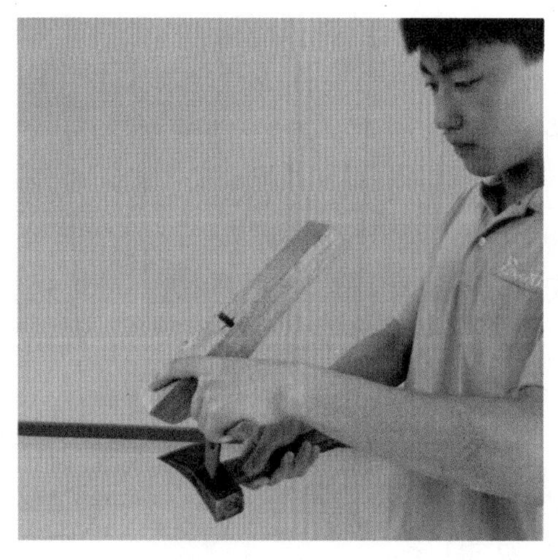
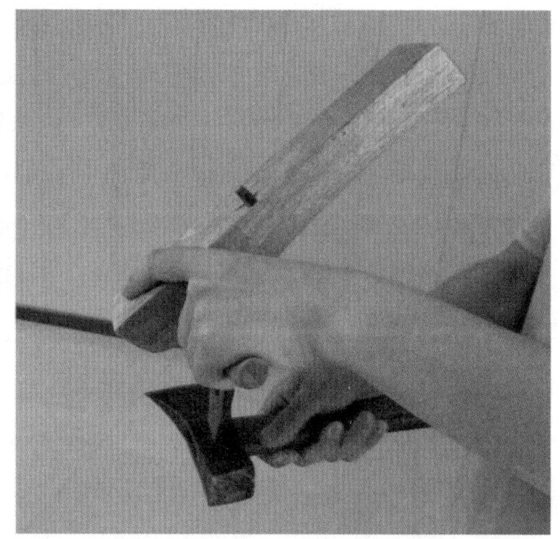

图 3-42　调整刨刃

当刨刀刃口的两个边角突出的长短不一样时，应敲击高角一侧刨刀顶端，进行调整，使刨刃与刨底平面平行。刨刃突出的程度取决于刨子的种类和刨削量，一般为 0.1 ～ 0.5 mm，最大不超过 1 mm，中刨大一些，短刨和长刨小一些。如果刨刃突出量过大，可用羊角锤轻轻敲击刨身尾部，利用反作用力将刨刀退出来，直到刨刀刃口露出刨底平面的大小合适，并且平行于刨底平面时，把刨身翻转过来，使刨底面朝下，用锤子敲击刨楔，使其挤紧。刨刃调整好后，要试刨几次，试刨合适以后，就可以用来进行刨削了。

6）刨削操作：刨削工作一般是在工作台上进行的。把要刨削的木料放在工作台上，使木料的一端顶紧阻铁，操作者左脚在前、右脚在后立于刨削木料的左右侧，如图 3-43 所示。两手的中指、无名指、小指和掌心握住刨把，食指伸直从刨刀槽两侧压住刨身，大拇指推压在刨把后的刨身上，使刨身与木料紧贴，如图 3-44 所示。双手主要用于保持刨身平衡，掌握运刨方向，选择与确定刨削部位。刨削时两臂均匀用力，始终保持刨身平直向前推进；退回时，应将刨身后部稍微抬起，以免刃口在木料上拖磨，使刨刃变钝。

微课：平推刨操作

图 3-43　刨削姿势

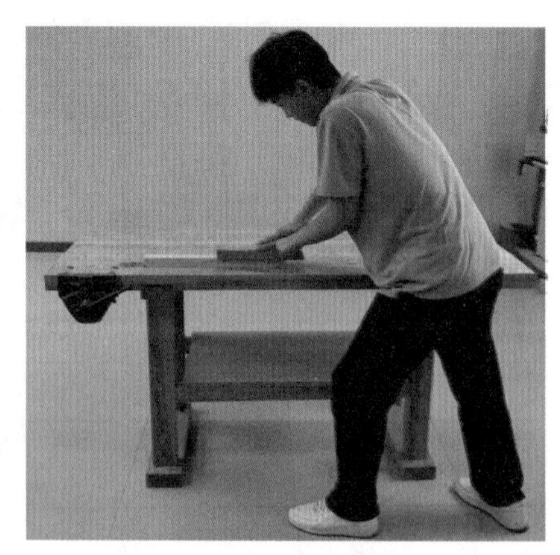

图 3-44　握刨姿势

刨削时，两脚所站位置和步法很重要，尤其是刨削较长的木料时，要不断地向前移步，以保证连续进行刨削，因此一个优秀的木工，不仅要操刨姿势正确，而且要有较熟练的步法相配合，伸臂、曲肘、步法的进退要协调，才能刨削出高质量的零件。木工常用的步法有定步法、活步法和丁步法三种，如图 3-45 所示。

①定步法适于刨削短木料（长度一般在 800 mm 以下），开始刨削时，左脚在前成虚步，左腿绷直，右腿在后，右腿弯曲，两脚之间的距离取决于刨削木料的长度和操作者的身高，一般为 500 ~ 900 mm。如操作者身高 1 800 mm，前后两脚的最大距离约为 750 mm。两臂弯曲，两手压稳刨身。随着刨身向前推进，两臂逐渐伸直，上身逐渐前倾，左腿随之弯曲，右腿绷直，重心逐渐落在左腿上，成弓步。

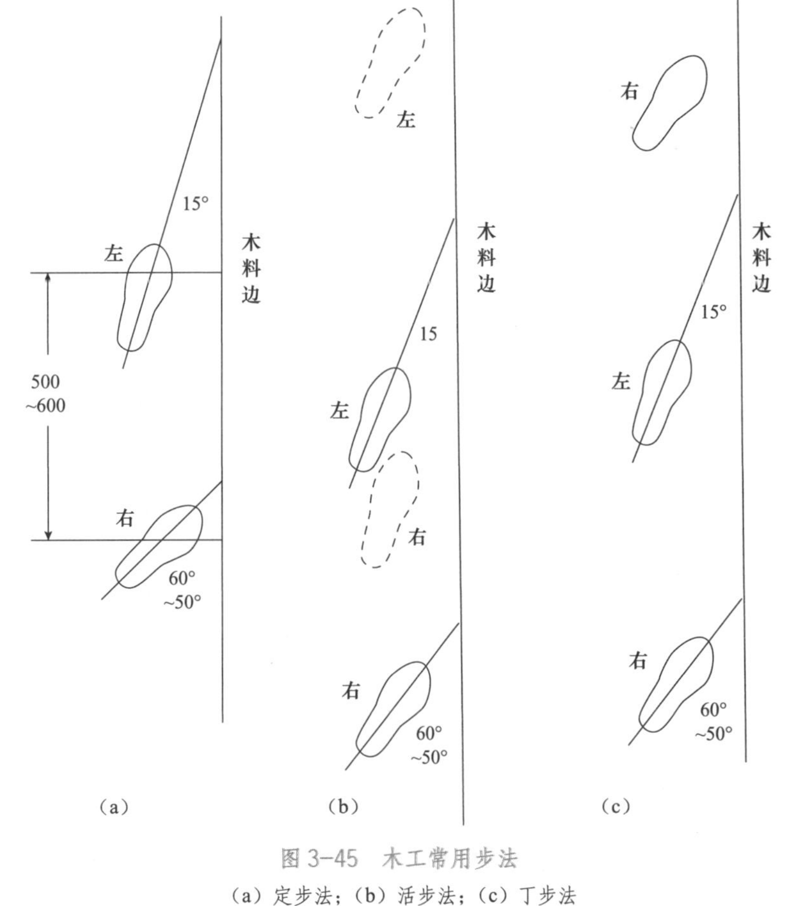

图 3-45　木工常用步法

(a) 定步法；(b) 活步法；(c) 丁步法

②活步法适于刨削长木料（长度一般在 1 000 mm 以上），刨削时用定步法从木料后端开始，推刨到一定长度后，右脚向前跟进一步，靠近左脚的后边，接着上身也随着向前跟进，向前推刨，左脚再向前迈出一步。在脚步移动的同时，刨子不停地向前推进，直到刨削到木料的前端。向后退时，左脚先后退一步，落在右脚前外侧，然后右脚再后退一步，以此往复，直到木料始端。

③丁步法适于刨削中等长度的木料（长度为 1 000 mm 左右）。这种步法是在定步法的基础上，左脚位置不动，只有右脚前进或后退，脚步形成斜丁字形。

刨削拼缝侧面或木料窄边时，把木料立放在工作台上，右手握住刨把，左手扶稳刨身前端的上部，两手同时均匀用力压推刨身进行刨削，拼缝使用大平推刨。

（2）平拉刨：专门用来刨削软杂木的刨子，它和平推刨的作用相同，用来刨削木料表面使之达到平直光洁，但是其结构和操作方法与平推刨有所不同。平拉刨在我国东北地区使用较普遍。木型工人刨削红松木材时，多用平拉刨，既省力又可提高效率。

1）平拉刨的结构：平拉刨由刨身、刨刀、盖铁和横销等组成，如图 3-46 所示。

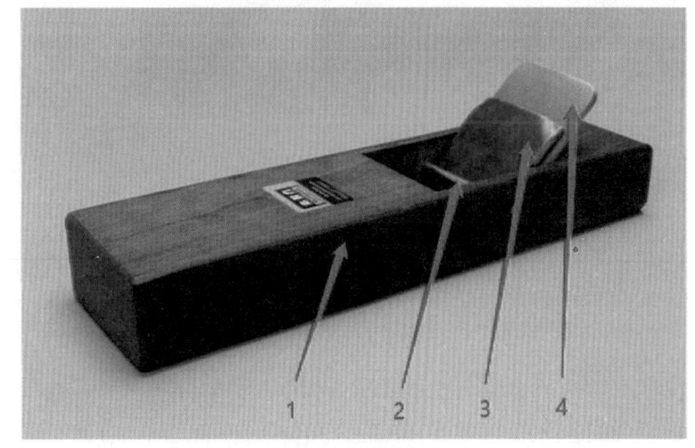

图 3-46　平拉刨的结构

1—刨身；2—横销；3—盖铁；4—刨刀

平拉刨与平推刨不同，平拉刨没有刨柄，

刨刀宽且短、上宽下窄、上厚下薄。刨刀和刨槽的安装倾角为 38° ～ 40° ，斜面的配合为紧配合，否则刨削时易将刨刀顶出。一般大平拉刨刨身长度约为 400 mm，小平拉刨刨身长度为 200 mm，常用刨刀宽度为 50 ～ 70 mm。

2）平拉刨的刨削方法：平拉刨可用于纵向刨削、端向刨削和横向刨削。

3）刨刃调整方法：使用平拉刨时，首先要调整刨刃突出量。调整刨刃的方法和平推刨相同。为了保证正常刨削，刨刃突出量是否合适，要经过试刨来检验，如果刨刃突出量较大，用锤子轻轻锤打刨身后上部，使刨刀退进刨槽，减小刨刃突出量；如果刨刃突出量较小，用锤子轻轻锤打刨刀上部，增加刨刃突出量。

为保证刨削质量，防止木料刨削表面不平，刨底面必须保持平直，刨刀应该锋利，盖铁位置要调整合适，刨刀刃口和盖铁刃口相距 0.5 ～ 1.0 mm。并且要保证盖铁刃口和刨刀刃口平行，不得倾斜或有间隙，更不得使盖铁刃口挡住刨刀刃口。

4）刨削操作：平拉刨刨削平面时，右手把握刨身的前部，拇指和其余四指分别握住刨身的两侧，左手握稳刨刀和刨身尾部，拇指贴靠刨刀，两手同时用力向后拉，左右手的拉力和压力配合要适当，如图 3-47 所示。

在操作方法上，平拉刨与平推刨相反。用平拉刨刨削适当长度的木料时，一般采用定步法。左脚在前，右脚在后，相距一步。左脚和刨削木料成 45° ，右脚和刨削木料成 70° ，拉刨开始时，左腿弯曲，右腿绷直，两手前伸握刨，身体向前倾俯，身体的重心落在左腿上。在向后拉削过程中，左腿逐渐绷直、右腿逐渐弯曲，身体的重心逐渐移到右腿上，身体逐渐伸直，两臂逐渐弯曲，刨削到木料尾端以后，左手离开刨身，右手将刨送到开始刨削的位置，按开始刨削的姿势再进行刨削。

如果平拉刨刨削较长的木料，采用活步法进行刨削，与平推刨的活步法类似，只是刨削方向相反。活步法是在定步法拉刨开始后，上身微挺，重心移到右腿上，紧接着左脚向后退一步，保持原角度，落在后面的右脚之前，而后右脚向后退一步，保持与刨削所成角度，使步法恢复到开始刨削的位置和姿势，一直刨削到木料末端。

如果刨削较短木料的窄面，可将木料平放在工作台的面板上，将平拉刨侧立，左手把稳木料，右手握住刨身的中间位置，单手向后拉刨，刨削木料的窄面，也可用刨削平面时的握刨方式，但要用握刨尾的左手无名指和小指抵住木料的侧面，控制平拉刨的拉削方向，如图 3-48 所示。

图 3-47　平拉刨宽面刨削的握刨姿势

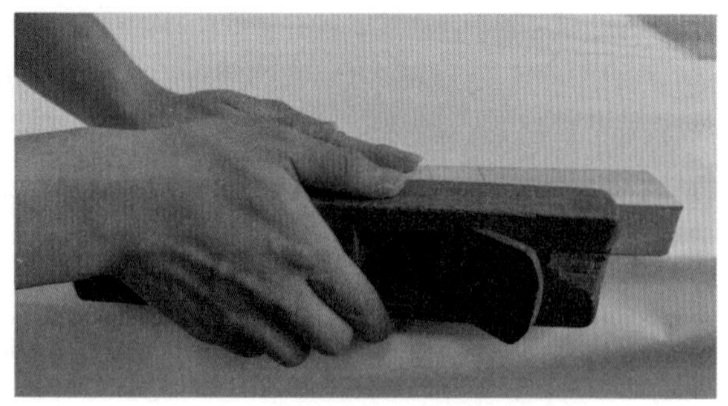
图 3-48　平拉刨窄面刨削的握刨姿势

（3）平刨刨削的注意事项：平推刨和平拉刨的使用方法不同，但是加工对象和目的相同，都是刨削木料使之获得平直表面。在刨削平面时，应注意以下问题。

刨削木料之前，要先辨别木材纹理方向，然后再决定刨削方向。为保证刨削质量，应该顺纹刨

削，防止戗茬。刨削边材时，由树梢向树根方向刨削；刨削心材时，由树根向树梢方向刨削。由此看出木料的边心材刨削方向相反，因此，刨削木料两边的纹理只要不是对称的，如果刨削一面时戗茬，那么刨削另一面时则顺茬。有经验的工人不用看所刨木料的边材或心材，就能确定木料的戗茬或顺茬。

平刨刨削有三种方式，除前面已提到的纵向刨削和横向刨削，还有一种端向刨削，刨刀刃与纤维方向垂直，并且刀刃在垂直于纤维的平面内移动。这种刨削方式所占比重虽然不大，但是时有应用，如实板拼的各种面板，要刨削六个面，除上下平面和侧面外，还有两个端面。两个端面的刨削就是垂直于纤维方向的端向刨削。通常选用刨刀倾角为 38° 的平拉刨刨削端面，刨出的平面光滑平整。

刨削端面时，如果刨刀刃口不锋利或吃刀量较大，常常出现使刨削末端边缘的部分木料劈裂现象。如果刨削的端面较长，要从两个端头向中间刨削，以防止发生劈裂。刨削端面较短时，要先把木料的刨削末端刨成一个小小斜棱，然后再刨削，也可防止或减少劈裂。

在刨削前，应该根据所刨木料的用途选好两个基准面，然后再进行刨削。一般情况下，木料平而宽的面作为基准面，但是抽屉面例外，应以小面为基准面。先刨选定的基准面，保证相邻的两面相互垂直。如果木料弯曲或翘曲，应该先刨削凸弯或翘曲的高处，然后再通长刨削。

检测刨削木料是否合格，当木料长度小于 500 mm 时，检测两点；当木料长度大于 500 mm 时，检测三点，如图 3-49 所示。

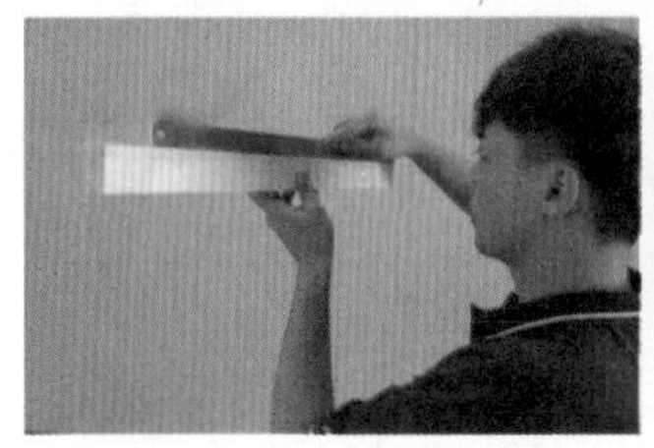

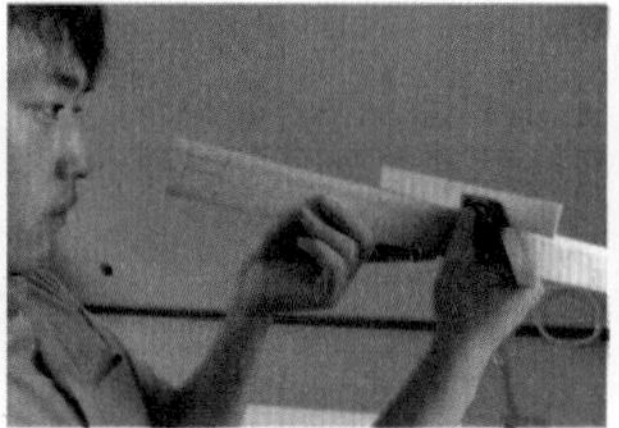

图 3-49　刨削面检测（垂直度、直线度检测）

如果刨削木料有一定角度要求，可先根据要求的角度做一个“V”形简单定位架，以检测刨削角度。这样刨削的角度就容易控制，并且能够提高刨削效率。

刨削时，两手握刨要牢固，手、脚、身、臂配合要协调，用力要均匀一致。平刨底面要紧贴木料表面。刨削开始，平刨不应仰头；刨削结束，平刨不得低头，如图 3-50 所示。

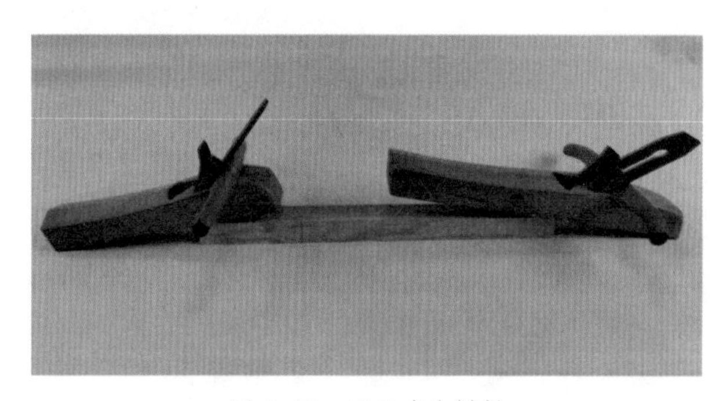

图 3-50　不正确的刨削

在刨削木料过程中，有时刨底出现较大的沙沙响声。产生这种响声的原因是刨刀底面和刨槽斜面接触不良。最简便的检查方法，是把一张复写纸垫在刨刀底面与刨槽斜面之间，使刨刀压住复写纸，轻轻串动后，退出刨刀，凡沾有颜色之处均用扁铲轻轻铲修，一直修到刨刀与刨槽斜面完全吻合，响声自然就会消失。

刨削过程中出现塞刨花，要检查刨嘴是否粗糙，如果刨嘴粗糙，要将其修整光洁；检查刨刀和盖铁是否有间隙，刨刀和盖铁配合不严，刨削时刨花易塞入缝隙，使刨削难于进行，这种情况发生时，要及时修理，使刨刀和盖铁配合严密。

刨削木料之前，要检查木料所有要刨削的表面，特别是刨削旧料时更要认真检查，要拔掉铁钉、清除泥沙等，以确保刨身和刨刀不受损伤。如果木料上有油脂或刨底上有油性污垢等，都将影响刨削，这时可在刨身底面涂以润滑油，以减少刨削阻力。

刨子使用完成以后，须松动刨楔，推回刨刀，然后把刨子放在合适的地方，不要随意乱放，避免与其他工具相碰，防止损坏刨身或刨刀。

刨削过程中容易产生的各种弊病及排除方法，见表 3-1。

表 3-1　刨削产生的弊病及排除方法

类型	刨削现象	产生原因	排除方法
戗茬	刨削时卡住，或木材表面刨光后仍有连续的坑洼或翘起的木茬	刨刃突出量过大； 逆纹刨削； 盖铁距刨刃口太远； 刨口槽过宽	调整刨刃突出量至合适程度； 顺纹刨削； 缩小盖铁到刨刃的距离； 在刨口槽前镶嵌硬木条或金属块，缩小刨口槽宽度
不抓茬	刨削时切不进木料	刨底翘曲； 刨刃切削角不正确； 刨口槽高低不平	修平刨底； 调整刨刃的切削角（可在刨刀和刨刀槽斜面之间垫以刨花片）； 将刨口槽后面刨底用铲修平
塞刨花	刨花塞进刨刀与刨底、盖铁之间的缝隙中，或塞在刨刀槽内	刨花出口太小或不光滑； 盖铁与刨刀结合不严； 刨刀与刨刀槽斜面结合不严	用扁铲修光刨花出口； 研磨盖铁； 铲平刨刀槽斜面，但不要改变切削角
撕裂	撕裂刨削面	刨口槽太宽； 逆纹刨削	刨刀口槽前镶嵌硬木条或金属块，缩小刨口槽宽度； 顺纹刨削
不平直	刨削不平直	刨底变形； 操作姿势不正确	修整刨底； 端正操作姿势
刨痕	木材表面有条形刨痕	刨刃有缺口； 木材表面有砂粒； 刨刃突出量不一致	研磨刨刃使之平直； 清除木材表面的砂粒、钉子等物； 调整刨刃突出量
	表面有牛舌状刨痕	刨刃成凸形	将刨刃研磨平直
	木材表面有规律的波浪状刨痕	刨刀与刨刀槽斜面结合不严； 刨刀松动	修整刨刀槽斜面； 挤紧刨刀

（4）平刨维修：平刨使用一段时间以后，会出现一些常见的缺陷，如刨刃变钝，刨底面变形，需要进行维修。平刨的维修主要是研磨刨刃和整治刨身常见缺陷。

1）研磨刨刃：刨子能刨削材料，主要靠刨刃的作用。刨刃使用时间过长，刃口会变钝。刨刃钝了，不但刨削效率低，而且刨不出平整光滑的表面来。刨刃在下述情况下必须进行研磨，以使刃口锋利：新购买的刨刃；用久以后刃口变钝的刨刃；

微课：研磨刨刃

刨硬木、节子或碰到砂子、钉子等，刃口出现崩口的刨刀。

研磨刨刃要选好磨石，并注意研磨方法，如果研磨方法不当，磨不出锋利的刃口，即使磨出来了，也不能经久耐用。

磨石一般分为两大类，一类为天然磨石，选用质地细腻又具有研磨和抛光能力的天然石英岩加工而成，如水滴青磨石，如图 3-51 所示；黄浆磨石，如图 3-52 所示。另一类为人造磨石。棕刚玉、白刚玉、氮化硼等多种材质加以胶粘剂、辅料制作而成，也称为油石。油石的性能主要是由磨料、磨料的粒度、油石的硬度及胶粘剂等因素决定。磨石的目数一般是指研磨料的微观颗粒直径的大小，目数越小代表着颗粒的直径越粗，目数越人代表着颗粒的直径越细，研磨材料微观颗粒直径的粗细决定了研磨的效果，越粗研磨的速度越快，但是研磨痕迹越粗糙，越细则研磨越精细，研磨的痕迹越光滑。

图 3-51 水滴青磨石

图 3-52 黄浆磨石

选择磨石：

①研磨刨刀，需备粗、中、细三种磨石，以配合使用，取得较好的研磨效果。

②磨石修整，多采用金刚石修整板，如图 3-53 所示，主要是对磨石的平整度进行修整，以获取符合刃磨要求表面平整度的磨石，如图 3-54 所示。

③开刃，主要是进行新刃具的无刃情况下的研磨，或是刃口出现比较大的缺口的时候的修整。多采用 80 目、120 目、240 目、400 目，如图 3-55 所示。

④起锋，获取刃口的基本锋利度，多采用 600 目、800 目、1 000 目、1 200 目，如图 3-56 所示。

⑤精磨，主要是获取高锋利度的刃口，磨刀但是不伤刃口，获得高镜面度。多使用 2 000 目、3 000 目、4 000 目、5 000 目、6 000 目、8 000 目，如图 3-57 所示。

图 3-53 磨石修平板

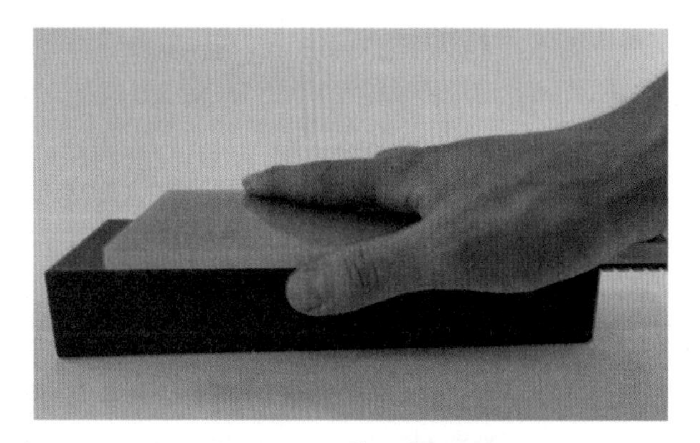

图 3-54　修平磨石

图 3-55　日本龙虾 400 目（粗）人造磨石

图 3-56　日本龙虾 1 000 目（中）人造磨石

图 3-57　日本仕上 5 000 目（细）人造磨石

2）刨刃研磨方法：研磨刨刀，就是研磨刨刀的刃磨角。以刨削软杂材为主的刨刀，刃磨角为 20°；以刨削硬杂材为主的刨刀，刃磨角为 35° 左右；介于两者之间的刃磨角在 25° ～ 30°，这种角度既能刨削软杂材，又可刨削硬杂材，刨削质量好，效率也高。

研磨刨刀时，通常用水作润滑冷却液。首先应将要使用的磨石放入水盆中浸泡至不再产生气泡，然后在磨石上洒水，用右手捏住刨刀上部，食指伸出压在刨刀上面，左手食指和中指压在刨刀刃口上面，以加强研磨压力，使刃口斜面和磨石面紧贴，右手腕要挺直，平稳地在磨石上前推后拉，如图 3-58（a）所示。待刃口斜面磨好以后，并在刃口前端均匀地出现轻微翻卷，把刨刀翻转过来，平放在磨石上，与磨石面紧贴，右手握住刨刀中部，左手食指和中指压在刨刀的前部，在磨石面上反复研磨几次，直至翻转至刃磨角斜面以后，再翻转进行刃磨角刃磨，反复翻转直至去掉刃口翻卷毛刺，保持刃口平直，如图 3-58（b）所示。

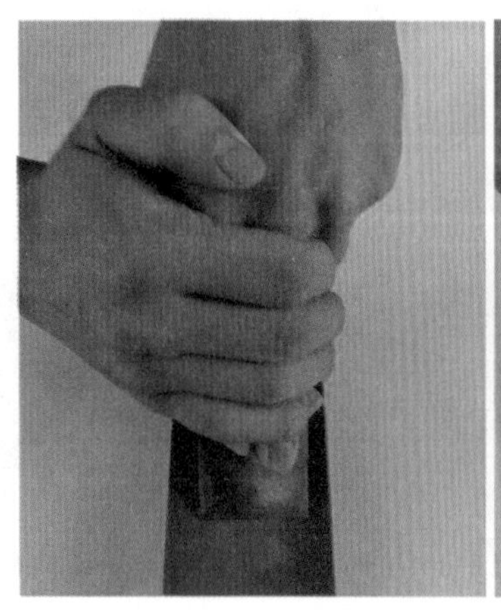

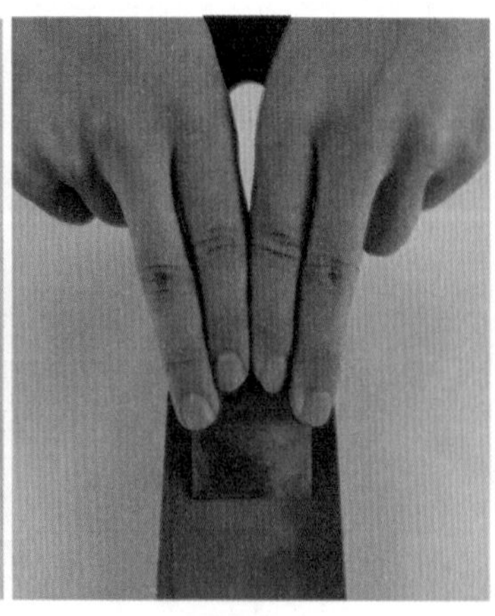

（a）

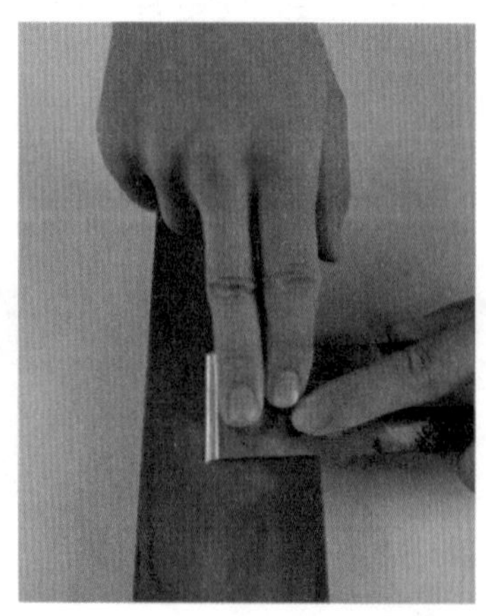

（b）

图 3-58　研磨刨刀

（a）研磨刃口斜面；（b）研磨刃面

在研磨过程中，前推时要轻微加力，用力要均衡；后拉时不要用力。刨刀与磨石面的夹角不能变化，刃口斜面与磨石面要保持紧贴，如图 3-59（a）所示，不准前推时刨刀“翘头”，如图 3-59（b）所示，后拉时刨刀“低头”，如图 3-59（c）所示，否则磨出来的刃口斜面不是平面而呈弧面（俗称泥鳅背）。

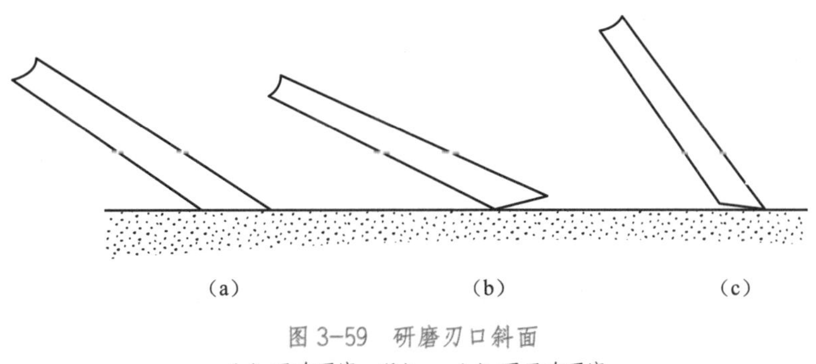

图 3-59　研磨刃口斜面

（a）正确研磨；（b）、（c）不正确研磨

刨刀的刃口本来是平直的，但是由于研磨不当，有时会磨出来倾斜的刃口。一般情况下，刨刀刃口的左角容易磨斜，如图 3-60（a）所示。这是由于研磨时，刃口左角研磨压力大造成的，也就是左手食指与中指给的压力过大造成的。因此在研磨过程中，要随时注意左手用力不要太大，左手食指和中指要压在刨刀的中央，以防刃口磨斜。如果磨石横向不平，刃口中部会磨出凹凸弧形，如图 3-60（b）、（c）所示。由于在磨石的中央经常研磨较窄的刃具，使磨石面中央出现下凹，在这种磨石面上磨出的刨刀会出现凸圆形刃口；如果磨石面中凸，则磨出的刃口为凹圆形。因此，在刃磨之前一定要先检验磨石的平整度是否合格，如达不到刃磨的需求，则需要用金刚砂板进行修整，达到刃磨要求以后方可进行刨刀刃磨。

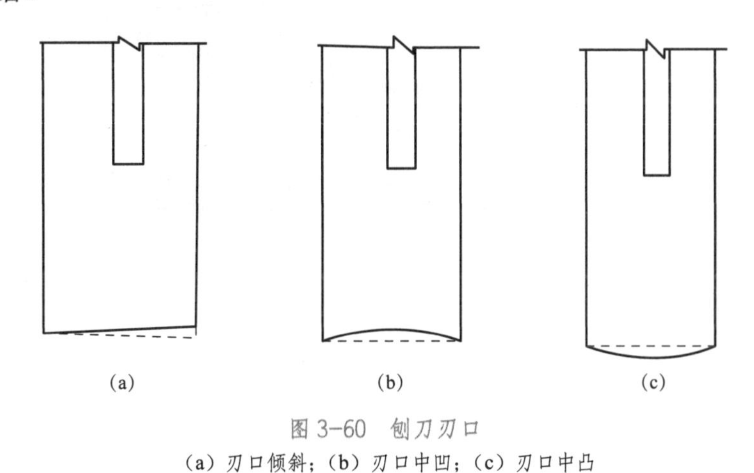

图 3-60　刨刀刃口

（a）刃口倾斜；（b）刃口中凹；（c）刃口中凸

研磨时，要经常在磨石上洒水，一方面及时冲洗磨石面上的泥浆，提高研磨速度；另一方面对研磨生热进行冷却。同时要经常移动研磨位置，不要总在一处研磨，以保持磨石的平整。刃磨结束以后要对磨石进行清洗，并在阴凉干燥的环境下进行阴干备用。特别要注意的是使用天然浆石的时候不要长时间浸泡在水中，特别是冬季，一旦产生冰冻后，天然浆石极易分层碎裂。

鉴别刨刃是否锋利，经验丰富的木工常用大拇指抚摸刃口，如果拇指在刃口处有吸附的感觉，并无毛刺，就认为刨刃已经磨锋利了。也可以用眼睛看刃口，如果刃口上有条白线，说明刃口还没有磨锋利；当在刃口上看不到白线，而是一条极细的黑线时，说明刃口已经磨锋利了。也可利用 A4 纸进行检验，刃磨好的刨刀刃口垂直 A4 纸窄边，可柔滑的完成切削并未阻碍即可认为刃口刃磨锋利。也可利用汗毛进行检验，将刨刃平至于手臂上，刃磨角斜面向上，逆汗毛轻轻推动刨刃，汗毛迎刃而落，也可认为刃口刃磨锋利。高质量的刃磨的表面可以达到镜面效果。

研磨好的刨刀验收标准如下：从刃口看上去呈一条极细的黑线，如用拇指抚摸有一种吸附感；刃口斜面平直；刃口处无缺口，并且发乌青色；刃口一般是平直的，但是粗刨刃口允许中部略凸；长刨和净刨刃口两角允许稍圆一些。

（5）平刨的维护：在刨削过程中，要经常在刨底面上涂点润滑油（机油）以减少磨损。延长刨身使用寿命。敲刨身时，要敲其后端，不要乱敲。刨楔不能敲得太紧，以免损坏千斤。刨子用完后，要及时敲松刨楔，使刨刀刃口退入刨口槽内，把刨身擦干净，涂上润滑油，平放在工具箱内，避免和其他工具碰撞，防止损坏刨底面或刃口。如果长期不使用，应将刨刀和盖铁退出。要经常检查刨底面是否平直、光洁，如发现不平整，要及时修理。

2. 其他形式的刨削工具

（1）槽刨：俗称沟刨，顾名思义，槽刨是用于刨削沟槽的专用刨子。它由刨身、刨刀、勒刀、螺栓、导轮、蝶形螺母和导板（定位板）等组成，如图 3-61 所示。

图 3-61　槽刨

1—刨刀；2—螺栓；3—勒刀；4—刨身；5—螺母；6—导板

槽刨刨刀宽窄不等，一般备有 3 ～ 12 mm 不同宽度的刨刀，可根据需要更换使用，以刨不同宽度的沟槽。刨刀与刨身底面的夹角一般为 48°。

刨身与导板采用两只螺栓连接在一起，可以任意距离调节。使用时，首先根据所刨沟槽的宽度，选用相应尺寸的刨刀；调整刨刀和勒刀，把刨刀和勒刀对好，确保两勒刀的外刃宽度和刨刀宽度相同；然后把蝶形螺母拧松，根据沟槽距离木料侧面的尺寸，把导板移出，旋出导轮靠住导板，使导板前后部与槽刨刨身相平行；拧紧导板外侧的蝶形螺母，即可刨沟槽了。刨沟槽时，使导板紧贴木料侧面，以控制沟槽的界限尺寸。刨刀在后，两把勒刀在刨刀之前，用力向后拉刨，刨削方式和平拉刨相同。勒刀是槽刨不可缺少的，用它来勒断沟槽两侧的木纤维，为刨刀刨削提供方便，否则刨削时沟槽两侧木纤维出现撕断，影响沟槽的平直和沟槽表面的光洁。

（2）鸟刨：俗称铁刨、轴刨、蝙蝠刨、滚刨，它由刨把、刨夹、刨刀和螺栓等组成，刨把和刨身连成一体，用铸铁制成（也有木质的），刨刀和刨夹用螺栓固定在刨身上，如图 3-62 所示。

鸟刨的特点是刨身短小，使用轻巧灵活，能够刨削各种形状的弯曲面。鸟刨刨底有平面和弧面两种，用砂轮将平面刨底的前后打磨之后则成弧面刨底，弧面刨底的鸟刨能够刨削更小的曲线形面零件，如椅子腿、圆轴等。

鸟刨的使用姿势和手法与平刨不一样，鸟刨主要用来刨曲面，手掌握紧刨把后，两个拇指按住刨刀处的刨把，顺着曲面刨削。如刨内圆面，拇指除用力推外，还有向上挑的趋势。

鸟刨刨刀很短，不易用手握稳进行研磨，所以研磨鸟刨的刨刀时，常用辅助夹具（木制、塑料夹板），将要研磨的刨刀夹住，在磨石上进行研磨。

（3）回头刨：俗称板刨、平槽刨，它由刨身、刨刀和刨楔等组成，如图 3-63 所示。回头刨的刨刀宽度与刨身相同，从刨嘴插入刨身内，两边刃尖突出刨身底面棱角处。刨刀较窄，常用刨刀宽度为 12 ～ 30 mm，因此刨身窄而且厚。回头刨常用于直线条修整和串带扒槽。

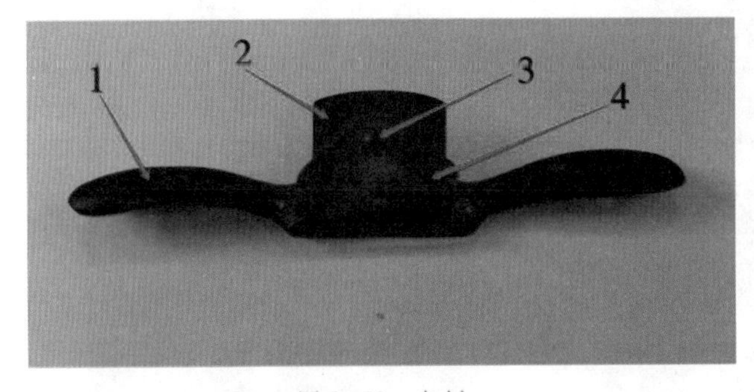

图 3-62 鸟刨

1—刨把；2—刨刀；3—螺栓；4—刨夹

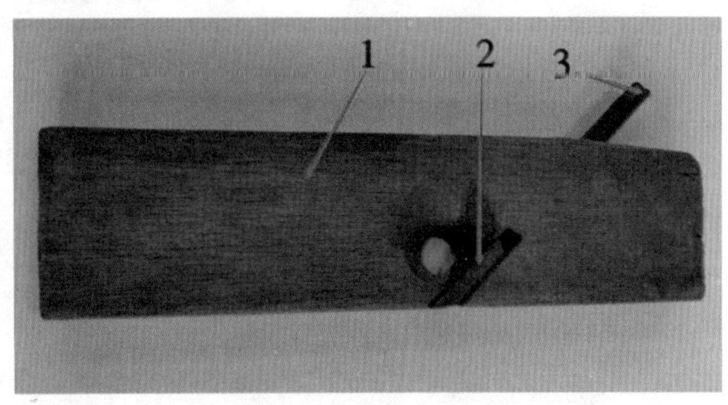

图 3-63 回头刨

1—刨身；2—刨刀；3—刨楔

回头刨的刨楔一般放在刨刀下部的上端，挤压刨刀使其刃端下部紧贴刨槽斜面，而平刨的刨楔是放在刨刀上部的，这是两者之间具有一定的不同之处。

（4）裁口刨：刨底的刨嘴是倾斜的，因此又称歪嘴刨，如图 3-64 所示。裁口刨由刨身、刨刀，盖铁和勒刀等组成，分左右式两种，一般常用左式，通常裁口刨刨底装有可调节的定位导板，用来控制裁口宽度。刨削时，把固定定位导板的专用螺母拧松，根据裁口尺寸的要求，调整定位导板的位置，然后把定位导板固定，进行刨削。裁口刨用于门窗套和柜橱类的贴附后身板等裁口。

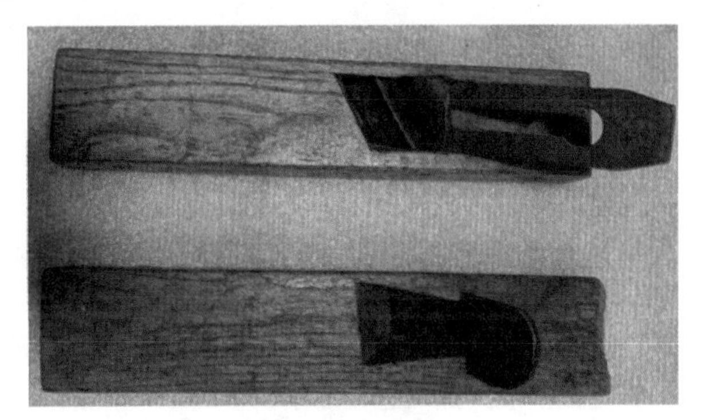

图 3-64 裁口刨

裁口刨刨刀倾斜于刨底，刨刀尖突出刨底边角，勒刀在刨刀尖的前方，刨刀刃口倾角为 65° 左右，盖铁斜度应与刨刀刃口斜度相同，否则盖铁不能发挥其作用。勒刀和槽刨的勒刀作用相同，用来割断木纤维，保证裁口立面平直光洁。

裁口刨的刨削方式，握刨姿势和操作步法，与平拉刨相同。

刨削平口时，要把勒刀和定位板卸掉，使刨身里侧面紧贴工件裁口的侧面，向后拉削。刨削立口时，将刨身翻转过来，使里面朝下，右手握住裁口刨刨身的后部，向前推刨，一直到刨削要求为止。裁口刨用完以后，应将刨刀退回，如果有定位板，应将定位板装到原来的位置处。

有的裁口刨既没有盖铁，又没有定位板，利用刨刀本身宽度和厚度不同的楔形，固定在刨槽内，这种裁口刨也可以满足裁口要求。

（5）凹凸圆刨：一般凹凸圆刨是自制的用于刨削曲面或圆柱面的专用刨，刨刀和刨身底部均呈圆凹形和圆凸形，如图 3-65 所示，多用于木型制作。

凹凸圆刨的刨刀较窄，刨身较短，一般情况下，刨身长度小于 180 mm，其规格的大小，根据刨削工件的要求决定。

凹凸圆刨刨刀在刨槽内的装刀倾角，一般为 45° ～ 47° ，刨刀刃口呈圆凹形和圆凸形。刃口的研磨要在专用的圆凸形和圆凹形截面的磨石上进行，以确保刃口形状不变。

（6）线刨：用来刨削截面具有一定曲线形状和棱角线条的专用刨，线刨形状种类繁多，如图 3-66 所示。

（a）　　（b）

图 3-65　凹凸圆刨

（a）凹刨；（b）凸刨

图 3-66　线刨

线刨刨刀的刃口是成型的，其刃口形状取决于产品截面曲面形状的要求。刨身底部形状应和刨刀刃口形状相吻合，才能保证刨削出所要求的曲面。根据工件曲面形状不同，也可采用两个以上的线刨组合使用。

用线刨刨削曲面，均用右手握刨，推刨和拉刨均可，根据工件加工具体情况决定。刨削时，要先找好定位基准，然后进行刨削。

（7）搜根刨：一种刨削线条根部或燕尾槽根部的专用刨，如图 3-67 所示。

图 3-67　搜根刨

搜根刨的功用特殊，如制作大型案板采用燕尾形串带，串带用的燕尾槽根部需要修整，一般刨子是难以满足修整要求的，必须使用搜根刨刨削。使用搜根刨刨削燕尾槽底，既可向前推刨，又可向后拉刨，根据刨削燕尾槽根部在哪一侧而决定。

3. 欧式刨

（1）欧式刨：一般多为金属材质制作而成，如图 3-68 所示，也有以硬质木材为主要原料制作的，如图 3-69 所示，其刨削基本原理与中式木工刨基本相同，但是在制式方面不同，对于新手木工而言，能更快地掌握操作，并且由于刨身为铸铁不会产生刨底变形，

但是由于其金属材质，其刨子质量比较大，不利于运输与携带。欧刨由刨身、前后把手、调整盖、水平调整杆、刨刀、盖铁、蛙形支架等几个部分组成。

图 3-68　金属欧刨

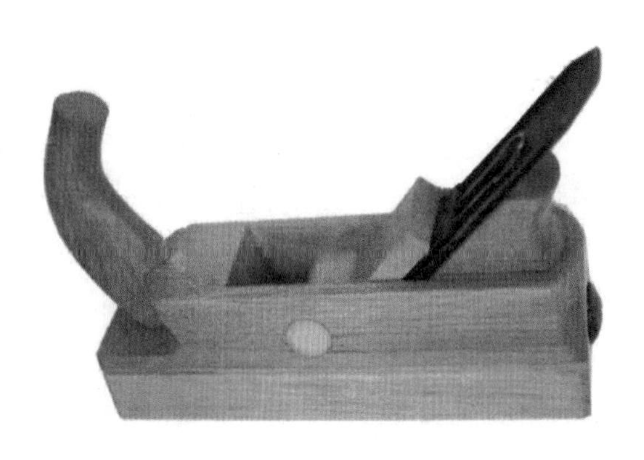

图 3-69　木质欧刨

大多欧式刨都为推刨，刨刃安装斜度多为 45°，部分欧刨刨刃斜率超过 45°（俗称高角刨），主要用于刨刮硬木，而低角度刨（刨刃角度约为 42°）主要用于刨削横纹理端面。常依据制式分为 4 号、5 号、6 号、7 号等多种规格。

4 号欧刨，相对而言小巧精致，主要用于将零部件表面进行净光加工，相当于中式木工刨中的净刨。

5 号欧刨，相对于 4 号欧刨要大一些，主要起到粗刨的作用，相当于中式木工刨中的中刨，对荒料进行加工时多使用该规格欧刨。

6 号欧刨，比 5.5 号欧刨还要大一些，长度约为 450 mm，质量为 4 kg 左右，主要是在获取高质量的直线木料加工中使用，相当于中式木工刨中的长刨。

7 号欧刨，是欧刨中的巨物，主要针对对表面要求严苛的刨削中使用，如进行拼板缝加工等，长度约为 550 mm，质量为 4.5 kg 左右，相当于中式木工刨中的大平推刨。

1）欧式刨的使用：用右手握持后把手，左手握持前把手，压住欧刨前端向前推削，刨削完成以后放松前端并拉回。

2）欧式刨的调整：欧刨底面平整度检查，翻转欧式刨，使刨底面向上，用左手托持欧刨，使用直尺防止在刨底平面上，对光观看刨底与直尺之间是否有缝隙，来检查刨底的平整度，如有稍微凹陷可以接受，但绝对不能有非常明显的凹凸错位。

3）欧刨刨底与刨体垂直度检查：右手握持直角尺沿着刨底水平推进，直至直角尺的另外一个直角边与刨体接触，通过观察直角尺两个直角边分别与欧刨底、刨身直面之间是否有缝隙来确定其垂直状况。

4）刨刀拆卸：将调整盖拔起，如果调整盖难以拔起，则使用螺钉旋具将其撬起。拆卸下调整盖后，可见盖铁与刨刃，拆卸出盖铁与刨刀。松掉盖铁与刨刀上的锁紧螺丝，将盖铁和螺栓整体沿刨刀中间的圆洞滑出。

5）刨刀组装：欧刨盖铁与刨刀的组装方式与中式刨完全相同。将组装好的刨刀与盖铁插入刨体内，位于凹槽架后方的水平调整杆处于中心位置。

6）刨刀刃磨：国外木工刃磨刨刀与我国传统刃磨略有不同，多借助辅助工具完成刨刀刃磨。用刃磨夹具将刨刃夹紧固定在刃磨机上，垂直固定。依据刃磨角度的需求借助固定量角模板进行角度设置，将刨刃固定在砂轮机盘上，将量角模板放在顶部，调整刨刀的切割角度以符合量角器读数。水槽注水，开启砂轮，将刨刀沿着固定杆左右水平移动，在刃磨过程中不断检查刨刃平整度，完全刃磨平整后，将刨刀从刃磨机上取下，并使用手工在磨石上进行精磨，其方法与中式刨刀刃磨相同。

（2）低角度阻刨：比欧式手工台刨还要小，多单手使用，多分为低角度短刨、槽口刨、斜切刨三类，多用于修整榫头，以及制作小斜边、小倒角等，可进行垂直木材纹理的刨削加工，如图 3-70 所示。

（3）槽刨：刨刃宽度与刨体宽度相同，这种设计使槽口刨能够全面触及凹槽或榫肩槽的直角边角部位，主要用于制作、清理和调整凹槽，如图 3-71 所示。

（4）侧槽口刨：刨刃水平安装在刨体上，常分为左右两类，主要用以切割制作不同纹理方向的侧向槽口，如图 3-72 所示。

图 3-70 低角度阻刨

图 3-71 槽刨

图 3-72 侧槽口刨

（5）肩刨：刨刀底部的两侧成标准角度，能够用于修整结合面的肩部，例如榫头，肩刨有一个斜面朝上的低角度刨刀，用于修整肩结合的端面纹理，如图 3-73 所示。

（6）牛鼻刨：是肩刨的一种特例，其前端空间非常小，使刨刀能够尽可能地触及角落或处理一些棘手的边角区域，如图 3-74 所示。

（7）闭喉槽刨：主要用于清理榫槽底部，其刨刃悬挂在刨体下部。可以根据不同的工作需要，调整和更换刨刃，如图 3-75 所示。

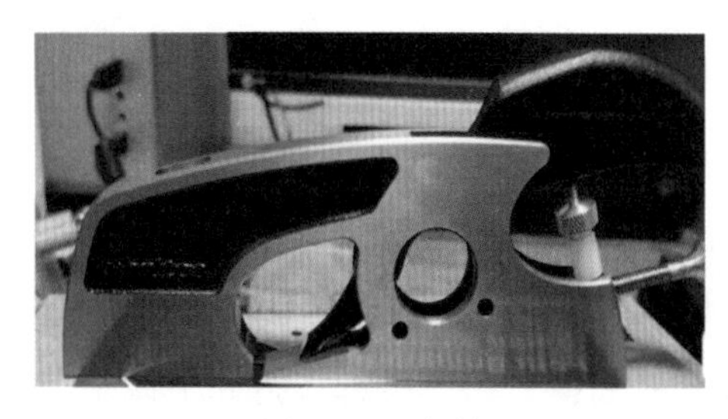

图 3-73 肩刨

图 3-74 牛鼻刨

图 3-75 闭喉槽刨

（8）犁刨：底部非常细窄，主要用于在木料上开小槽。犁刨上的调节杆能调整小槽的深度，而犁刨上的护栏能够设置小槽与木料边缘的距离，如图 3-76 所示。

（9）刮刨：刨刃设置为稍向前倾斜，主要用于处理一些非常硬的木材的表面，或修整一些粗糙的

木纹理，如图 3-77 所示。

图 3-76 犁刨

图 3-77 刮刨

2.4 任务实训

◇ 工作情景描述

学校木工坊有批手工平刨，年久未用，无法满足正常的教学需求，因此需要进行修整调试，委托我们进行全部的维修、调试与保养，现开始进行工作。

◇ 工作任务实施

工作活动 1：刨刀刃磨

活动实施与记录

活动步骤	活动要求	活动安排	活动记录
步骤 1	修平磨石	具体活动 1：磨石粒度区分	合格○ 不合格○
		具体活动 2：磨石浸泡	合格○ 不合格○
		具体活动 3：磨石平整度检验	合格○ 不合格○
		具体活动 4：磨石修平	合格○ 不合格○
步骤 2	刨刀刃磨	具体活动 1：检验刨刀刃口直线度	合格○ 不合格○
		具体活动 2：检验刨刀楔角平直度	合格○ 不合格○
		具体活动 3：刨刀整形粗磨	合格○ 不合格○
		具体活动 4：刨刀抛光精磨	合格○ 不合格○
		具体活动 5：刨刀锋利度检验	合格○ 不合格○
		具体活动 6：磨石清洗	合格○ 不合格○
步骤 3	盖铁修整	具体活动 1：盖铁与刨刀接触面的重叠情况	合格○ 不合格○
		具体活动 2：盖铁边角是否有毛刺	合格○ 不合格○
		具体活动 3：盖铁修整	合格○ 不合格○

工作活动 2：平刨组装与调试

活动实施与记录

活动步骤	活动要求	活动安排	活动记录
步骤 1	刨刀与盖铁	具体活动 1：刨刀与盖铁配合度	合格○ 不合格○
		具体活动 2：刨刀刃口与盖铁刃口尺寸调整	合格○ 不合格○
		具体活动 3：刨刀与盖铁组装	合格○ 不合格○
步骤 2	刨刀与刨身	具体活动 1：刨刀与刨口的配合度	合格○ 不合格○
		具体活动 2：刨刀装载	合格○ 不合格○
步骤 3	刨刀与刨楔	具体活动 1：盖铁与刨楔的配合度	合格○ 不合格○
		具体活动 2：刨楔安装	合格○ 不合格○
		具体活动 3：刨楔夹紧	合格○ 不合格○

工作活动 3：刮料及质量检验

活动实施与记录

活动步骤	活动要求	活动安排	活动记录
步骤 1	直角度检验	具体活动 1：相邻表面直角度 1	合格○ 不合格○
		具体活动 2：相邻表面直角度 2	合格○ 不合格○
		具体活动 3：相邻表面直角度 3	合格○ 不合格○
		具体活动 4：相邻表面直角度 4	合格○ 不合格○
步骤 2	直线度检验	具体活动 1：原料宽度方向直线度	合格○ 不合格○
		具体活动 2：原料厚度方向直线度	合格○ 不合格○
步骤 3	规格尺寸检验	具体活动 1：原料厚度尺寸	合格○ 不合格○
		具体活动 2：原料宽度尺寸	合格○ 不合格○
步骤 4	表面质量检验	具体活动 1：表面刨痕	合格○ 不合格○
		具体活动 2：表面光洁度	合格○ 不合格○

◇ 评价总结

评价指标	权重 /%	评价等级				
		优秀（90～100）	中等（80～89）	良好（70～79）	合格（60～69）	不合格（0～59）
刨刀刃磨	30					
平刨组装与调试	50					
刮料及质量检验	20					
总分						

任务 3　锯切工具的使用

3.1　学习目标

1. 知识目标

（1）掌握锯切工具的分类及用途。

（2）掌握锯的基本结构。

（3）掌握锯的维修与保养方法。

2. 能力目标

（1）能够利用锯切工具对家具料锯解。

（2）能够利用锯切工具对零部件净料进行榫制作。

（3）能够进行锯切工具的维修与保养。

3. 素质目标

（1）具有良好的职业道德和职业素养。

（2）具有创新创业意识和实干精神。

3.2　任务导入

中华民族早在新石器时代就会加工使用带齿石镰蚌镰，周朝已使用铜锯，锯子是谁发明的，说法不一，至今尚无定论。锯的发明传说源于我国，是战国初年的鲁班发明的。其实，战国以前就出现了锯子。1931 年在山东省历城县龙山镇城子崖遗址就出土过蚌壳制的锯。到了商朝出现了青铜锯。中国历史博物馆收藏的一件商朝的锯是矩形，两边都带有锯齿。据文献记载，春秋初年，齐国已经能够“断山木，铸山铁”使用了铁锯。

将木材制成一定规格的木制品，首先要把木材锯割成长度、宽度和厚度符合制品要求的坯料，根据制作工艺要求，还要进行工件的截配、榫的锯制等。完成锯割操作的主要工具是锯，在机械化生产时代，锯割作业是由锯机（带锯机、框锯机和圆锯机等）来完成的，在手工操作的情况下，要采用手工锯进行锯割。锯的工作量是比较大的，它是手工具中的重要工具之一。

3.3　知识准备

手工锯按照用途不同，分为纵割锯（顺锯）、横割锯（截锯）。纵割锯用于顺木纹纵向锯剖，横割锯用于横木纹横向截断。按照结构的不同，分为框锯、刀锯、侧锯和钢丝锯等。

1. 框锯

框锯又称架锯、拐锯、万字锯，是木工操作的主要锯割工具，其特点是功能多，使用方便。

（1）框锯的分类。框锯的大小是根据锯条长短来定的，一般框锯锯条的长度为 400 ～ 900 mm，宽度为 22 ～ 44 mm，厚度为 0.45 ～ 0.7 mm，齿距为 2 ～ 6 mm，常用的锯条规格见表 3-2。由于框锯的用途不同，锯齿的齿距也不同，一般为每英寸（25.4 mm）有 4 ～ 10 个锯齿。长锯条的齿距较大，每英寸有 4 ～ 6 个锯齿，用于锯割较大的木料，适于两人操作，锯割效率较高；短锯条的齿距较小，每英寸有 11 ～ 13 个锯齿，用于顺锯和截锯，适于单人操作，这是一种木工常用锯。

表 3-2　常用的锯条规格　　单位：mm

长度	宽度	厚度	齿距
400	22.25	0.45	2
450	22.25	0.45	2
500	25.32	0.50	3
550	25.32	0.50	3
600	32.38	0.55	4
650	32.38	0.55	4
700	38.44	0.65	5
750	38.44	0.65	5
800	40.44	0.65	6
850	40.44	0.7	6
900	40.44	0.7	6

框锯按其锯条长度和齿距不同，分为粗锯、中锯、细锯、曲线锯和闯锯等。

1）粗锯：用来锯割厚板，锯条长度 600 ～ 900 mm，齿距 4 ～ 5 mm。因为齿距大，所以锯割效率高。

2）中锯：用于横向锯割木料，适于锯割薄板，锯条长度 500 ～ 600 mm，齿距 3 ～ 4 mm。

3）细锯：用于精加工，适于锯榫、开肩等，锯条长度 400 ～ 500 mm，齿距 2 ～ 3 mm。

4）曲线锯：又称穴锯、绕锯、弯锯，锯条较窄（约为 10 mm），锯条长度 600 mm 左右，能锯割各种内外曲线或圆弧形状的工件，锯齿形状适于纵横向锯割兼用。

5）闯锯：是一种规格较大的框锯，又称大锯，锯条较长，可达 1 300 mm。用于纵向锯割较大的木料，操作者采用直立的锯割姿势，不但省力，而且效率较高。

（2）框锯的制作：框锯由工字形木框架（锯架）、锯条、锯钮、张紧铁丝、螺栓和翼形螺母（蝶形螺母）等组成，如图 3-78 所示，锯架由锯拐和锯梁组成。锯架的一边装有锯条，另一边装有螺栓和张紧铁丝，或装细绳（绞绳）和绞棍。一般情况下，框锯是用外购锯条自己装配的。

1）锯拐的制作：锯拐分为上锯拐和下锯拐，多采用经过干燥、不易变形、材质坚硬，弹性和韧性好的木料，如柞木、槐木等制作。其粗细和长短根据锯条的规格确定，例如，制作一架锯条长度为 700 mm 的框锯，

图 3-78　框锯

1—锯钮；2—锯条；3—绞棍；4—锯架；5—绞绳

锯拐木料可选择两根断面尺寸为 22 mm×45 mm×380 mm 的方木。将方木刨削成型后，划出锯钮孔、锯梁榫孔、张紧螺栓孔的准确位置。然后根据锯钮和螺栓直径，选择相应直径的钻头，在方木两端钻孔，在其中部凿出锯梁榫孔。再用铁柄刨、木锉，刨削和锉磨成所需要的形状，用砂纸打光。

锯钮孔的孔径和锯钮外径的配合要适当。配合太紧，调整锯条的角度比较困难；配合太松，锯割过程中锯条容易扭动，造成跑锯。

锯梁榫孔仅起定位作用，锯梁和锯拐用半榫结合。在锯拐上的榫孔深度不宜凿得过深，以免影响锯拐的强度，一般为 4 ～ 6 mm。榫孔的位置宜布置在锯拐的基准面内，为锯梁提供一个平整的支承面，以免框锯装配后产生歪斜等缺陷。锯拐的制作程序如图 3-79 所示。

2）锯梁的制作：锯梁多采用不易翘裂变形，轻而有弹性的木料，如红松、杉木等制作。

锯梁长度的确定在框锯制作中是比较困难的。锯梁过长和过短都会造成框锯装配后两锯拐不平行。锯梁的长度可按下面方法确定：先把刨好的锯梁料平放在工作台上；再把装上锯条的锯拐按其工作状态放在锯梁料之上，使两锯拐的中心线相互平行，并且垂直于锯条长度方向，装上张紧铁丝，螺栓套上翼形螺母，以拧入 2 ～ 3 扣为宜，此时锯拐之间的距离便是锯梁的长度。划出锯梁榫肩的位置线，如图 3-80 所示。划线时，每端应放加余量 2 ～ 3 mm，作为锯条张紧后的压缩量。根据墨线锯出榫头，榫头长度控制在 3 ～ 5 mm。榫肩必须方正、平直。

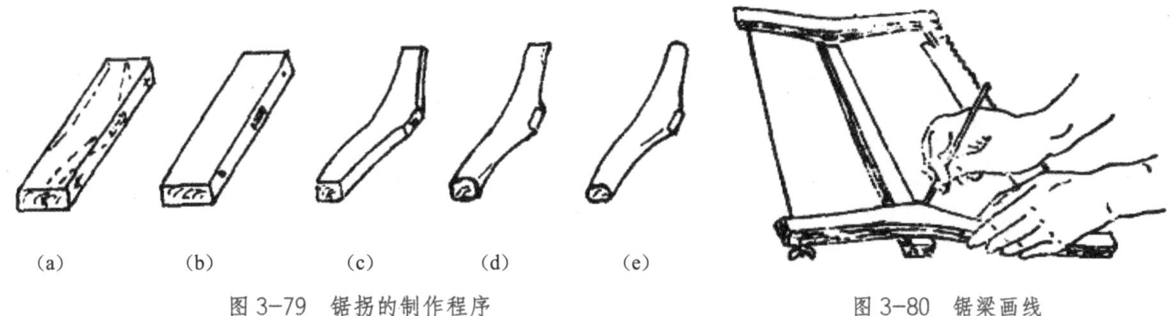

图 3-79　锯拐的制作程序

(a) 刨料、划线；(b) 钻孔、凿榫孔；(c) 锯坯料；(d) 刨削、锉磨；(e) 成型、砂光

图 3-80　锯梁画线

3）锯钮的制作：锯钮有木制和铁制两种，它的主要作用是夹持锯条。操作时将其夹在无名指和小指之间，因此长度必须合适，锯钮长度不应小于 100 mm。木制锯钮选用材质坚硬、韧性好的木料制作。先刨成方料，钻孔、锯割后，修削成带帽头的圆柱形。夹持锯条的缝口要求平直，左右对称不偏斜。固定锯条的小孔直径为 3 mm 左右，必须居中垂直缝口。

（3）框锯的组装：将锯钮、螺栓分别装入锯拐的各自孔中，装上锯条，用截断的圆钉或铁铆钉将锯条与锯钮固定；把锯梁榫头插入锯拐的榫孔中；穿上张紧铁丝，一般用 12 号铁丝，套上翼形螺母，逐渐拧紧，把锯条初步张紧。另一种做法是，用细绳绕在锯拐上，用绞棍绞紧。当锯条张紧到一定程度时，对框架的平整、偏扭进行校正。如果锯钮朝里歪，表明锯梁长了，应将锯梁截短一些，直到锯钮居中为止；如果锯钮朝外歪，表明锯梁短了，此时的补救办法，可用两块薄木片插入锯梁的榫肩处。最后用左手握住锯条和锯钮连接处，转动锯条平面到合适的倾斜角度，一般与锯拐轴线成 30° ～ 45° 角，旋转翼形螺母到把锯条张紧。检验锯条是否张紧，可用手指轻轻弹一下锯条，当发出清脆有力的声音时，即表明锯条已张紧。

（4）框锯的使用：使用框锯锯割前，根据锯割要求，调整好锯条平面的倾斜角度，其次拧紧翼形螺母或将绞绳用绞棍绞紧，张紧锯条使其保持平直，最后进行锯割操作。

（5）纵向锯割：使用纵割锯进行工件的纵向锯割。把要锯割的工件放置在工作台或木凳上，根据要求的尺寸划好墨线，右脚踏住工件，与锯割墨线成 65° ～ 90° 夹角，锯条、右手与右膝盖基本上呈垂直状态，左腿站立，左脚与锯割墨线约成 8° 夹角，左脚距工件前端要有适当距离，以踏实工件为准，身体与锯割墨线成 45° 夹角，上身微俯，倾俯大小因人和工件不同而异，如图 3–81 所示。如果工件较长，在锯割过程中保持上进锯割姿势，逐渐后退，直到锯完。下锯时，右手紧握锯拐，左手按在墨线起始处，大拇指紧挨墨线，先使锯齿紧贴大拇指，轻轻推拉几下（注意防止锯条跳动时锯伤手指），待锯齿切入工件后，便移开左手，帮助右手推拉。推拉时，锯条上端稍向后倾斜，使锯条与工件面的夹角为 80° 左右。送锯时要重，眼睛要瞄准锯路，紧跟墨线，锯条不要左右摇摆，开始时用力小一些，以后逐渐加大，节奏要均匀；提锯时要轻，稍微抬高锯架，使锯齿离开上端锯口。推拉要尽量扩大锯的行程，使更多的锯齿发挥锯割作用，不要仅用锯条中部的锯齿锯割。工件快锯开时，放慢锯割速度，用手拿稳将锯掉的部分，直到把工件全部锯开防止木材撕裂，更不要用手掰开，以免损坏锯条，影响锯割质量。

图 3–81　用框锯纵向锯割

锯割单薄的工件时，可用单手锯割；锯割较厚的工件时，除右手握锯外，左手可压在锯背上，右手掌握方向推拉，左手向下按，用双手锯割，加快进锯速度，提高锯割效率。

当把大方料锯割成板材或者小方料时，使用闯锯进行锯割，采用纵割锯齿形，此时工件距离地平面约 750 mm，一般取决于操作者身高和操作习惯。通常工件用快速夹具夹紧在工作台上，操作者持锯面对工件而立，锯齿朝前，齿尖朝下，锯条和锯拐夹角约 80° ，右手在锯钮处握住锯拐，左手握稳锯拐的另一端，如图 3–82 所示。锯割时以左右肩为轴，左脚在前，右脚在后，按墨线上下进行锯割加工，向上提锯时不锯割，向下推锯时进行锯割。

（6）横向锯割：把要锯割的工件放在工作台或木凳上，根据要求的尺寸划好锯割墨线，使工件被锯掉部分悬空。通常用左脚把被锯工件踏住压紧，右手握稳锯拐，用无名指和小指夹住锯钮，使锯齿的齿尖朝下，左手置锯割墨线左侧按住工件，并用食指或拇指引导锯齿上线，在墨线上轻轻推拉，当工件棱角处锯出锯口后，左手稍向左移，压紧握牢工件，右手便加力据割。锯割时，如果两脚所站位置或角度不合适，会直接影响锯割速度和锯割质量。一般情况下，锯割较长的工件，踏压工件的左脚应和工件垂直（与锯口平行），用左手按住木料锯割时，左脚与锯口距离约 150 mm，右脚在右与左脚成 60° ～ 70° 的夹角，如图 3–83 所示。

横向锯割时，推拉用力要均匀，不能用力过猛。工件接近锯断时，应当放慢锯割速度，并及时用左手在锯条和锯梁之间握稳扶住工件端部，防止工件锯断时劈裂影响工件质量，造成浪费。

（7）曲线锯割：锯割曲线和圆弧形工件时，使用曲线锯。锯割内圆弧时，先在工件的锯割部位上钻一大小适当的圆孔，将锯条从锯钮上卸下，穿过圆孔后再装在锯钮上，然后按墨线进行锯割，锯割姿势如图 3–84 所示。

锯割时，曲线锯下部锯条应稍稍倾斜，使锯条与工件面小于 90° ，沿着锯割墨线进行锯割，避免将工件锯小造成浪费。锯割过程中偏离墨线出现“跑锯”时，不要硬扭锯条，应在原地往复多锯几次，把锯口锯开阔些，然后再继续进行锯割。

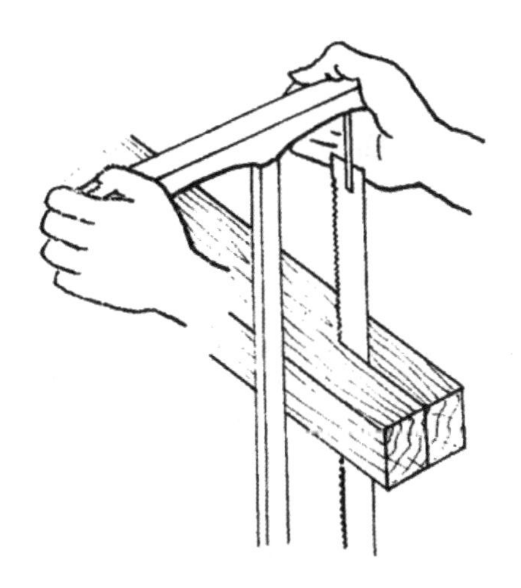
图 3-82　用闯锯纵向锯割

图 3-83　框锯横向锯割

图 3-84　锯割曲线

锯割时会遇到跑锯、夹锯等各种问题，这些问题的产生原因和解决办法详见表 3-3。

表 3-3　锯割常见问题及解决办法

问题	锯割现象	产生原因	解决办法
跑锯	锯口不顺直	1. 锯割姿势不正确。 2. 锯料大小不一致。 3. 锯条没有张紧	1. 端正锯割姿势。 2. 检查锯料，并用拨料器拨正锯料。 3. 拧动翼形螺母，张紧锯条
夹锯	锯割推拉困难	1. 锯料太小。 2. 木料太湿。 3. 锯条变形	1. 调整并加大锯料量。 2. 锯条上涂以润滑油。 3. 调直锯条
跳动	锯条上下跳动	1. 使用锯的种类不对。 2. 锯齿切削角度不正确。 3. 锯齿不平齐	1. 更换合适的锯。 2. 调整锯齿的切削角。 3. 将锯齿尖锉平齐，重新锉齿

2. 刀锯

刀锯又称锯刀，在东北地区广泛使用，其优点是结构简单、使用方便；缺点是行程较短，导向性较差。

（1）刀锯的锯割方式。

1）横向锯割：使用双面刀锯进行横向锯割时，先在工件上划好锯割墨线，将工件放在工作台或木凳上进行锯割。

锯割较长的工件，左脚踏住工件，右手握稳锯把，锯与工件平面的倾斜角为 30°～45°，上身向前倾俯，左手拇指紧靠墨线，锯板紧挨左手拇指，以其为定位基准，按墨线轻轻锯割，待锯入工件后，双手用力锯割。踏工件的左脚，应在锯割线的左侧，与锯割墨线基本平行，如图 3-85（a）所示。右脚站立方向大约与锯割工件成 45° 夹角，这样的操作姿势，锯割起来才省力。锯割时，虚送要准，实拉要稳，有节奏地往复进行锯割。握锯的手腕、肩和身腰随着锯割往复而起伏。

锯割短小的工件时，用左手握稳压住工件，右手握锯单手锯割，如图 3-85（b）所示。

锯割时要防止前端锯齿触地，以免损坏。接近锯断时，用左手扶住工件的锯掉部分，以防止由于锯断木料的自重造成劈裂，影响锯割质量。

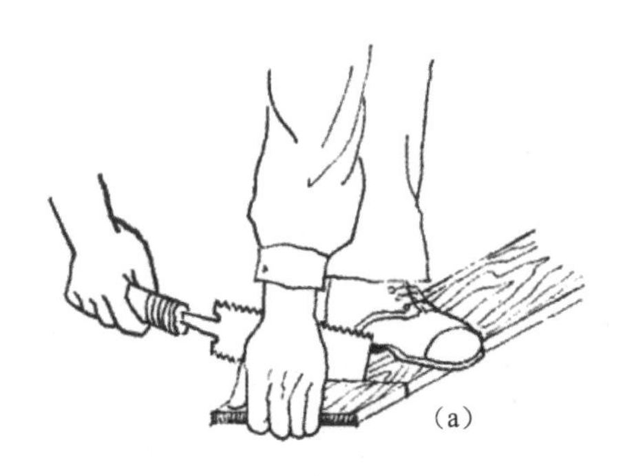
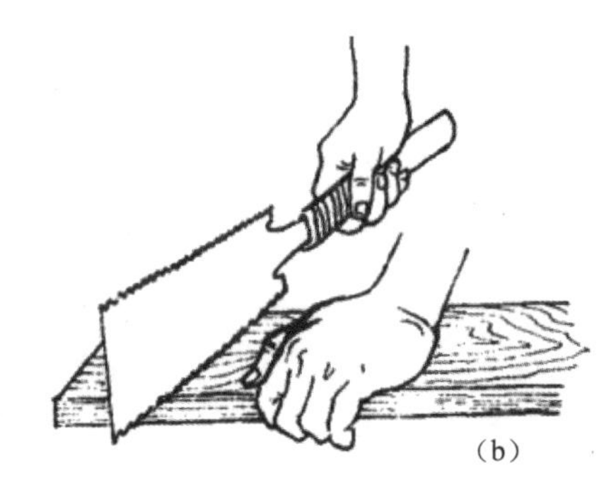

图 3-85　双面刀锯横向锯割

（a）横截长料；（b）横截短料

2）纵向锯割：使用双面刀锯纵向锯割，先将被锯割的木料垫起，左脚踏住木料，俯身下锯，用左手拇指作定位基准，使锯齿在墨线上轻轻锯割出一锯口，着锯后左手移握锯把前部、右手握住锯把后部，采用双手进行锯割，如图 3-86 所示。由于纵向锯齿锯料较小，锯口较窄，因此，锯割出一定长度后，在锯口中楔入一木楔，扩大锯口，减小锯割面对锯板的摩擦，防止夹锯，提高锯割效率。

（2）刀锯的分类：根据其结构形式分为双面刀锯、夹背刀锯、鱼头刀锯、板锯等。

1）双面刀锯：习惯上把双面刀锯称为刀锯，它有专门的工厂生产，可以根据用途不同，到木工刀具商店选购。这种刀具由锯板和木制锯把组成，如图 3-87 所示，是一种结构简单、携带方便的纵横两用锯。主要用于锯割软杂木（尤其是松木），还用于锯割幅面较宽、厚度较薄的板材，如胶合板、纤维板等。

图 3-86　双面刀锯纵向锯割

图 3-87　双面刀锯

双面刀锯锯板较薄，厚度一般为 0.8 ～ 0.9 mm，长度为 250 ～ 300 mm。锯板两边的齿形不相同，一边是细而长的横割锯齿形，每英寸有 4 ～ 6 个锯齿；另一边是纵割锯齿形，其齿形参数与框锯相近，但方向相反，双面刀锯锯背朝前，往后拉时进行锯割。该锯前部较宽，齿距较大，向锯板后部宽度逐渐变窄，齿距则逐渐减小。

2）夹背刀锯：又称作夹背锯，它由锯板、锯夹和锯把等组成，如图 3-88 所示。夹背锯锯板一边有锯齿，另一边用厚度为 2 mm 左右的薄钢板制作的、宽度为 15 mm 的“冂”形锯夹夹持，使锯板保持平直。

夹背锯锯板较薄，通常锯板厚度在 0.4 mm 以下，锯板长度为 200 ～ 400 mm。常用锯板长度为 300 mm，锯距较小，每英寸一般有 14 ～ 15 个锯齿，齿高 5 ～ 6 mm，以便顺利排屑。由于锯齿细小和密集，因此锯割出来的材面光洁。夹背锯多用于锯割榫头等精细工件。

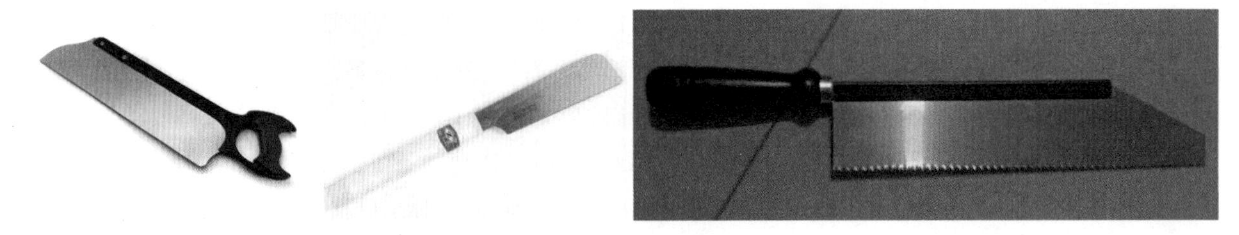

图 3-88　夹背刀锯

夹背锯的修整：钢夹背的夹背锯在锯割过程中会出现纵向弯曲、翘曲变形等缺陷，这是由于夹背变形引起的。

①修整纵向弯曲，可使用平锤轻轻锤打夹背的凸弯面，使锯板平直。

②修整翘曲变形，首先确定翘曲的原因和部位，以及翘曲的程度，用钢丝钳矫正，如图 3-89 所示。两手分别握钳夹持翘曲变形的部位，两钳间的距离要小于翘曲部位的长度，向翘曲的相反方向轻轻扭动夹背，直到翘曲消失。用钳夹持时，钳口处要垫几层棉布等物，防止把锯的夹背夹出钳痕。

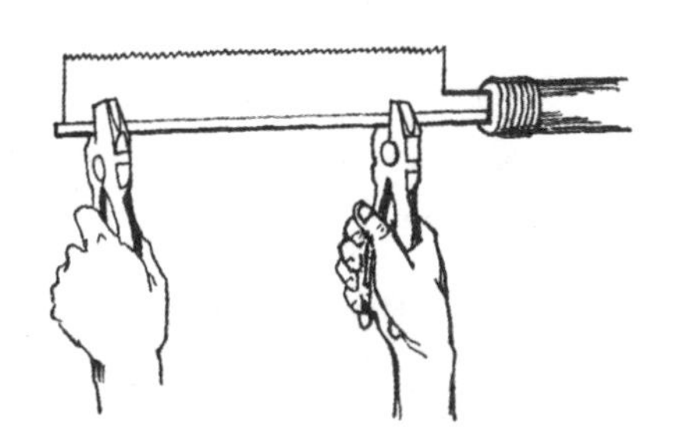

图 3-89　矫正夹背锯翘曲

3）鱼头刀锯：又称鱼头锯、单面刀锯，由锯板和锯把组成，如图 3-90 所示。鱼头刀锯锯板的一般长度为 350 mm，宽度比双面刀锯窄些，锯齿齿形与双面刀锯相同，前部的锯齿较大，向后部逐渐减小。鱼头刀锯的使用方法与双面刀锯相同，虽然锯割效率较高，但是锯割材面较粗糙，是一种粗加工锯，为建筑木工支模板常用工具之一。

4）板锯：又称手锯，由锯板和锯把组成，木锯把装于锯板较宽的一端，其外形如图 3-91 所示。板锯的锯板长度为 250 ～ 750 mm。锯板长度 250 ～ 450 mm 的板锯，锯板厚度为 0.8 mm，齿距为 3 mm；锯板长度为 500 ～ 750 mm 的板锯，锯板厚度为 0.9 mm，齿距为 4 ～ 5 mm。板锯有纵割锯和横割锯之分，锯齿形状与框锯锯条的锯齿相同。

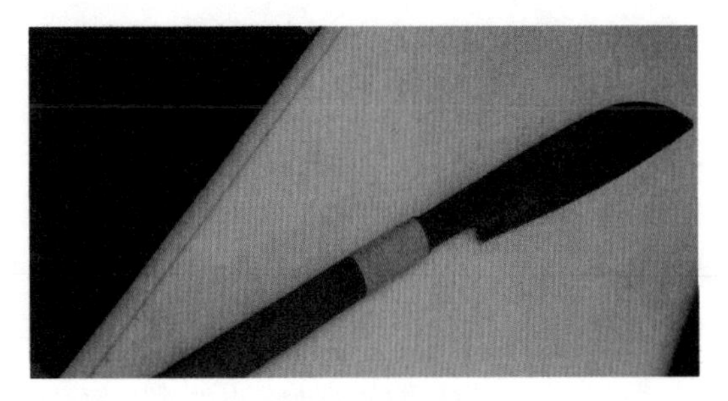

图 3-90　鱼头刀锯

图 3-91　板锯

板锯的锯齿向锯前端倾斜，因此向前推进行锯割，向后拉为空行程。板锯适用于锯割较宽的板材，如胶合板、纤维板等。

（3）刀锯的修磨：修磨刀锯的常用手工具有以下几种。

1）菱形锉：菱形锉断面形状为菱形，前后部宽度相同，尾部装有木把，常用长度为 60 ～ 125 mm（不含木把）。菱形锉的主锉纹较细，适用于锉磨刀锯。

2）刀锯锯夹：它是锉刀锯的专用夹具，如图 3-92 所示，锯夹是用一块固定夹木和一块活动夹木组成，断面形状为等腰三角形。锯夹上部对口处的里面平直，外部刨削成一定斜度。把刀锯的锯板放进口内，通常锯齿部分露出高度为 10 ～ 15 mm。然后把活动夹木塞上，并用锤子敲紧，把锯板夹住，防止锯板在锉锯时产生颤动，确保锯齿锉磨精度。

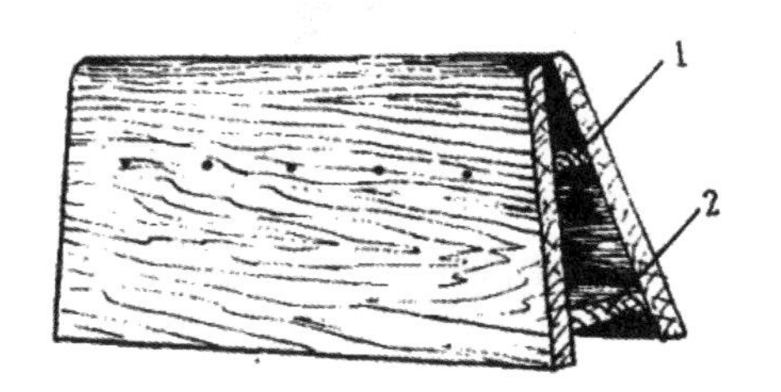

图 3-92　锯夹
1- 固定夹木；2- 活动夹木

除菱形锉和锯夹外，还有平砧、平锤、十字锤、扁锤和尖锤等，如图 3-93 所示。

3）平砧：平砧又称铁砧，材料为铸钢，形状为方形，每边长度大于 100 mm，表面为一水平面。为保证受锤打的锯面不留下锤痕，平砧表面要保持平整光洁。平砧的一个棱边有 10° 的倾斜面，斜面宽度为 8 ～ 10 mm，如图 3-93（a）所示。

4）锤子：长期锯割以后，刀锯的锯板常常出现一些缺陷，例如翘曲（翼扭）、弯曲、松块和凸包等。为消除这些缺陷，要用锤子进行锤打。常用的锤子有大平锤（双面锤）、中平锤（单面锤）、十字锤、扁锤和尖锤。各种锤子的重量和形状均不相同，用途也不一样，应根据锯板存在的不同缺陷选用不同的锤子进行锤打，如图 3-93（b）～（e）所示。

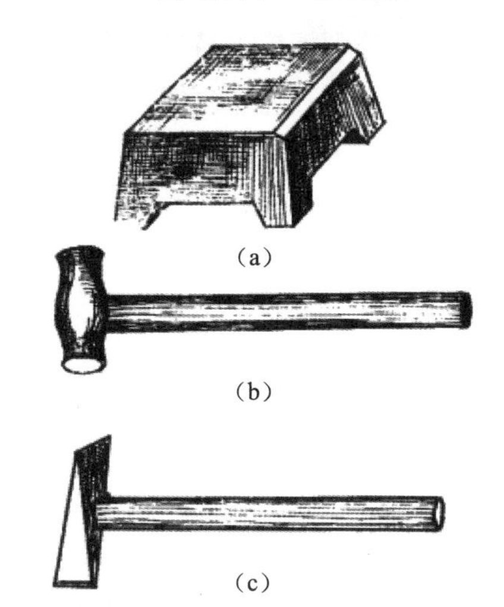

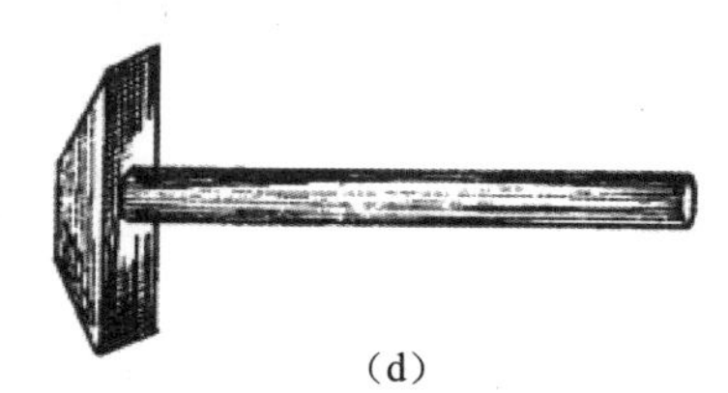

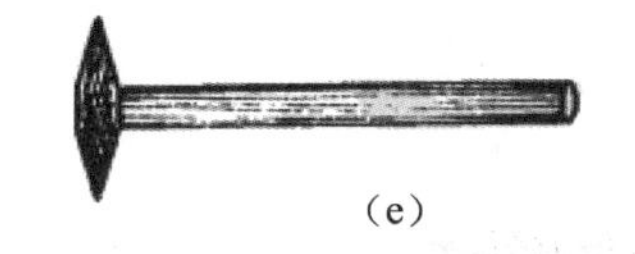

图 3-93　平砧和锤子
（a）平砧；（b）平锤；（c）十字锤；（d）扁锤；（e）尖锤

（4）刀锯缺陷的修整：修整刀锯锯板缺陷的技术比较复杂，要多实践，逐步掌握要领。首先要能识别锯板缺陷的类型、了解缺陷的性质和产生的原因。产生缺陷的主要原因有：

1）刀锯存放不当，受其他工具或物品的长期挤压。

2）锯割时，在锯子偏离锯割线（跑锯）之后，硬性拧扭锯子。

3）锯口过小或不直，锯割时锯板局部摩擦生热，产生热应力。

4）锯齿不锋利或掉齿，锯割时锯板受力不匀。

此外，还有磕碰等一些偶然因素使锯板产生缺陷。

了解锯板缺陷产生的原因和性质，才能确定锤打方法，消除缺陷，否则不仅不能消除缺陷，甚至可能把锯板打坏。因此，修整刀锯的缺陷时，要注意掌握以下要领：

1）认真判断锯板的缺陷性质和部位，选择好锤子类型和落锤点。

2）根据锯板的厚薄、材质软硬和缺陷大小来决定锤力。通常锯板薄、材质软和缺陷小的锯，锤力要小一些；锯板厚、材质硬和缺陷大的锯，锤力要大一些。

3）锤打时，必须使锯板与平砧面贴实，将平砧面和锯板擦拭干净，不要沾有杂物。

4）锤打时，锤柄不要握得太紧。正常情况下，当锤头落到锯板上时，右手凭借弹力将锤抬起，然后利用锤的自重外加适当的力，锤打锯板的缺陷部位。

5）锤打时，落锤要稳、准，不能用锤棱砸锯板，以免把锯板砸出锤痕来。

（5）刀锯锯板缺陷的检查和修整方法：对于刀锯锯板出现的不同缺陷，采用不同的检查和修整方法。

1）锯板翘曲（翼扭）：锯板翘曲是由于锯板内存在各种应力所致，是纵向和横向的综合变形。检查锯板翘曲时，左手握住锯把中部，将锯板前伸，侧立于面前，目视锯板前后两上角，上边是否与前后两下角、下边相重合。然后把锯板翻过来，再按上述方法检查一次。如果两角或上下边局部有不重合处，说明锯板存在翘曲。找准翘曲部位，使用十字锤锤打，由开始翘曲处向翘曲最严重处逐渐锤打。先校正横向变形，再校正纵向变形。打完一面以后，把锯板翻过来，按上述方法锤打另一面，直到使翘曲消失。

2）锯板纵向弯曲：纵向弯曲是在锯板长度方向上的变形，检查时，左手握住锯把中部，将锯板侧立于面前，从锯板的后上角向前上角看，检查后将锯板翻过来，再检查另一边，如图 3-94 所示，找出弯曲的部位和方向。如果锯板两边弯曲部位和方向相同，可将锯板的凸弯面向上放在平砧上，用大平锤或中平锤，从锯板起弯处向纵向弯曲最严重的部位进行锤打。如果锯板一个边弯曲，另一个边平直，将锯板凹弯面向上放在平砧上，根据凹弯边的部位，用平锤锤打相应的平直边，但是锤力要轻，落锤点要少，当锤打到锯板的两边向同一侧弯曲时，再将锯板的凸弯面向上放在平砧上，按上述方法进行锤打，使纵向弯曲消失。

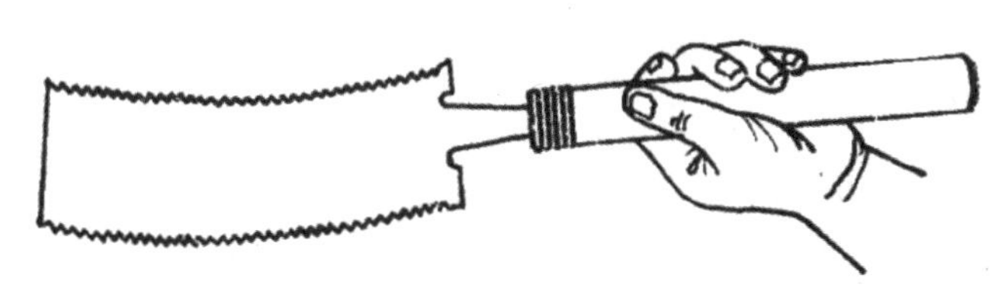

图 3-94　检查纵向弯曲

3）锯板横向弯曲：横向弯曲是在锯板宽度方向上的变形，常常出现在锯板的前端和前半部。检查时，将锯板倾斜向上，侧立于面前，目视锯板两侧面，找出横向弯曲部位。锯板前半部有横向弯曲时，可将锯板后半部放在平砧上，用平锤从锯板中部向后部进行锤打，使横向弯曲向锯把方向延伸，然后把锯板翻过来，锤打横向凸弯。锤打时，根据弯曲的具体情况，平锤和十字锤兼用，用平锤放松锯板的后部，用十字锤锤打锯板前部凸弯处，如果锯板前端有小弯，应先在平砧面上垫一张硬纸板，然后将锯板前端的凹弯向下放在纸上，用十字锤锤打凸弯高处，锤面的长向要平行于锯板的纵向，要注意锤力和锤数，防止把凸弯锤打成凹弯。如果锤打小而薄或横向弯曲较小的锯板，要用扁锤来锤打，锤力要适当。

4）锯板松块（鼓凸）：松块是由于锯钢材质内应力不均所造成的锯板凸凹变形，锯割过程中凸凹部位会有改变。检查松块的方法，用两手拇指由锯板两边向中间对捏，然后由锯板前部向后部对称地上下扳动，如图 3-95 所示，观察扳动部位的情况。如果锯板有松块就会出现活性纹，同时手指有被颤动的感觉，松块严重的时候可听到响声。由于刀锯锯板前端较薄，松块大多产生在锯板的前半部。

修整锯板中部的松块时，用平锤两面对称地锤打锯板松块部位的两侧，如图 3-96（a）所示；如果一侧有局部松块时，用平锤两面锤打松块部位的相对侧，如图 3-96（b）所示。

修整松块时，锤打松块的相对侧，使其放松把松块处拉紧，因此，锤打时锤力的大小，要根据松块部位和程度决定。松块的鼓凸较严重，锤打两面的力量应加大；松块鼓凸轻微，可以一面锤打，也能使松块消失。

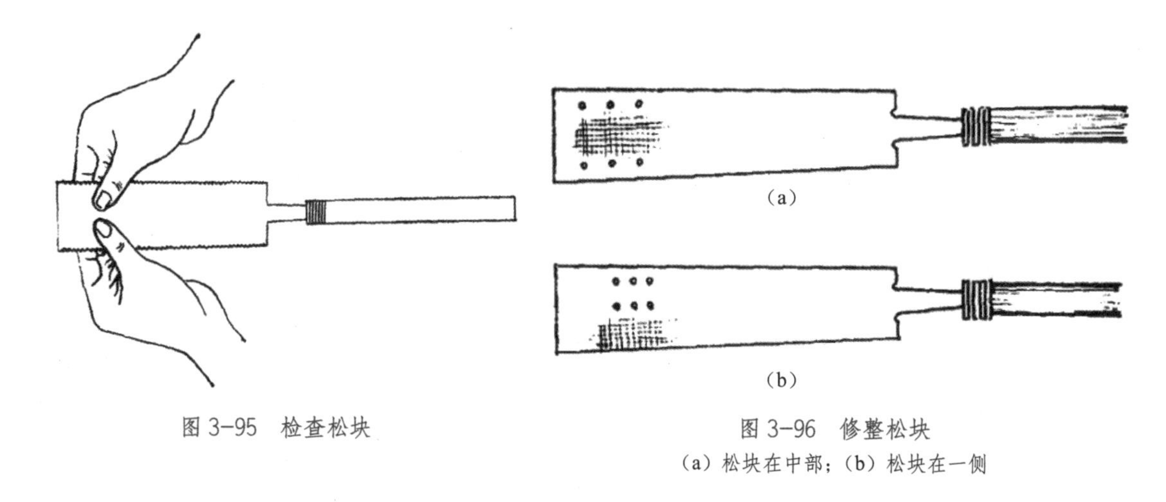

图 3-95　检查松块

图 3-96　修整松块
(a) 松块在中部；(b) 松块在一侧

5）锯板鼓包：鼓包是锯板在外力作用下产生的局部塑性变形，锯板的一面凸出，另一面凹下。经常使用的刀锯，如果锯板有鼓包，鼓包会被摩擦出明显的光泽，很容易判断出鼓包的形状和部位。对于较小的鼓包如果看不出来，可用左手握住锯把中部，使锯板倾斜向上，用右手拇指和食指对捏锯板侧而，沿锯板纵向上下移动，凭手指的感觉确定鼓包的形状和部位，如图 3-97 所示。

锤打鼓包时，应先在平砧面上垫一张硬纸板，然后将锯板的鼓包向上，凹面向下紧贴于硬纸板上，根据鼓包的形状，找准落锤点进行锤打。较硬或较厚锯板的鼓包，使用扁锤锤打；较软或较薄锯板的大鼓包，使用尖锤锤打。用尖锤锤打较大的鼓包时，先锤打鼓包的外围，然后锤打中间，锤打力量要小，利用尖锤落锤点的凹痕，带动鼓包下陷，将大鼓包打成数多的向两面凸的小鼓包，然后再修整小鼓包，直到锯板修整平直。

锤打鼓包时，要轻打勤看。对于有大、小鼓包同时存在的锯板，要先消除大鼓包，然后处理小鼓包。

（6）刀锯锯齿的锉磨：锯齿分纵剖锯齿和横截锯齿，它们的锉磨方法和要求不同。纵剖锯齿的锉磨，使用菱形锉，因为菱形锉较薄，锉磨时要分别锉磨齿喉和齿背。齿喉角 γ 为 0° ～ 12° ，齿尖角 β 一般为 30° ，锉磨齿喉为直磨，菱形锉的锉磨方向与锯板垂直，如图 3-98 所示。

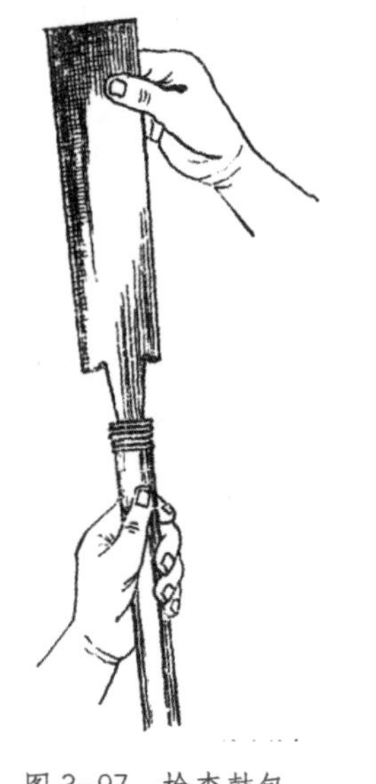

图 3-97　检查鼓包

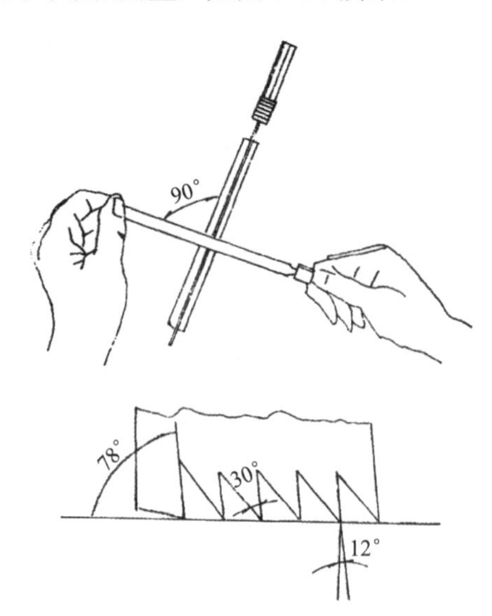

图 3-98　锉磨纵剖锯齿

锉磨前先用锯类把锯板夹住，防止锉磨时锯板颤动。右手握锉柄，左手拇指、食指和中指捏住锉刀的前端，使锉刀与锯板垂直，两手同时用力向前推磨。

横截锯齿的锉磨分两步进行：一是锉磨齿尖（俗称描尖），按锯齿尖端角度把锯齿锉磨锋利；二是锉磨齿仓（俗称掏膛），当锯齿被磨短，齿仓减小，影响木屑排出的时候，就需要掏膛，利用锉的边棱锉磨锯齿，使两锯齿间的夹角加深，增加锯齿高度，扩大齿仓面积以顺利排屑；同时锉磨出锯齿的侧切削刃，锉磨时要根据齿仓的形状和大小，选择锉刀的种类与规格。一般锉磨齿仓使用新锉，锉磨齿尖使用旧锉。

刀锯的横截锯齿齿喉角 γ 为 8°，锯齿需要斜磨，齿侧角 λ_1 为 20°，锉刀与锯身夹角为 70°，齿背角 α 为 20°，锯齿折背处的齿侧角 λ_2 为 20°，如图 3–99 所示。

锉磨前用锯夹把锯身夹紧，选好菱形锉，然后右手握住锯柄，左手再握住右手或横压在右手之上，以适当的压力向前推磨，如图 3–99 所示。

锉磨横截锯齿的齿侧角 λ 时，应向一个方向锉磨。右手握住锉柄，使锉刀倾斜向下锉磨折背处的齿侧角 λ_2=20°。左手握住前端有“V”形缺口的钢片，插入齿仓内，使锉刀左边贴着钢片锉磨齿侧角 λ，保护齿喉，如图 3–100 所示。锉磨时左右锯齿的齿侧角 λ 要分开锉磨，先锉单（双）数齿，锉磨好以后，把锯身翻转过来，使锉刀右边贴着钢片，由下向上锉磨双（单）齿。

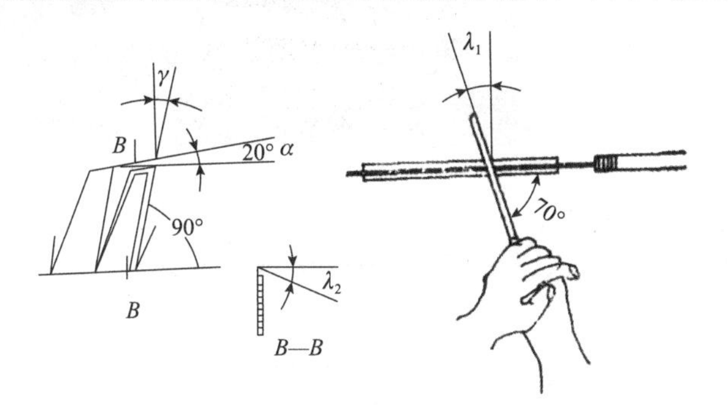

图 3–99　锐磨横截锯齿

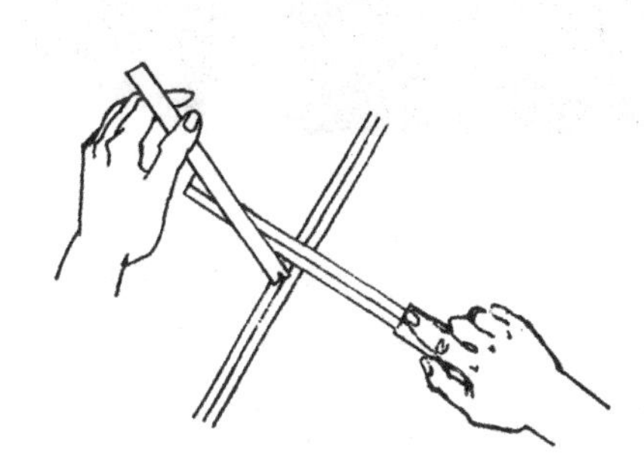

图 3–100　锉磨横截锯齿的齿侧角

锉磨横截锯齿的齿侧角，如果没有专用夹具，可在工作台或木料边上钉左中右三个圆钉，圆钉间的距离根据锯身的长度决定。中间的圆钉作用相当于“V”形钢片，用于保护齿喉，左右两个圆钉，当锉磨左右锯齿的齿侧角时，分别用来托住锯柄。锉磨时，将锯柄搭在右边的圆钉上，左手捏握锯身的上边，控制锯身向右串动，中间圆钉伸进锉磨锯齿的齿仓，右手握住锉柄，使锉面倾斜向下，左边贴着中间圆钉，由下向上锉磨，如图 3–101 所示，锉完单（双）数齿后，将锯柄翻转过来，托在左边的圆钉上，锉刀右边贴着中间圆钉，由下向上锉磨双（单）数齿。

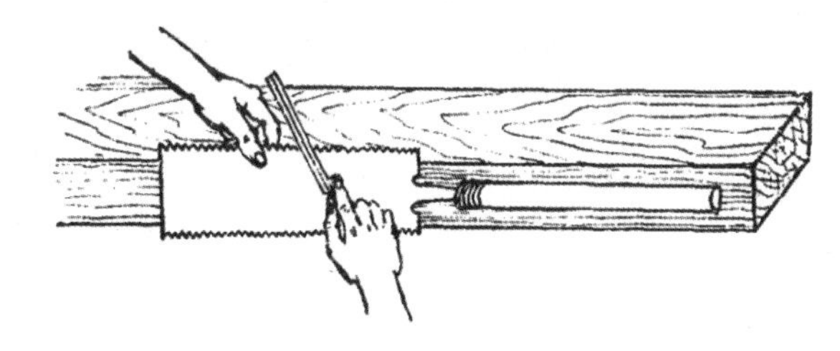

图 3–101　无锯夹锉磨齿侧角

锯身两侧齿侧角锉磨完后，把刀锯立起，用锉面沿锯齿两侧轻轻研磨一两次，清除齿尖侧面的细毛刺，这样，刀锯修磨工作便告结束，可以用来锯割了。

3. 侧锯

侧锯又称割槽锯、搂锯，是在木板上锯割槽沟的专用锯，用于锯割燕尾槽和榫结合处的缝隙。如图 3–102 所示。

钢夹背侧锯的“门”形锯夹，用厚度约 2 mm 的薄钢板制成，将锯板夹紧，保持锯板平直。木夹背侧锯的锯把用硬木制成，其上锯出一深槽，把锯板嵌入槽内，然后用 2 ～ 3 个铆钉把锯板和木夹背铆死固定。

侧锯锯板长度最长为 150 ～ 200 mm，宽为 80 ～ 90 mm。齿形有两种：一种为锯齿由中间向两侧对称倾斜，用于推拉锯割；另一种为横割锯齿形，齿尖朝锯把方向倾斜，锯割时虚送实拉。侧锯的使用与双面刀锯相同，锯槽时，手腕和两臂要随着有节奏的推拉锯割而起伏。

4. 鸡尾锯

鸡尾锯又称开孔锯、狭手锯、线锯，它的结构和刀锯的结构一样，由锯板和锯把组成，主要区别是鸡尾锯的锯板窄而且长，前端呈尖形，如图 3-103 所示。锯板长度一般在 600 mm 以下，常用长度规格为 300、350、400 mm 三种；宽度前端为 5 ～ 6 mm、后端为 30 ～ 40 mm；厚度为 0.9 mm。锯齿齿形与曲线锯齿形相同，齿尖向锯把方向倾斜，齿距一般为 3 ～ 4 mm，锯料为双齿左右对称拨料。

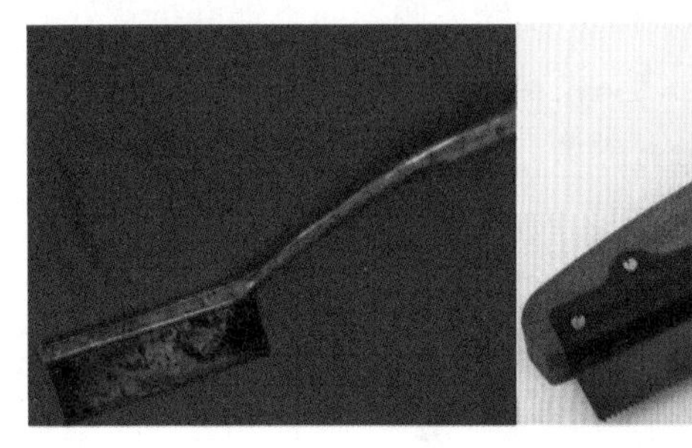
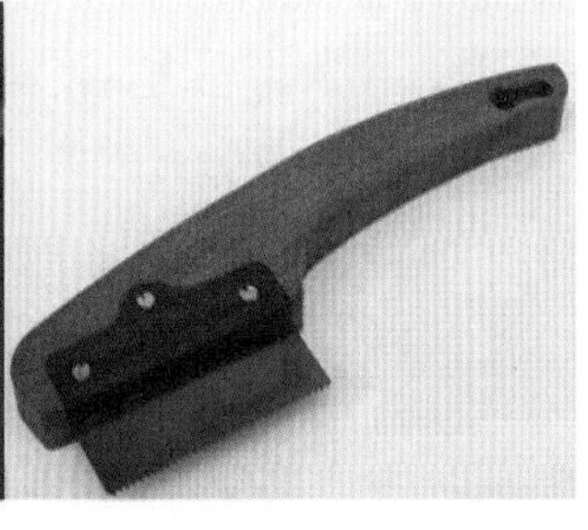

图 3-102　侧锯

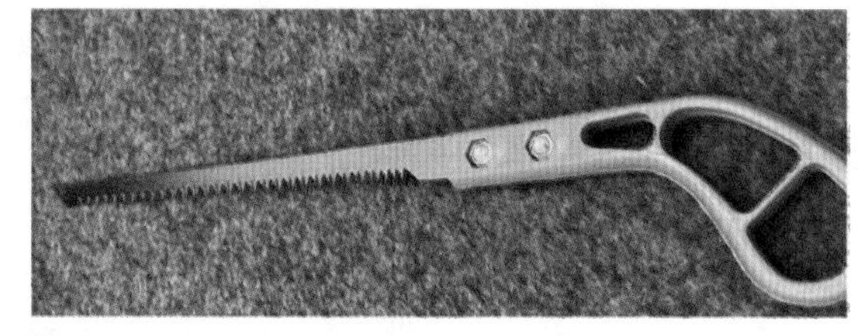

图 3-103　鸡尾锯

鸡尾锯主要用于锯割曲线工件和工件开孔。锯条越窄，锯割的曲率半径越小。用鸡尾锯开孔，先在划好的孔边线上钻或凿一透孔，然后将鸡尾锯前端伸入孔内，使锯前端侧面贴孔壁，沿墨线轻轻锯割、待锯口扩大以后，逐渐增加往返锯割行程。因为锯板窄而且长，所以锯割时用力要轻一些，推拉锯时要稳准，锯板不要倾斜。锯割过程中，如果出现锯板难以绕过曲线时，应该用锯板在原地上下往复锯割几次，待锯出一条较宽的锯口后，再沿着墨线继续向前锯割，不能硬扭锯板，以防止扭弯或折断。

5. 横锯

横锯又称快马锯，锯条长度为 900 ～ 1 800 mm，两端装上手把，供两人推拉锯割。根据用途不同，有纵割锯和横割锯之分，用来纵锯或横锯原木和板方材。

横锯锯割原木有两种方式：立式锯剖，原木上方和下方各站一人，如图 3-104（a）所示；卧式锯剖，原木两侧各站一人，如图 3-104（b）所示。

（a）

（b）

图 3-104　横锯及其使用

（a）立式锯剖原木；（b）卧式锯剖原木

锯割时，要瞄准墨线，开始几下只需短距离往返轻拉，待锯开适当锯缝后，再以正常锯割速度推拉。上锯手握住上锯把，在实送虚拉的同时，掌握锯割方向和角度，不应下压，否则容易跑锯；下锯手握住下锯把，顺其锯势实拉虚送，要向下方斜拉，锯把要平，两手用力要均衡，否则锯条会向用力大的一方跑锯。

先从小头锯割，每锯割 200 ～ 500 mm 一段，在锯缝中加打木楔，以撑大锯缝，减小摩擦，防止夹锯，增加锯割速度。锯割到原木全长的 2/3 后，再从大头处开始锯割。

原木锯割前，首先要在原木上划上墨线，然后按墨线进行锯割。把原木放在木架上或枕槽内，使其弯拱朝上，在上面弹出一条纵长墨线。然后用线坠在原木两端面吊看并划出中心线，把底面翻转朝上，再在底面上弹出一条纵长墨线，这样按墨线锯割就可把原木剖分开。

6. 钢丝锯

钢丝锯又称搜弓子、弓锯、拉花锯，因其形状像弓而得名。钢丝锯是一种常用的木工手工锯，由钢丝锯条和锯弓等组成，如图 3-105 所示。

钢丝锯的锯条是一根直径 0.8 ～ 1.0 mm 的低碳钢钢丝，其上斜向铲剁有锋利的细齿。铲剁锯齿时，把钢丝拉紧平放在硬木板上，将扁凿放在钢丝上，用锤子轻轻敲打扁凿剁出锯齿。剁齿的斜度和用力要保持均匀一致。锯齿不要在同一直线上，要左右错开一些，相当于锯料，这样锯割时可以减少摩擦，防止夹锯。钢丝的长度一般为 500 mm。锯弓用弹性好的竹片弯成，在锯弓的两端钻有小孔，圆钉穿过小孔后弯成钉钩，将铲剁好的钢丝挂在钩上，齿尖朝下，利用锯弓竹片的弹性张力把钢丝张紧拉直。

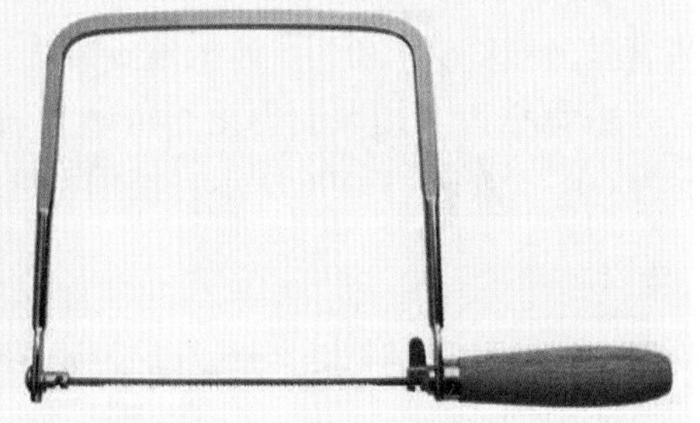

图 3-105 钢丝锯

（1）钢丝锯的用途：与曲线锯、鸡尾锯基本相同，但比它们更灵活、更细巧。钢丝锯用来锯割较薄板材的曲线图案和各种细小弯曲的木制品零件；用鸡尾锯难以锯割的弧形图案，也可用钢丝锯锯割；钢丝锯还常常用来锯割抽屉的燕尾榫。使用钢丝锯锯割内曲线时，先在工件上钻一小孔，然后将钢丝锯条穿过小孔，钩在锯弓端部的钉钩上。左手压稳工件，或用脚踏住工件，右手握住锯弓的上端，沿着墨线推拉进行锯割。

使用钢丝锯锯割时，用力不宜过大，要轻拉轻推，钢丝锯条与工件面要垂直，头部要躲开钢丝的顶端，防止钢丝折断弹伤脸部。钢丝锯用完以后，要将其放松，避免锯弓疲劳过度而弹性降低，影响拉紧钢丝的张力。

（2）钢丝锯的修磨：锯的修磨是提高劳动生产率、保证锯割质量的重要措施。新买的锯条要经过拨料和修磨后才能使用。锯条经过长时间使用后，锯齿变钝，锯料减小，锯齿变得高低不平，锯身出现凸凹、弯扭等缺陷，需要进行修磨，具体内容包括拨料、平齿和锉锯。锯子只有经过修磨，才能达到锯身平直，锯齿锋利，锯料适当，这样的锯子才好用，才能保证锯割质量，提高锯割效率。

框锯条的修磨包括锯齿形状、齿锯与齿高、齿形角度。

1）锯齿形状：齿形是影响锯割的重要因素之一，因为锯割对象不同，其齿形也有所不同。

2）齿距与齿高：齿距是决定锯齿大小的基础，它与齿高有密切关系。齿距大，齿高也大，锯割时排屑容易，锯割轻快，但是每齿切削量增加，影响锯齿寿命；齿距小，齿高也小，每齿切削量小，锯齿寿命长，材面光洁，但是排屑困难。框锯条的齿距和齿高，根据锯割对象、加工精度的要求凭经验确定。一般情况下，锯割湿材、软材，齿距要大些；锯割干材、硬材，齿距要小些。用于剖料时，齿距可以大些；用于精加工时，齿距要小些。例如用于锯割榫肩的细锯，齿距为 2 mm，能确保锯出的榫肩材面光洁。

3）齿形角度：齿喉角 γ、齿尖角 β 和齿背角 α 是锯齿的基本角度，对于锯割质量和锯割效率影响很大。锯齿的这三个角度是互相影响的，它们的大小，根据工件材质的软硬、干湿、纵剖还是横截来选择。锯割所需要的切削角 δ 是齿尖角 β 和齿背角 α 之和，故切削角 δ 加上齿喉角 γ 恰为 90°，所以切削角 δ 受齿喉角 γ 的影响。齿喉角 γ 增大，切削角 δ 减小，锯齿锋利，锯割轻快，锯割质量好。

手工操作通常用斜度表示齿形角度，所谓斜度，是指锯齿前面与锯条长度方向之间的夹角，斜度因锯的用途不同而异。一般纵割锯的斜度为 80°，即切削角 δ 为 80°，齿喉角 γ 为 10°；如果专用于纵向锯割松、椴等软杂木，则斜度为 75°，齿喉角 γ 可增大到 15°；横割锯的斜度为 90°，即切削角 δ 为 90°，齿喉角 γ 为 0°；细锯的斜度为 100°，则齿喉角 γ 为 −10°。

在我国北方的木家具制作中，框锯锯齿常用基本几何尺寸和角度的经验数据如下。

①开榫用纵割锯：齿距 3 ～ 4 mm；齿高 2 ～ 3 mm；齿喉角 γ=7° ～ 10°；齿尖角 β=50° ～ 55°；齿背角 α=20° ～ 30°；齿根角 φ=60°。

②横割锯：齿距 4 ～ 5 mm；齿高 2.5 ～ 3.5 mm；齿喉角 γ=0° ～ 2°；齿尖角 β=58° ～ 60°；齿背角 α=28° ～ 30°；齿根角 φ=60°。

框锯锯齿多用截面为正三角形的三角锉锉磨，当齿喉角 γ 为 0° 时，则齿背角 α 为 30°，齿根角 φ 为 60°，如图 3-106 所示。使用刀锉锉磨时，则齿根角 φ 是变化的。

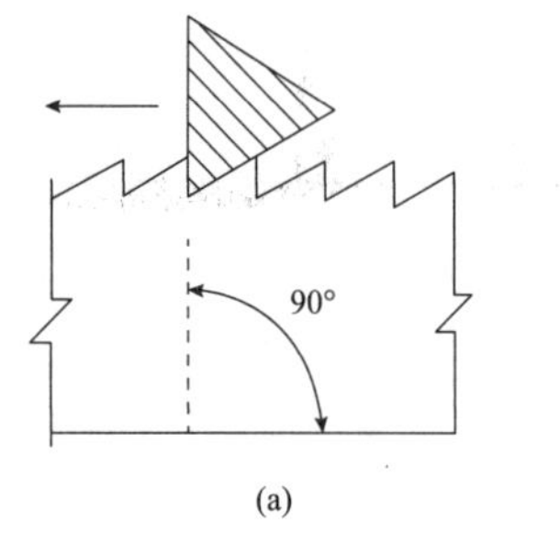

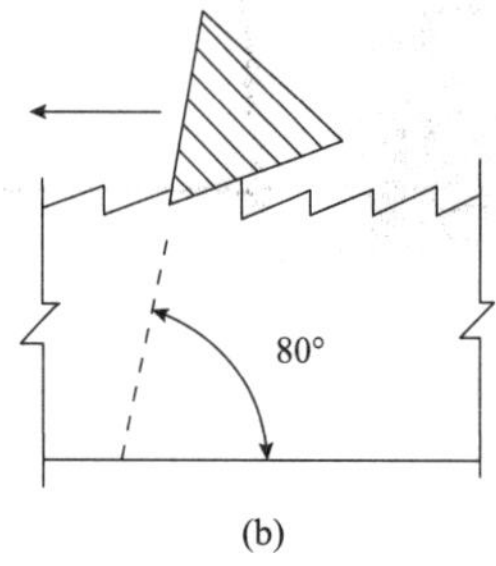

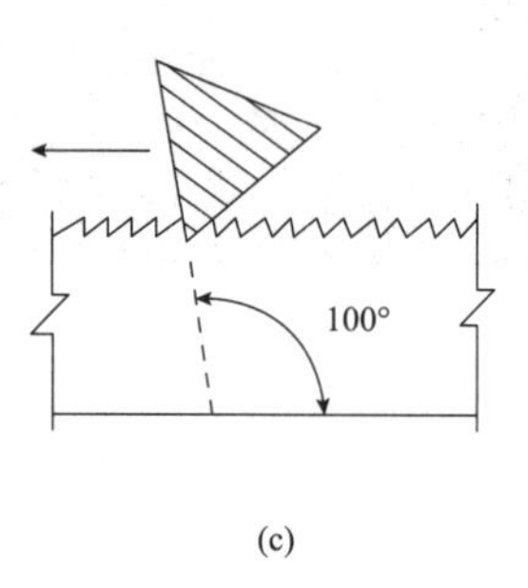

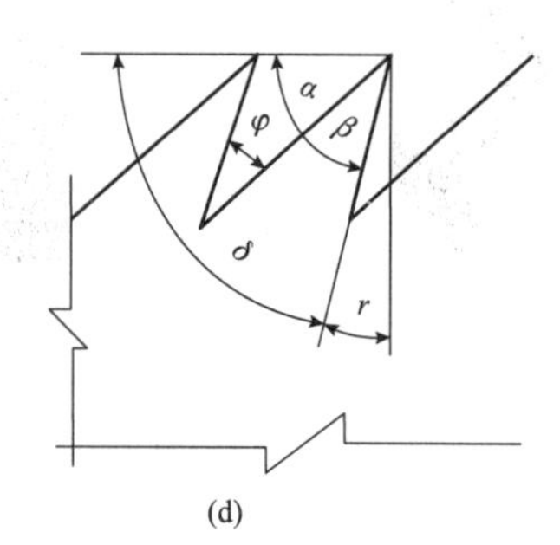

图 3-106 框锯齿形

（a）横割锯；（b）纵割锯；（c）细锯；（d）齿形角

γ—齿喉角；β—齿尖角；α—齿背角；δ—切削角；φ—齿根角

4）锯料：框锯的纵割锯和横割锯除齿形角度不同外，锯料也不同。锯料就是锯齿在锯条两侧齿刃的加宽部分，其大小用锯料量表示，工人通常称为料度或路度。锯子有了锯料，锯割出来的锯口宽度大于锯条本身厚度，减小了锯条与材面的摩擦，防止夹锯，不仅排屑畅通，而且导锯准确，不跑锯。

锯料大小的选择，要考虑锯割工件材质的软硬、加工的精度要求、锯条的厚薄等。一般来说，锯割硬材、干材，或纵向锯割、精加工时，锯料较小；锯割软材、湿材，或横向锯割，粗加工时，可用较大的锯料。因为软材、湿材的木纤维有韧性，如果锯料小，操作不仅费力，而且容易产生夹锯现象。通常情况下，纵割锯的锯料为锯条厚度的 0.6 ～ 1.0 倍；横割锯的据料为锯条厚度的 1.0 ～ 1.2 倍。

锯料是将锯齿交错向锯条两侧拨弯形成的，这种操作叫作拨料。拨料的方法有两种：一种是用拨料器（又称料拨子）分拨；一种是用修料的小锤砸。框锯锯齿较短，锯料都是用拨料器拨出来的，如图 3-107 所示。最简单的拨料器，用 2 ～ 3 mm 厚的钢板，在上面按不同锯条厚度锯出缺口制成，也可以使用旧刨刀在两边按锯条厚度分别切割出大小不同的缺口作为拨料器。

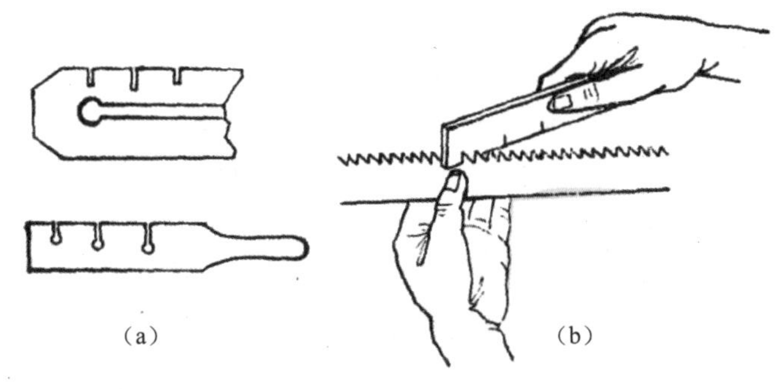

图 3-107　拨料器及其使用

（a）拨料器；（b）拨料器的使用

拨料时，左手拇指、食指和中指捏住拨料的锯齿附近，右手握住拨料器，根据锯齿的大小和锯条的厚薄选择相应的缺口，卡在锯齿上，向锯条两侧扳拨，拨开的程度要符合锯料大小的要求。

锯料的形式（又称料路）有两料路和三料路两种。两料路以相邻两齿为一组，将齿尖一左一右分别拨开，所以又称为左右料路或人字路，如图 3-108（a）所示。三料路有两种锯齿排列形式：一定两开料路以相邻三个齿为一组，中间齿不拨料称为平齿，它上下的两齿向左右分拨，如图 3-108（b）所示，所以称为左中右料路；一定一开料路以相邻四齿为一组，一个齿向左拨，一个齿不拨，一个齿向右拨，一个齿不拨，所以称为左中右中料路，如图 3-108（c）所示。

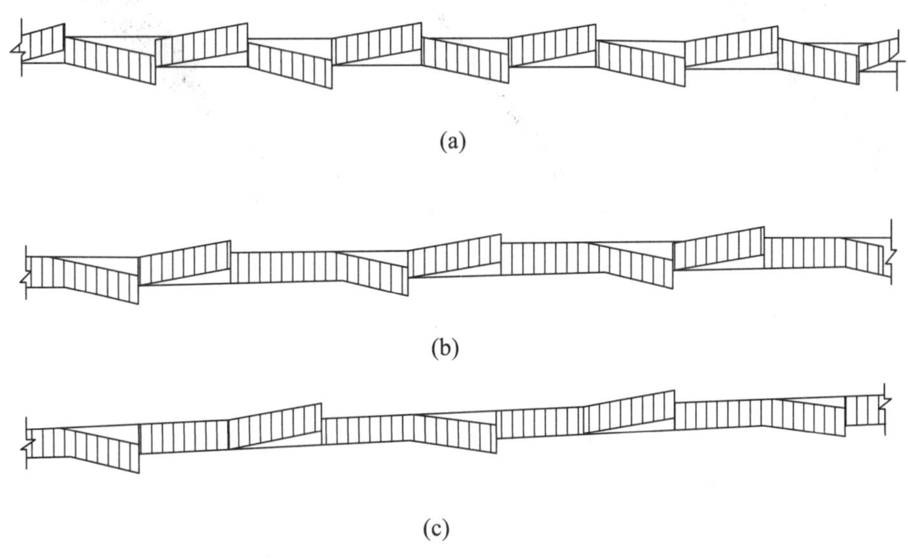

图 3-108　锯料的形式

（a）左右两料路；（b）左中右三料路；（c）左中右中三料路

拨料时，锯条的中部（占锯条总长的 3/5）的锯料要拨得大些，而锯条上下两部分（各占锯条总长的 1/5）的锯料可以拨得小些。或者锯条中部拨料，而锯条的上部和下部不拨料。这样锯料，有利于排屑和提高锯割效率。也可以将锯条上部的锯料拨得大些，下部锯料拨小些，这样锯料，虽然锯割速度较慢，但不易跑锯。

上述三种锯料形式，从理论上来说以左右料路为好，因为这种锯齿的实际齿距小，切削省力，表面光滑，同时每齿负荷均匀，但是导向性不如其他两种好，容易跑锯。因为人工拨料总不会很准确，所以存在着锯料不均，这是造成跑锯的原因之一。这种锯料形式多用于横割锯。

左中右料路的实际齿距大于左右料路，但是比左中右中料路小。因为每两个齿就有一个齿不拨料，导向性好，能够稳定锯条，不使其左右摇摆，保证锯口平直，因此锯割表面比较光洁，锯割比较省力，提高了锯割质量和效率。纵割锯多采用左中右料路。左中右中料路的齿距最大，一般纵向锯割湿木料或硬质木料时，采用这种锯料形式。

锯料均整与否，对锯割速度和锯割质量有很大影响。不论左右料路，还是左中右料路，都必须对称均匀。如果左右锯料倾斜度不对称，则锯割工件时就容易跑锯，工件的锯口就会向锯料倾斜度较大的一侧偏移，影响锯割质量。

拨料时，要根据锯齿的大小和锯条的厚薄，选择拨料器的合适缺口。同一根锯条，要用同一拨料缺口，不要随意调换，否则拨出的锯料不等。拨料用力大小要保持一致，用力过大，有时会把锯齿掰掉；用力太小，则达不到拨料的要求。

新锯条的锯齿第一次拨料时，更要注意。因为对新锯条材质的韧性不了解，开始拨料时用力要小一些，拨出几个锯齿后，通过观察分析，确定拨料用力的大小。

5）锯齿的锉磨：框锯条的锯齿拨料后，经过平齿，用钢锉把锯齿逐个锉磨锋利。钢锉通常有平锉（板锉）、三角锉、菱形锉（刀锉）三种，如图 3-109 所示。

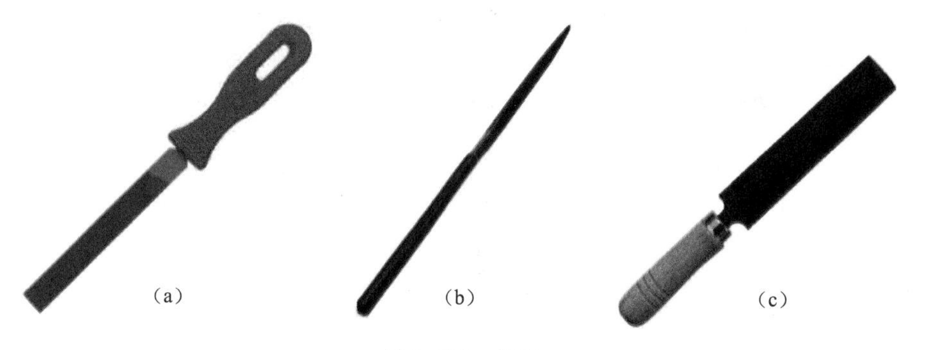
(a)　　(b)　　(c)

图 3-109　钢锉

(a) 平锉；(b) 三角锉；(c) 菱形锉

平锉截面形状为矩形，专门用于修锉高低不平的齿尖，使齿尖平齐。常用Ⅱ号中锉，长度为 150 ～ 250 mm，每 10 mm 长度上有主锉纹 12 ～ 16 条。平齿除用平锂外，还可用平整的油石平放在锯齿尖上来回研磨。平齿并不是每次修锯时都要进行，只有当锯齿经过长时间使用，齿尖出现长短不一，高低不平时，才进行平齿。检验齿尖是否平齐一致，可将齿尖对着光亮检查。被锉掉的齿尖会出现白色反光，当低齿反光点刚露光时，说明齿尖已经平齐。平齿锉齿尖时，要沿齿背方向锉磨，保证齿高相同。

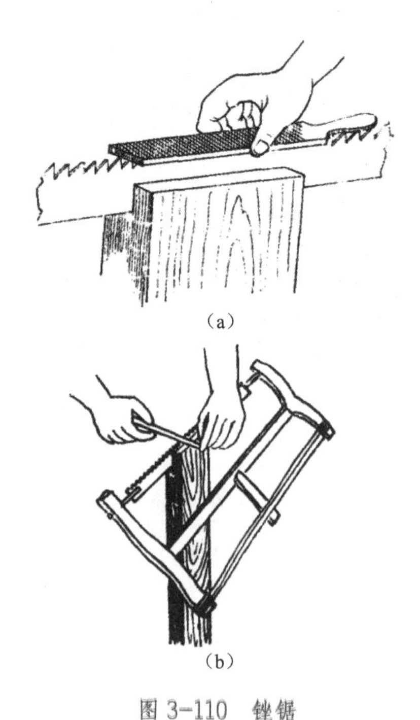
(a)

(b)

图 3-110　锉锯

(a) 平齿；(b) 锉齿

三角锉的断面形状为正三角形，前端比较细，尾部装有木柄，专用于修锉框锯条的锯齿。锉锯时可用细齿锉和中齿锉，一般常用长度为 80 ～ 125 mm 的细齿三角锉。当锉磨细锯的锯齿时，可采用什锦三角锉。

锉磨锯条时，先选择一块较厚的木板，在端面上锯出一道宽度等于锯条厚度的锯口，其次把锯条嵌入固定，嵌入深度要大于锯条宽度的一半，最后进行平齿和锉齿，如图 3-110 所示。

锉锯时，右手握锉把，左手拇指、食指和中指捏住锉的前端，

双手把锉端平，锉刀与锯条要垂直，每个锯齿锉磨次数要相同，用力要均匀，向前推进行锉磨，锉面用力摩擦锯齿，要锉出钢屑，回拉时，轻抬锉面，轻轻滑过，尽量不要碰到齿尖，要边锉边检查，保持锯齿大小一致。锉磨较大锯齿时，要用较长的三角锉，采用双手握锉进行锉锯。

框锯条锯齿锉磨后，应达到以下质量标准：

①锯齿要平齐，否则锯割时容易产生跳动。

②锯齿齿距要相等，无大小不一、齿距不等的现象。

③锯齿的切削角度（斜角）要符合锯的类型要求。

④锯料要相等，否则在锯割过程中容易发生跑锯现象。

为了使框锯经常保持良好状态，除注意维修外，还必须注意保养。不用时，要放松张紧螺栓或绞绳，使锯条松动，以免锯框失去弹性。不要在太阳光下曝晒，以防锯架变形。在锯割过程中，如果出现夹锯现象，可在锯条上涂些润滑油，以减轻摩擦。如果长期不用，要将锯条涂上润滑油，用纸包起来，挂在墙壁上保存，防止锯条生锈。

3.4 任务实训

◇ 工作情景描述

学校木工坊有批手工锯，年久未用，无法满足正常的教学需求，委托我们进行分类、调试、保养，现开始进行工作。

◇ 工作任务实施

工作活动 1：手工锯识别

活动实施与记录

活动步骤	活动要求	活动安排	活动记录
步骤 1	手工锯识别	具体活动 1：框锯区分	合格○ 不合格○
		具体活动 2：夹背锯区分	合格○ 不合格○
		具体活动 3：钢丝锯区分	合格○ 不合格○
		具体活动 4：刀具区分	合格○ 不合格○
步骤 2	锯齿齿形区分	具体活动 1：锯齿区分（横截）	合格○ 不合格○
		具体活动 2：锯齿区分（纵剖）	合格○ 不合格○

工作活动 2：原料开料

活动实施与记录

活动步骤	活动要求	活动安排	活动记录
步骤 1	画线	具体活动 1：墨斗弹线	合格○ 不合格○
		具体活动 2：铅笔画线	合格○ 不合格○
步骤 2	开料	具体活动 1：框锯开料	合格○ 不合格○
		具体活动 2：刀锯开料	合格○ 不合格○

工作活动 3：直角榫制作

活动实施与记录

活动步骤	活动要求	活动安排	活动记录
步骤	直角榫制作	具体活动 1：纵向锯切	合格○ 不合格○
		具体活动 2：横截锯切	合格○ 不合格○
		具体活动 3：榫头修整	合格○ 不合格○

工作活动 4：榫头质量检验

活动实施与记录

活动步骤	活动要求	活动安排	活动记录
步骤 1	直角度检验	具体活动 1：相邻表面直角度 1	合格○ 不合格○
		具体活动 2：相邻表面直角度 2	合格○ 不合格○
步骤 2	榫尺寸检验	具体活动 1：榫长度检验	合格○ 不合格○
		具体活动 2：榫厚度检验	合格○ 不合格○
步骤 3	适配度检验	具体活动 1：宽度适配度检验	合格○ 不合格○
		具体活动 2：厚度适配度检验	合格○ 不合格○
步骤 4	表面质量检验	具体活动 1：表面锯痕检验	合格○ 不合格○
		具体活动 2：表面过切检验	合格○ 不合格○

◇ 评价总结

评价指标	权重 /%	评价等级				
		优秀 （90～100分）	中等 （80～89分）	良好 （70～79分）	合格 （60～69分）	不合格 （0～59分）
手工锯识别	10					
原料开料	20					
直角榫制作	40					
榫头质量检验	30					
总分						

任务4　凿削工具的使用

4.1　学习目标

1. 知识目标

（1）掌握凿削工具的分类及用途。

（2）掌握凿（铲）子的基本结构。

（3）掌握凿（铲）子的刃磨与保养方法。

2. 能力目标

（1）能够利用凿削工具进行榫眼加工与形状修整。

（2）能够进行凿（铲）刀刃磨。

（3）能够进行凿（铲）子保养。

3. 素质目标

（1）勇于奋斗、乐观向上，具有自我管理能力、职业生涯规划意识。

（2）有较强的集体意识和团队合作精神。

4.2　任务导入

“凿”，现代汉语规范一级字（常用字），最早见于商朝甲骨文时代，在六书中属于形声字。“凿”字，在《说文解字》中的解释为“穿木也，从金”。“凿”的基本含义为挖槽或穿孔用的工具，称“凿子”，引申含义为穿孔、挖掘，如凿孔。由此可见，凿子的出现在我国历史上是非常早的，且应用十分广泛，木匠有木工凿，铁匠有铁匠凿，石匠有石匠凿，各自形式不同，但功能多相同。如民间常用谚语“铁匠使凿子——斩钉截铁”，可见铁匠手中的凿子的主要功用。

本任务要求借助凿子对已经完成榫眼绘制的零部件原料进行榫眼加工，并利用铲子对已经加工好的榫眼、榫头进行修整，确保装配密实。

4.3　知识准备

1. 常规木工凿

木工凿是木工最为重要的手工工具之一，其作用是在零部件上进行开凿榫孔、沟槽、雕刻和铲削等工作。

（1）木工凿的分类。木工凿一般分为中式、日式、欧式等三类，其三式既有相同之处也有不同之处。针对不同的使用目的，木工凿的种类繁多，常用的有扁铲（薄凿）、平凿、斜铲（斜凿）和圆凿等。凿用于凿榫孔和剔槽，通常用斧子或锤子等锤打，凿身较厚；铲薄于凿，通常用于修削刨子不能刨削的部位，依靠用腕力或结合肩膀力量完成铲削和修刮，其刃口薄而锋利。在木工雕刻中所用到的凿、铲因其使用的特殊性通常与普通木工凿略有不同。

木工凿的规格以刃宽为准，常用凿刃宽度为1分（3 mm）、2分（6 mm）、3分（9 mm）、4分（12 mm）、5分（15 mm）、6分（18 mm）和7分（21 mm）等多种。制作家具通常使用3～5分的凿，以宽度为3分和4分两种凿使用最普遍。建筑木工用的凿，因为制作屋架和门窗等，所以凿刃较宽一些。

（2）木工凿的组成。木工凿一般由凿刀（凿头）、凿柄（凿把）和凿箍（铁箍）三部分组成。

1）凿刀：凿刀因受较大的冲击和弯曲，要求有较高的刚度，因此其刀体较厚，由刀头、刀颈、刀裤三部分组成，为了易于凿削和保持一定的刚度，其刀体自下而上逐渐加厚。为了避免凿的两侧与木材摩擦，其两侧刃部宽，根部略窄，截面为等腰梯形。一般而言，中式与日式木工凿的凿刀部分金属多为双金属，主切削刃为优质的弹簧钢，刀体为铁制。金属的力学特性往往是刚度大，韧性相对就差，而在木工凿的使用过程中要求切削刃具有良好的刚度，保证其切削的锋利度。同时在刃磨的过程中要求具有良好的韧性，方便刃磨。因此，木工凿的制作过程中常采用贴钢工艺将两种不同性质的金属锻造到一起制造成木工凿，这样就保证了切削部分锋利无比，刃磨的时候相对容易。

中式凿、日式凿多为贴钢，也有部分为全钢产品。欧式凿多以全钢产品为主。

中式木工凿的凿刀一般长度比较短，厚度较厚，凿的四个面的相邻边接近直角，凿刀与凿裤多为一体结构，如图 3–111 所示。

日式木工凿的凿刀制式有两类，其中一类与中式基本相同，长度也基本相同。凿刀与凿裤多为一体结构。另一类与中式差别比较大，长度略长，凿刀与凿裤分体结构，刀体正面存在明显的凸起，两侧倒角大已经形成两个单独斜面，如图 3–112 所示。

欧式木工凿的凿刀制式与中式相近，长度基本相同，凿刀与凿裤多为一体结构，多为全钢产品。如图 3–113 所示。

图 3–111　中式凿子

图 3–112　日式凿子

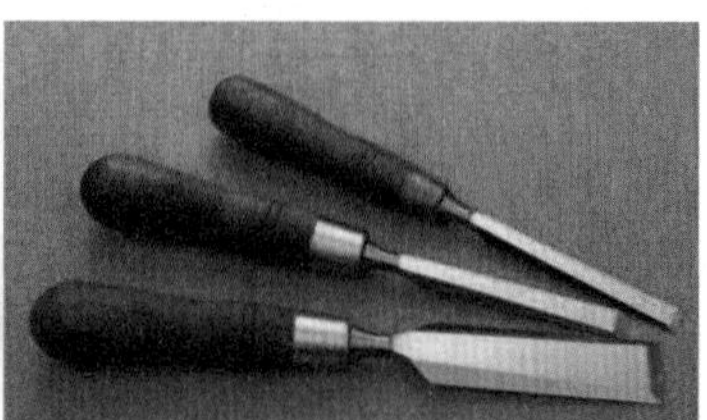

图 3–113　欧式凿子

通常凿的正反面所夹形成的楔角对加工具有一定的影响，被加工木料的硬度越大，楔角越大，被加工木料的硬度越小，楔角越小。由于部分木工长期制作单一硬度的木材，因此对刃磨角度进行了修改，硬木采用 30° 以上楔角，软木采用 30° 以下楔角。对于绝大部分木工，由于其加工的木材软木、硬木交杂，因此多采用通用凿，其楔角一般为 30° 左右。

2）凿柄：一般采用优质硬木制作而成，是手握持的部位，其端部要经得住斧砸锤打，因此除要求有较高的强度外，还要求表面光滑并富有良好的韧性。制作凿柄的木材为木质坚硬的柞木、白蜡、桦木、檀木等，凿柄下端嵌入凿裤（凿刀上部的锥套），上端箍以铁箍。为操作灵活，凿柄不宜太长，除装入凿裤的部分外，露出的长度略大于一拳，凿柄长度一般为 130 ～ 150 mm，粗细以用手握着舒适为宜，直径为 25 mm 左右。

铲的凿柄与凿的凿柄不同，不设有凿箍，并经过处理，无直角边角，相对圆滑，这和其使用的方式存在必然的联系，凿在使用中主要是靠斧、锤敲击完成加工。铲在使用过程中主要采用掌心推或肩膀顶来获取加工外力，因此尾部不设有金属箍并且光滑圆润。另一方面，由于铲在使用过程中经常使用肩膀顶以提高进给力量，往往其凿柄长度要长于凿，一般长度为 200 ～ 250 mm。

3）凿箍：凿箍的主要作用是当用斧子锤打凿柄时，防止把凿柄打裂，以保护凿柄。凿箍装在凿柄上之后，要用小锤慢慢敲打木柄顶端，使其扩展，以防凿箍掉下来。一般凿箍多采用金属制成，我国南方地区，如安徽、浙江、重庆等区域，也常采用牛筋、麻等材料缠绕于凿柄末端代替金属箍。

中式凿、日式凿的凿柄制式相同，欧式凿的凿柄一类为无凿箍，多呈现为半圆状，配合欧式木锤使用，不能使用斧子、金属锤子进行敲击，另一类为有凿箍，使用方法同中式凿、日式凿。

（3）木工凿的使用。凿的使用是木工操作的一项基本功，初学者应先练习凿通孔（直透眼），因为通孔是分为两个相对面分别凿，极容易出现双向凿削无法对齐的问题，待练习熟练后再凿斜孔（斜眼）和盲孔（半孔、半眼）。目前木制品零件榫卯连接多采用以盲孔为主，因为盲孔组装起来的家具，表面不显露出木材端头，涂饰加工时色彩光滑美观。盲孔的深度为工件凿眼方向上厚度的 3/5 ～ 2/3 。

工件凿眼前，依据产品图纸在木制品零部件上划好尺寸线，然后用划线器（勒子）把榫眼（孔眼）的位置定好并划上痕迹，把工件水平放置在木工工作台或木凳上，选好同榫眼一样宽度的凿子进行加工。对于较长的工件，操作者可将零部件压在左侧臀部下，坐在零部件的右上面，两腿置于工件的右侧（习惯使用左手的操作者方向相反）。木工凿的位置靠近左腿外侧，左手握扶凿柄，右手稳握斧柄或锤柄，击打前斧柄基本垂直于右腿上方，如图 3-114 所示。如果工件较短（400 mm 以下），操作者可用左脚踏住工件进行凿眼加工，在实际操作中，操作者也可借助木工工作台上的台钳或夹具将零部件夹紧后进行加工。

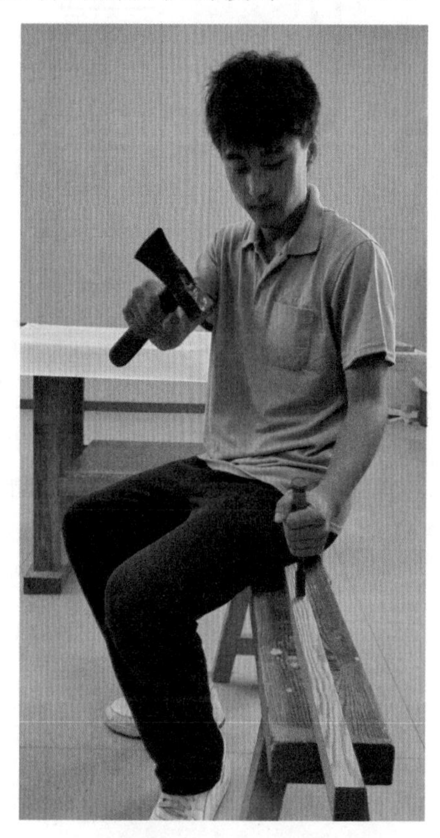
图 3-114　凿眼的姿势

凿眼时，将凿刃放在靠近身边的横线附近，距离墨线 3 ～ 5 mm，凿刃斜面向外，凿身垂直工件，用斧或锤打击凿柄顶部，使凿刃垂直切入零部件内一定深度，常采用“一凿三晃”的手法，以确保木工凿可切入零部件内部，不被木材夹持无法拔出木工凿。第一凿凿削加工完以后拔出木工凿并前移一段进行斜打（一般习惯性倾斜角度各有不同，常见的为 5° 左右，并无具体实际要求，以操作者习惯为主）切入工件，把凿削下的木屑剔出。此后沿着加工基准线依次反复打凿和剔出木屑，当凿至另一横线附近 3 ～ 5 mm 时，将木工凿刃翻转过来，垂直打凿切入工件并剔出木屑。凿到需要的孔深后，要修凿前后孔壁，但是两条横线要留下一半线，不要把线全部凿掉，以备检验。

凿通孔时，先凿背面的榫眼，逐渐由浅入深，凿出的孔深应超过零部件厚度的一半之后，把工件垂直翻转 90° 再凿正面的孔眼，两侧榫眼加工依据基准相同，从正面将眼凿透，按如图 3-115 所示顺序操作。这样凿出的榫眼能保证正面平整和孔壁光洁，孔口四周不会产生撕裂现象。榫眼的正面两端要留线，而背面不留线，这样可以避免组装榫卯时，榫头伸出榫眼过程中，榫头顶部边角将榫眼边部顶裂，从而产生劈裂现象。同时孔内两端面中部要略微凸出些（做鸡心），通常硬木类材料凸出 0.2 ～ 0.3 mm，软木材料凸出 0.5 mm 左右，以便挤紧榫头，如图 3-116 所示，如加工零部件组装时不进行加楔子处理的话，不留鸡心。凿好的孔眼要方正，不能歪斜、破裂，孔眼内要干净，如果孔壁毛糙，要用扁铲修光。

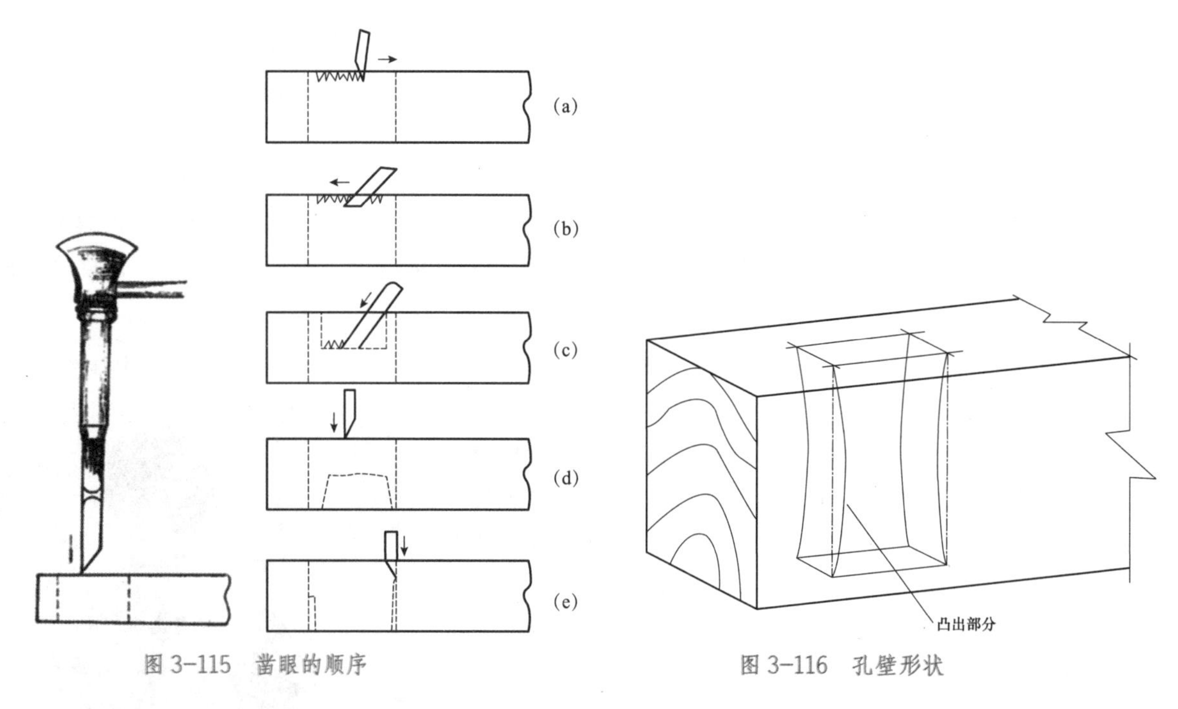

图 3-115　凿眼的顺序　　　　图 3-116　孔壁形状

凿榫孔加工操作过程中，注意事项如下：注意检查斧（锤）头和斧（锤）柄的连接是否牢固，以防斧（锤）头滑脱伤人。用斧或锤击打凿柄时，要拿稳打准，不能偏斜，防止伤手。在击打凿柄时，左手要紧握凿柄，不要使凿左右摆动。防止把榫孔凿歪，榫孔凿到一定深度时，每击打一次凿把，要将凿身晃动一下，以防止夹凿并及时将凿下的木屑剔出。如果工件夹住木工凿时，摇晃凿身不可用力过猛，以防止凿子滑脱，划伤大腿。

凿削通孔时，用凿向外剔出木屑以防止将榫眼端部挤压变形；要在距孔端划线 3 ～ 5 mm 处下凿，不能从榫孔端部划线处凿起；榫眼凿透之后，用凿子贴着孔端划线，分别从正反两面由孔外向孔内垂直凿通，并修正至平滑。

凿的刃口要保持平齐锋利，当刃口出现长短角倾斜时，要及时研磨平齐，否则榫孔会出现向长角一侧倾斜的缺陷，导致榫孔不正加工质量降低，直接影响后期组装精度。

凿削硬质木料或遇有节疤的榫孔时，向前移凿的距离要小，敲击不要过重，向上剔出木屑要轻，否则容易损伤木工凿的刃口。

木工凿除用来凿眼外，还可用来凿剔插皮榫。操作时，选用凿的宽度应与榫的宽度相同，凿剔如图 3-117 所示顺序操作。首先呈 V 形斜向凿剔，然后贴着榫的端线分别向里垂直凿剔。

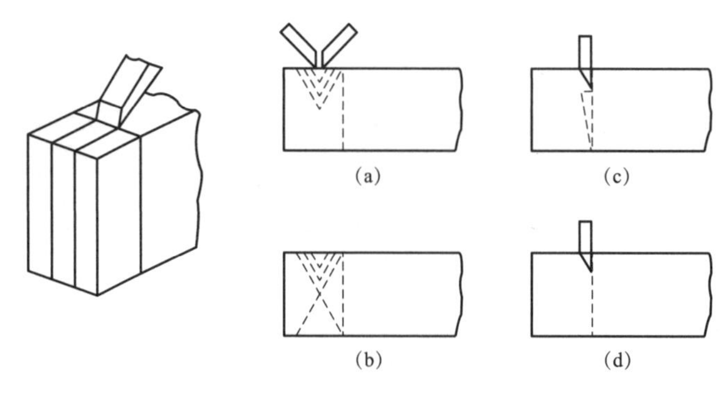

图 3-117　凿剔插皮榫

2. 其他特殊木工凿（铲）

（1）铲：铲和凿属于同一类型的工具，只是铲稍薄于凿，多用来雕刻和铲削，因此要求铲轻便锋利。它的刀体扁平，刃口楔角比凿小，通常在25° 左右。为了铲削方便，铲把较长，长度为200～250 mm。铲的规格不同，详见表3-4，形状各异。刃口有直刃、圆刃和斜刃等多种，因此用途也不一样，如图3-118所示。欧式、日式木工工具中凿与铲没有明确区分。

表3-4　铲的规格

刃口宽度	毫米	6.4	7.9	9.5	12.7	15.9	19.1	22.2	25.4
	英寸	1/4″	5/16″	3/8″	1/2″	5/8″	3/4″	7/8″	1″
	毫米	31.7	38.1	44.4	51				
	英寸	11/4″	11/2″	13/4″	2″				

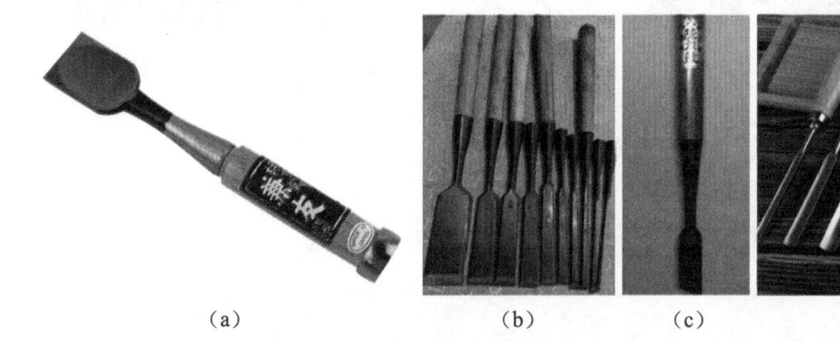
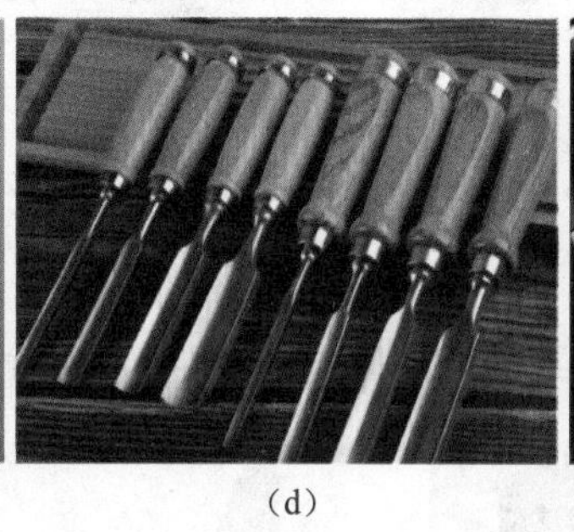

（a）　（b）　（c）　（d）　（e）

图3-118　铲

（a）宽刃扁铲（日式）；（b）窄刃扁铲（中式）；（c）斜铲（日式）；（d）圆铲（欧式）；（e）大头扁铲（中式）

宽刃扁铲，如图3-118（a）所示，刃口宽度在22 mm以上，有的宽度达51 mm，适用于剔槽和切削。窄刃扁铲，如图3-118（b）所示，刃口宽度在18 mm以下，有的宽度仅2～3 mm，用于剔削较深较窄的孔槽。斜铲，如图3-118（c）所示，刃口比较锋利，可以代替刻刀进行雕刻，较大的斜铲可以凿剔串带槽。圆铲，如图3-118（d）所示，刃口呈弧形，专用于剔削圆孔或弧形部位。大头扁铲，如图3-118（e）所示，是一种宽刃凿，通常用于凿剔半贴脸燕尾槽，因其两侧带有燕尾刃口，因此凿剔燕尾槽很方便。例如抽屉侧板和面板的结合，半贴脸衣箱的侧板和堵板的结合，均可用大头扁铲剔凿燕尾槽。

（2）木工铲的操作：铲削的操作方法有两种：一种方法是用右手的食指、中指和无名指握住铲身的前面，小指在后紧握铲身，铲柄端部紧压右胸肌处，依靠上身的压力进行铲削。作横向铲削时，为减小阻力，可将铲倾斜一定角度切入木料，近似刨削。当铲削较小的零部件并且精度要求较高时，为确保加工质量，不能用力过猛、切削过深，右手除紧握铲身外，还要有一个向上提铲的力量，使铲柄抵住胸肌，避免产生过大的冲击力。另一种方法是右手掌心、四指与大拇指合拢握紧铲柄，左手四指与掌心握住零部件，大拇指抵住扁铲的前半部分，一下一下地进行铲削，这种方法多用于榫头倒角。

（3）其他类型的铲。

1）鹅脖弯铲：主要用于异形零部件的加工与制作，普遍用于木型制作，如图3-119所示。

2）木工反口铲：主要用于异形零部件的加工与制作，普遍用于木型、工艺品等制作，如图3-120所示。

3）通屑凿：主要用于清除已经凿通的榫眼中的木屑，其本身无利刃，但中央有凹陷可防止滑动，如图3-121所示。

4）圆铲：一般分为外圆铲、内圆铲两类，主要为木型制作主要工具。外圆铲分薄、厚两种，外侧为钢质，厚圆铲外侧为圆形，刀刃研磨后自然刃口就成为弧形，用于凿削大圆孔，也可以修整曲面。薄圆铲的刃口为平刃，其内侧成圆弧形，主要用于修整曲面，如图 3-122 所示。

内圆铲与外圆铲的结构与功能完全相同，只是铲口斜面相反，主要用于修正突出的圆形与曲面。

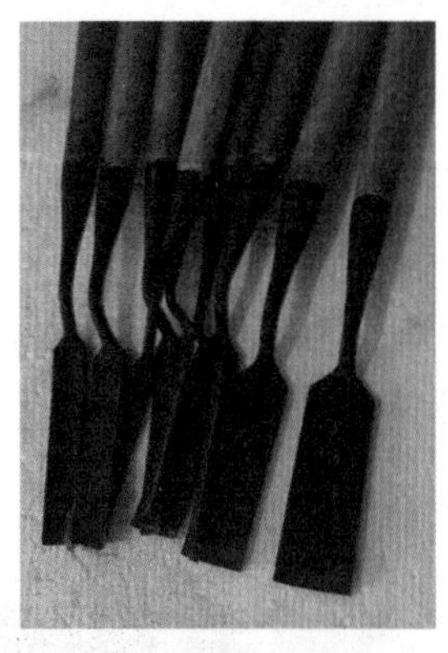

图 3-119　鹅脖弯铲

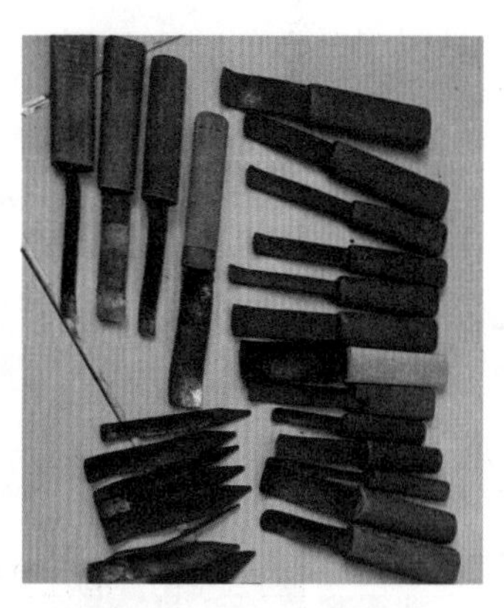

图 3-120　木工反口铲

图 3-121　通屑凿

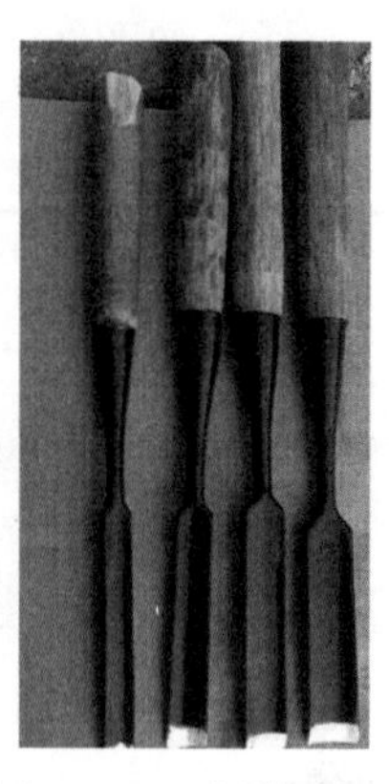

图 3-122　圆铲

5）三角刀：主要用于进行线槽加工，多用于木雕刻使用，如图 3-123 所示。

6）燕尾凿：主要用于燕尾榫头的加工，如图 3-124 所示。

7）木碗木勺刀：主要用于木碗木勺等特殊木制品的制作所用，如图 3-125 所示。

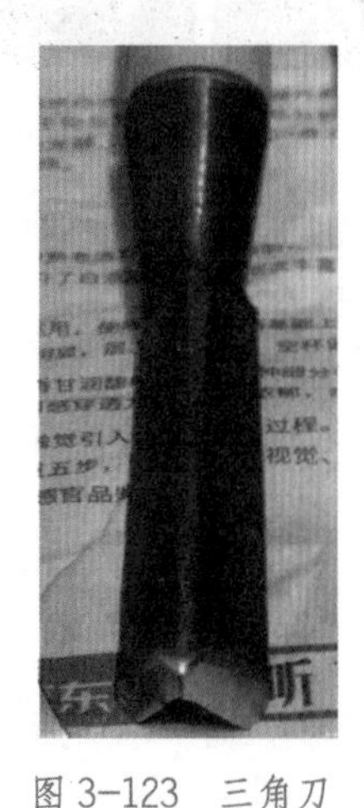

图 3-123　三角刀

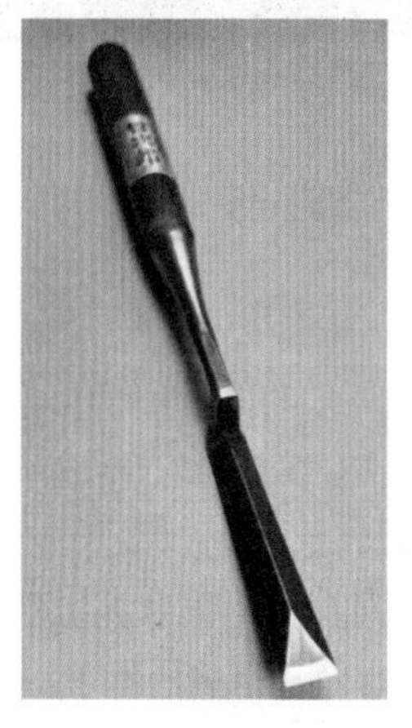

图 3-124　燕尾凿

图 3-125　木碗木勺刀

3. 凿和铲的研磨

凿和铲的研磨与刨刃的研磨方法基本相同。凿刃用钝以后需要进行研磨，其刃磨角（楔角）约 30°。刃磨角的大小取决于经常凿眼的工件材质软硬。如果材质较硬，则刃磨角稍大；如果材质较软，则刃磨角偏小。刃磨角增大，则刃口强度增大，反之刃口强度降低。研磨时，要用右手握紧凿柄，左手的食指，中指在前按住凿刀头的中部，使凿刃斜面紧贴在磨石面上，均匀用力来回研磨。当磨到刃口处看不到白线并且刃口有极微小的卷边时，把凿翻转过来，将背面在细磨石面上轻轻研磨，磨去卷边使刃口达到锋利。刃口处两边棱角要求整齐，中间微凹，这样的凿子不但下凿快，而且榫孔方正。

研磨刃口较窄的扁铲，用右手握扁铲进行研磨，食指压住铲刀头，其余手指握住铲柄，如图 3-126（a）所示；研磨刃口较宽的扁铲，则要用双手推铲，用右手握扁铲进行研磨，食指压住铲刀头，其余手指握住铲柄，左手五指并拢向下压于右手食指之上，如图 3-126（b）所示。

研磨非直线刃口的扁铲时，应该使用专用的成型磨石。研磨刃口为U形的扁铲时，要使用圆柱状磨石，如图3-127所示，刃口斜面磨好之后，再在平面磨石上细心地研磨外侧面，磨掉卷边，使刃口达到锋利。

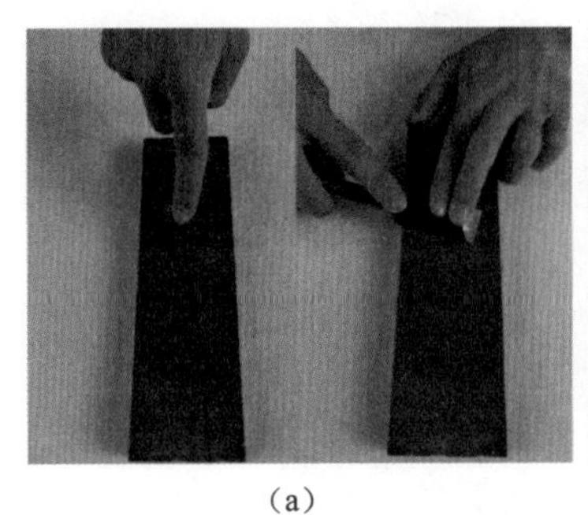
（a）

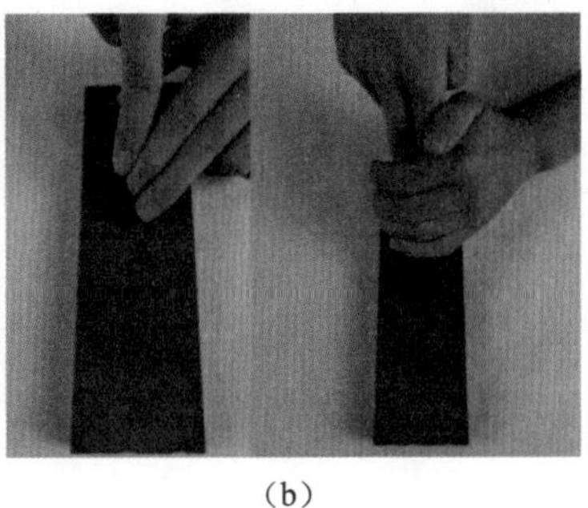
（b）

图3-126　研磨扁铲
（a）研磨窄扁铲；（b）研磨宽扁铲

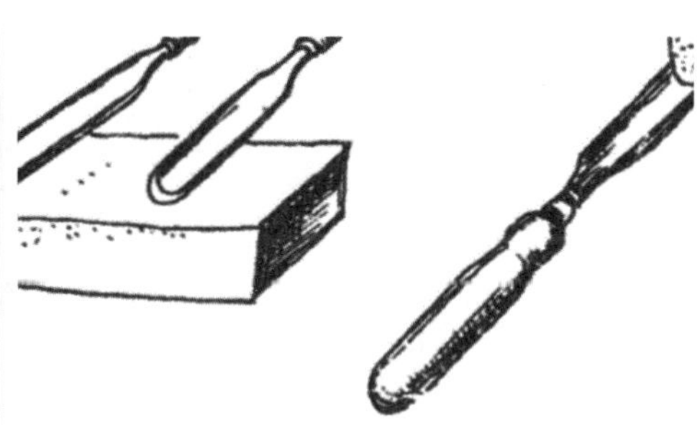

图3-127　研磨U形扁铲

研磨凿和铲时对于平面磨面来说，不要总在磨石的中央部位进行研磨，因为长期这样研磨，将使磨石的中部磨凹，影响研磨精度。研磨时应该在磨石的前后部和中部同时进行，使磨石均匀磨耗，以保证磨石面的平整。对于表面已经出现凹痕的磨石，要使用金刚砂板进行修整至平整，磨石表面的平整度是影响刃磨质量的首要因素，再好的刃磨手法也无法在不平整的磨石上研磨出符合使用要求的凿和铲。

凿或铲使用完以后或研磨锋利以后，应装入专用的皮兜内，或安装保护套保存，这样既能保证不会伤及人身，又不会使凿或铲损坏。

4.4　任务实训

◇ 工作情景描述

学校木工坊有批凿、铲，年久未用，无法满足正常的教学需求，因此需要进行修整调试，委托我们进行全部的维修、调试与保养，现开始进行工作。

◇ 工作任务实施

工作活动1：凿刀刃磨

活动实施与记录

活动步骤	活动要求	活动安排	活动记录
步骤	凿刀刃磨	具体活动1：检验凿刀刃口直线度	合格○ 不合格○
		具体活动2：检验凿刀楔角平直度	合格○ 不合格○
		具体活动3：凿刀整形粗磨	合格○ 不合格○
		具体活动4：凿刀抛光精磨	合格○ 不合格○
		具体活动5：凿刀锋利度检验	合格○ 不合格○
		具体活动6：磨石清洗	合格○ 不合格○

工作活动 2：铲刀刃磨

活动实施与记录

活动步骤	活动要求	活动安排	活动记录
步骤	铲刀刃磨	具体活动 1：检验铲刀刃口直线度	合格○ 不合格○
		具体活动 2：检验铲刀楔角平直度	合格○ 不合格○
		具体活动 3：铲刀整形粗磨	合格○ 不合格○
		具体活动 4：铲刀抛光精磨	合格○ 不合格○
		具体活动 5：铲刀锋利度检验	合格○ 不合格○
		具体活动 6：磨石清洗	合格○ 不合格○

工作活动 3：榫眼制作及质量检验

活动实施与记录

活动步骤	活动要求	活动安排	活动记录
步骤 1	榫眼制作	具体活动 1：基准面选取	合格○ 不合格○
		具体活动 2：榫眼画线	合格○ 不合格○
		具体活动 3：正面凿削	合格○ 不合格○
		具体活动 4：相对面凿削	合格○ 不合格○
		具体活动 5：清根凿削	合格○ 不合格○
步骤 2	榫眼修整	具体活动 1：窄面修整	合格○ 不合格○
		具体活动 2：宽面修整	合格○ 不合格○
		具体活动 3：边角修整	合格○ 不合格○
步骤 3	直角度检验	具体活动 1：窄面直角度 1	合格○ 不合格○
		具体活动 2：窄面直角度 2	合格○ 不合格○
		具体活动 3：宽面直角度 1	合格○ 不合格○
		具体活动 4：宽面直角度 2	合格○ 不合格○
步骤 4	规格尺寸检验	具体活动 1：榫眼厚度尺寸	合格○ 不合格○
		具体活动 2：榫眼宽度尺寸	合格○ 不合格○
步骤 5	表面质量检验	具体活动：表面光洁度	合格○ 不合格○

◇ 评价总结

评价指标	权重 /%	评价等级				
		优秀（90 ~ 100 分）	中等（80 ~ 89 分）	良好（70 ~ 79 分）	合格（60 ~ 69 分）	不合格（0 ~ 59 分）
凿刀刃磨	30					
铲刀刃磨	30					
榫眼制作及质量检验	40					
总分						

任务 5　钻孔工具

5.1　学习目标

1. 知识目标

（1）掌握钻孔工具的分类及用途。

（2）掌握手工钻的基本结构。

（3）掌握手工钻的保养方法。

2. 能力目标

能够利用钻孔工具进行榫眼加工。

3. 素质目标

（1）具有质量意识、环保意识、安全意识和信息素养。

（2）具有工匠精神、创新思维。

5.2　任务导入

据《韩非子·五蠹》记载："上古之世，人民少而禽兽众，人民不胜禽兽虫蛇：……民食果蓏蚌蛤，腥臊恶臭而伤害腹胃，民多疾病。有圣人作，钻燧取火以化腥臊，而民说（悦）之，使王天下，号之曰燧人氏。"《尸子》云："燧人上观星辰，下察五木以为火。"《拾遗记》云："遂明国有大树名遂，屈盘万顷。后有圣人，游至其国，有鸟啄树，粲然火出，圣人感焉，因用小枝钻火，号燧人氏。"《古史考》云："太古之初，人吮露精，食草木实，山居则食鸟兽，衣其羽皮，近水则食鱼鳖蚌蛤，未有火化，腥臊多，害肠胃。于使（是）有圣人出，王，造作钻避出火，教人熟食，铸金作刃，民人人悦，号曰燧人"，其中燧人所做的"钻木取火"的工具即手工木工钻的鼻祖。

5.3 知识准备

1. 钻的分类

钻可分为手工钻、手压钻、手电钻。

（1）手工钻。手工钻是用来钻孔的一种专用工具，利用钻头的旋转运动切削加工各种孔眼。常用的有手锥、螺旋钻、摇钻和拉钻等。

1）手锥：手锥又称搓钻，由锥柄和锥尖组成，如图 3-128 所示。手锥可由螺丝刀改制，或用钢筋，圆钉锉磨，使端头成四角尖锥形或带切削刃的扁形，然后装上木柄制成。

使用手锥时，手紧握锥柄，锥尖对准孔心定位后，锥柄立直，用力扭转或反复搓动，使锥尖钻入木料成孔。由于手锥力量小，只适于钻较小的孔，常用于装钉五金前钻孔定向。

2）螺旋钻：螺旋钻又称麻花钻、尾钻、倒把钻，由钻杆和钻柄组成，如图 3-129 所示，钻杆长度为 500 ～ 600 mm，用优质钢制作。钻杆前段有螺旋纹，前端头呈尖锥为钻尖，钻尖两侧分别有切削刃。钻杆上端穿有钻柄。这种钻能够钻削直径为 6.4 ～ 44.5 mm 的孔。

使用螺旋钻时，将钻尖对准钻孔中心，将钻杆垂直工件表面，双手握住钻柄，稍加压力使钻柄作顺时针方向旋转。孔眼较深时，旋转数圈之后，缓缓退出，待木屑排出后，再继续往下钻。待背面稍微露出一点钻尖后，将钻退出，再从背面用同样方法钻进，这样可避免将孔边钻劈。

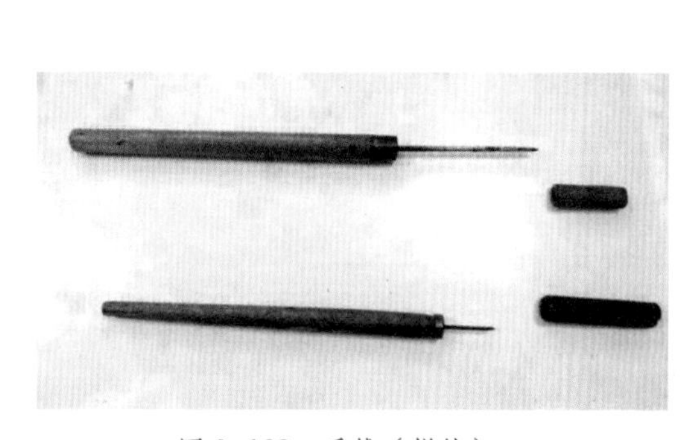

图 3-128　手锥（搓钻）

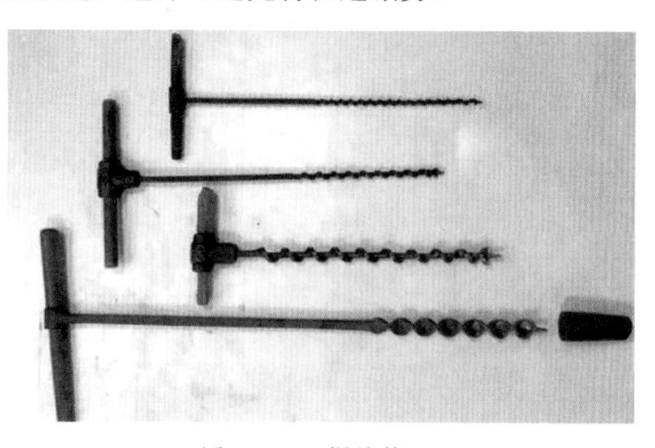

图 3-129　螺旋钻

3）摇钻：摇钻的钻身弯曲呈弓字形，因此又称弓钻、拐子钻，外形如图 3-130 所示。摇钻的钻身用钢材制作，其上端是一平顶半球体木制手柄（顶木），中段曲拐处装有一转动灵活的木制圆柱体摇把，下端是钢制钻卡（夹头筒）。钻卡与钻身用螺纹连接，钻卡内装有钢制钻柄夹簧，夹簧可以夹持直径大小不同的钻柄。常用钻头的钻柄直径为 6 ～ 18 mm。

摇钻所用钻头有许多种，应用最多的是麻花钻头和钻削直径较大的鼠齿形钻头。这些钻头都有导向拧入的定位尖和排屑槽，因此所钻孔壁光洁度较高，但钻尖的强度较低，钻孔时稍有不慎，容易将钻尖折断。这些钻头存放时，最好用一木制的保护夹夹住钻尖，以防损坏。

用摇钻钻孔时，选用一合适的钻头，将钻头的钻柄装在钻卡上夹住。左手握住顶端的钻柄，右手托住钻卡处的钻头，把钻尖对准钻孔中心，不要偏斜，钻头和被钻工作平面呈 90°。如果钻孔直径较小，左手握住钻柄用力往下压，右手握中部摇把顺时针方向旋转进行钻孔。孔眼钻透后，向逆时针方向旋转摇把退出钻头。用摇钻钻大孔或工件材质较硬时，待钻头钻入工件后，即可将上端钻柄贴靠在左肩胛上，以上身压力使摇钻钻进。钻头的钻进速度要缓慢一些，以防止损坏钻头和保证孔壁光洁。钻进时要使钻头与工件平面保持垂直，不要左右摇摆，以免扩大钻孔。

摇把钻：摇把钻有很多种，比如带齿轮箱、双伞齿等，如图 3-131 所示。

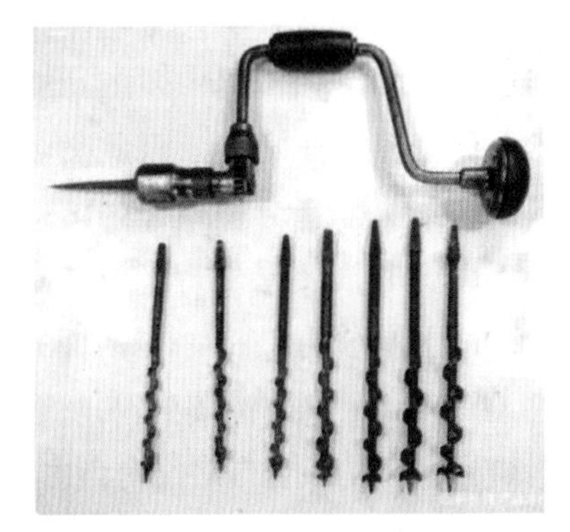

图 3-130　摇钻及钻头

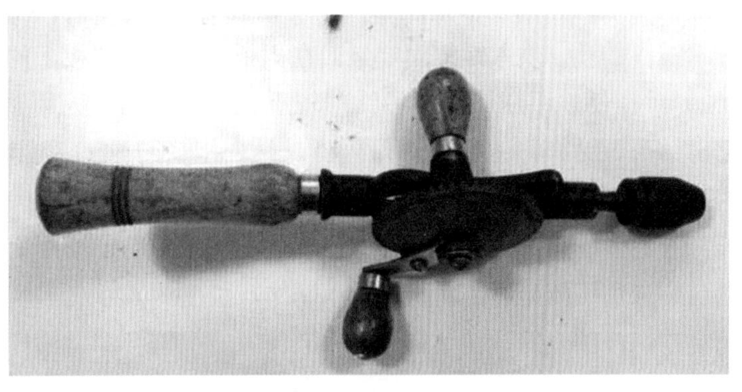

图 3-131　摇把钻

钻头使用一段时间以后，其刃口因磨耗变钝，需要用较细的砂轮或钢锉进行锉磨，以保持钻头刃口锋利。

4）拉钻：拉钻因用皮条转动钻杆，因此又名皮条钻或牵钻、扯钻。拉钻是一种传统的钻孔工具，由搓钻演变而来。拉钻的特点是携带方便，效率较高，特别是钻小孔，所以在手工操作中广泛应用。

拉钻由旋转套筒（钻柄）、钻杆、钻卡（卡头）、钻头、皮条和拉杆等组成，如图 3-132 所示。钻杆用性质稳定的硬木制作，如檀木、枣木、色木等，长度为 400 ～ 500 mm，直径为 30 ～ 40 mm。钻杆上端的旋转套筒长度一般为 90 mm。木制套筒和钻杆上端的心轴是动配合，其间有一定的间隙，因此钻杆在皮条的牵引下，能够相对钻柄转动。钻杆下端有安装钻头的方锥形孔，外部有一金属环箍，其内径与钻杆外径相同，用以保护钻杆，防止劈裂。有的拉钻钻杆下端装有钻卡，利用钻卡内的夹簧夹持钻头。将圆钉头部砸扁，用钢锉修磨成鼠齿状或三角形刃口制成钻头顶端镶有方锥形木块，以装入钻杆下端的方锥形孔内。钻头的直径大小，根据钻孔的需要决定，钻头刃口宽度一般为 2 ～ 7 mm，钻头长度一般为 40 mm。拉杆长度约 700 mm，断面尺寸约 30 mm×16 mm，两端钻孔穿上皮条，皮条穿入拉杆之前先在钻杆的中部绕两圈。在钻杆轴心没有横向移动的情况下，往复牵动拉杆，依靠钻杆和皮条的摩擦力，使钻杆绕其轴心正反旋转，带动钻头进行钻孔。

图 3-132　拉钻

使用拉钻时，左手握住旋转套筒（钻柄），钻头对准钻孔中心，右手推动拉杆。为防止皮条打卷，推动拉杆时不要水平推拉，要稍朝下斜一点。钻直眼时，钻杆与工作表面要保持垂直。用拉钻钻孔时，钻头在工件内正反向转动交替进行，而不是始终朝一个方向转动，因此，所钻孔眼周围带有毛刺，不如摇钻所钻孔壁光洁。拉钻一般用来钻木螺钉或圆钉的孔，目的是防止工件拧入木螺钉或钉入圆钉时造成劈裂。拉钻能够适应不同角度钻孔的需要，例如桌面板和裙板的结合，需先在四周裙板上钻出拧木螺钉的孔，供木螺钉固定桌面在裙板上之用，裙板上的斜孔，在手工操作时，多用拉钻钻出。

（2）手压钻。手压钻是一种钻削较小孔眼的手钻，因用钻陀的惯性使钻杆旋转，因此又名陀螺钻。它由钻头、钻杆、钻陀（金属圆盘）、钻扁担（手压柄）和旋绳（牵引绳）等组成，如图 3-133 所示。钻杆用材质较硬的木料制作，长度约 750 mm，直径为 30 ～ 40 mm，钻杆表面要求保持光洁圆滑。钻杆的下部装有一个较重的钻陀（金属圆盘），它具有陀螺的作用。钻杆下端装有钻头。在钻杆的中部装一钻扁担（手压柄），钻扁担用硬木制作，长度约 620 mm，宽度约 70 mm，两端同旋绳两端连接。旋绳缠绕在钻杆的上部。在钻扁担的中心位置有一圆孔穿过钻杆，钻杆可在钻扁担的圆孔内自由转动。

使用手压钻钻孔时，使钻杆垂直于钻孔表面，钻尖对准钻孔的中心。把旋绳缠绕在钻杆上部，然后以手用力压钻扁担，利用旋绳的牵引力、旋绳和钻杆的摩擦力、钻陀旋转的惯性力，使钻杆旋转，带动钻头进行钻孔。

（3）手电钻。手电钻是以交流电源或直流电池为动力的钻孔工具，是手持式电动工具的一种。手电钻是电动工具行业销量最大的产品，广泛用于建筑、装修、家具等行业，用于在物件上开孔或洞穿物体，有的行业也称之为电锤。

1895 年，德国泛音制造出世界上第一台直流手电钻。外壳用铸铁制成，能在钢板上钻出 4 mm 的孔。手电钻是一种携带方便的小型钻孔用工具，由小电动机、控制开关、钻夹头、输出轴、齿轮、转子、定子、机壳和钻头几部分组成，如图 3-134 所示。

钻夹头：钻夹头是由钻夹套、松紧拨环、连接块、后盖组成。钻夹头主要用于家用的直流和交流电钻。其最大的优点是锁紧容易，只要握住夹头的前后套，拧紧即可使用。根据钻夹头的内部结构不同，适合使用的电钻也不同，如图 3-135 所示。

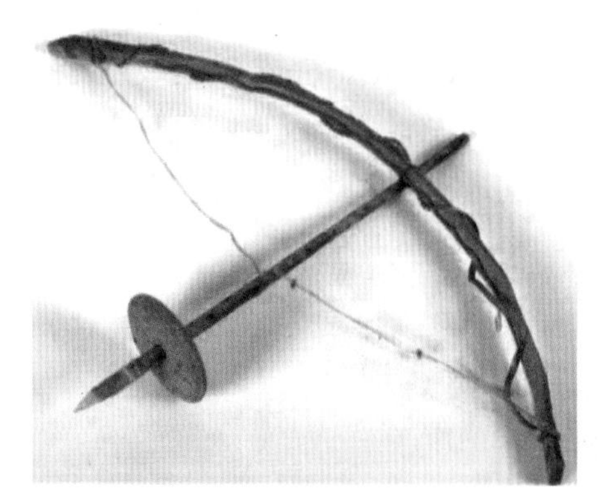

图 3-133　手压钻

图 3-134　手电钻

图 3-135　钻夹头

手电钻操作时的注意事项如下：

（1）使用前检查电源线有无破损。若有，必须包缠好绝缘胶带，使用中切勿受水浸及乱拖乱踏，也不能触及热源和腐蚀性介质。

（2）对于金属外壳的手电钻必须采取保护接地（接零）措施。

（3）使用前要确认手电钻开关处于断开状态，防止插头插入电源插座时手电钻突然转动。

（4）电钻在使用前应先空转 0.5 ～ 1 min，检查转动部分是否灵活，有无异常杂音，螺钉等有无松动，换向器火花是否正常。

（5）打孔时要双手紧握电钻，尽量不要单手操作，应掌握正确操作姿势。

（6）不能使用有缺口的钻头，钻孔时向下压的力不要太大，防止钻头打断。

（7）清理刀头废屑，换刀头等这些动作，都必须在断开电源的情况下进行。

（8）对于小工件必须借助夹具来夹紧，再使用手电钻。

（9）操作时进钻的力度不能太大，以防止钻头飞出来伤人。

（10）在操作前要仔细检查钻头是否有裂纹或损伤，若发现有此情形，则要立即更换。

（11）要注意钻头的旋转方向和进给方向。

（12）要先关上电源，等钻头完全停止再把工件从工具上拿走。

（13）在加工工件后不要马上接触钻头，以免钻头可能过热而灼伤皮肤。

（14）使用中若发现整流子上火花大，电钻过热，必须停止使用，进行检查，如清除污垢、更换磨损的电刷、调整电刷架弹簧压力等。

（15）为了避免切伤手指，在操作时要确保所有手指的撤离工件或钻头（丝攻）。

（16）不使用时应及时拔掉电源插头。电钻应存放在干燥、清洁的环境。

2. 钻头

（1）钻削。

钻削是用旋转的钻头沿钻头轴线方向进给对工件进行切削的过程。加工不同直径的圆形通孔和盲孔要用不同类型的钻头来完成。

1）钻头的组成和钻头切削部分的几何形状。

①根据钻头各部位的功能，钻头的组成可以分为三大部分，如图 3-136 所示。

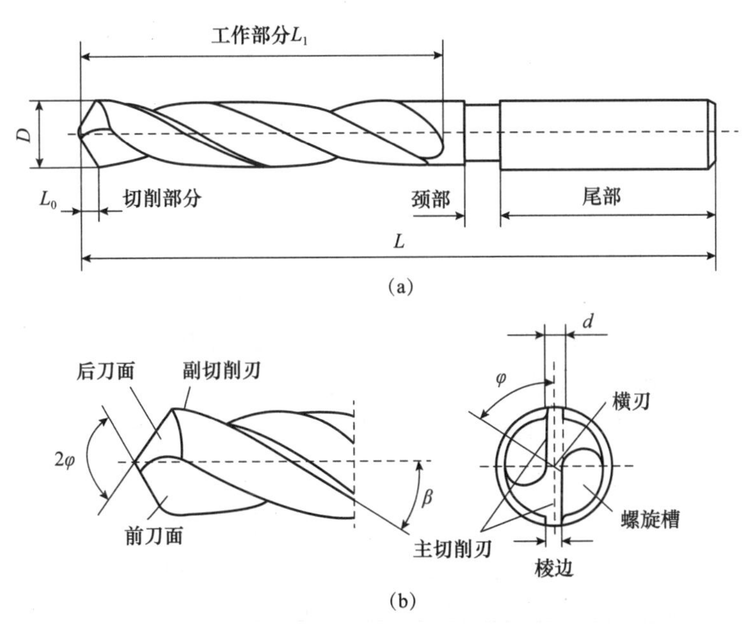

图 3-136　钻头的组成和钻头切削部分的几何形状

（a）钻头的组成；（b）钻头切削部分的几何形状

a. 尾部（包括钻柄、钻舌）——钻头的尾部除供装夹外，还用来传递钻孔时所需扭矩。钻柄有圆柱形和圆锥形之分。

b. 颈部（钻颈）——位于钻头的工作部分与尾部之间，磨钻头时颈部供砂轮退刀使用。

c. 工作部分——包括切削部分和导向部分，切削部分担负主要的切削工作，导向部分钻孔时起引导钻头的作用，同时还是钻头的备磨部分。

导向部分的外缘有棱边称之为螺旋刃带，这是保证钻头在孔内方向的两条窄螺旋。钻头轴线方向和刃带展开线之间的夹角称为螺旋角。

②钻头按工作部分的形状可分为圆柱体钻头和螺旋体钻头。螺旋体钻头有螺旋槽可以更好容屑和排屑，这在钻深孔时尤其需要。钻头的切削部分包括前刀面、后刀面、主切削刃、锋角（2φ）、横刃、沉割刀和导向中心等。

a. 前刀面——当工作部分为螺旋体时，即为螺旋槽表面，是切屑沿其流出的表面。

b. 后刀面——位于切削部分的端部，它是与工件加工表面（孔底）相对的表面，其形状由刃磨方法决定，可以是螺旋面、锥面和一般的曲面。

c. 主切削刃——钻头前、后刀面的交线，担负主要的切削工作。横向钻头的主刃与螺旋轴线垂直，纵向钻头的主刃与螺旋轴线呈一定角度。

d. 锋角（2φ）——又称钻头顶角，它是钻头两条切削刃之间的夹角。在钻孔时锋角对切削性能的影响很大，锋角变化时，前角、切屑形状等也引起变化。

e. 横刃——钻头两后刀面的交线，位于钻头的前端，又称钻心尖。横刃使钻头具有一定的强度，担负中心部分的钻削工作，也起导向和稳定中心的作用，但横刃太长钻削时轴向阻力过大。

f. 沉割刀——钻头周边切削部分的刀刃，横向钻削时，用于在主刃切削木材前先割断木材纤维。沉割刀分为楔形和齿状两种。

g. 导向中心——在钻头中心切削部分的锥形凸起，用于保证钻孔时的正确方向。

2）钻削的种类和钻削运动学。根据钻削进给方向与木材纤维方向夹角的不同，可以把钻削分为横向钻削和纵向钻削两种。

钻削进给方向与木材纤维方向垂直的钻削称为横向钻削，如图 3-137（a）所示。不通过髓心的钻削为弦向钻削，如图 3-137 中Ⅰ所示，通过髓心的钻削称为径向钻削，如图 3-137 中Ⅱ所示。横向钻削时要采用锋角 180° 具有沉割刀的钻头，此时沉割刀作端向切削把孔壁的纤维先切断，然后主刃纵横向切削孔内的木材，从而保证孔壁的质量。

钻削进给方向与木材纤维方向一致的钻削被称为纵向钻削，如图 3-137（b）所示。用于纵向钻削的钻头，刃口相对钻头的轴线倾斜，锋角小于 180°，即锥形刃磨的钻头，如图 3-137 中Ⅲ所示，这时刃口成端横向切削而不是纯端向切削。

中心钻头横纤维钻削时，如图 3-138 所示，钻头绕自身轴线旋转为主运动 V，与此同时，钻头或工件沿钻头的轴线移动为进给运动 U。一般在钻床上主运动 V 和进给运动 U 都是由钻头完成的。

在图 3-138 中，钻头的周边突出的刃口为沉割刀，钻头端部的刃口 a、b 称为主刃，正中突出的部分称为导向中心。钻削木材工件时，沉割刀先接触木材沿孔壁四周将木材切开，然后再由主刃切削木材，其导向中心是为了保证正确的钻削方向。

钻头除用于钻孔外，还可以用于钻去工件上的木节或切制圆形薄板等。钻头的结构决定于它的工作条件，即相对于纤维的钻削方向、钻孔直径、钻孔深度及所要求的加工精度和生产率。钻头的结构有多种。钻头的结构必须满足下列要求：

①切削部分必须有合理的角度和尺寸。

②钻削时切屑能自由地分离并能方便、及时地排屑。

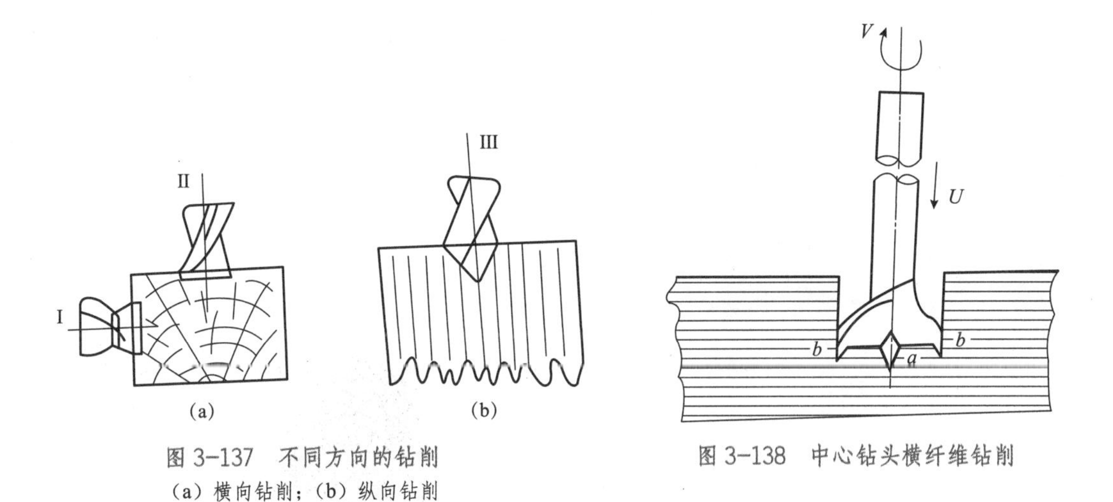

图 3-137 不同方向的钻削

（a）横向钻削；（b）纵向钻削

图 3-138 中心钻头横纤维钻削

③便于多次重复刃磨，重复刃磨后切削部分的角度和主要尺寸不变。

④最大的生产率和最好的加工质量。

（2）钻头的分类。

一把钻头要全部满足上述要求是极为困难的，就现有钻头而言，也只是满足部分要求。不同结构的钻头，如图 3-139 所示。

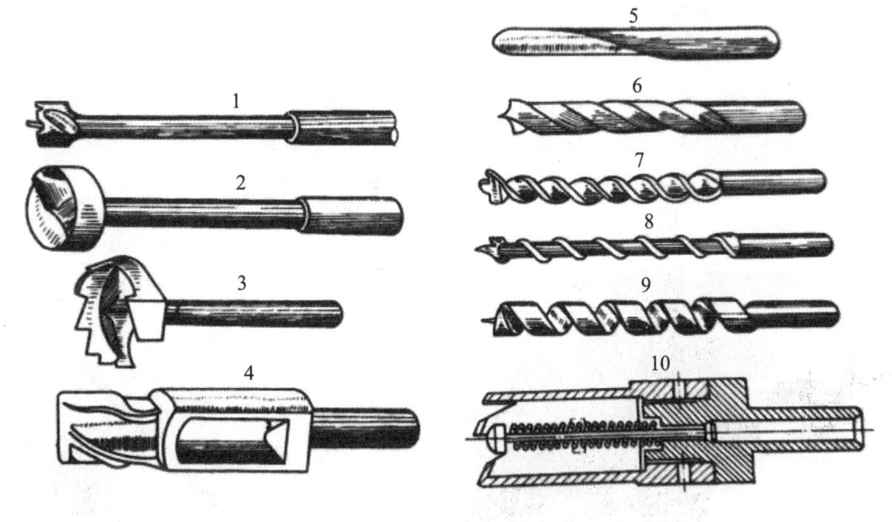

图 3-139 钻头的类型

1—圆柱头中心钻；2—圆形沉割刀中心钻；3—齿形沉割刀中心钻；4—空心圆柱钻；5—匙形钻；6—麻花钻；7—螺旋钻；8—蜗旋钻；9—螺旋起塞钻；10—圆柱形锯子

1）圆形沉割刀和齿形沉割刀中心钻。圆形沉割刀钻头，如图 3-140 所示，具有两条主刃用以切削木材，沿切削圆具有两条圆形刃口（即圆形沉割刀），用来先切开孔的侧表面，沉割刀凸出主刃水平面之上 0.5 mm。齿形沉割刀钻头，其齿形沉割刀几乎沿钻头整个周边分布，钻头只有一条水平的主刃。

上述两种钻头的直径 d 分别为 10 ～ 50 mm 和 30 ～ 100 mm。这两种钻头通常固定在刀轴上，钻柄为圆柱形，主要用于横纤维钻削不深的孔，钻木塞及钻削胶合的孔等。

2）圆柱形锯子（空心圆柱形钻）。具有能推出锯好木塞功能的圆柱形锯如图 3-141 所示，圆柱形锯子具有类似锯片的锯齿，锯齿分布在钻的周边，锯齿的前、后面都斜磨，其角度参数一般为：斜磨

角 φ=45°；后角 α=30°；楔角 β=60°。它的中间部分是中心导向杆和弹簧，弹簧用来推出木片或木塞。

钻木塞的圆柱形锯子 d=20 ～ 60 mm，此时外径与内径之差 $d-d_1$=5 mm。根据机床夹具结构不同，钻柄一般为圆柱形或圆锥形。圆柱形锯子的优点是生产率高、加工质量好和功率消耗小，多用来钻通孔和钻出木塞等。

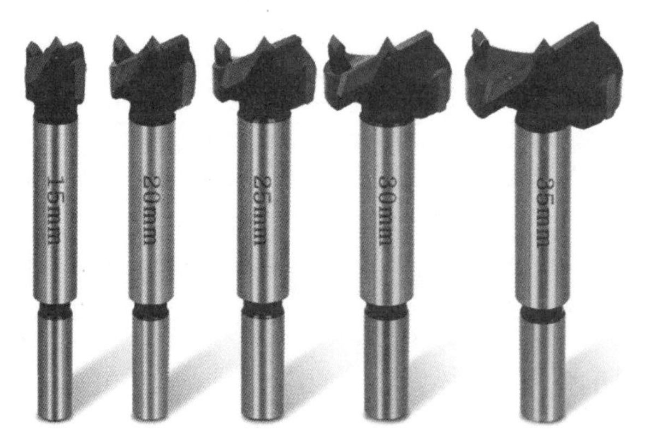

图 3-140　圆形沉割刀钻头

图 3-141　圆柱形锯子

3）螺旋钻。按其形状分螺旋钻、蜗旋钻和螺旋起塞钻三种。

①螺旋钻是在圆柱杆上按螺旋线开出两条方向相反的半圆槽，如图 3-142 所示，这半圆槽在端部形成两条工作刃。螺旋钻容易排屑，可用于钻深孔。螺旋角 ω 为 40° ～ 50°；刃口部分 α 为 15° 左右。端部有沉割刀的螺旋钻作横向钻削之用。

②蜗旋钻是圆柱形杆体的钻头，围绕其杆体绕出一条螺旋棱带，如图 3-143 所示。棱带在端部构成一条工作刃口，在端部的另一条工作刃是很短仅一圈的螺旋棱带，由于这种钻头的强度较大，并且螺旋槽和螺距大，因而它的容屑空间大，易排屑，适用于钻削深孔。机用空心方凿中的钻芯就是蜗旋钻。

图 3-142　螺旋钻

图 3-143　蜗旋钻

③螺旋起塞钻是把整个杆体绕成螺旋形状构成工作刃的钻头，它无钻心。这种钻头容纳切屑的空间特别大，排屑最好，适合于钻削深孔。但是，由于只有一条刃口，钻削加工时单面受力，钻头容易偏歪，此外，强度也较弱。

上述长钻头（螺旋钻、蜗旋钻和螺旋起塞钻）都做成锥形钻柄，以便牢固地装入钻套，而短的螺旋钻或蜗旋钻，则多做成为圆柱形或锥形钻柄。

4）麻花钻。麻花钻是螺旋钻的一种，与其他螺旋钻相比。麻花钻螺旋体的形状不同，如图 3-144 所示，它背部较宽，螺旋角较小，螺距也较小。木材切削用的麻花钻与金属切削用的标准麻花钻（标准麻花钻是指刃磨锋角等于设计锋角，主刃为直线刃，前刀面为螺旋面的钻头）基本相同，它们的主要差别是切削部分的形状不同。

根据钻削的要求，在木工钻头中麻花钻的结构较合理，这是因为：

①麻花钻的螺旋带较大，可磨出一条刃口，并且经多次刃磨以后仍能保持切削部分的尺寸、形状和角度不变。

②顶端可磨成所需要的形状，如锥形、平面等。

③保证高的生产率和钻削质量。

④可以横纤维钻削也可以顺纤维钻削。横纤维钻削时锋角为 180° 并具有沉割刀和导向中心；顺纤维钻削时则按锥形刃磨，锋角为 60° ～ 80° 。麻花钻因为容屑比其他螺旋钻差，所以多用于钻削深度不深的孔。

5）扩孔钻。扩孔钻用作局部扩孔加工，如图 3-145 所示。

①具有导向轴颈的圆柱形扩孔钻，用于在木制品上钻削埋放圆柱头螺栓用的圆柱孔。

②锥形扩孔钻，用于钻削埋放螺钉用的锥形孔，由于螺钉头的锥角为 60° ，因此锥形扩孔钻的锥角也为 60° 。锥形扩孔钻直径 d 有 10，20，30 mm 等规格，钻柄为圆柱形以固定在夹具和卡盘中。

6）硬质合金钻头。硬质合金钻头主要用于刨花板、纤维板和各种装饰贴面板上的钻孔加工，如图 3-146 所示。硬质合金中心钻的导向中心最佳高度与钻头直径的关系见表 3-5。

图 3-144　麻花钻

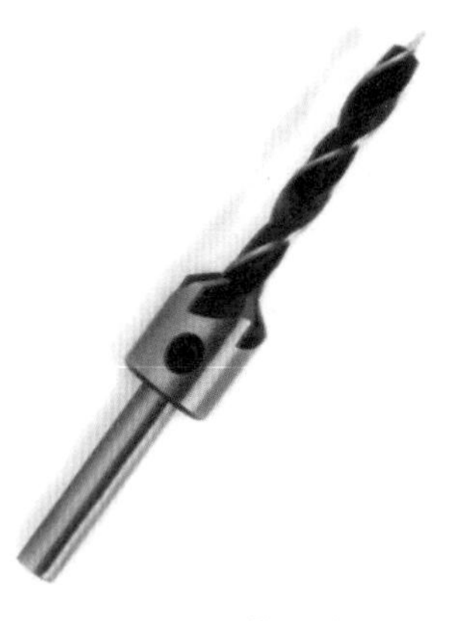

图 3-145　扩孔钻

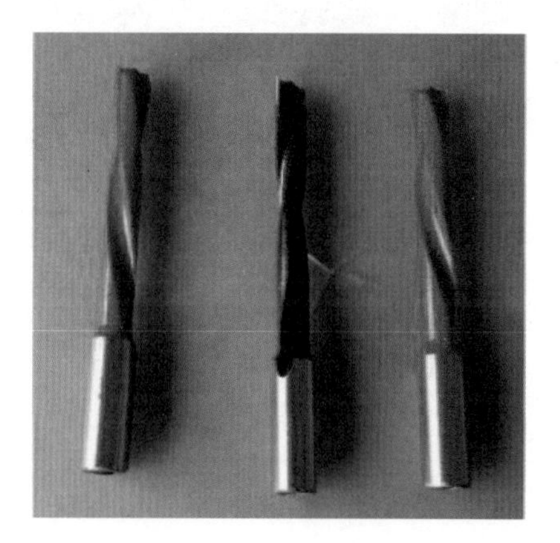

图 3-146　硬质合金钻头

表 3-5　硬质合金中心钻的导向中心最佳高度与钻头直径的关系

钻头直径 /mm	15	20，25，30	35，40
导向中心高度 /mm	3.6	4.3	4.6

5.4　任务实训

◇ 工作情景描述

学校木工坊有承接一批木质收纳盒，其中部分零部件需要开孔，请依据附件：图样中的孔洞特点合理选择钻削方式，并加工对应加工孔位，现开始进行工作。

附件

◇ 工作任务实施

工作活动 1：钻头的识别

活动实施与记录

活动步骤	活动要求	活动安排	活动记录
步骤	钻的识别	具体活动 1：麻花钻头识别	合格○ 不合格○
		具体活动 2：硬质合金钻头识别	合格○ 不合格○
		具体活动 3：扩孔钻头识别	合格○ 不合格○
		具体活动 4：蜗旋、螺旋钻头识别	合格○ 不合格○
		具体活动 5：圆柱形锯子（开口器）识别	合格○ 不合格○
		具体活动 6：沉割刀钻头识别	合格○ 不合格○

工作活动 2：孔的质量检验

活动实施与记录

活动步骤	活动要求	活动安排	活动记录
步骤	孔的质量检验	具体活动 1：孔洞直径检验	合格○ 不合格○
		具体活动 2：孔洞深度检验	合格○ 不合格○
		具体活动 3：孔洞形状符合度	合格○ 不合格○
		具体活动 4：孔洞空间位置符合度	合格○ 不合格○
		具体活动 5：孔洞表面光洁度	合格○ 不合格○

◇ 评价总结

评价指标	权重 /%	评价等级				
		优秀（90～100分）	中等（80～89分）	良好（70～79分）	合格（60～69分）	不合格（0～59分）
钻头的识别	60					
孔的质量检验	40					
总分						

任务6　其他工具的使用

6.1　学习目标

1. 知识目标

（1）掌握木工工作台的分类及用途。

（2）掌握夹钳的基本结构。

（3）掌握斧子、锤子的基本结构。

（4）掌握锉刀的基本结构与用途。

（5）掌握螺丝刀的分类与用途。

2. 能力目标

（1）能够利用木工工作台完成木工零部件的制作。

（2）能够合理选用夹钳。

（3）能够合理选用斧子、锤子。

（4）能够使用锉刀进行异形零部件加工。

（5）能够合理选用螺丝刀的类型。

3. 素质目标

（1）诚实守信、热爱劳动，履行道德准则和行为规范。

（2）具有社会责任感和社会参与意识。

6.2　任务导入

传说鲁班每次刨木时，必须让妻子云氏用手顶住木料配合，因此常常耽误家里的针线活。一来二去，妻子云氏开动脑筋：如果能在丈夫坐凳的一端，钉上两个木橛，顶住，夹住，不就能代替自己的双手了吗？鲁班一试，果然好使。后来鲁班的徒弟们为了纪念师娘的发明，就把这个木橛卡口尊称为“班妻”，也就是现在木工中常用的阻铁。

木工在工作过程中经常会使用到大量的辅助工具来完成木作产品的制作，因此每个木工从业者均需要对各类辅助工具进行识别并会合理选用。

6.3　知识准备

1. 木工工作台的组成

木工工作台（木工桌）是木工操作所必需的重要工具，常分为欧式木工工作台与中式木工工作台两类。

（1）欧式木工工作台。欧式木工工作台一般由台面、支撑底座、木工台钳三大部分组成。工作台有供木工在其上加工工件和存放各类工具等作用。工作台要用经过干燥、形状稳定的厚木板制作。要求工作台面平直、安放稳固和高度适宜，否则会影响加工质量和效率。工作台的高度与操作者的身高有关，理想高度是操作者两臂自然下垂时手部虎口至地面的高度，这样的高度对操作最方便，一般为750 mm左右。至于工作台的长短和宽窄可以因地制宜，根据加工工件的情况决定。

1）台面。台面一般由硬木材质原料制作而成，平整且坚固，抗敲击。为零部件加工提供工作平台。

2）支撑底座。支撑底座由软木或硬木制作而成，整体稳固、不会摇晃。用于支撑工作台面，兼顾木料、工具、配件等存放，便于工作中随时拿取。传统工作台支撑底座是固定高度，无法进行调整，新式工作台为了适应不同使用人群身高的需要，增加了可调整功能，扩宽了使用范围。

3）木工台钳。按照安装的位置不同，一般可分为台下钳、台上钳、台侧钳三类。其工作原理较为相似，一般台钳由钳口、丝杠与螺母、摇柄等组成，用来夹持、固定工件以便进行加工。一般而言，台下钳、台上钳的基本构造相同，只是在使用过程中，台下钳是固定在木工桌上使用的，不便于拆卸。台上钳是可以快速拆卸的，使用时，快速安装在木工桌上，使用结束后又可拆下存放。

①台下钳一般可分为木质台下钳和金属台下钳两类。

木质台下钳如图 3-147 和图 3-148 所示，其传动装置为金属丝杠，钳体、钳口为硬质木料手柄。木质台下钳按照在工作台上的安装相对位置又分为正面台钳和侧面台钳。

图 3-147　欧式木工工作台正面台钳（台下钳）

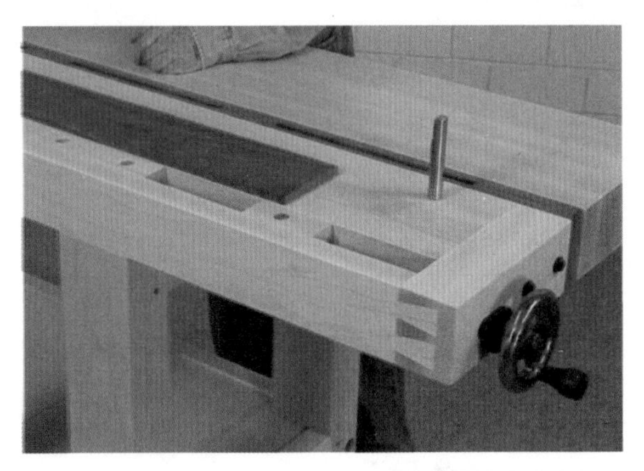

图 3-148　欧式木工工作台侧面台钳（台下钳）

正面台钳是安装在木工工作台正面的一组夹紧工具。其通过丝杠传动加压的原理可以把零部件夹持在木工工作台的边缘与台钳移动部件之间，可用于辅助完成各种零部件的画线、切割以及对木料进行刨削加工。

侧面台钳是安装在木工工作台侧面的一组夹紧工具。侧面台钳上有一系列的圆孔或矩形孔，与台面上的矩形孔在同一条直线上。在使用过程中，将圆形金属限位块或方形限位块安装在对应的孔内，通过调整侧面台钳上的丝杠传动完成夹紧，将被加工零部件夹持在侧面台钳上的限位块和台面上的限位块之间，用于木料的刨削加工，限位块对实际的刨削加工影响不大，且木料夹持牢固、稳定。

金属台下钳如图 3-149 所示，其传动装置为金属丝杠，钳体由铸铁制造，夹紧钳口为金属，在使用中要加入多层胶合板、亚克力板、电木、高密度纤维板、硬木等材料作为垫木，防止对木质零部件的压损，手柄为金属，并配有快速抽拉调整机构。

②台上钳一般分为木质台上钳和金属台上钳两类。

木质台上钳的基本结构与木质台下钳的结构基本相同，只是便于拆卸，安装在工作台上进行使用，安装时采用快速夹具进行夹紧即可。

金属台上钳又分为两类：一类为普通金属台上钳，如图 3-150 所示，与金属台下钳的结构基本相同；另一类为特殊的高精度同步台上钳，如图 3-151 所示。

图 3-149 金属台下钳

图 3-150 普通金属台上钳

图 3-151 高精度同步台上钳

高精度同步台上钳主要在家具制作等对零部件加工精度要求比较高的木制品制作工程中使用，不仅为零部件加工提供一个夹紧装置，还可进行刨削等简单加工，往往配合手持电动工具可进行复杂的零部件或榫卯加工，可保证零部件的加工精度。其基本原理与其他台钳相通，但在配置与结构上又与其他台钳略有不同，在台钳开口两侧设有两个直线轴承导轨，在加压锁紧和泄压松开的运动状态下保持两个钳口的高度平行与同步，避免了在零部件夹持过程中普通台钳两侧夹紧力不同，钳口不平行，无法作为手持电动工具加工定位导轨的问题。另外，在进给丝杠的选择上采用 T 形丝杠，加大了夹紧力，使夹持更为稳固。传动首轮采用双手轮，手轮之间采用链传动或同步带传动，确保双侧丝杠加压进给的一致性，又可进行单方向的微加压调整。

虎钳为金工常用工具设备，在木工制作方面也有部分使用，常用的为小型桌面夹持型虎钳，主要用于木制品小型零部件加工夹持，如图 3-152 所示。

③台侧钳一般安装在工作台的侧面。台侧钳由夹板、丝杠、螺母、X 形器和手轮等几个部分组成，用来夹持工件以进行加工，刨削工件的横断面在台钳上操作非常方便，如图 3-153 所示。台侧钳的结构与其他几种不同，零部件在其上装夹角度可调范围比较大，装夹大型零部件比较适宜，对比较小的零部件装夹后的加工效果一般，进行大型木制产品的加工具有非常大的优越性。其工作原理与其他类型基本相似，但是由于其夹板为立式的，与其他不同，在夹紧进给过程中，容易造成上下不同步，因此采用 X 形器连接，确保在夹紧进给过程中，夹板的上下两个部分同步进给。

图 3-152 虎钳

图 3-153 台侧钳

常见的欧式木工工作台种类比较多，如图 3-154 ～图 3-159 所示。

图 3-154　欧式木工工作台（1）

图 3-155　欧式木工工作台（2）

图 3-156　欧式木工工作台（3）

图 3-157　欧式木工工作台（4）

图 3-158　欧式木工工作台（5）

图 3-159　欧式木工工作台（6）

（2）中式木工工作台。中式木工工作台一般由台面、支撑底座两个部分组成，如图 3-160 所示。中式木工工作台相对于欧式木工工作台而言结构简单，一般没有台钳配置，往往在工作台面设有阻铁，随着近代中西文化的交流与融合，目前主要以简单欧式木工工作台在实际生产中应用最多。

1）阻铁：一般为一类工具，主要作用是在木料刨削加工过程中，顶着木料的一端，防止木料滑动。阻铁种类较多，无系统划分，叫法也比较多，如班妻、马口钳、木工钳头、八字钉、独角钉、凳钳、马牙、挡卡、案针等。常依据使用特点可分为精细木工精加工使用、大料的粗加工使用两类。

精细加工用阻铁为一块具有多齿的铁板，以往老木匠常用制材带锯条制作，一般安装在工作台端头，使用螺钉固定在工作台面上，主要用于木料刨削加工过程中顶住木料，防止木料滑动，如图 3-161 所示，也有经过锻打而成的独角钉，用于刨削小料固定的特殊器具，如图 3-162 所示。

图 3-160　中式木工工作台

图 3-161　木工阻铁

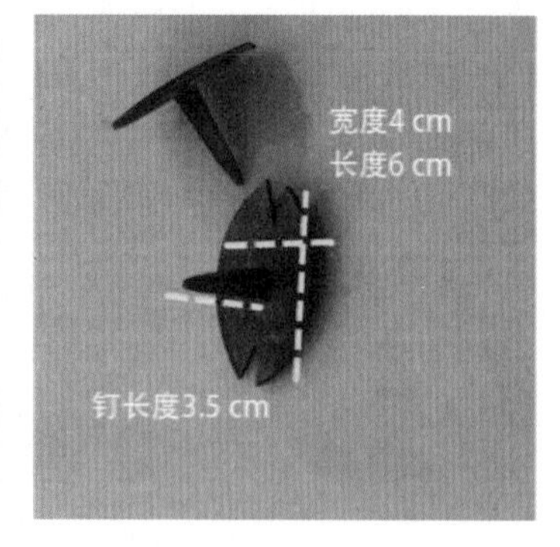

图 3-162　木工独角钉

大料粗加工用的阻铁一般为锻打而成，固定时用锤子或斧子直接将脚钉打入木工工作台面或条椅面板上使用，使用完成后可轻敲松动取下。其主要作用也是在刨削加工过程中顶住木料，防止木料滑动，如图 3-163 和图 3-164 所示。

图 3-163　木工八字钉

图 3-164　木工马口钳

在没有条件制作工作台的情况下，可以使用工作凳，部分地区习惯称为马凳、条椅等。工作凳的长度一般为 1 000 ～ 1 200 mm，宽度为 200 ～ 250 mm，高度为 600 mm 左右，凳面用厚度为 40 ～ 250 mm 的木板制作，如图 3-165 和图 3-166 所示。

图 3-165　木工马凳（1）

图 3-166　木工马凳（2）

2）木工夹具：（夹钳）可以将板材挤合在一起，常在进行组装和胶合工作时使用，大多数夹具有一些宽大或有衬垫的表面，以防止夹住的木材受损。夹钳的钳口可以内外调节，以方便固定或松开工件。

木工夹具的尺寸、形状和功能可能会有很大的变化，导致其种类繁多，一般分为杆夹、管夹、F 形夹、G 形夹、A 形夹、螺钉夹（手动螺钉木工夹）、带夹（四角夹）等。

①杆夹有两个颚板，可分别称为夹头，夹尾装配在一根截面呈 I 形的金属长条上。其中一个颚板是采用弹簧片固定在 I 形金属条上，可以通过调整弹簧片来实现其沿着 I 形金属条滑动，并且可在其上任意位置固定。另外一个颚板固定在金属条端头，不可移动，靠一个配有手柄的螺杆来实现夹紧，如图 3-167 ～图 3-170 所示。

②管夹与杆夹的工作原理相同，组成结构类似，只是用一段金属管代替了 I 形金属条。这两者中，管夹最适合组装幅面较宽的表面，如桌面，或把大块的原料拼合在一起。管夹加压受力以后金属管变形相对杆夹的 I 形的金属长条变形要小，拼板平整度高，木料不易错位，管夹如图 3-171 所示。

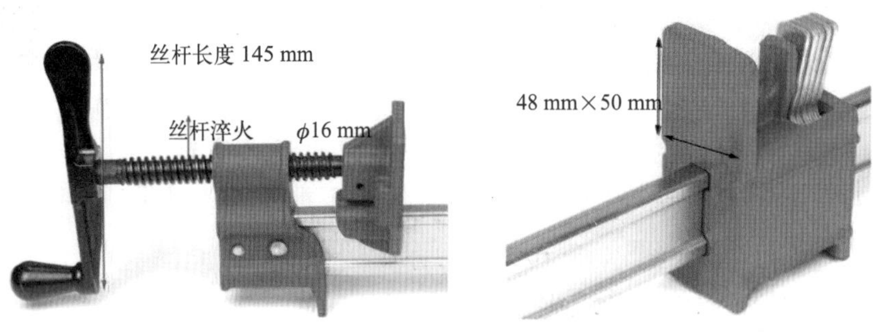

图 3-167　杆夹

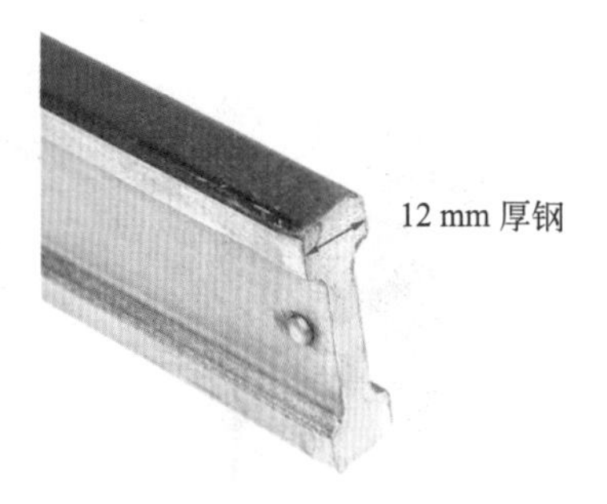

图 3-168　杆夹夹头

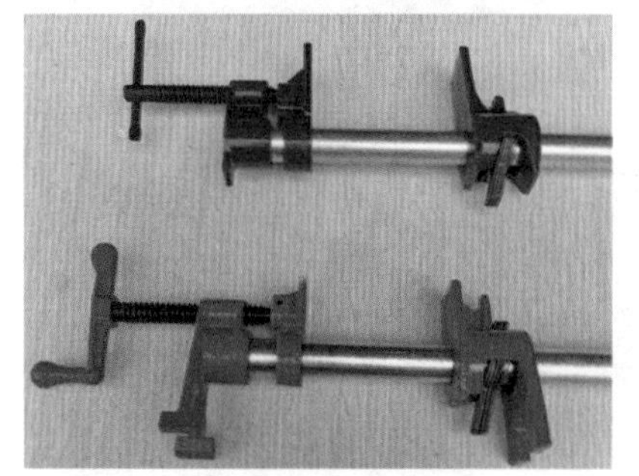

图 3-169　杆夹夹尾

图 3-170　杆夹的 I 形金属条

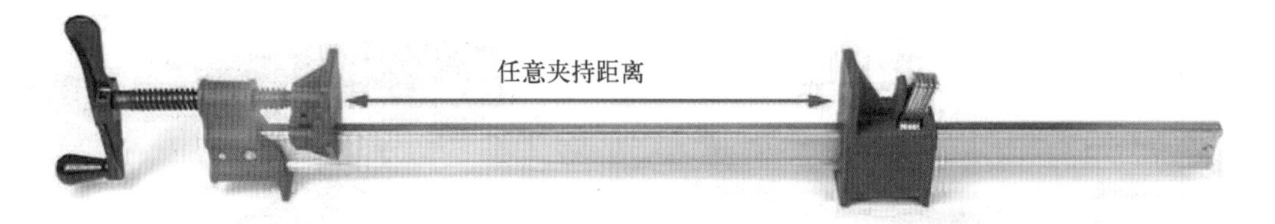

图 3-171　管夹

③F 形夹（快速夹）如图 3-172～图 3-174 所示，功能种类比较多，F 形夹的主体是一段扁形钢材，带有两颚板，其中一个颚板固定在扁钢的一头，另一个颚板配有一个带手柄的螺杆夹紧机构（也有的采用棘轮夹紧机构和步进夹紧机构，如图 3-175 和图 3-176 所示）。它可在扁钢上滑动至任何位置并固定住。F 形夹的两个颚板之间的最大跨度为 6 英寸（152.4 cm）。除长度外，F 形夹的喉深（从颚板的外端到杆之间的距离）和杆的粗细也有不同的规格。喉深限制了夹具从板材边缘往里夹的距离。杆的粗细和夹具的强度有关，一般越粗的杆可以承受压力越大，不易产生弹性形变。F 形夹是所有夹具中应用最为广泛的，经常被用来将工件固定在木工桌上，充当机器上的临时靠尺，夹紧弯曲的薄板，组装椅子或小的物件等各类工件。

图 3-172　F 形夹（1）

图 3-173　F 形夹（2）

图 3-174　F 形夹（3）

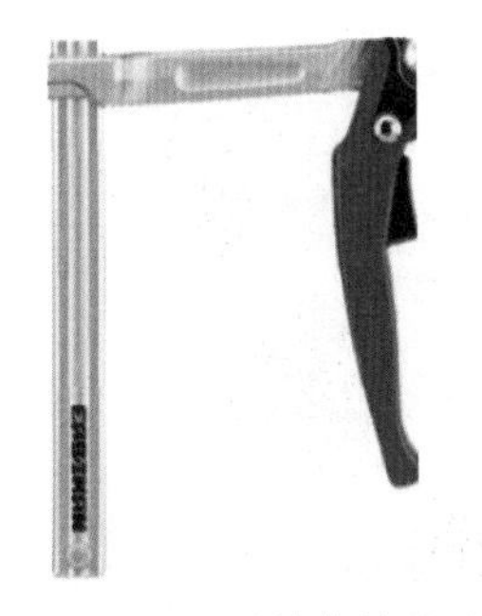

图 3-175　F 形棘轮快速夹

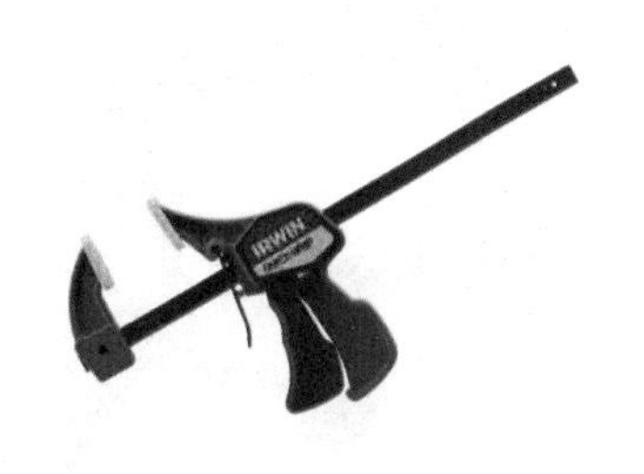

图 3-176　F 形步进快速夹

④ G 形夹又称罗锅卡，如图 3-177 所示，是一种通用夹紧器，G 形夹有一根 G 形的金属杆，其中一端插着一根配有手柄的螺杆。夹身的一端有一平面，同工件接触；另一端有螺纹和螺杆相啮合。螺杆的一端有一平面，夹紧时同工作台交接，另一端穿过手柄。旋转手柄使螺杆转动，调整螺杆头端面和 G 形平面间的距离，可把其间的夹持的工件夹紧或松开。G 形夹多用来夹持厚而短的零件，以进行各种加工。同其他夹具一样，G 形夹的长度、喉深和金属杆的粗细也有不同规格。相较而言，尽管在很多情况下 G 形夹和 F 形夹可以互换使用，但 G 形夹没有 F 形夹使用方便。

⑤ A 形夹（弹簧夹）俗称大力夹，如图 3-178 和图 3-179 所示，给工件施加的压力不如其他夹具。它可以用来做小件修补时的夹紧或原位固定零部件时的夹紧。

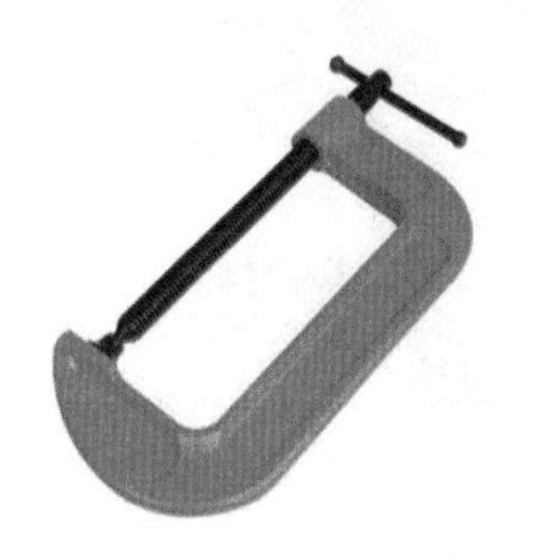

图 3-177　G 形夹

图 3-178　A 形夹（1）

图 3-179　A 形夹（2）

⑥螺钉夹（手动螺钉木工夹），如图 3-180 所示，螺钉夹上带有木质的颚板和金属质的螺纹杆。通过螺纹杆的运动，颚板会相互并拢或分开。在实际使用中，螺钉夹能把压力传递到板材表面，而且颚板能通过一定的角度变化来夹住表面不平行的板材，木质颚板不容易损伤被夹紧的零部件。

⑦带夹（四角夹），如图 3-181 所示，是一个由强韧的纺织材料如尼龙形成的圈，两头各有一个紧缩装置，可以将带夹的圈缩小。带夹在夹紧一些诸如圆柱形的工件时特别有用，圆柱形工件用普通的夹具很难夹紧，如图 3-182 和图 3-183 所示。

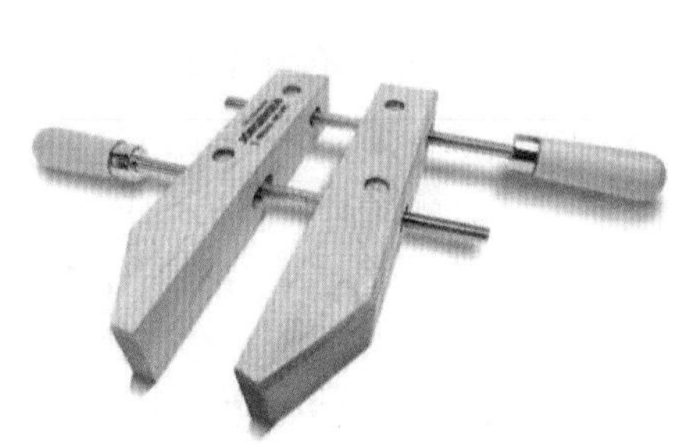

图 3-180　螺钉夹

图 3-181　带夹

图 3-182 带夹的应用（1）　　图 3-183 带夹的应用（2）

⑧其他夹具，在木工制作中，还有其他各类特殊的夹具（如图 3-184 所示的直角组装夹），在此不一一进行介绍。

3）斧子：斧子是木工操作中不可缺少的砍削工具，它虽然结构简单，但是用途极广，不但用于砍劈木料，而且用于敲击、凿孔眼和组装木制品等，如图 3-185 所示。

图 3-184 直角组装夹

图 3-185 斧子

①斧子的组成：斧子是一种砍削工具，分为斧头和斧柄（把）两个部分。

斧头按照制作所使用的材料种类、制作工艺可分为全钢斧头、夹钢斧头两类。全钢斧头：一般刀体、刃部为同一种材料，多为 45 号工具钢。夹钢斧头：一般刀体用普通碳素钢制作，刃部用不低于 45 号钢的优质碳素结构钢或 T8 碳素工具钢镶接。按照制作工艺又可分为夹钢斧头、贴钢斧头两种，其中夹钢斧头多为双刃斧头，而贴钢斧头多为单刃斧头。鉴别斧子质量好坏，可找一直径为 4 mm 的低碳钢丝，用斧子将其砍断，如斧刃不卷不崩，即所谓“削铁如泥”，则此斧质量精良。

斧头大小不一、质量不等，较大的斧头重约 3 kg，较小的斧头重约 0.5 kg，常用斧头的质量约 1 kg。斧头有双刃和单刃之分，北方普遍使用双刃斧，南方多用单刃斧。单刃斧只适宜砍，不适宜劈。单刃斧的左侧面平直，右侧面有一定的刃磨斜度，导向性较好，砍出的材面平整，但是这种斧子装斧柄时要注意，不要把斧柄装反了。双刃斧既能够砍，又能够劈。单刃斧又分为右手斧、左手斧，其中右手斧为大多数人所使用，左手斧为少数“左撇子”人群所准备，两者结构与形态相反，呈镜面对称。双刃斧两侧均有刃磨斜度，斧刃在中间，使用灵活，砍削量较大，无左右手之分。

斧柄要求用坚硬而有韧性的木料制作，北方地区通常用柞木或色木等材料制作斧柄，其中又以柞木白边料为宜，柞木白边料为柞树生长过程中的边材部分，颜色明显浅于心材，该原料既有硬度又有韧性，可满足斧子使用过程中对于斧柄的各种性能要求。斧柄的长度应等于握拳后的小臂长度，一般为 300 ～ 400 mm，斧柄过短砍削时用不上劲，斧柄过长使用过程中容易碰着肘部发生意外事故，对操作者、原料等造成伤害。斧柄的粗细以用手握着舒适为宜，其粗端尺寸约为 40 mm×25 mm。斧柄除要紧密地与斧头安装在一起外，还要求其轴线与斧孔的中心线一致。因为斧孔不是机械切削加工出来的，有时不正，所以在安装斧柄之前，要先看斧孔是否方正，如果斧孔不正，则要根据具体情况采取相应措施对其进行一定的修整。因为斧头较重、斧刃又非常锋利，所以斧头和斧柄的配合一定要牢固，常用的方法为在斧子顶部漏出的方形木料上加楔，以防止斧子在使用过程中，斧头松动脱落造成伤害，在使用过程中要常检查斧头的松动情况，以确保斧子使用安全。

②斧子的使用：在木制品制作过程中，斧子主要用于砍削和敲击。

砍削：使用斧子砍削分为单手砍削和双手砍削两种。

单手砍削：适用于砍削面积较小、长度较短的木料。操作时，左手扶直木料，右手握住斧柄中部或尾部，由下而上逐层砍断木材纤维，再用斧子通长修直，这样砍削比较省力。

双手砍削：适用于砍削面积较大、长度较长、质量较大的木料。操作时，右手握住斧柄中部或前部，左手握住斧柄尾部掌握其平衡，对平放在工作台上的木料从左向右砍削。

使用斧子砍削木料时，注意事项如下：

a. 斧子刃口要锋利。斧头和斧柄安装要牢固，注意防止斧头脱落伤人。被砍削的木料要安放牢稳，砍削时要准确有力。

b. 斧子砍削为毛料去料粗加工，砍削以墨线为界，不要超过墨线，预留一定的余量，为后期使用刨子进行精细加工留有富余。

c. 砍削前要辨清木纹方向，为避免劈裂，要顺纹砍削。如遇节疤，可以从上下或左右两面向节疤方向顺纹砍削，防止逆纹造成对木料的破坏。

d. 砍削较厚的木料时，应在木料下段每隔 10 cm 左右横砍数道，将外层木材纤维砍断，以减小砍削的阻力，防止夹斧。

敲击：在木制品制作过程中，敲击圆钉、凿禅孔、部件或制品的组装等，都可用斧背敲击。敲击时，必须使斧背平稳地落在被敲击物上，落斧要准确有力，但是要避免留下斧印。在零部件组装过程中，常在被组装零部件与斧子之间垫一块木料，以防止敲击过程中在零部件表面留下敲击斧印。

③斧子的研磨：斧刃用钝后需要研磨，研磨时，右手握住斧头，食指、中指按压斧头侧面，使研磨面紧贴磨石平面。左手握紧斧柄，左右手协调配合使斧头在磨石上来回研磨。当用手轻摸刃口有吸附感时，将斧头翻转过来，再将背面在磨石上平磨去卷刃，正反面交替刃磨，直至双面均无卷刃，即完成了粗磨。更换细磨石进行精磨，正反面交替刃磨，直至双面均无毛刺，斧子就算磨好了。在研磨过程中，要经常向磨石上浇水，冲洗泥浆并防止刃口研磨发热，造成对斧子、磨石的损伤。

4）锤子：木工用锤子种类较多、形状各异，最常用的是羊角锤、平头锤和扁锤，还有非金属材质的木锤、橡胶锤。锤子由锤头和锤柄两个部分组成。

①羊角锤主要用于敲击和起拔圆钉等；扁锤和平头锤一般用来锤砸小圆钉和调整刨刃突出量等，因其质量比较轻，调整刨刃突出量非常灵巧方便。在日常使用中羊角锤的使用最为普遍，操作人员为了便于操作，一般均采用一种锤子完成多项工作，因此羊角锤成了首选，如图 3-186 所示。

羊角锤锤头由碳素钢制成，好的羊角锤的羊角钳口经过热处理非常耐用；锤柄由材质坚硬且有韧性的木料制作，其粗细和长度，根据锤子的质量和使用要求决定，长度一般为 300 mm 左右。

用锤子敲击圆钉时，左手食指和拇指扶住圆钉，右手挥锤平击钉帽，使圆钉垂直钉入木料。敲击时，要避免把圆钉打弯（在向硬木类木材中钉入圆钉的时候，钉子不宜与木材垂直，应与木材表面成钝角状，锤子在敲击过程中，使用拖锤的方法，沿着钉子的垂直方向进行敲击，在敲击过程中逐渐把钉子扶正，这样可避免圆钉打弯）。手握锤柄不要握得太死，以用力拉拽锤柄可在手心中窜动为宜，力量不要过大，要尽量利用挥锤的甩力完成敲击，而不是利用手腕与手臂的力量。用羊角锤拔钉时，可在羊角处垫上一木块，增加起拔力，同时保护木料表面，起拔生锈、腐蚀的圆钉时，可先用锤头轻轻地敲击钉帽，使钉子松动，然后再拔起，这样可以避免腐蚀的圆钉在起拔过程中断帽。

②木锤一般多见于欧式木工制作，如图 3-187 所示，我国传统手工木制作使用极少，主要在精细木工的雕刻部分使用，并且样式与欧式的区别比较大。由于传统的欧式凿的手柄部位没有金属环保护，如用金属锤长时间敲击，容易造成木柄损伤，因此，欧式凿木柄的尾部常做成半圆弧状，减小因敲击而带来的木柄损伤。木锤由锤头和手柄两个部件组成，四四方方的硬质木材锤头安装在与其成 90° 角的木质手柄上进行使用，当锤头因长时间敲击受损后可进行更换。

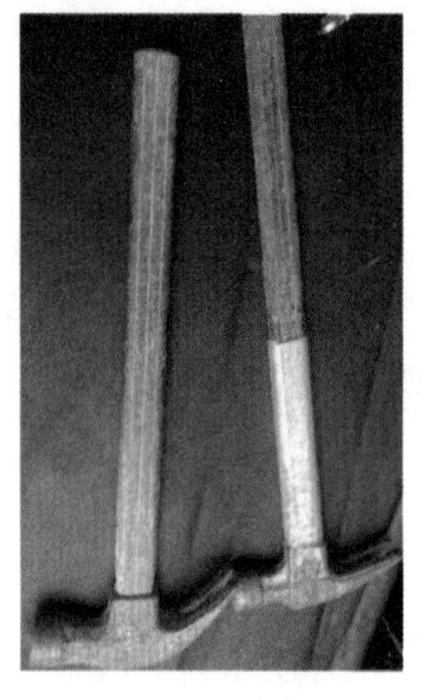

图 3-186　羊角锤

图 3-187　木锤

③橡胶锤一般可分为无弹力橡胶锤和有弹力橡胶锤两类，如图 3-188 和图 3-189 所示。在安装接合部件或将已施胶的家具敲到一起时，常使用无弹力橡胶锤，不容易在被安装的木制零部件表面产生凹坑，无须添加垫木。两者间主要区别在于是否有弹力。常规有弹力橡胶锤在敲击过程中由于弹力大导致锤头有比较高的反弹，并且橡胶锤会延长敲击时的作用时间，降低冲击力，橡胶锤本身的弹力会影响到工具本身的使用效果，常在木工拼板中进行使用。无弹力橡胶锤弹力非常小，因此，在组装过程中常使用无弹力橡胶锤。如果组装阻力比较大或在胶粘剂形成初固化的情况下，应更换金属锤以获得更大的冲击力，但需要垫一块垫木，以避免对木材表面造成伤害。

图 3-188　无弹力橡胶锤　　　　图 3-189　有弹力橡胶锤

5）木锉：也称锉刀，用来锉削或修整木制品的孔眼、凹槽或不规则表面，由碳钢制作，表面刻有

齿，按其锉齿的粗细，分为粗锉和细锉；按其形状分为平锉、扁锉和圆锉等。一般常用的是扁锉，长度为 150 ～ 300 mm，使用时装上木柄，如图 3-190 ～ 图 3-195 所示。

对于加工较小的曲面零件或形状复杂的零件以及使用刨或铲难以刨削和铲削的部位，通常使用木锉进行锉磨修整。使用木锉时，先用粗锉锉磨，后用细锉修整。最后锉磨修整时，要顺着纤维方向进行锉磨，以保证修锉的表面光洁平整，因为逆纹方向进行锉磨时，锉磨处会变得粗糙起毛。

图 3-190　平锉刀

图 3-191　扁锉刀

图 3-192　圆锉刀

图 3-193　半圆锉刀

图 3-194　锯锉

图 3-195　新式锉刀（锯锉）

在没有木锉的情况下，可根据加工需要刨出不同形状的木板，在木板表面上缠绕或粘贴上粒度不同的砂纸，可代替木锉使用。

6）螺钉旋具：螺钉旋具又称改锥、改刀、起子等，用于装卸木螺钉和安装门窗扇等。螺钉旋具多由碳素工具钢制成，高质量的螺钉旋具一般以轴承钢制作刀头，分为普通式（不穿心柄）和穿心柄式两种。刀头形式可分为一字形、十字形、米字形、六角形、三角形、星形、Y 形等多种，在木工行业最常用的为一字形、十字形，对于十字槽螺钉的装卸一定要十字形螺钉旋具。螺钉旋具的长度按刀体长度分，刀体长度可分为 50、65、75、100、135、150、200、250、350（mm）等，如图 3-196 所示。

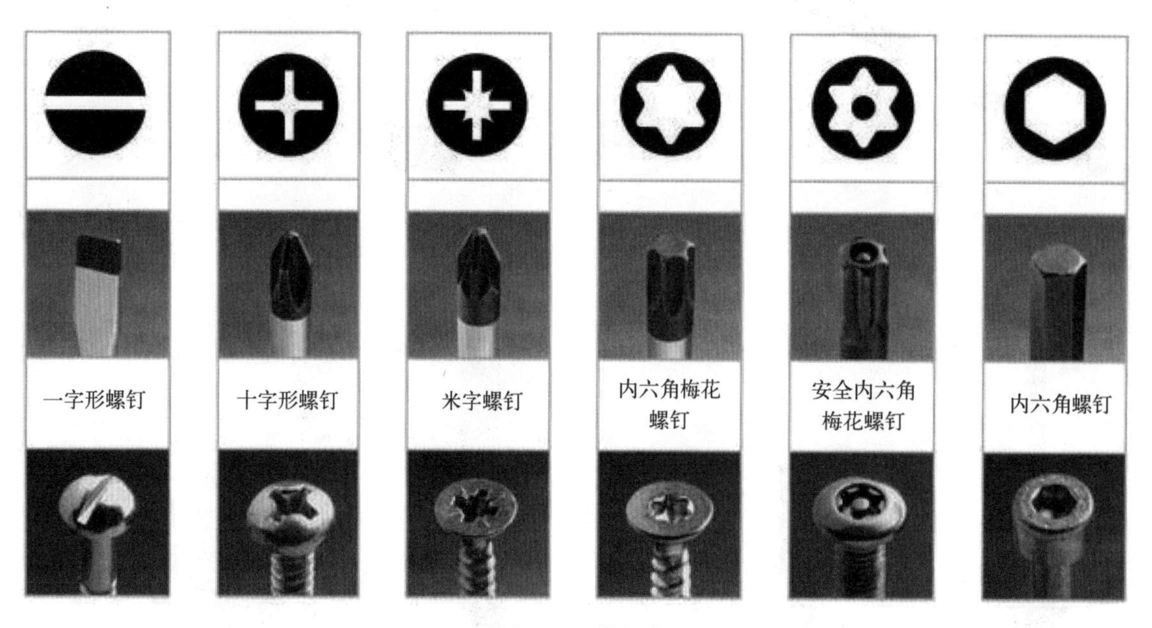

图 3-196　螺钉类

十字形螺钉旋具的型号表示为刀头型号 × 刀杆长度。如 PH2，表示刀头型号为 2 号，刀杆长度为 100 mm。常用规格有 PH000、PH00、PH0（3 mm）、PH1（5 mm）、PH2（6 mm）、PH3（8 mm）等几种，如图 3-197 所示。

一字形螺钉旋具的型号表示为刀头宽度 × 刀杆长度。如 SL2×75，则表示刀头宽度为 2 mm，刀杆长度为 75 mm，如图 3-198 所示。

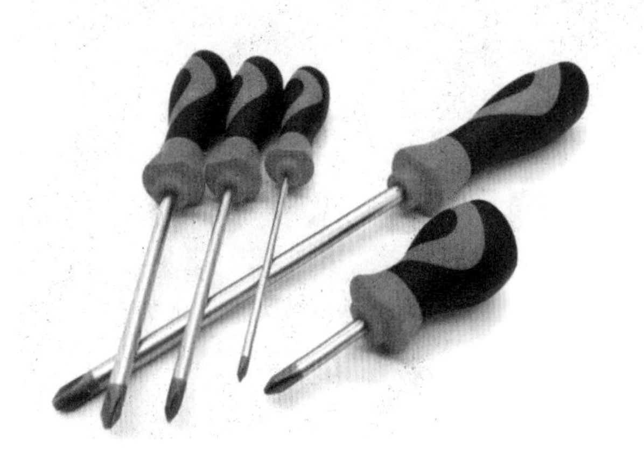

图 3-197　十字形螺钉旋具

图 3-198　一字形螺钉旋具

使用螺钉旋具时，根据装卸螺钉的大小，选用相应的螺钉旋具。螺钉旋具刀口厚薄与宽窄都将影响装卸螺钉的效率，过大的螺钉旋具拧过小的螺钉，易将螺钉的沟槽拧坏；反之，用过小的螺钉旋具去拧很大的螺钉又会把螺钉旋具损坏。选用时应使螺钉旋具刀口宽度与螺钉沟槽宽度相一致。

装卸木螺钉时，将螺钉旋具垂直于螺钉帽平面，刀口紧压在钉帽沟槽之内。顺时针方向拧则木螺钉上紧；逆时针方问拧则木螺钉退出。

6.4 任务实训

◇ 工作情景描述

学校木工坊准备利用周末时间开展手工木工对外工艺培训课程，先需要对工坊设备进行检修与配置，组织同学依据培训课程内容进行各类手工木工辅助工具的选择与配备。

◇ 工作任务实施

工作活动 1：木工工作台、木工凳等的检修与调整

活动实施与记录

活动步骤	活动要求	活动安排	活动记录
步骤	木工工作台、木工凳等的检修与调整	具体活动 1：木工工作台检修	合格○ 不合格○
		具体活动 2：木工凳检修	合格○ 不合格○
		具体活动 3：台钳检修	合格○ 不合格○
		具体活动 4：阻铁配置	合格○ 不合格○

工作活动 2：敲击工具的选择

活动实施与记录

活动步骤	活动要求	活动安排	活动记录
步骤	敲击工具的选择	具体活动 1：榫眼制作敲击工具的选择	合格○ 不合格○
		具体活动 2：零部件组装敲击工具的选择	合格○ 不合格○
		具体活动 3：砸钉子、起钉子敲击工具的选择	合格○ 不合格○

工作活动 3：夹具的选择

活动实施与记录

活动步骤	活动要求	活动安排	活动记录
步骤	夹具的选择	具体活动 1：拼板用夹具的配置	合格○ 不合格○
		具体活动 2：普通组装用夹具的配置	合格○ 不合格○
		具体活动 3：异形组装夹具的配置	合格○ 不合格○
		具体活动 4：零部件加工辅助夹紧夹具的配置	合格○ 不合格○

工作活动 4：锉刀的选择

活动实施与记录

活动步骤	活动要求	活动安排	活动记录
步骤	锉刀配置	具体活动 1：内圆弧锉刀配置	合格○ 不合格○
		具体活动 2：小切削量锉刀配置	合格○ 不合格○
		具体活动 3：大切削量锉刀配置	合格○ 不合格○

工作活动 5：螺钉旋具的选择

活动实施与记录

活动步骤	活动要求	活动安排	活动记录
步骤	螺钉旋具的选择	具体活动 1：一字形螺钉旋具配置	合格○ 不合格○
		具体活动 2：十字形螺钉旋具配置	合格○ 不合格○

◇ 评价总结

评价指标	权重 /%	评价等级				
		优秀（90～100分）	中等（80～89分）	良好（70～79分）	合格（60～69分）	不合格（0～59分）
木工工作台、木工凳等的检修与调整	20					
敲击工具的选择	20					
夹具的选择	20					
锉刀的选择	20					
螺钉旋具的选择	20					
总分						

任务 7　砂光工具的使用

7.1　学习目标

1. 知识目标

（1）掌握刮刀的用途。

（2）掌握蜈蚣刨的用途。

（3）掌握砂纸的分类及用途。

2. 能力目标

（1）能够依据工艺要求选用合适的砂纸。

（2）能够借助砂纸进行产品表面的砂光处理。

3. 素质目标

（1）培养标准流程作业规范。

（2）培养施工安全防护意识。

7.2　任务导入

俗话说："三分料，七分工"，磨削砂光环节在木制品制作过程中扮演着重要的角色。其主要作用是在处理白茬料过程中，去除白茬料表面的毛刺及表面污染物，降低工件表面的粗糙度，清除各种加工痕迹，获得光滑平整且清洁的表面。在进行底漆、面漆、抛光时也需要用到磨削砂光。

7.3　知识准备

木贼草打磨法：《本草纲目》记载："此草有节，而糙涩，治木骨者，用之磋擦则光净，犹云木之贼也。"所以叫作木贼草，也称锉草、擦草，如图 3-199 所示。木贼草一般晾干保存，使用时用温水浸泡便恢复直挺，用于木制品打磨，既保证了部件的光滑、亮度，又不伤雕刻纹饰，是天然环保的打磨用料。

青砖（图 3-200）打磨法：古代也有用青砖打磨的工艺。一些比较精细的打磨，需要把青砖磨碎加入水搅拌后用棉布过滤，漏出的泥水用盆盛好，沉淀后，撇去清水，让沉淀物晒干，就得到了超细的青砖灰，再加上食用芝麻油进行反复打磨 3 次，每次 0.5 ～ 1 h，打磨后便可上蜡。

图 3-199　木贼草

图 3-200　青砖

古代没有砂纸等现代工具与设备，因此人们会找到各式各样的东西来代替，完成工件表面的磨削，如河沙打磨法、净刨净光法、皮毛抛光法等。

1. 刮削法

刮削在红木家具的制作中经常使用，主要分为刮刀刮削与蜈蚣刨刮削两类。

（1）刮刀刮削。

1）木工刮刀：是一种由软质钢材制作的薄而细并且边缘锋利的木工工具，主要用于硬木，特别是在红木木料表面上进行刮削修整，由于红木木材密度大，很多材料油性也大，并且纹理混乱，在制作过程中无法使用净刨进行净光，因此最多的是使用刮刀完成表面处理。

标准的方形刮刀主要承担平面零部件表面刮削工作，鹅颈刮刀和凹凸面刮刀用来处理复杂的曲面、造型表面的刮削工作。一般在使用过程中需要多准备一些刮刀，若正在使用的刮刀变钝，则需要立即更换一个新的刮刀来使用。一般当刮削过程中不是以刨花形态产生刮削废料，即刮刀产生的小刨花逐渐变成粉尘时，就表明刮刀已经不锋利，无法完成刮削加工，刮刀要进行重新研磨与修整。工作时要防止在一个局部过分刮削而形成凹面，这种凹面在完工后会显得非常明显。

2）木工刮刀的使用：双手握持刮刀，用大拇指压入将刮刀稍微弯曲，然后向前推削。适当调整角度或斜度来达到最好的刮削效果，使用时，刮刀也会因摩擦逐渐变热。

3）刮刀的打磨：刮刀的打磨不同于其他刀具的打磨。刮刀上的毛刺是造成刀片变钝的主要原因。因此，打磨刮刀的关键在于磨出卷刃。打磨刮刀需要先将刮刀侧立，用桌钳或其他夹具固定住，然后用小锉刀沿着刮刀轻轻打磨。接着，用油石抛光，要将刮刀刀刃全部贴在油石上，以免在油石上留下刮痕。打磨刀刃时，刮刀要完全与油石垂直，必要时可以使用工具。等到用指甲划过刃口感觉不到有明显的毛刺时，即可停止打磨。之后，使用润滑过的三角锉磨出卷刃，把刮刀平放在木工桌上离边缘 1 cm 远的地方，用三角锉来回打磨刮刀刀刃，之后翻转刮刀，打磨刮刀刀刃的另一面。接着，将刮刀往前放一点儿，使其超出木工桌边缘 1 cm。可以用桌钳夹住刮刀。然后微微倾斜三角锉（不超过 5°），沿着刀刃边缘均匀打磨，并逐渐加大力度，但要防止卷刃横倒（卷刃应大体与刀片成 90°）。

（2）蜈蚣刨刮削。蜈蚣刨是专门用于红木表面找平和拿堑的工具，是古代制作家具的刨削工具，其形态与普通刨子有很大的不同。蜈蚣刨是在一带柄的木条上嵌入多片钢片，然后用钢锉将钢片找平、开刃（朝前方是平面，朝后方是开刃面）。南方因其外形似蜈蚣，所以习惯称为“蜈蚣刨”，北方专称“耪刨”，如图 3-201 所示。

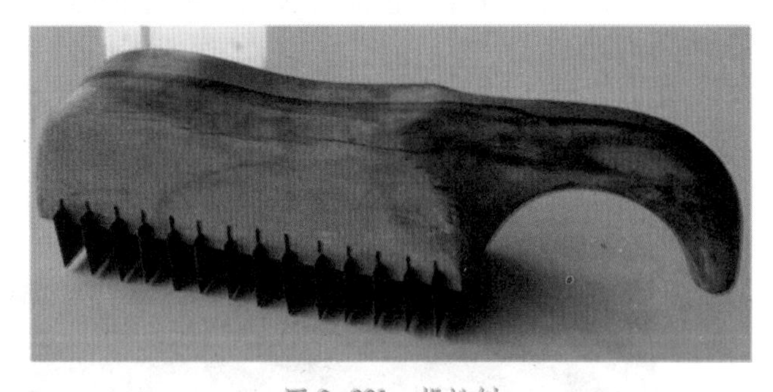

图 3-201　蜈蚣刨

制作蜈蚣刨的原料有两种：一是木头；二是钢片。木头选择干透的、不变形的硬木为好，如高档的有红木、黑檀，低档的有柞木、杵榆、柚木等。蜈蚣刨主要是起刮的作用，角度大些会更厚实有力度，开好后用磨石磨锋利即可。

2. 磨削法

磨削法主要是使用砂布、砂纸和砂轮对零部件进行磨削以获取符合要求的表面质量。研究磨削法首先要研究磨具的特性。

（1）磨料：用于磨削木材的磨料有刚玉类、碳化物类和玻璃砂。

1）刚玉类：主要成分为氧化铝，又分为白刚玉（GB）、棕刚玉（GZ）等。氧化铝的硬度较大、强度高，是一种坚实的磨料，采用树脂胶粘剂粘接，它具有较大的抗破坏能力，因此常用于磨削压力较大、强力磨削的场合。

2）碳化物类：主要成分是碳化硅，又分为黑色碳化硅（TH）和绿色碳化硅（TL）。此类磨料硬度和锋利程度比刚玉类高，但强度低、脆性大、抗弯强度低，故一般用于轻磨的场合。

3）玻璃砂：主要成分为氧化硅。玻璃砂作为磨粒，切刃锋利，自生能力好。由于磨削木材时的磨削力较小，所以尽管其强度低，但仍采用较多，尤其适于制造砂轮。磨料颗粒的形状，以等体积的多角形球状较为理想。

（2）粒度：磨料的粗细程度。粒度是衡量磨料颗粒大小、粗细程度的指标，用粒度号表示。选择粒度时应考虑被磨材料种类、性能、初始状态、生产等多种因素，粒度号有两种表示方法：磨料颗粒大的用筛选法来区分，以每英寸长度上筛孔的数目来表示。例如，46 号表示该号磨粒能通过每英寸长度有 46 个孔眼的筛网，而不能通过下一挡，即每英寸长度上有 60 个孔眼的筛网。颗粒较细的用沉淀法或显微测量法来区分，用测量出的颗粒尺寸来表示它的粒度号。例如，W28 就表示颗粒尺寸为 20 ～ 28 μm。磨料粒度号及其尺寸见表 3-6。

表 3-6　磨粒粒度号及其尺寸

粒度号数	磨粒尺寸 /μm	粒度号数	磨粒尺寸 /μm
12	1 700 ～ 2 000	180	75 ～ 85
16	1 200 ～ 1 400	220	63 ～ 75
24	700 ～ 800	240	53 ～ 63
36	500 ～ 600	280	42 ～ 53
48	355 ～ 420	W28	20 ～ 28
60	250 ～ 300	W20	14 ～ 20
80	180 ～ 210	W14	10 ～ 14
100	125 ～ 150	W10	7 ～ 10
120	105 ～ 125	W7	5 ～ 7
150	85 ～ 105	W5	3.5 ～ 5

磨具不可能完全用同一粒度的磨料制造。所谓某一粒度的砂轮和砂带，是指其中的磨料大多数是该粒度的，而其余少部分磨料的粒度可能较大或较小。

粒度通常是按被加工表面原有的状态、要求磨出表面的粗糙度，以及木材的材性来确定。例如，粗磨时为提高生产率，宜选用较粗粒度的磨料，对人造板、木材宜选用粒度 40 ～ 100 号的磨具；精磨时选用 120 ～ 180 号；磨漆膜时，头道工序选用 280 ～ 320 号，抛光时选用 380 ～ 400 号。多道工序磨削时，相邻两道工序选用的粒度号应不超过两级。

（3）基体：基体材料分为纸基和布基两大类。基体应具有较好的抗拉强度和抗伸展性，基体吸湿率小。纸基价格低、表面平整，可使加工表面光洁度高于布基，如图 3-202 ～图 3-207 所示。

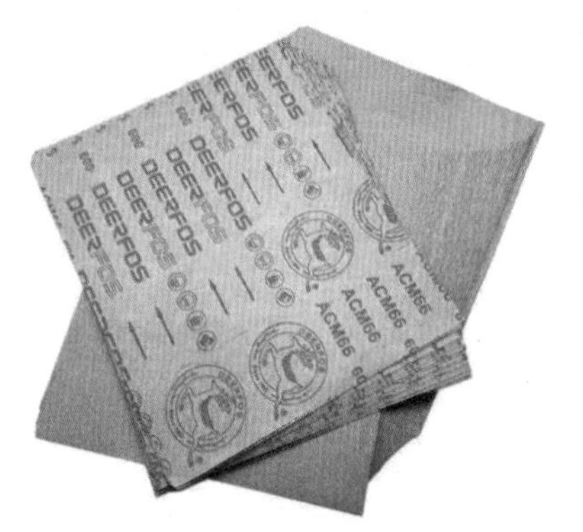

图 3-202　纸基方砂纸

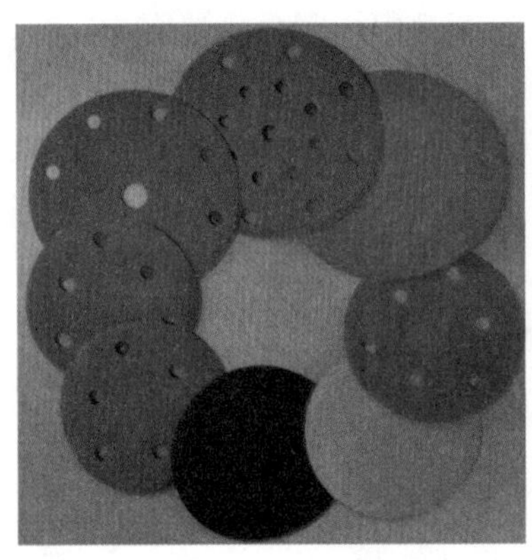
图 3-203　纸基植绒圆砂纸

图 3-204　布基植绒圆砂纸

图 3-205　布基带砂纸

图 3-206　钢丝绒

图 3-207　布丝绒

纸基按单位面积质量由轻到重分为 A、B、C、D、E 五级。除 E 级（230 g/m^2）用于砂光机外，其他用于手磨砂纸。布基按单位面积质量由轻到重分为轻型布（L）、柔性布（F）、普通布（J）、重型布（X）和聚酯布（Y）五种。

（4）胶粘剂：用来将磨粒牢固地粘接在基体上，或将磨粒粘接成一定形状的砂轮。磨具的强度、耐冲击性和耐热性主要取决于胶粘剂的性能。

用于木材磨削的涂附磨具（砂纸、砂带），胶粘剂多用动物胶（G）和树脂胶（R），动物胶强度一般，但韧性好、价格低。缺点是遇高温易软化、不耐水，故适用于轻磨、干磨。树脂胶强度高，耐热、防水，但价格高，多用于强力磨削或湿磨。目前制造涂附磨具一般用两层胶。上层浮胶和底胶都用动物胶（G / G），多见于手磨砂纸；上层为树脂胶，下层为动物胶的（R/G），兼有两者的优点，用于砂带制造和一般木材磨削；两层皆为树脂胶的（R/R），宜用作强力磨削。湿磨时，胶粘剂只用树脂胶且基材要做耐水处理。

（5）组织：磨具的组织反映了磨粒、胶粘剂、空隙度三者之间的比例关系。磨粒在磨具总体中所占比例越大，则磨具的空隙度越小，组织就越紧密。磨具组织分为紧密、中等和疏松三种。对于砂轮，组织号分为紧、中、松三等 12 级。组织号越大，表示空隙比例越大，砂轮不易堵塞，多用于粗磨。国产涂附磨具，按植砂疏密程度分为疏植砂（OP）和密植砂（CL）两类。砂轮在基体表面植砂 90％左右的砂布组织为紧密的；植砂 70％左右为中等的；植砂 50％左右为疏松的。当磨粒疏松分布时，磨具不易被磨屑堵塞，空气易带入磨削区，因而散热好，磨削效率高，砂带的挠性也好。通常，对于软材、含树脂材以及大面积粗磨时宜选用疏松的；磨削力大、表面粗糙度要求较高以及磨削硬材时，选用组织中等或紧密的为宜。砂轮一般具有中等组织，因为过松不易保持砂轮的形状。疏植砂磨具柔软性好，散热条件也好，效率高但不耐用。一般磨削工件质硬或表面要求高时，宜选用密植砂磨具。

（6）硬度：是指胶粘剂粘接磨粒的牢固程度。磨具的软硬和磨粒的软硬是两个不同的概念，必须分清。

磨具太硬，磨粒变钝仍不脱落，磨削力和磨热增大，不仅使磨削效率降低，表面粗糙度显著恶化，并易使木材烧焦；磨具过软，磨粒则会在尚未变钝时很快脱落而不能充分发挥其切削作用。适宜的硬度是在磨粒变钝后自行脱落，露出内层新磨粒（即自生），使磨削继续正常进行。

该指标只对砂轮有意义，涂附磨具因磨粒层很薄，此指标意义不大。磨具硬度分超软（CR）、软（R）、中（Z）、硬（Y）、超硬（CY）五等 15 级。一般情况下，磨硬材选较软的磨具，这样变钝的磨粒易脱落，露出新的锋利的磨粒（即“自锐”或“自生”作用）；否则，加工表面易发热烧伤。选择何种硬度为宜，应视具体情况而定。对于材质硬的工件，应选择较软的磨具，使磨粒变钝即自行脱落，以免发热烧焦；当磨削面积大或采用的磨粒粒度号大时，为避免磨具堵塞，也应选择较软的磨具。磨削软材或精磨时均应选用较硬的磨具。砂轮用于成型磨削时应选用硬度较高的，以保持砂轮轮廓在较长时间内不变形。

（7）磨具的产品代号及标志：涂附磨具代号的书写顺序为产品形状→名称→尺寸→磨料分类→粒度。形状代号：页状（Y）、卷状（J）、带状（D）、盘状（P）。名称代号：干磨砂布（BG）、耐水砂布（BN）、干磨砂纸（ZG）、耐水砂纸（ZN）。

（8）磨具保存：砂轮保存条件要求不严，只需注意不要磕碰。涂附磨具最好保存在温度为 18 ～ 22 ℃、相对湿度为 55％～ 65％的仓库中，保存期不超过一年。时间太长，胶粘剂易老化。不使用时不要开箱，使用时需提前一天取出悬挂室内，使其含水率与大气均衡并使形状舒展。安装时注意运动方向与标志方向一致。

（9）磨削特点：磨削过程比一般切削过程复杂，因为它有以下特点。

1）磨粒上的每一个切削刃相当于一把基本切刀，如图 3-208 所示，但由于多数磨粒是以负前角和小后角切削，切刃具有 8 ～ 14 μm 的圆弧半径，故磨削时切刃主要对加工表面产生刮削、挤压作用，使磨削区木材发生强烈的变形。尤其是在切刃变钝后，相对甚小的切屑厚度（一般只有几微米），致使切屑和加工

图 3-208　单个磨粒切削示意图

表面变形更加严重。

2）磨粒的切刃在磨具上排列很不规则，虽然可以按磨具的组织号数及粒度等计算出切刃间的平均距离，但各个磨粒的切刃并非全落在同一圆周或同一高度上。因此，各个磨粒切削情况不尽相同。其中比较凸出且比较锋利的切刃可以获得较大的切削厚度，而有些磨粒的切削厚度很薄，还有些磨粒只能在工件表面摩擦和刻划出凹痕，因而生成的切屑形状很不规则。

3）磨削时，由于磨粒切刃较钝，磨削速度高，切屑变形大，切刃对木材加工表面的刻压、摩擦剧烈，所以导致了磨削区大量发热升温。而木材本身的导热性能较差，故加工表面常被烧焦。磨具本身也很快变钝。减少磨削热的方法是合理选用磨具。磨具的硬度应适当，太硬时，变钝磨粒不易脱落，它们在加工面上挤压、摩擦，会使磨削温度迅速升高。组织不能过紧，以避免磨具堵塞。另外，还要控制磨削深度，深度大时，磨削厚度增大，也将使磨削热增加。为了加速散热，在宽带砂光机中，采用压缩空气内冷或在砂辊表面开螺旋槽，当砂辊高速转动时，使空气流通冷却。

4）磨削过程的能量消耗大。如上所述，磨削时，因切屑厚度甚小、切削速度高、滑移摩擦严重，致使加工表面和切屑的变形大。这种特征表现在动力方面，就是磨削时虽然每分钟木材磨削量不大，但因每粒切刃切下的木材体积极小，且单位时间内切下切屑数量较多，所以磨去一定质量的切屑所消耗的能量比铣去同样质量的切屑所消耗的能量要大得多。

7.4 任务实训

◇ 工作情景描述

学校木工坊现有一批白茬家具需要进行砂光翻新，现需要结合实际情况确定砂光方案，选取合适的砂纸种类、目数依次进行砂光翻新，现开始进行工作。

◇ 工作任务实施

工作活动 1：砂光方案

活动实施与记录

活动步骤	活动要求	活动安排	活动记录
步骤	砂光方案	具体活动 1：白茬砂光方案	合格○ 不合格○
		具体活动 2：漆后砂光方案	合格○ 不合格○

工作活动 2：砂纸选取

活动实施与记录

活动步骤	活动要求	活动安排	活动记录
步骤	刨刀与盖铁	具体活动 1：白茬砂光方案砂纸选取	合格○ 不合格○
		具体活动 2：漆后砂光方案砂纸选取	合格○ 不合格○

工作活动 3：产品质量检验

活动实施与记录

活动步骤	活动要求	活动安排	活动记录
步骤 1	平整度检验	具体活动 1：宽面平整度	合格○ 不合格○
		具体活动 2：窄面平整度	合格○ 不合格○
		具体活动 3：边角形状	合格○ 不合格○
步骤 2	光洁度检验	具体活动 1：宽面光洁度	合格○ 不合格○
		具体活动 2：窄面光洁度	合格○ 不合格○
		具体活动 3：边角光洁度	合格○ 不合格○
		具体活动 4：弧线光洁度	合格○ 不合格○
步骤 3	砂光缺陷检验	具体活动 1：横砂纹	合格○ 不合格○
		具体活动 2：漏砂	合格○ 不合格○
		具体活动 3：漏白	合格○ 不合格○

◇ 评价总结

评价指标	权重/%	评价等级				
		优秀（90～100 分）	中等（80～89 分）	良好（70～79 分）	合格（60～69 分）	不合格（0～59 分）
砂光方案	20					
砂纸选取	30					
产品质量检验	50					
总分						

模块 3

实践操作

项目 4 手工木工实践

任务 1　筷子的制作

1.1　学习目标

1. 知识目标

（1）掌握木材三切面不同纹理的加工特性。

（2）掌握常用平刨的特点与用途。

2. 能力目标

（1）能够利用平刨对木料进行刨削加工。

（2）能够利用砂纸对木料进行砂光处理。

3. 素质目标

（1）培养精益求精的工匠精神。

（2）树立规范、安全、勤奋、智能的劳动精神。

1.2　任务导入

筷子长七寸六分，代表人的七情六欲。七情是指喜、怒、哀、思、悲、恐、忧。六欲是人的眼、耳、鼻、舌、身、意，代表着人的生理需求。筷子成双代表着阴阳相对，用筷子的五指表示金、木、水、火、土。筷子一头圆一头方，代表着天圆地方。手在筷子中间表示天地人三合一，在使用筷子时也是非常有讲究的，力气太大打不开，力气太小夹不住菜。这表示人在天地间应该懂分寸，知礼节，更应该知道天高地厚。中国有五千年的传统文化，既有包容心又有进取心，作为中国人，老祖宗的这种传统和智慧值得我们骄傲，无论走到哪里都要记住这一份骄傲。

1.3　任务实训

◇ **工作任务：**借助平刨、锯、砂纸、钢板尺等工具，完成筷子的手工制作。

◇ 图纸

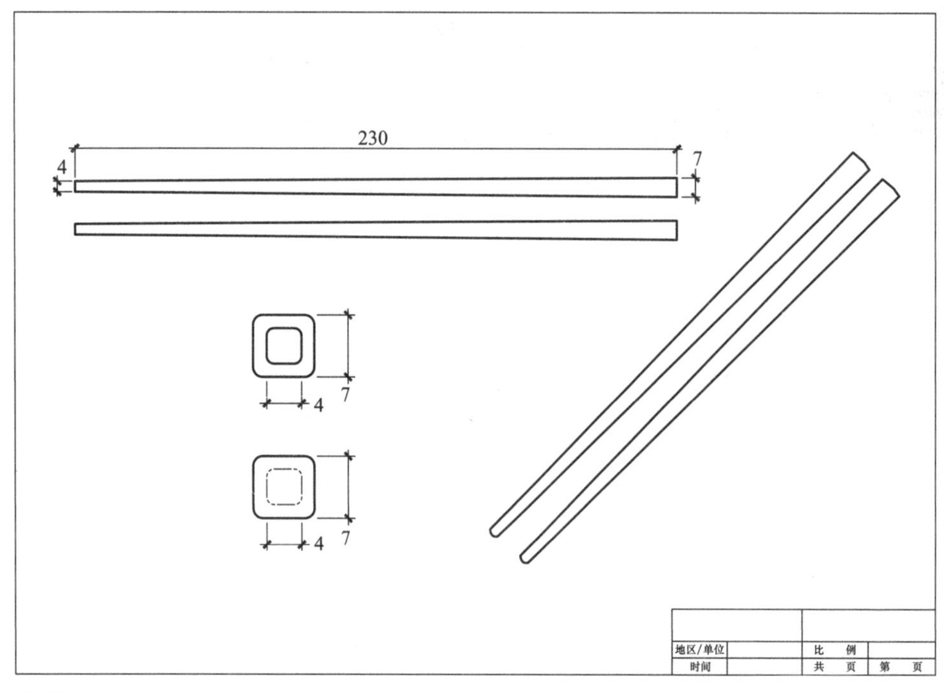

◇ 原料清单

筷子料单				
零部件名称	规格			数量 / 个
	长 /mm	宽 /mm	厚 /mm	
筷子	240	7	7	2

◇ 制作工具

◇ 工作流程与活动

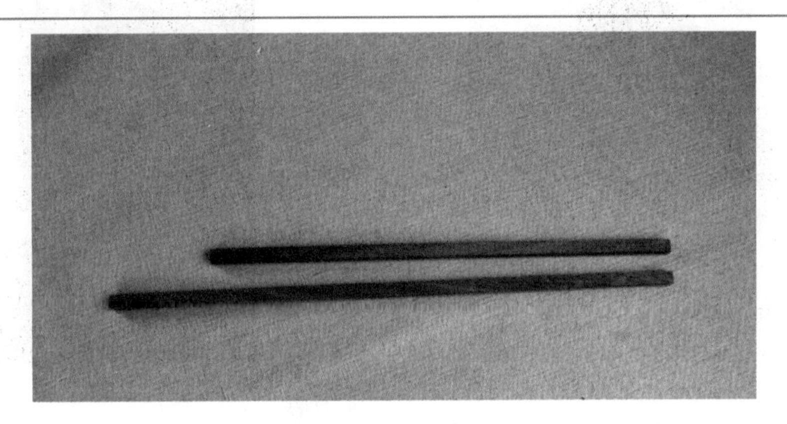

原材料（越南铁木）

注意事项：

（1）原料制备：主要宽度、厚度尺寸允许公差为 ±0.5 mm，长度尺寸预留 10 mm 加工余量。

（2）相邻面为 90° 角

筷子制作

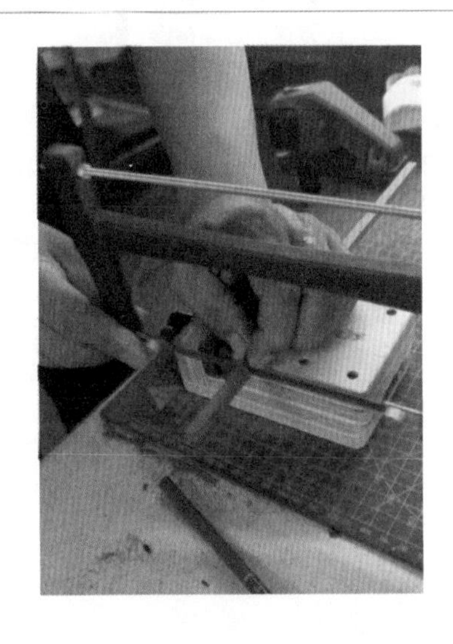

1. 定尺截长：借助夹背锯按照长度尺寸完成原料长度定尺加工，以获取符合成品尺寸规格要求的原料

微课：定尺截长

注意事项：

定长度锯切，快锯断时一定要慢，防止锯伤人

2. 刨削：借助手工平刨按照画线的角度进行留线刨削，以获取筷子的整体形状

微课：刨削

注意事项：

（1）顺纹刨削。

（2）防止刨刀刃划伤手指

续表

 3. 整形：借助刨子修整出筷子前端的圆柱形状  微课：整形 注意事项： （1）注意修整整形的准确性。 （2）防止逆纹刨削	 4. 打磨：借助砂纸进一步完成筷子形状的整形，并获取良好的表面质量  微课：打磨精修 注意事项： 先使用 120 号砂纸粗磨，再使用 240 号砂纸细磨，最终使用 400 号砂纸精磨
 5. 抛光：借助高目数抛光砂纸，完成筷子表面的抛光，以获得高表面质量的成品筷子  微课：抛光 注意事项： 先使用 1 000 号砂纸抛光，再使用 2 000 号砂纸抛光，最终使用 3 000 号砂纸抛光	

◇ **成品**

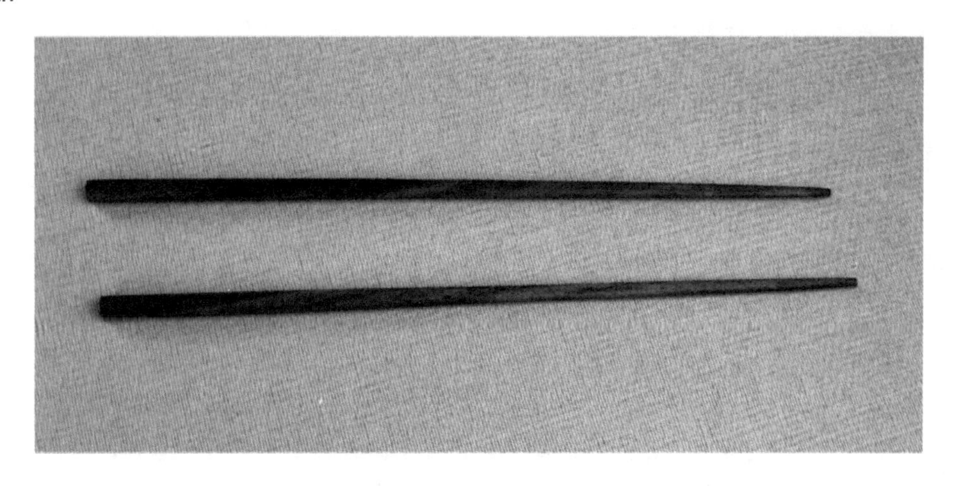

◇ **评价总结**

评价指标	权重 /%	评价等级				
		优秀（90 ～ 100 分）	中等（80 ～ 89 分）	良好（70 ～ 79 分）	合格（60 ～ 69 分）	不合格（0 ～ 59 分）
工具使用	20					
材料纹理识别	10					
砂纸选用	20					
原材料使用率	10					
成品效果	30					
职业素养	10					
总分						

任务 2　簪子的制作

2.1　学习目标

1. 知识目标

（1）掌握木材三切面不同纹理的加工特性。

（2）掌握曲线锯、锉刀的分类及用途。

2. 能力目标

（1）能够独立识别简单图纸。

（2）能够利用砂纸对木料异形部位进行砂光处理。

3. 素质目标

（1）培养精益求精的工匠精神。

（2）树立规范、安全、勤奋、智能的劳动精神。

2.2 任务导入

发簪是中国古代汉民族用来固定和装饰头发的一种首饰。其由笄演变而来，根据《“笄”与“簪”的历时更替》一文，在古汉语中，“笄”与“簪”是一对同义词，但“笄”多通行于先秦时期，而“簪”在这一时期用例很少，直至两汉、魏晋六朝时期“笄”与“簪”呈现出同义竞争的局面，且“簪”的使用频率要高一些，从隋唐五代开始，“簪”开始盛行，慢慢取代“笄”，并保持至今。

发簪的历史沿革可追溯至新石器时代，自仰韶文化和龙山文化开始就已经有了陶笄、骨笄。在西周时期盛行，在《礼记》中已有关于笄礼的记载。笄礼对中国古代女子的意义非凡，有成人许嫁之意。之后，笄改用金、银、铜等金属来制作，针细头粗，其上开始雕刻花纹、镶刻点缀珠宝，不断注重其装饰作用，遂演化成簪。古代的发簪除了由金属和荆枝制作以外，还会以竹、玉石、玳瑁、陶瓷等来制作。

另外，发簪在古代还有着另一层文化含义，即在中国封建时代，中国女子插笄是长大成人的一种标志，到时还要举行仪式，行“笄礼”。

除此之外，发簪还作为女孩子送给男孩子的定情信物，有着美好的意义。“何用问遗君，双珠玳瑁簪，用玉绍缭之。”一句情诗为我们道尽发簪作为定情信物的缘由。发簪正如一块香囊瓜果一样，是人们作为情定的信物，表达自己对“情”的诉求。所以发簪比其他定情信物更加坚定不移。

2.3 任务实训

◇ **工作任务：**借助曲线锯、锉刀、砂纸、钢板尺等工具，完成簪子的手工制作。

◇ **图纸**

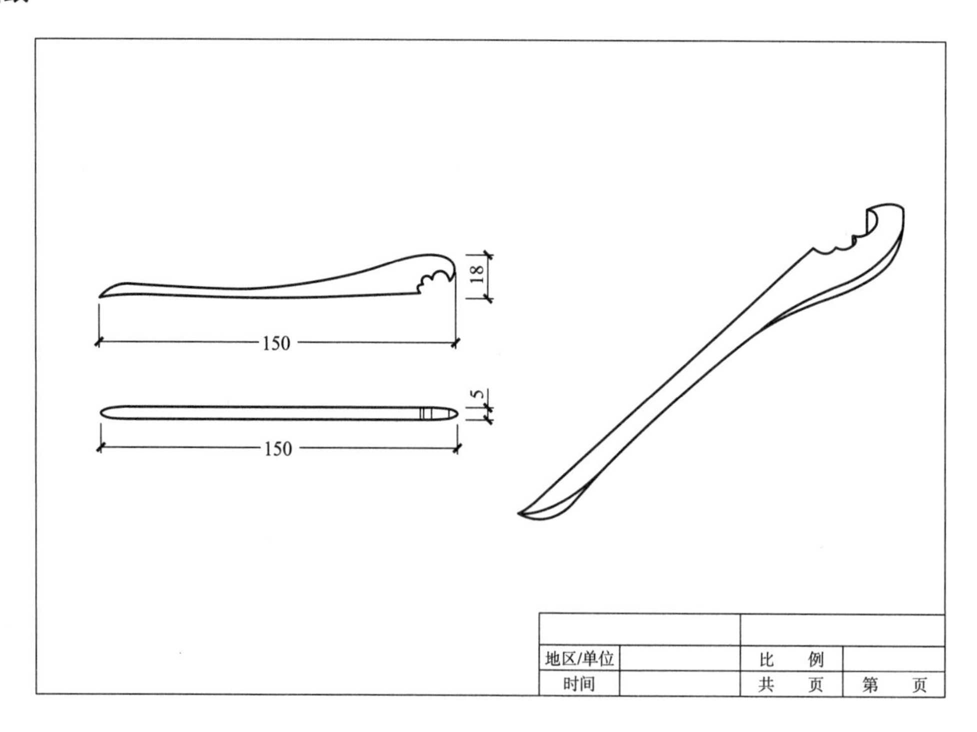

◇ 原料清单

簪子料单				
零部件名称	规格			数量 / 个
	长 /mm	宽 /mm	厚 /mm	
簪子	160	28	5	1

◇ 制作工具

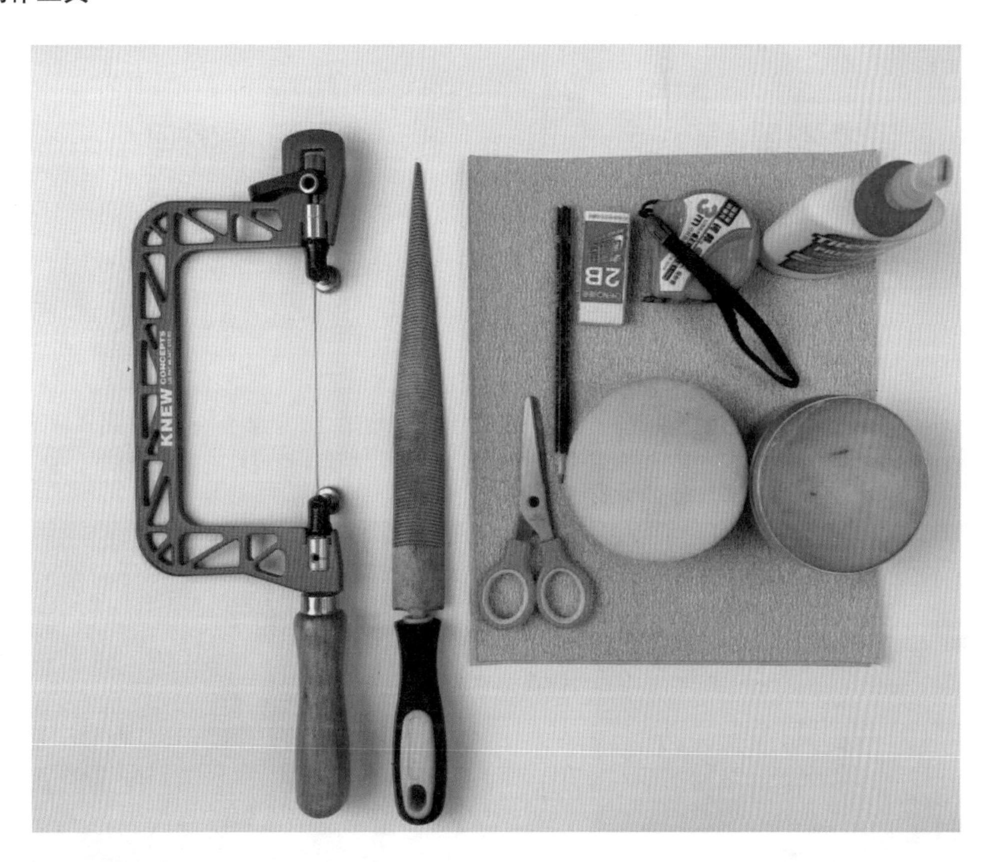

◇ 工作流程与活动

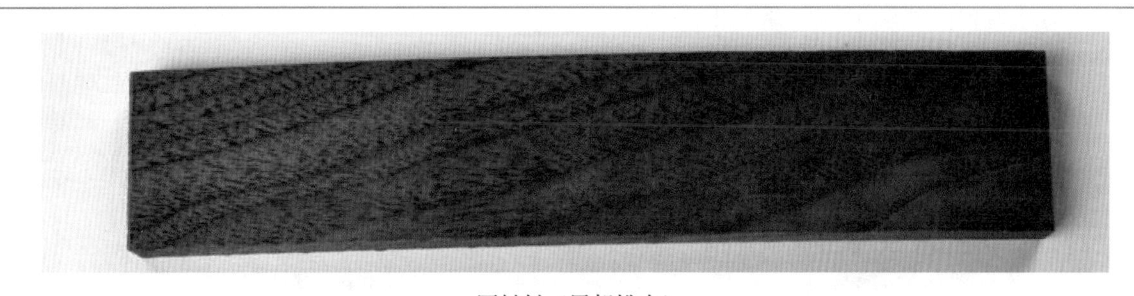

原材料（黑胡桃木）

注意事项：

（1）原料制备：主要厚度尺寸允许公差为 ±0.5 mm，长度、宽度尺寸预留 10 mm 加工余量。

（2）注意原料纤维方向

<table>
<tr><td colspan="2">篰子制作</td></tr>
<tr><td>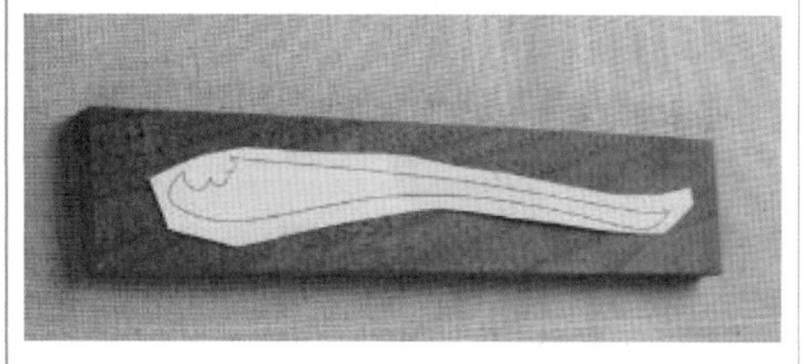
1. 图样制作：使用剪刀沿线将图纸中篰子的图样剪切出来

微课：图样制作
注意事项：
用剪刀剪制图样的过程中必须留线，并保证剪切边距离图样线 1 ～ 2 mm。梳齿线不用剪切</td><td>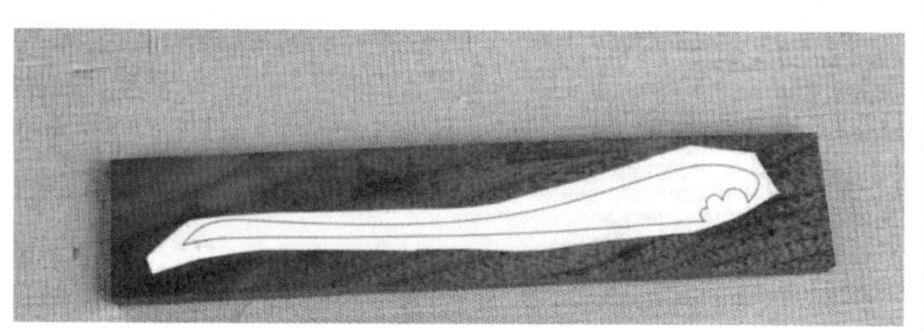
2. 图样粘贴：在原料上匀涂布胶粘剂，将图样平铺粘贴在原料上

微课：图样粘贴
注意事项：
原料涂胶要均匀，尽量减少用胶量。图样粘贴在原料上要平整，无褶皱，并保证原料可覆盖全部图样，躲避缺陷</td></tr>
<tr><td>
3. 外形锯制：借助曲线锯沿图样边缘锯出篰子外形轮廓

微课：外形锯制
注意事项：
沿线锯切留有加工余量 1 ～ 2 mm</td><td>
4. 锉刀整形：使用锉刀依据图样边缘进行修整，篰头锥度修整平缓

微课：锉刀整形
注意事项：
（1）篰头锥度不易过尖。
（2）篰尾异形使用砂纸卷或半圆锉修整</td></tr>
</table>

 5. 整体砂光：使用砂纸逐级打磨木簪表面，以获取高质量的表面 注意事项： 顺纹理砂光，避免横砂纹的出现	6. 打蜡推光：使用棉布蘸取木蜡油均匀涂布在簪子表面，最后使用干净无蜡的棉布反复涂搽簪子，以获取高光洁度的表面质量 注意事项： （1）涂蜡要均匀一致。 （2）避免衣物污染。 （3）组装后需要压实、养生

◇ **成品**

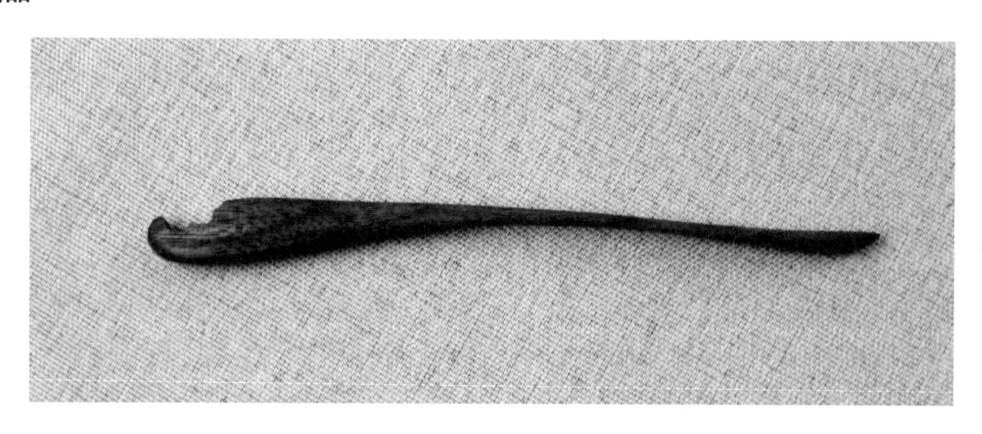

◇ **评价总结**

评价指标	权重 /%	评价等级				
		优秀 （90 ～ 100 分）	中等 （80 ～ 89 分）	良好 （70 ～ 79 分）	合格 （60 ～ 69 分）	不合格 （0 ～ 59 分）
工具使用	20					
材料纹理识别	10					
砂纸选用	20					
原材料使用率	10					
成品效果	30					
职业素养	10					
总分						

任务3　木梳的制作

3.1　学习目标

1. 知识目标

（1）掌握木材三切面不同纹理的加工特性。

（2）掌握万字锯、曲线锯的分类及用途。

2. 能力目标

（1）能够独立识别简单图纸。

（2）能够利用砂纸对木料异形部位进行砂光处理。

3. 素质目标

（1）培养精益求精的工匠精神。

（2）树立规范、安全、勤奋、智能的劳动精神。

3.2　任务导入

梳篦是我国古代八大类发饰之一，也是我国最古老的传统手工工艺品。梳篦制作技艺形成于魏晋时期，距今已有一千六百多年。自梳篦产生以来，木梳作为梳篦其中的一种，便被赋予了不同的寓意，也寄托了人们不同的思想情感。自古以来，不论是声名显赫的达官贵人，还是日落而息的平民百姓，都与梳子朝夕相处，梳子已成为人们梳妆、打扮必不可少的生活用品，《木兰诗》里的“脱帽著帩头”“当窗理云鬓”等诗句也反映了古人与梳子的紧密联系。数千年来，木梳与人们的生活息息相关，木梳早已作为中国人在文化、生活、情感上的一个重要代表符号，时时刻刻影响着人们的社交。古人性情温婉、内敛，所以他们表达爱意的方式也含蓄、隐晦，喜欢将个人的情感深藏于日常用品的木梳之中。在古代，如果男女两个人心心相印，又愿意与之继续交往，便常以“梳”为礼。赠送梳子，表示对方想要与你白头偕老、共度一生的心迹。并且古代的女子，在出嫁时，也有娘家人为其梳头的传统习俗。“一梳梳到底，二梳白发齐眉，三梳子孙满堂”，既包含了家人对她的美好祝愿，也传递了家人对她的爱意。木梳文化源远流长，它记录了不同历史阶段人类的生活状况，反映了不同历史时期人类的不同生活风貌，同时又积淀了中华民族数千年的智慧与文明。人们不同的思想观念和审美情趣赋予了木梳独特的文化内涵，作为一种民间艺术，梳子不仅是一种生活必需品，更是一笔宝贵的物质和精神财富，蕴藏着深厚的历史文化底蕴。

3.3　任务实训

◇ **工作任务：**借助万字锯、曲线锯、砂纸、钢板尺等工具，完成木梳的手工制作。

◇ 图纸

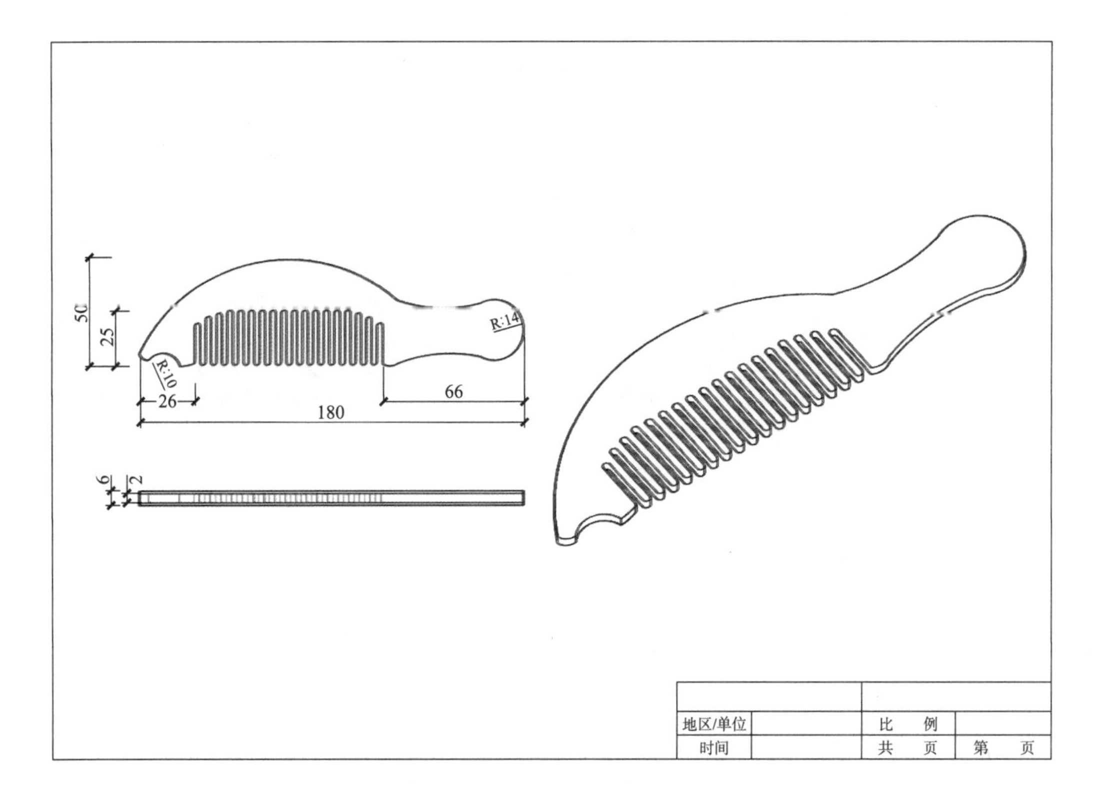

◇ 原料清单

木梳料单				
零部件名称	规格			数量 / 个
	长 /mm	宽 /mm	厚 /mm	
木梳	190	60	6（2）	1

◇ 制作工具

◇ 工作流程与活动

原材料（榉木）

注意事项：

（1）原料制备：主要厚度尺寸允许公差为 ±0.5 mm，长度、宽度尺寸预留 10 mm 加工余量。

（2）梳背厚度 6 mm，梳齿厚度 2 mm（注意原料长度方向截面形状）。

（3）注意原料纤维方向

木梳制作

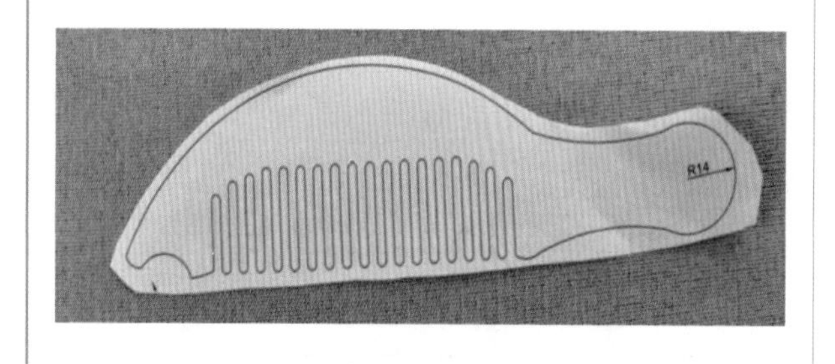

1. 图样剪制：使用剪刀沿线将图纸中木梳的图样剪切出来

注意事项：

用剪刀剪制图样的过程中必须留线，并保证剪切边距离图样线 1 ～ 2 mm，梳齿线不用剪切

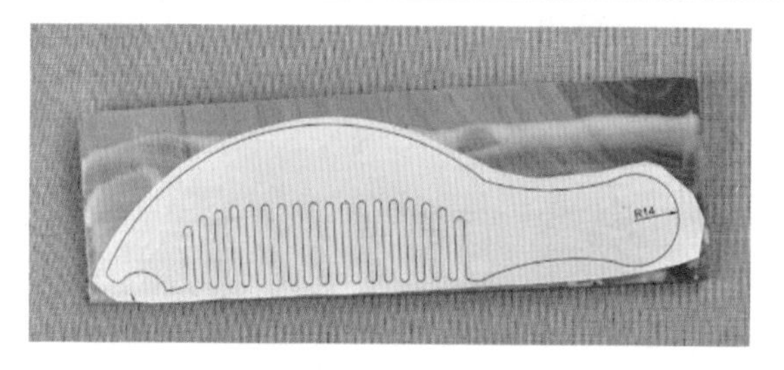

2. 图样粘贴：在原料上均匀涂上胶粘剂，将图样平铺粘贴在原料上

注意事项：

原料涂胶要均匀，尽量减少用胶量。图样粘贴在原料上要平整，无褶皱，并保证原料可覆盖全部图样，躲避缺陷

续表

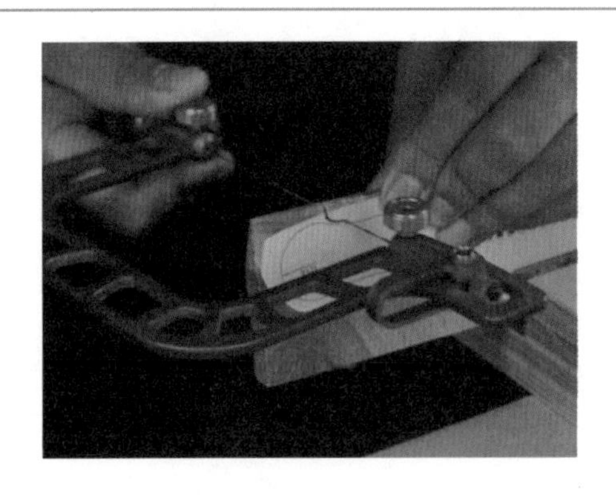 3. 外形锯制：借助曲线锯沿图样边缘锯出木梳外形轮廓  注意事项： 沿线锯切留有加工余量 1 ～ 2 mm	 4. 开梳齿：借助万字锯沿梳齿轮廓线逐个完成梳齿开齿  注意事项： 开齿过程中要注意齿间距均匀、齿深一致
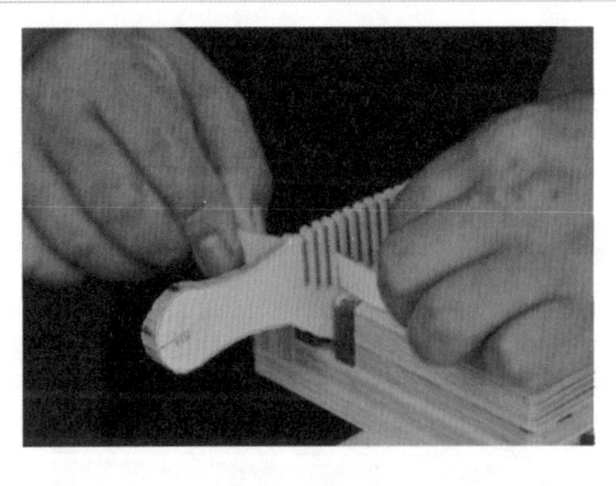 5. 梳齿整形：将砂纸裁切成条状放入梳齿间，左右手各拉住砂纸一个端头，反复拉动砂纸对梳齿内部及齿尖进行砂磨整形  	 6. 整体砂光：使用砂纸逐级打磨木梳表面，以获取高质量的表面 

注意事项： （1）齿尖形状、大小均匀一致。 （2）梳齿宽度、梳齿间距相同	注意事项： 顺纹理砂光，避免横砂纹的出现
 7. 打蜡推光：使用棉布蘸取木蜡油均匀涂布在木梳表面，最后使用干净无蜡的棉布反复涂搽木梳，以获取高光洁度的表面质量  微课：打蜡推光 注意事项： （1）涂蜡均匀一致。 （2）避免衣物污染。 （3）组装后需要压实、养生	

◇ 成品

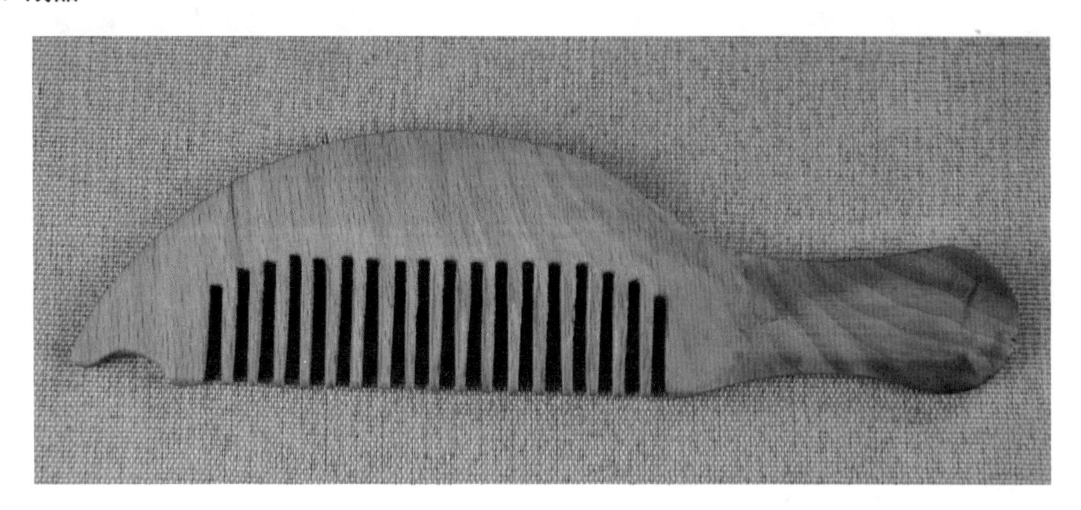

◇ **评价总结**

评价指标	权重 /%	评价等级				
		优秀（90 ～ 100 分）	中等（80 ～ 89 分）	良好（70 ～ 79 分）	合格（60 ～ 69 分）	不合格（0 ～ 59 分）
工具使用	20					
材料纹理识别	20					
原材料使用率	20					
成品效果	30					
职业素养	10					
总分						

任务 4　七巧板的制作

4.1　学习目标

1. 知识目标

（1）掌握夹背锯的分类及用途。

（2）掌握木工胶使用方法。

2. 能力目标

（1）能够独立识别简单图纸。

（2）能够使用木工胶胶合零件。

3. 素质目标

（1）培养精益求精的工匠精神。

（2）树立规范、安全、勤奋、智能的劳动精神。

4.2　任务导入

七巧板是一种古老的中国传统智力玩具，顾名思义，是由七块板组成的。这七块板可拼成许多图形（1 600 种以上），如三角形、平行四边形、不规则多边形，玩家可以把它拼成各种人物、形象、动物、桥、房、塔等，也可以是一些中文、英文字母。七巧板是古代中国劳动人民发明的，其历史至少可以追溯到公元前 1 世纪，到了明代基本定型。明、清两代在中国民间广泛流传，清陆以湉《冷庐杂识》卷一中写道："近又有七巧图，其式五，其数七，其变化之式多至千余。体物肖形，随手变幻，盖游戏之具，足以排闷破寂，故世俗皆喜为之。”在 18 世纪，七巧板流传到了国外。李约瑟说它是东方最古老的消遣品之一，至今英国剑桥大学的图书馆里还珍藏着一部《七巧新谱》。

4.3 任务实训

◇ **工作任务：**借助夹背锯、刨子、砂纸、钢板尺、夹具等工具，完成七巧板的手工制作。

◇ **图纸**

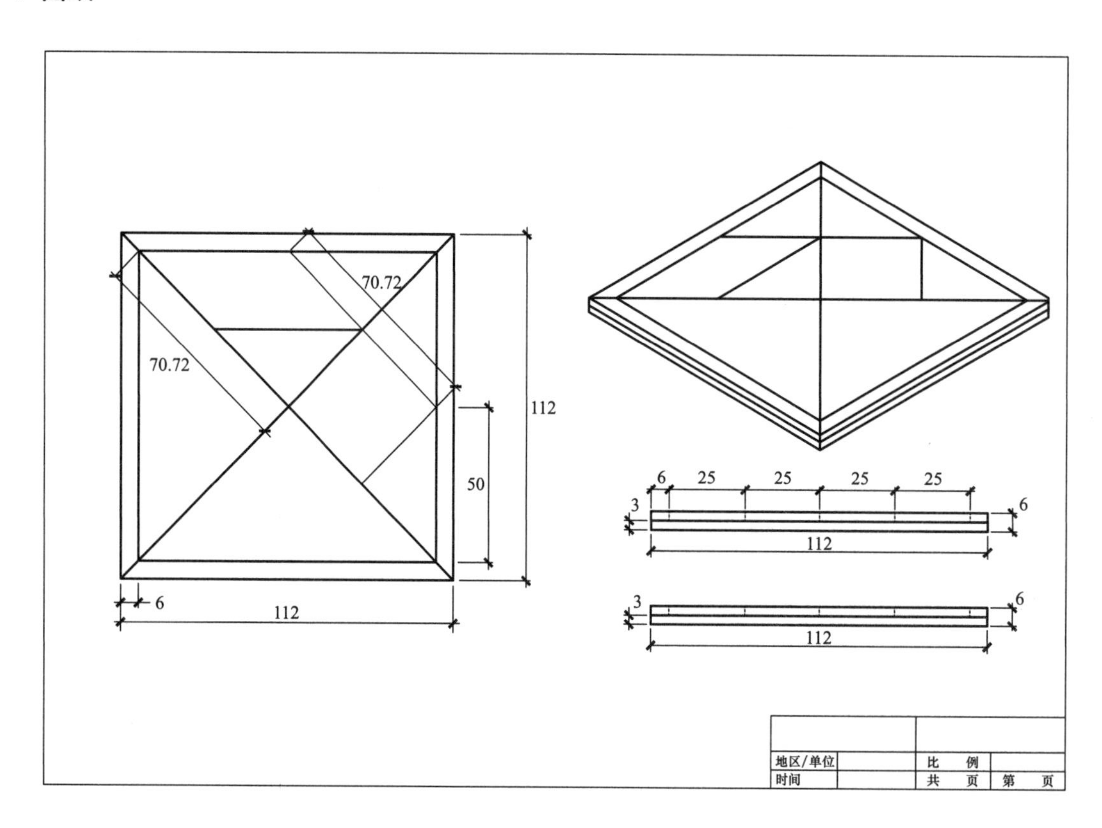

◇ **原料清单**

七巧板料单				
零部件名称	规格			数量 / 个
	长 /mm	宽 /mm	厚 /mm	
围边	120	6	3	4
底板	120	120	3	1
零件板	150	150	3	1

◇ 制作工艺

七巧板原材料（樱桃木、樟子松）

注意事项：

（1）原料制备：主要宽度、厚度尺寸允许公差为 ±0.5 mm，长度尺寸预留 10 mm 加工余量。

（2）相邻基础面直角必须为 90°

七巧板加工

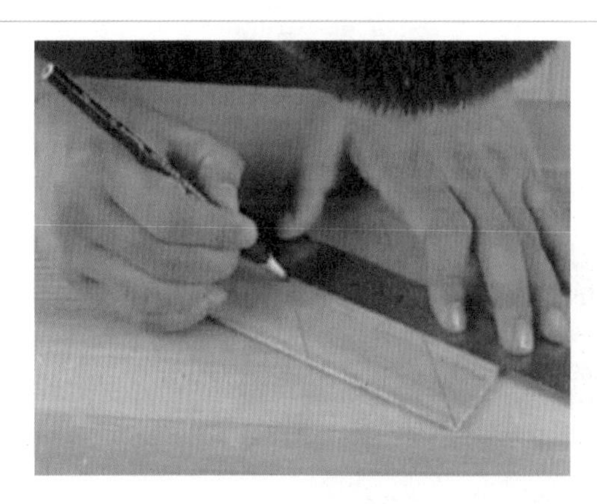

1. 画线：依据图纸尺寸在原料上画线

注意事项：

保持零件间的平行度和垂直度

2. 沿线锯切：依据画线位置进行零部件锯切

注意事项：

沿线锯切保证精度

<table>
<tr>
<td>
3. 修整：使用砂纸板完成锯切面修整

注意事项：
（1）修整锯切不平处。
（2）注意尺寸</td>
<td>
4. 外框制作：依据七巧板各零部件尺寸与形状制作外框

注意事项：
内空尺寸略微大于七巧板外围尺寸 1 ～ 2 mm</td>
</tr>
</table>

◇ **成品**

◇ **评价总结**

评价指标	权重 /%	评价等级				
		优秀（90～100分）	中等（80～89分）	良好（70～79分）	合格（60～69分）	不合格（0～59分）
工具使用	20					
材料纹理识别	20					
原材料使用率	20					
成品效果	30					
职业素养	10					
总分						

任务 5　鲁班锁的制作

5.1　学习目标

1. 知识目标

（1）掌握凿子的使用方法。

（2）掌握锯子的种类及各自用途。

2. 能力目标

（1）能够使用凿子进行清底。

（2）能够使用砂纸板精修尺寸。

3. 素质目标

（1）培养精益求精的工匠精神。

（2）树立规范、安全、勤奋、智能的劳动精神。

5.2　任务导入

孔明锁也称鲁班锁，它起源于中国古代建筑中首创的榫卯结构，是中国传统的智力玩具，相传由春秋战国时期木匠鲁班发明并因此得名，形状和内部的构造各不相同，一般是易拆难装。孔明锁是由六根内部有槽的长方体木条，按横竖立三个方向各两根凹凸相对咬合一起，形成一个内部卯榫相嵌的结构体。

5.3　任务实训

◇ **工作任务**：借助锯子、砂纸板、凿子、钢板尺等工具，完成鲁班锁的手工制作。

◇ **图纸**

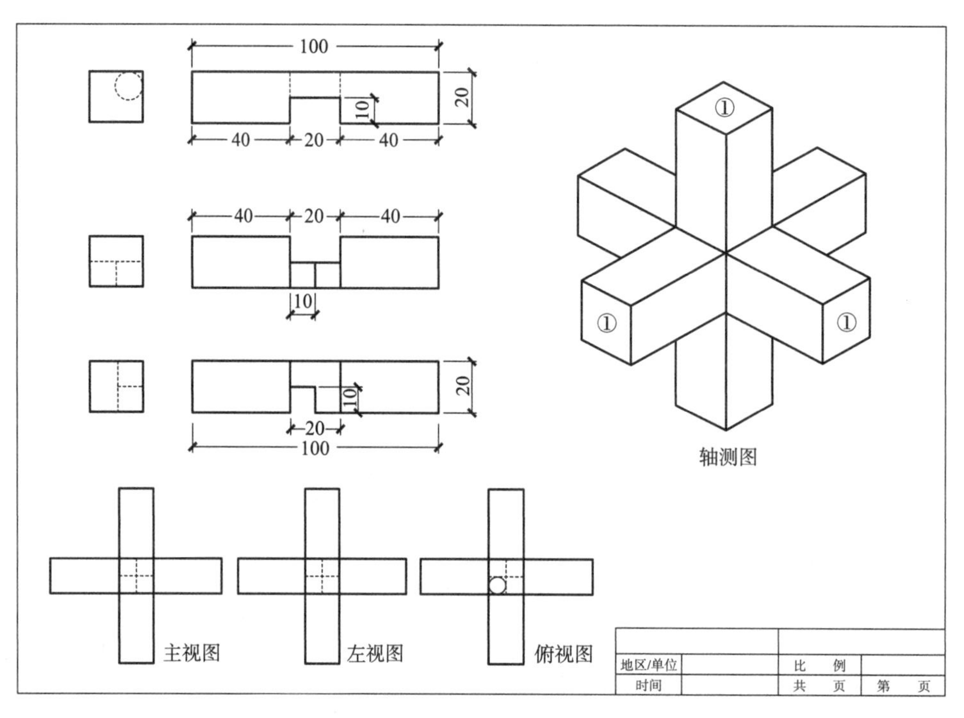

◇ **原料清单**

鲁班锁料单				
零部件名称	规格			数量 / 个
	长 /mm	宽 /mm	厚 /mm	
鲁班锁	100	20	20	3

◇ **制作工具**

◇ 工作流程与活动

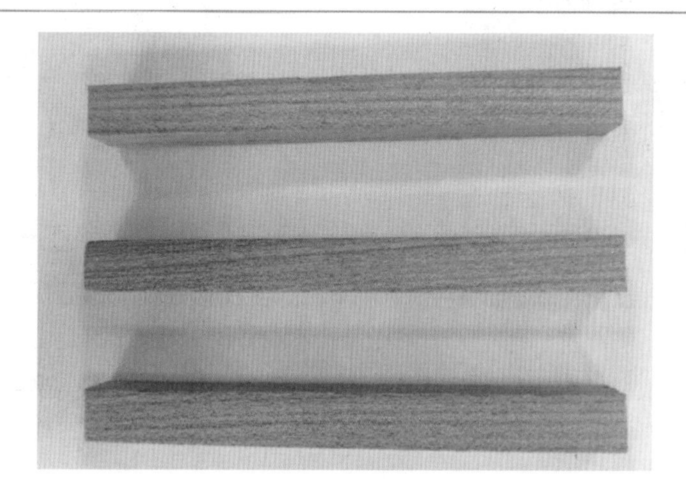

原材料（水曲柳）

注意事项：

（1）原料制备：宽度、厚度尺寸允许公差为 ±0.05 mm，长度尺寸允许公差为 ±0.1 mm。

（2）相邻基础面直角必须为 90°

鲁班锁加工

1. 画线：依据图纸标注尺寸在原料上画线，标识去除部分

微课：画线

注意事项：

尺寸准确，四表面连线闭合

2. 沿线锯切：依据画线位置留半线锯切至平行线上 1 mm

微课：沿线锯切

注意事项：

（1）沿线锯切，留半线。

（2）预防过切

<table>
<tr>
<td>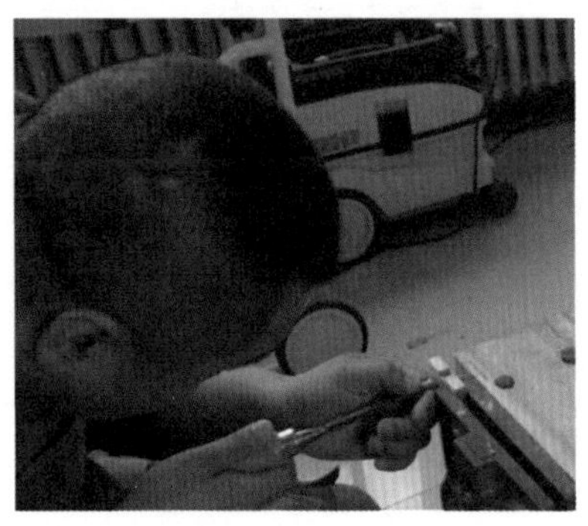
3. 去除余料：使用符合锯切开口尺寸的凿刀，将两锯口间多余部分去除，直至所画线位置，边修整边进行相关榫口的适配度检量

微课：去除余料
注意事项：
（1）预防凿刀切过线、刀面崩裂。
（2）底面要平。
（3）立面与平面之间垂直度要好。
（4）交界面不要有残留</td>
<td>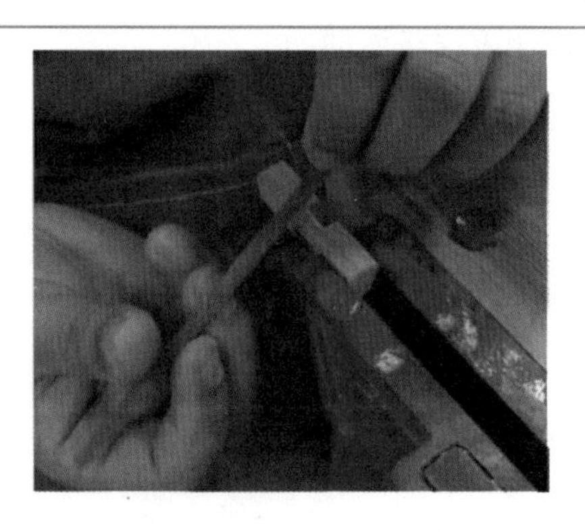
4. 打磨精修：借助预制砂纸板进行榫口内表面修整，直到获取符合要求适配度的榫口及外部表面质量

微课：打磨精修
注意事项：
注意平整，不要修出圆弧</td>
</tr>
<tr>
<td>
5. 组装：依据鲁班锁装配顺序进行组装

微课：组装
注意事项：
检查部件之间的配合度</td>
<td></td>
</tr>
</table>

◇ **成品**

◇ **评价总结**

<table>
<tr><th rowspan="2">评价指标</th><th rowspan="2">权重 /%</th><th colspan="5">评价等级</th></tr>
<tr><th>优秀
（90 ～ 100 分）</th><th>中等
（80 ～ 89 分）</th><th>良好
（70 ～ 79 分）</th><th>合格
（60 ～ 69 分）</th><th>不合格
（0 ～ 59 分）</th></tr>
<tr><td>工具使用</td><td>20</td><td></td><td></td><td></td><td></td><td></td></tr>
<tr><td>榫卯适配度</td><td>20</td><td></td><td></td><td></td><td></td><td></td></tr>
<tr><td>原材料使用率</td><td>20</td><td></td><td></td><td></td><td></td><td></td></tr>
<tr><td>成品效果</td><td>30</td><td></td><td></td><td></td><td></td><td></td></tr>
<tr><td>职业素养</td><td>10</td><td></td><td></td><td></td><td></td><td></td></tr>
<tr><td>总分</td><td colspan="6"></td></tr>
</table>

任务6　锅垫的制作

6.1　学习目标

1. 知识目标

（1）掌握曲线锯的结构。

（2）了解曲线锯锯条尺寸参数。

2. 能力目标

（1）能够利用曲线锯对木料进行弧线锯切。

（2）能够利用木工铲子进行平整度处理。

3. 素质目标

（1）培养精益求精的工匠精神。

（2）树立规范、安全、勤奋、智能的劳动精神。

6.2　任务导入

锅垫是一种能保护、装饰餐桌的餐用物品，一般采用棉、麻、竹、纸布等材料做成。锅垫色彩美观多样，接近人们的生活，较强的摩擦力可防止玻璃、瓷杯滑落，亦可保护桌面不被烫坏。造型多样、可爱的锅垫也会给用餐增添乐趣。

6.3　任务实训

◇ **工作任务：** 借助凿子、锯子、线锯、砂纸板、钢板尺、圆规等工具，完成锅垫的手工制作。

◇ **图纸**

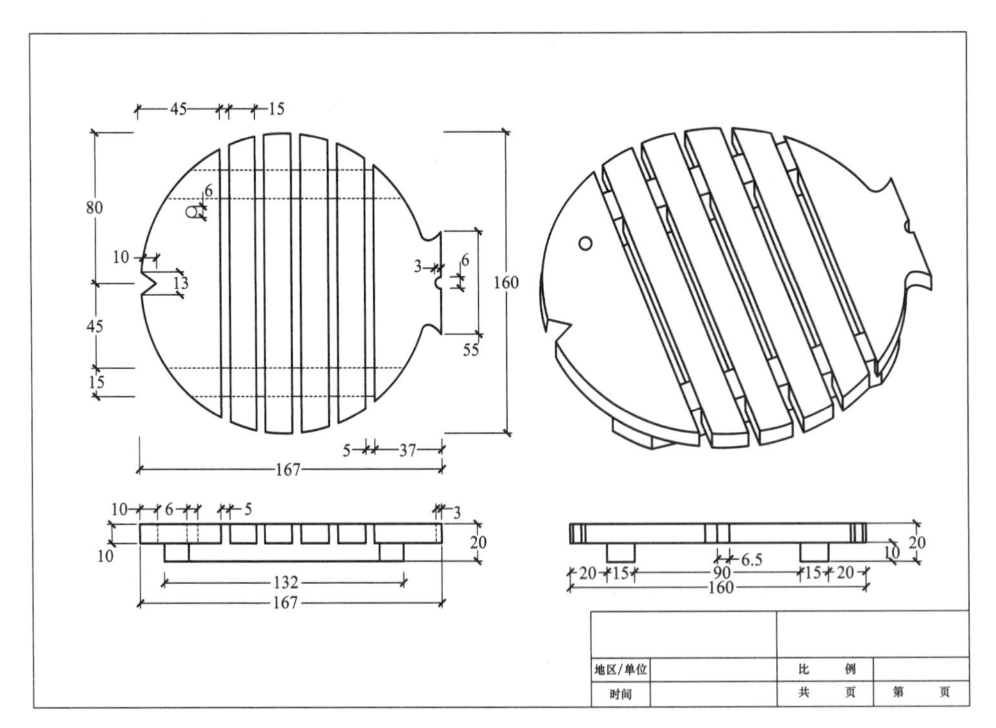

◇ **原料清单**

锅垫料单				
零部件名称	规格			数量 / 个
	长 /mm	宽 /mm	厚 /mm	
横带	170	15	10	2
鱼头	160	45	10	1
鱼尾	160	37	10	1
立挺	160	15	10	4

◇ **制作工具**

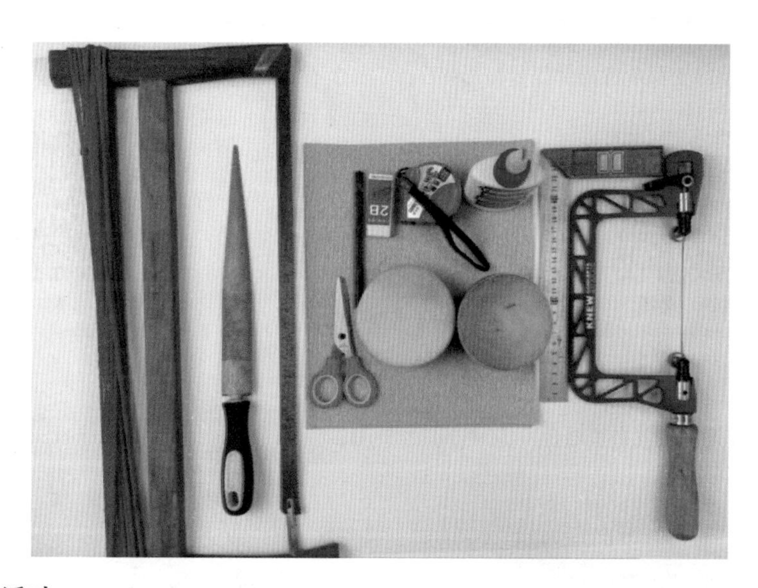

◇ **工作流程与活动**

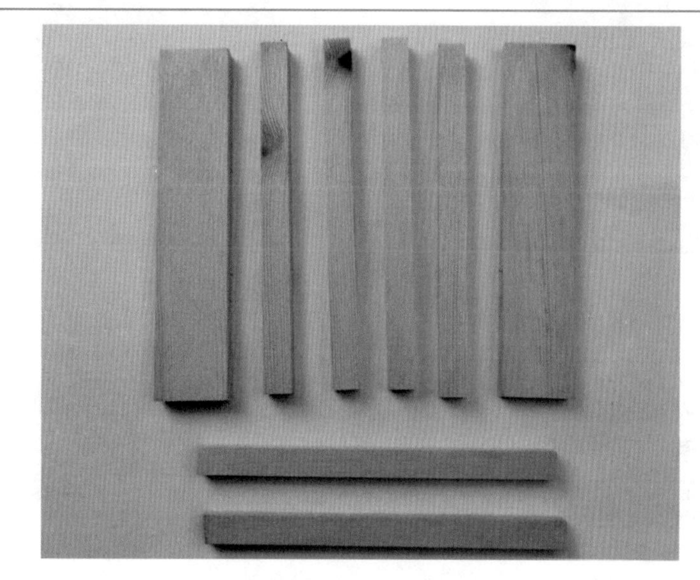

锅垫原材料（樟子松）

注意事项：

（1）原料制备：主要宽度、厚度尺寸允许公差为 ±0.5 mm，长度尺寸预留 10 mm 加工余量。

（2）相邻面呈 90° 角

锅垫制作

1. 画线：依据图纸在原料上画出榫槽的位置与形状

注意事项：

（1）相邻表面线与线连接位置必须闭合。

（2）明确标识去除部分

2. 榫槽制作：使用夹背锯完成榫槽锯制。

注意事项：

（1）榫肩与榫颊面垂直。

（2）无过切。

（3）防止锯切伤手

3. 榫槽修整：借助砂纸板完成榫槽内部表面修整

4. 轮廓外形绘制：借助圆规完成锅垫外轮廓绘制

续表

注意事项： （1）注意修整整形的准确性。 （2）注意榫槽适配度	
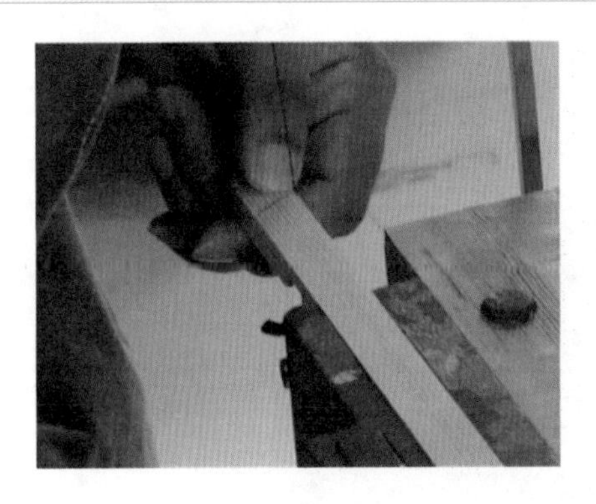 5. 轮廓外形制作：使用曲线锯完成锅垫外部轮廓制作  微课：轮廓外形制作 注意事项： 锯切留余量 1 ～ 2 mm	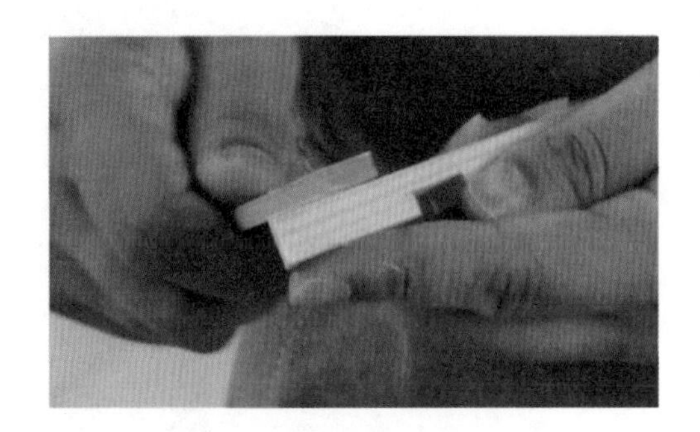 6. 表面砂光：利用 120 号、240 号砂纸板对成品方凳进行表面砂光，以获取表面高质量的产品  微课：表面砂光 注意事项： 防止横砂纹产生
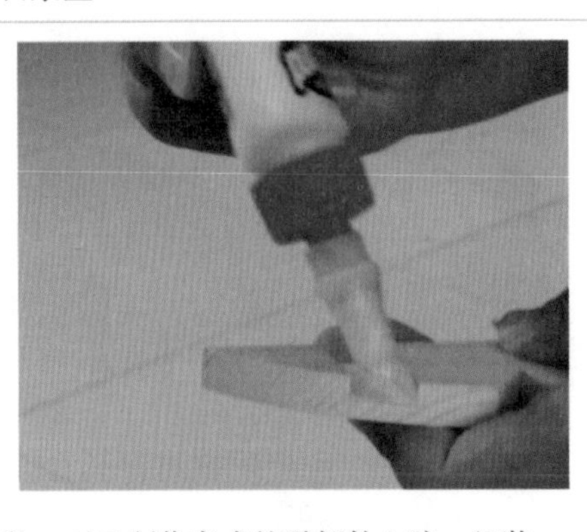 7. 组装：对已制作完成的零部件上胶、组装  微课：组装 注意事项： （1）涂胶量适宜，不应过多。 （2）按照零部件顺序进行组装	

◇ **成品**

◇ **评价总结**

评价指标	权重 /%	评价等级				
		优秀 （90～100分）	中等 （80～89分）	良好 （70～79分）	合格 （60～69分）	不合格 （0～59分）
工具使用	20					
榫槽适配度	20					
原材料使用率	20					
成品效果	30					
职业素养	10					
总分						

任务 7　花格的制作

7.1　学习目标

1. 知识目标

（1）掌握榫眼、榫头的画线方法。

（2）掌握凿子的使用方法。

2. 能力目标

（1）能够画出榫眼、榫头标识的全线。

（2）能够利用铲子对榫头进行精修。

3. 素质目标

（1）培养精益求精的工匠精神。

（2）树立规范、安全、勤奋、智能的劳动精神。

7.2　任务导入

花格外观精致，木纹图案丰富，仿木效果逼真、不褪色，具有很好的视觉效果，无光污染，自净能力强，能够满足人们原生态、仿自然、回归大自然、人类与自然和谐统一的种种需求与期盼。应用性强，适用于室内外各类场合，而不会出现褪色、脱落等现象。在防腐性、耐候性、涂层附着力和材质强度等方面，是其他材料无法比拟的，是建筑装饰型材产品中应用性强的型材。

7.3　任务实训

◇ **工作任务：**借助刨子、夹背锯、凿子、砂纸、钢板尺等工具，完成花格的手工制作。

◇ **图纸**

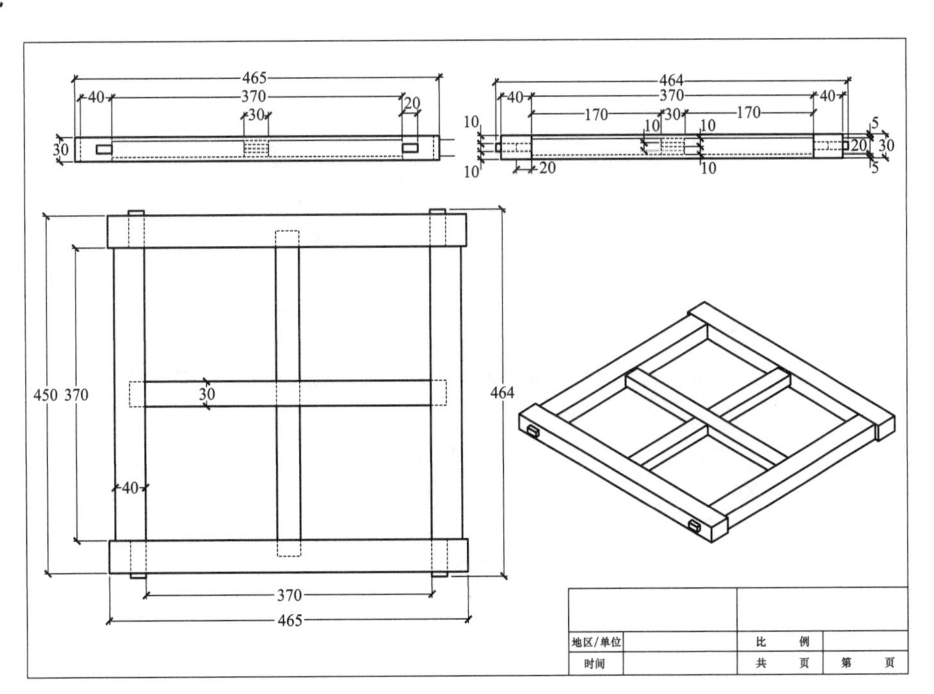

◇ 原料清单

花格料单				
零部件名称	规格			数量 / 个
	长 /mm	宽 /mm	厚 /mm	
边框	485	30	30	4
内撑	420	30	30	2

◇ 制作工具

◇ 工作流程与活动

花格原材料（樟子松）

注意事项：

（1）原料制备：主要宽度、厚度尺寸允许公差为 ±0.5 mm，长度尺寸预留 10 mm 加工余量。

（2）相邻面呈 90° 角

花格制作

1. 选面标识画线：使用三角画线法进行标识，确定零部件在空间中的位置

微课：选面标识画线

注意事项：

（1）合理避让缺陷，躲避榫卯结构。

（2）标识空间位置

2. 画线：依据图纸标识，在原料上画出榫头、榫眼位置与形状

微课：画线

注意事项：

（1）相邻表面线与线连接位置必须闭合。

（2）明确标识去除部分

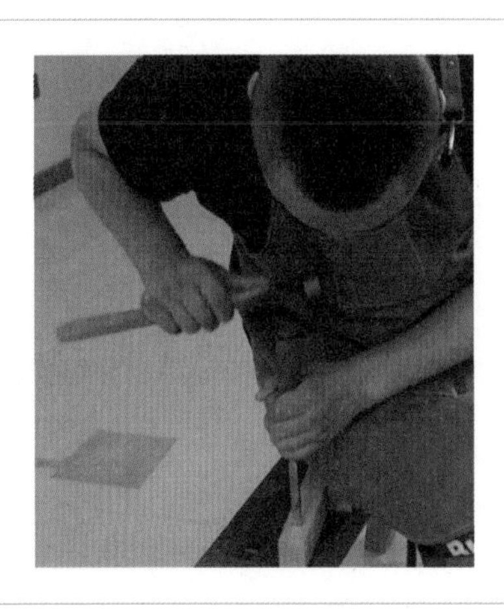

<table>
<tr>
<td>3. 榫眼制作：以基准线为基础，使用凿刀沿线凿削榫眼，正反双面加工

微课：榫眼制作
注意事项：
（1）榫眼相邻内表面垂直，与外边垂直。
（2）双面凿削，防止出刀面崩裂。
（3）刀具使用，防止割伤。
（4）防止逆纹刨削</td>
<td>4. 榫头制作：依据原料画线使用夹背锯进行榫头制作，沿线锯切，保证锯口平直

微课：榫头制作
注意事项：
（1）榫肩与榫颊面垂直。
（2）无过切。
（3）榫头表面光滑、平直。
（4）防止锯切伤手</td>
</tr>
<tr>
<td>
5. 组装：依据三角画线法标识零部件空间位置，进行零部件组装

微课：组装
注意事项：
（1）准确定位各个零部件在空间中的位置。
（2）把控榫头涂胶量，不宜过多。
（3）调整对角线尺寸，保证方正度</td>
<td></td>
</tr>
</table>

◇ **成品**

◇ **评价总结**

评价指标	权重 /%	评价等级				
		优秀（90～100分）	中等（80～89分）	良好（70～79分）	合格（60～69分）	不合格（0～59分）
工具使用	20					
榫卯适配度	10					
缝隙度	10					
平整度	5					
对角线尺寸	5					
整体尺寸	10					
原材料使用率	10					
成品效果	20					
职业素养	10					
总分						

任务8　五块瓦小凳的制作

8.1　学习目标

1. 知识目标

（1）掌握双刃刀锯的分类及用途。

（2）掌握手电钻的结构与用途。

2. 能力目标

（1）能够利用双刃刀锯进行零部件加工。

（2）能够利用手电钻进行成品组装。

3. 素质目标

（1）培养精益求精的工匠精神。

（2）树立规范、安全、勤奋、智能的劳动精神。

8.2　任务导入

五块瓦小凳在我国北方民间统称“小板凳”，为我国北方最常用的一种坐具。全坐具无榫卯连接，多用钉子连接而成，结构简单，体积小，质量轻，制作简单快速，是人们茶余饭后、生活起居所必备的典型坐具之一。

8.3　任务实训

◇ **工作任务：**借助平刨、双刃刀锯、曲线锯、砂纸、钢板尺等工具，完成五块瓦小凳的手工制作。

◇ **图纸**

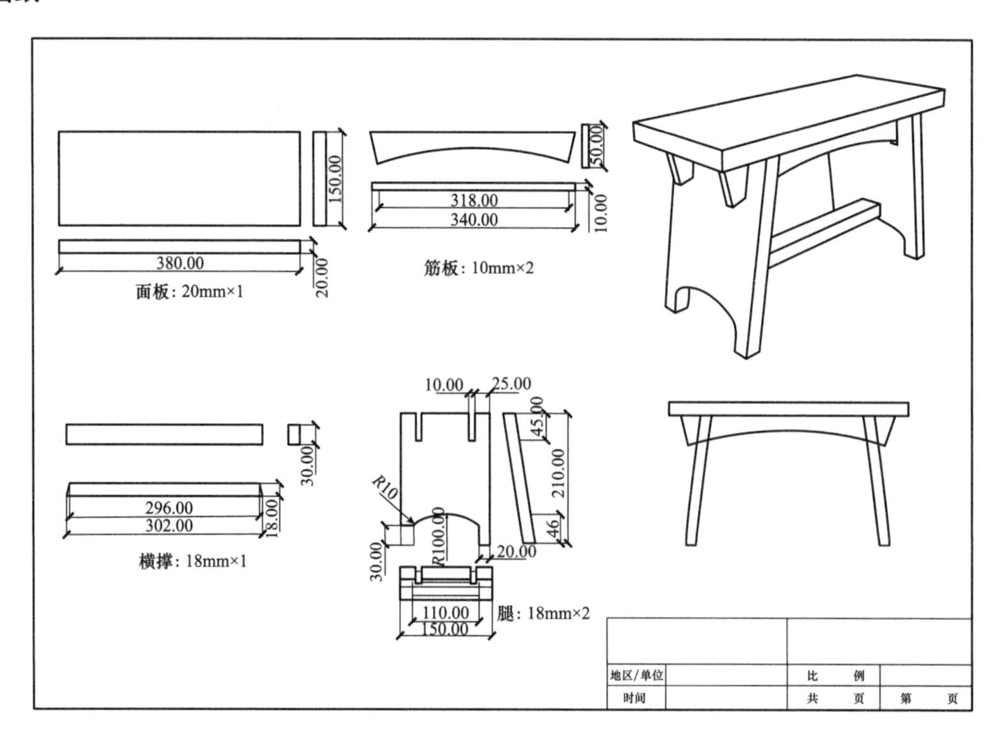

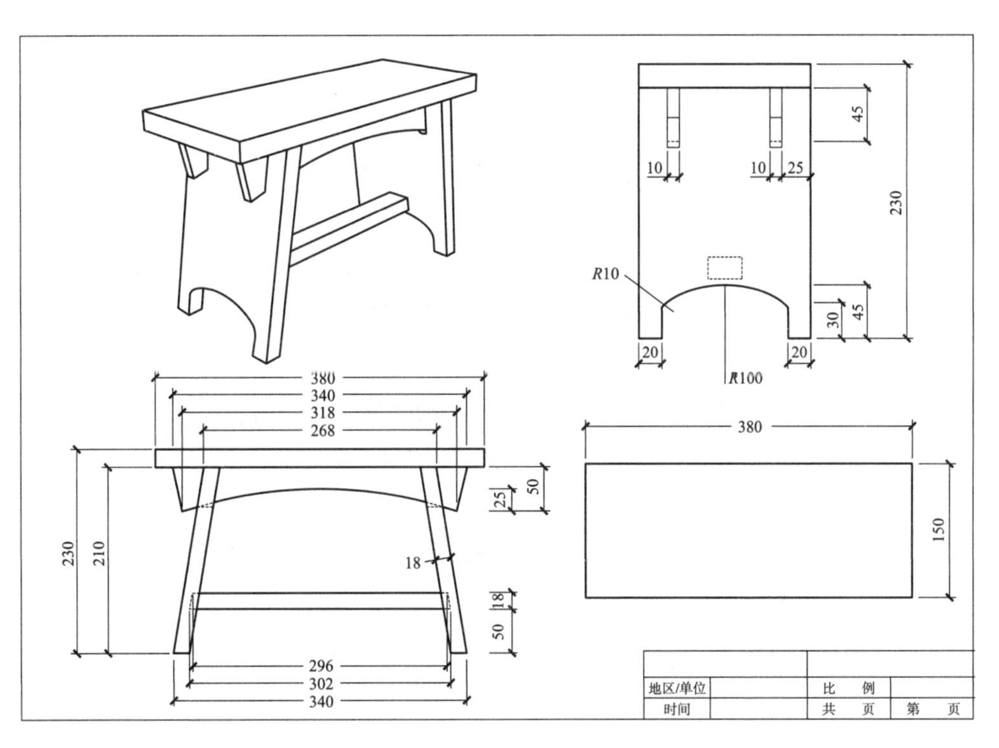

◇ 原料清单

五块瓦小凳料单				
零部件名称	规格			数量 / 个
	长 /mm	宽 /mm	厚 /mm	
面板	380	150	18	1
凳腿	210	150	18	2
筋板	340	50	10	2
横撑	320	30	18	1

◇ 制作工具

◇ 工作流程与活动

五块瓦小凳原材料（樟子松）

注意事项：

（1）原料制备：主要宽度、厚度尺寸允许公差为 ±0.5 mm，长度尺寸预留 10 mm 加工余量。

（2）相邻面为 90° 角

五块瓦小凳制作

1. 选面标识画线：依据零部件在空间中的位置及原料缺陷；使用三角画线法标识零部件在空间中的相对位置；确定依据图纸在原料上画出的榫口的位置与形状，以及部分零部件的弧线造型

微课：选面标识画线

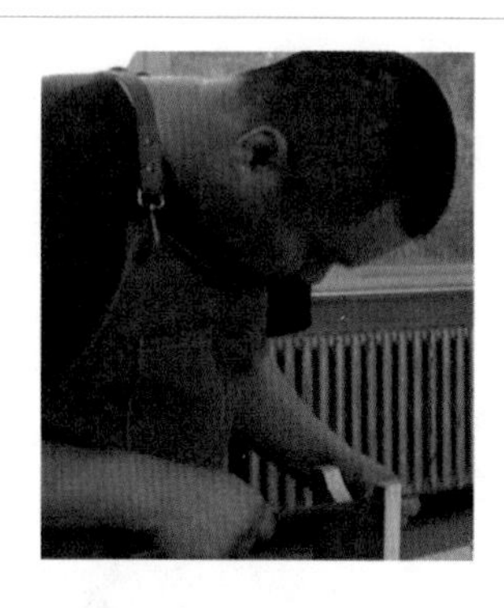

2. 异形制作：利用曲线锯按照画线进行弧线锯切，并用木锉刀进行异形修整；使用夹背锯完成腿部榫口加工及其他零部件加工制作

微课：刨削

<table>
<tr>
<td>注意事项：
（1）合理避让缺陷。
（2）标识空间位置。
（3）相邻表面线与线连接位置必须闭合。
（4）明确标识去除部分</td>
<td>注意事项：
（1）无过切。
（2）榫头表面光滑、平直</td>
</tr>
<tr>
<td>
3. 组装：利用木螺钉将凳面与框架组装到一起

微课：组装
注意事项：
凳面四面外出沿均匀</td>
<td></td>
</tr>
</table>

◇ **成品**

◇ **评价总结**

评价指标	权重 /%	评价等级				
		优秀（90～100分）	中等（80～89分）	良好（70～79分）	合格（60～69分）	不合格（0～59分）
工具使用	20					
图纸识别	20					
尺寸	20					
缝隙	10					
原材料使用率	10					
成品效果	10					
职业素养	10					
总分						

任务9　方凳的制作

9.1　学习目标

1. 知识目标

（1）掌握平刨、凿刀、夹背锯等多种工具的用途。

（2）掌握图纸识别的基本步骤。

2. 能力目标

（1）能够利用木工手工工具进行方凳制作。

（2）能够利用砂纸对成品进行砂光处理。

3. 素质目标

（1）培养精益求精的工匠精神。

（2）树立规范、安全、勤奋、智能的劳动精神。

9.2 任务导入

关于中国椅子的起源现在有三种观点。第一种观点是：“马扎”俗名撑板凳、杌扎。2 600 年前发源于齐国故都，以其工艺独特、外形美观、坚固耐用、携带方便而著称。马扎也称马闸、交杌或交椅，其模样同我们今天见到的小凳子相似，“杌”就是凳子。第二种观点是：胡床，汉代自胡人传入，为垂足之坐，如今之行军椅。所谓床，《释名》云：“床，装也，所以自装载也。”《广雅》云：“栖，谓之床。”装，载也，栖也，皆为人坐卧之用。故古代供跪坐之物，如同日本今之坐蒲团，曰床。第三种观点是：距今四五千年前的古蜀国先民就使用凳子、椅子。众说纷纭，而“方凳”，民间也称“北京凳”，为我国北方最常用的一种坐具。

9.3 任务实训

◇ **工作任务**：借助平刨、锯、砂纸、钢板尺等工具，完成方凳的手工制作。

◇ **图纸**

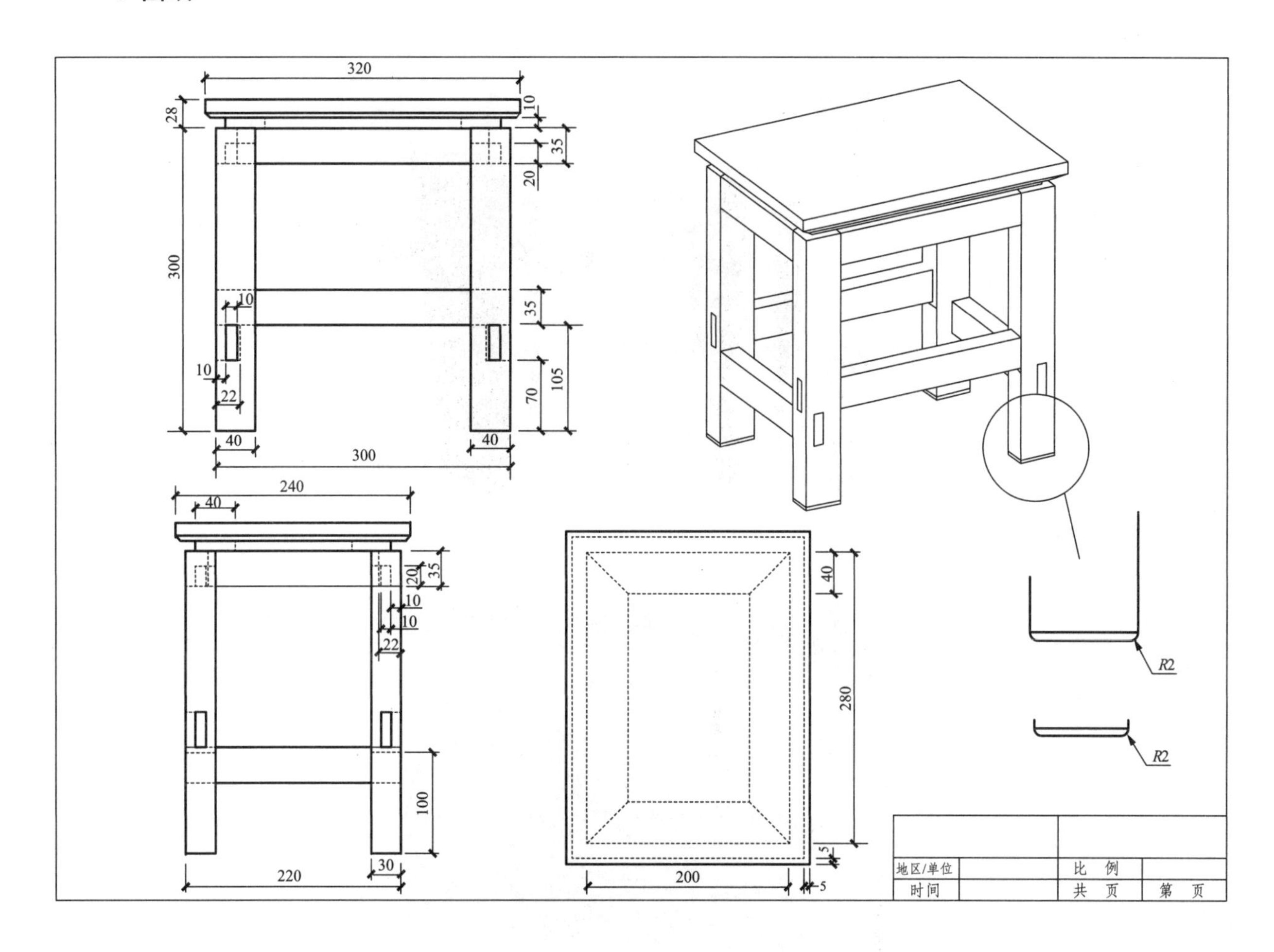

◇ 原料清单

方凳料单				
零部件名称	规格			数量 / 个
	长 /mm	宽 /mm	厚 /mm	
凳面	320	240	18	1
长颈线	320	40	10	2
短颈线	240	40	10	2
长横撑	320	35	22	4
短横撑	240	35	22	4
凳腿	320	40	30	4

◇ 制作工具

◇ 工作流程与活动

方凳原材料（樟子松）

注意事项：

（1）原料制备：主要宽度、厚度尺寸允许公差为 ±0.5 mm，长度尺寸预留 10 mm 加工余量。

（2）相邻面为 90° 角

<table>
<tr><th colspan="2">方凳制作</th></tr>
<tr><td></td><td></td></tr>
<tr><td>1. 选面：依据零部件在空间中的位置以及原料缺陷，合理选面，合理避让缺陷

微课：选面
注意事项：
合理避让缺陷，将允许使用的缺陷放置于不可见面，并躲避榫卯结构</td><td>2. 标识：使用三角画线法标识零部件在空间中的相对位置

微课：标识
注意事项：
标识空间位置，凳子腿除了顶面需要标识，其他四个表面也需要进行标识</td></tr>
<tr><td>
3. 画线：依据图纸在原料上画出榫头、榫眼的位置与形状

微课：画线
注意事项：
（1）相邻表面线与线连接位置必须闭合。
（2）明确标识去除部分</td><td>
4. 榫眼制作：以基准线为基础，使用凿刀沿线凿削榫眼，正反双面加工

微课：榫眼制作
注意事项：
（1）榫眼相邻内表面垂直，与外边垂直。
（2）双面凿削，防止出刀面崩裂。
（3）刃具使用，防止割伤</td></tr>
</table>

续表

5. 榫头制作：依据原料画线使用夹背锯进行榫头制作，沿线锯切，保证锯口平直  微课：榫头制作 注意事项： （1）榫肩与榫颊面垂直。 （2）无过切。 （3）榫头表面光滑、平直。 （4）防止锯切伤手	6. 框架组装：依据三角画线法标识零部件在空间位置，进行零部件组装  微课：框架组装 注意事项： （1）准确定位各个零部件在空间中的位置。 （2）把控榫头涂胶量，不宜过多。 （3）调整对角线尺寸，保证凳子架子方正度
	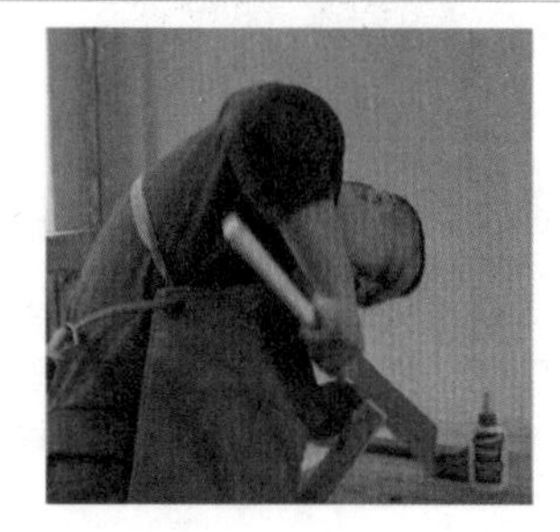
7. 架子整形：使用夹背锯对凳腿上部长出的部分进行截断，使用刨子找平  微课：架子整形 注意事项： 刨削要从外向内，防止崩裂	8. 颈线制作与安装：通过画线锯切，制备出颈线（45°角对口），并利用手电钻钻出安装孔，交接面涂胶，木螺钉安装  微课：颈线制作与安装 注意事项： （1）45°角对口密实。 （2）安装后颈线上表面平整

<table>
<tr><td></td><td></td></tr>
<tr><td>9. 凳面制作与安装：使用刨子对凳面底边进行倒角，并利用木螺钉将凳面与框架组装到一起

微课：凳面制作与安装
注意事项：
凳面四面外出沿均匀</td><td>10. 表面砂光：利用 120 号、240 号砂纸对成品方凳进行表面砂光，以获取表面高质量的产品

微课：表面砂光
注意事项：
防止横砂纹产生</td></tr>
</table>

◇ **成品**

◇ **评价总结**

评价指标	权重 /%	评价等级				
		优秀（90～100分）	中等（80～89分）	良好（70～79分）	合格（60～69分）	不合格（0～59分）
工具使用	20					
缝隙	20					
尺寸	30					
原材料使用率	10					
表面质量	10					
职业素养	10					
总分						

任务 10　圆凳的制作

10.1　学习目标

1. 知识目标

（1）掌握十字交叉榫的制作方法。

（2）掌握具有角度的榫肩、榫眼的制作方法。

2. 能力目标

（1）能够利用手工木工工具制作角度榫眼。

（2）能够利用手工木工工具制作角度榫肩。

（3）能够利用手工木工工具制作十字交叉榫。

（4）能够利用手工木工工具制作圆凳面。

3. 素质目标

（1）培养精益求精的工匠精神。

（2）树立规范、安全、勤奋的劳动精神。

10.2 工作任务导入

圆凳在我国北方民间统称“板凳”，为我国北方最常用的一种坐具。全榫卯连接，结构相对复杂，存在十字交叉榫、角度榫卯，制作工艺相对而言具有一定的难度。多为人们吃饭、饮茶常用坐具之一。

10.3 任务实训

◇ **工作任务**：借助平刨、锯、凿刀、夹具、活尺、卷尺、T 形尺、斧子等工具，完成圆凳的手工制作。

◇ **图纸**

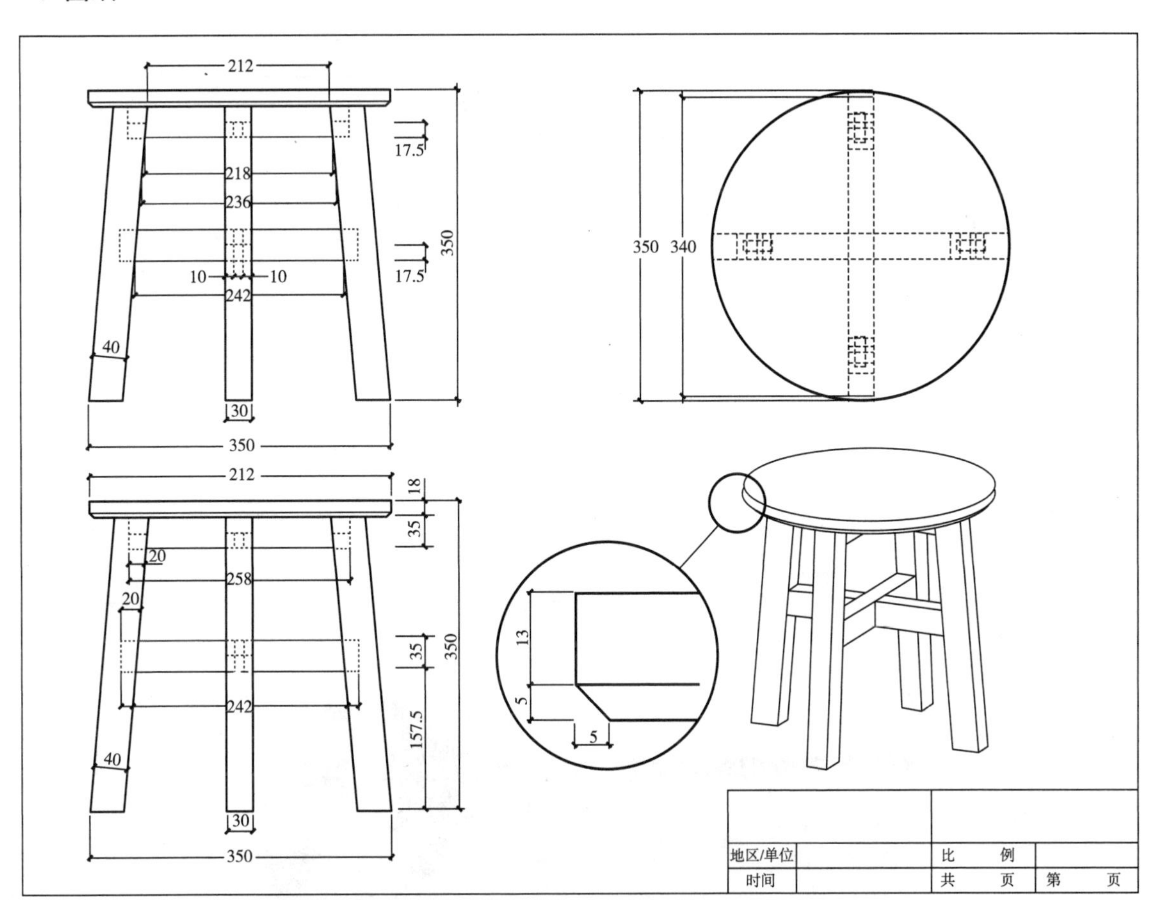

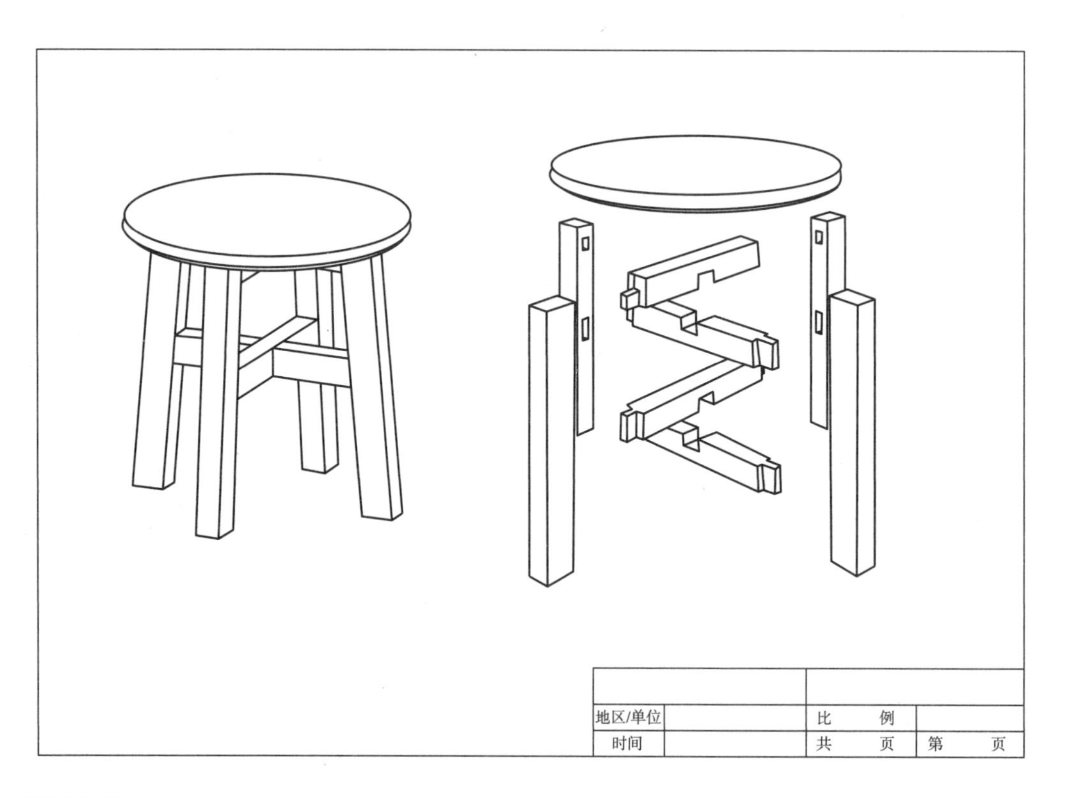

◇ 原料清单

圆凳料单				
零部件名称	规格			数量 / 个
	长 /mm	宽 /mm	厚 /mm	
凳面	360	630	18	1
凳腿	350	40	30	4
上横撑	260	35	30	2
下横撑	280	35	30	2

◇ 制作工具

◇ 工作流程与活动

圆凳原材料（樟子松）

注意事项：

（1）原料制备：主要宽度、厚度尺寸允许公差为 ±0.5 mm，长度尺寸预留 10 mm 加工余量。

（2）相邻面为 90° 角

圆凳制作

1. 选面：依据零部件在空间中的位置以及原料缺陷，合理选面，合理避让缺陷

注意事项：

合理避让缺陷，将允许使用的缺陷放置于不可见面，并躲避榫卯结构

2. 标识：使用三角画线法标识零部件在空间中的相对位置

注意事项：

标识空间位置，凳子腿除顶面需要标识外，其他四个表面也需要进行标识

 3. 画线：依据图纸在原料上画出榫头、榫眼的位置与形状  	 4. 榫眼制作：以基准线为基础，使用凿刀沿线凿削榫眼，单面加工 
注意事项： 尺寸准确	注意事项： （1）榫眼相邻内表面垂直，与外边垂直。 （2）单面凿削，注意角度与画线一致
 5. 榫头制作：依据原料画线使用夹背锯进行榫头制作，沿线锯切，保证锯口平直 微课：榫头制作 注意事项： （1）榫肩与榫颊面垂直。 （2）无过切。 （3）榫头表面光滑、平直。 （4）防止锯切伤手。 （5）防止刨刀刃划伤手指	 6. 凳面板制作：利用圆规绘制凳面板形状，利用曲线锯沿线切割  注意事项： 留线切割，为后道工序留加工余量

 7. 组装：将榫头、榫眼涂胶，利用夹具进行组装  微课：组装 注意事项： 涂胶量适宜，避免造成多余的胶产生部件污染	 8. 砂光：借助砂纸，完成圆凳表面的砂光，以获得高表面质量的成品圆凳  微课：砂光 注意事项： 先使用 120 号砂纸砂光，再使用 240 号砂纸砂光

◇ **成品**

◇ **评价总结**

评价指标	权重/%	评价等级				
		优秀（90～100分）	中等（80～89分）	良好（70～79分）	合格（60～69分）	不合格（0～59分）
工具使用	20					
图纸识别	20					
尺寸	20					
缝隙	10					
原材料使用率	10					
成品效果	10					
职业素养	10					
总分						

参考文献

[1] 英国 KD 出版社 . 木工全书 [M]. 张亦斌，李文一，译 . 北京：北京科学技术出版社，2014.
[2] 世赛住建行业竞赛组委会，廊坊中科建筑产业化创新研究中心 . 世界技能大赛训练导则木工 [M]. 北京：中国建筑工业出版社，2019.
[3] 中华人民共和国建设部 . 木工（技师 高级技师）[M]. 北京：中国建筑工业出版社，2005.
[4] 夏冬，李玉云，徐国栋 . 家具制图与识图 [M]. 北京：化学工业出版社，2006.
[5] 李军，吴智慧 . 家具及木制品制作 [M]. 北京：中国林业出版社，2005.
[6] 潘彪 . 木材识别与选购指南 [M]. 北京：中国林业出版社，2005.
[7] 郭子荣 . 木工基础手工具 [M]. 南京：江苏凤凰文艺出版社，2019.
[8] 刘一星 . 中国东北地区木材性质与用途手册 [M]. 北京：化学工业出版社，2004.
[9] 黄伟典 . 木工：高级 [M]. 北京：中国劳动社会保障出版社，1999.
[10] 建筑专业《职业技能鉴定教材》编审委员会 . 木工：中级 [M]. 北京：中国劳动社会保障出版社，2000.
[11] 张云卿 . 木工：中级 [M]. 北京：中国劳动社会保障出版社，2002.
[12]《家具木工工艺》编写组 . 家具木工工艺 [M]. 北京：中国轻工业出版社，1984.
[13] 中国就业培训技术指导中心，人力资源和社会保障部职业技能鉴定中心组织 . 手工木工（初级、中级、高级）[M]. 北京：中国劳动社会保障出版社，2009.
[14] 江功南 . 家具制作图及工艺文件 [M]. 北京：中国轻工业出版社，2014.
[15] 刘亚兰 . 家具识图 [M]. 北京：化学工业出版社，2009.
[16] 陈峰，夏星华，李庆德 . 图解木工操作入门 [M]. 北京：化学工业出版社，2020.
[17] [法] 蒂埃里 · 盖洛修，戴维 · 费迪罗 . 木工完全手册 [M]. 刘雯，译 . 北京：北京科学技术出版社，2020.
[18] 谢峰，蔡菊琴 . 手工木工基础 [M]. 杭州：浙江工商大学出版社，2020.
[19] 吕守明 . 实用木工 [M]. 延边：延边人民出版社，2002.
[20] 王晓澜，周晔 . 实用木工手册 [M]. 南昌：江西科学技术出版社，1999.
[21] 岳铁 . 木工 [M]. 北京：化学工业出版社，2000.
[22] 建设部人事教育司组织 . 木工 [M]. 北京：中国建筑工业出版社，2002.
[23] 赵光庆 . 木工基础技术 [M]. 北京：金盾出版社，1994.
[24] 南京林产工业学院 . 木工修锯技术 [M]. 北京：中国林业出版社，1981.
[25] 成俊卿，蔡少松 . 木材识别与利用 [M]. 北京：中国林业出版社，1982.
[26] 牡丹江林业学校 . 木材基础知识 [M]. 北京：中国林业出版社，1989.
[27] 宋魁彦，朱晓冬，刘玉 . 木工手册 [M]. 北京：化学工业出版社，2015.

［28］李瑞环．木工简易计算法 [M]. 天津：天津科学技术出版社，1985.
［29］郝维起，丁丙寅．木工手工具 [M]. 北京：中国林业出版社，1991.
［30］［美］彼得·科恩．木工基础 [M]. 王来，马菲，译．北京：北京科学技术出版社，2013.
［31］曾东东．家具生产技术 [M]. 北京：中国林业出版社，2014.
［32］南京林产工业学院．木工识图 [M]. 北京：农业出版社，1966.
［33］周雅南．家具制图 [M]. 北京：中国轻工业出版社，2007.
［34］杨树根，张福和，李忠．木材识别与检验 [M]. 北京：中国林业出版社，2014.
［35］李黎，杨永福．家具及木工机械 [M]. 北京：中国林业出版社，2002.
［36］冯颖，杨煜．家具制图 [M]. 北京：科学出版社，2016.
［37］梅启毅．家具材料 [M]. 北京：中国林业出版社，2007.
［38］张建华，夏星华．家具材料 [M]. 北京：中国海洋大学出版社，2018.
［39］刘一星，赵广杰．木材学 [M]. 北京：中国林业出版社，2012.